Cultura homeopática

FUNDAÇÃO EDITORA DA UNESP

Presidente do Conselho Curador
Mário Sérgio Vasconcelos

Diretor-Presidente / Publisher
Jézio Hernani Bomfim Gutierre

Superintendente Administrativo e Financeiro
William de Souza Agostinho

Conselho Editorial Acadêmico
Júlio Cesar Torres
Luís Antônio Francisco de Souza
Marcelo dos Santos Pereira
Maurício Funcia de Bonis
Patricia Porchat Pereira da Silva Knudsen
Ricardo D'Elia Matheus
Sílvia Maria Azevedo
Tatiana Noronha de Souza
Trajano Sardenberg

Editores-Adjuntos
Anderson Nobara
Leandro Rodrigues

LENIN BICUDO BÁRBARA

Cultura homeopática

Uma investigação sobre a comunicação do desconhecimento

© 2024 Editora Unesp

Direitos de publicação reservados à:
Fundação Editora da Unesp (FEU)
Praça da Sé, 108
01001-900 – São Paulo – SP
Tel.: (0xx11) 3242-7171
Fax: (0xx11) 3242-7172
www.editoraunesp.com.br
www.livrariaunesp.com.br
atendimento.editora@unesp.br

Dados Internacionais de Catalogação na Publicação (CIP) de acordo com ISBD
Elaborado por Vagner Rodolfo da Silva – CRB-8/9410

B229c	Bárbara, Lenin Bicudo
	Cultura homeopática: uma investigação sobre a comunicação do desconhecimento / Lenin Bicudo Bárbara. – São Paulo: Editora Unesp, 2024.
	Inclui bibliografia.
	ISBN: 978-65-5711-261-8
	1. Medicina. 2. Ciências. 3. Medicina alternativa. 4. Homeopatia. 5. Terapias alternativas. I. Título.
	CDD 610
2024-4076	CDU 61

Editora afiliada:

Asociación de Editoriales Universitarias
de América Latina y el Caribe

Associação Brasileira de
Editoras Universitárias

Dedico este livro à memória do meu pai.

Sumário

Agradecimentos 9

Introdução – Homeopatia como objeto da agnotologia 11

1. A homeopatia no seu contexto de origem 27
   1.1. Para uma história crítica da homeopatia 27
   1.2. Hahnemann e o problema geral dos fundamentos da medicina 33
      1.2.1. Panorama do problema na Alemanha cerca de 1795 34
      1.2.2. A solução homeopática para o problema dos fundamentos da medicina 42
      1.2.3. Avaliação das bases científicas e metafísicas da homeopatia 56
   1.3. As metamorfoses da homeopatia entre 1810 e 1833 65
      1.3.1. Sintomas e miasmas 65
      1.3.2. A farmácia hahnemanniana e os quatro pilares da homeopatia 90
      1.3.3. A vitalidade da homeopatia, em suas dimensões ideal e prática 102

2. A homeopatia no Brasil, ontem e hoje 125
   2.1. Permanência e mudança na cultura homeopática 125
   2.2. Duas histórias da homeopatia no brasil 127
      2.2.1. Um homeopata inexistente 127
      2.2.2. História inacabada da homeopatia no Brasil – parte I 137

- 2.2.3. Excurso sobre a homeopatia positiva 161
- 2.2.4. História inacabada da homeopatia no Brasil – parte II 179
- 2.2.5. Resumo 195
- 2.3. Homeopatia como profissão e recurso 197
    - 2.3.1. O médico homeopata e o perfil do especialista em homeopatia 198
    - 2.3.2. O farmacêutico homeopata 223
    - 2.3.3. O homeopata leigo 227
    - 2.3.4. As carreiras secundárias: homeopatia sem sujeito 232
    - 2.3.5. A clientela 245
- 2.4. A vida social da doutrina homeopática 258
    - 2.4.1. Duas visitas ao consultório homeopático 259
    - 2.4.2. Dissidência e solidariedade nas revistas de homeopatia 320

3. Epílogo – Hahnemann ascende ao Olimpo 361

Apêndice – Quão diluídas são as preparações homeopáticas? 371

Referências bibliográficas 379

AGRADECIMENTOS

A obra de um indivíduo nunca é só a obra de um indivíduo.

Gostaria aqui de agradecer a algumas das pessoas que, de alguma forma, colaboraram para a criação desta obra em particular; que criaram comigo, em maior ou menor grau, de modo mais ou menos voluntário e mais ou menos direto, este livro.

Agradeço ao pessoal da Fapesp e da Capes, por financiarem a pesquisa de doutorado da qual este livro é um desdobramento; aos docentes e servidores do Departamento de Sociologia da FFLCH-USP, por acolherem meu projeto de pós-doutorado com bolsa CNPQ, fornecendo tanto as condições materiais como o espaço de reflexão necessários à transformação de parte da tese em livro; e ao pessoal da Editora Unesp, por darem materialidade ao livro e ajudarem a aprimorá-lo. Obrigado.

Agradeço aos homeopatas que gentilmente me receberam para que eu pudesse entrevistá-los. Sei que discordarão de quase tudo que escrevi aqui. Mesmo assim, espero que vejam que me esforcei em formular minhas críticas em chave objetiva e respeitosa, buscando não confundir as ideias que critico com as pessoas que deram voz a tais ideias. Obrigado.

Agradeço a Osvaldo Pessoa e a Mario Scheffer, por me ajudarem com as dúvidas pontuais que tive; a Renan Springer, a Mauricio Luz, a Alexandre Massella e a Gabriel Peters, por terem arguido a tese em que se baseou este livro; a Maria Helena e a Gabriel Cohn, meus professores de longa data; a Matthias Gross, a Peter Wehling e a Matias Girel, a quem conheci em minhas investigações sobre a ignorância; a Marcelo Yamashita, a Natalia Pasternak e a todos do Instituto Questão de Ciência, pela parceria em prol do interesse comum na promoção da ciência. Agradeço especialmente a

Carlos Orsi, pela revisão detalhada do material que resultou neste livro. Obrigado.

Agradeço aos amigos Deiwid, Deny, Maurício, João, Bruna, Marcos, Marília, Veri, Hugo, Jayme, Henrique, Gabriel, Paulo, Rafa e Iara, pelas conversas e estímulo intelectual. Obrigado.

E um agradecimento especial àqueles que fizeram e fazem toda a diferença em minha vida, e que por isso contribuíram, em alguma medida, para a minha formação como pessoa.

Leopoldo, muito obrigado por apoiar meu trabalho desde o início e por ser o professor, sociólogo e pessoa admirável que é. Ellen, muito obrigado por sua parceria e por seu amor; muito obrigado, também, por revisar alguns dos trechos mais delicados do livro e por me ajudar a encarar minhas incertezas e relutâncias. Vó Iveti, mãe, Ju, Alice – saibam que, mesmo quando não estou perto, penso em vocês e quero vocês bem. Tenho muita sorte em ter vocês na família. Muito obrigado.

Introdução
Homeopatia como objeto da agnotologia

Antes de ser um fardo, uma bênção ou um insulto, a ignorância ou o desconhecimento – termos usados neste livro como sinônimos – é um fato humano incontornável, decorrente da condição de que só nos é dado conhecer a realidade de modo parcial e fragmentário. Por isso, superar ou deixar para trás, de uma vez por todas, a ignorância é um projeto fadado a se converter em autoengano ou em frustração. A vida em sociedade é marcada por essa condição, no sentido de que, para conviver com a ignorância, criamos e cultivamos toda uma tecnologia social: construímos estereótipos dos coabitantes do círculo social para saber o que fazer diante dos outros, sem precisar, antes de agir, conhecê-los a fundo; classificamos documentos em função de quem deve ou não conhecer seu conteúdo; aprendemos a calcular os riscos de nossas ações e a mitigar as perdas decorrentes do desconhecimento da situação em que a cada vez nos achamos; reservamos esse espaço interior a que chamamos de intimidade, onde guardamos, como segredos, as ideias que não gostaríamos de que outros soubessem; e assim por diante.

A ignorância, assim compreendida, condiciona a vida em sociedade. No entanto, a impossibilidade de nos livrarmos dela de uma vez por todas não implica que o mundo seja impermeável ao conhecimento. Os estereótipos de que nos valemos para interagir com quem não conhecemos, por mais que em muitos casos reproduzam injustiças, em outros dão as primeiras pistas para que conheçamos melhor essa pessoa; também é verdade que a maioria das pessoas ignora o conteúdo de documentos sigilosos, mas há quem o conheça, inclusive indivíduos não autorizados (espiões); somos capazes de aprender sobre a situação em que a cada vez nos achamos e desenvolvemos, em sociedade, uma complexa divisão do trabalho intelectual, graças à qual a ignorância de um pode, em muitos casos, ser compensada pelo conhecimento de outro; por fim, conhecemos os nossos segredos mais íntimos, e amiúde os partilhamos com algumas pessoas (aquelas que já nos conhecem tão bem, que dispensam a muleta do estereótipo para nos compreender).

Como os exemplos sugerem, a relação entre conhecimento e ignorância é enrolada, difícil, íntima. Este livro é parte de um esforço mais amplo para entender um pouco melhor essa relação. É uma contribuição para a *agnotologia*, termo cunhado pelo historiador da ciência Robert Proctor, professor da Universidade de Stanford, para se referir ao estudo da produção cultural da ignorância.[1]

A ideia norteadora da agnotologia é examinar os fatores culturais que a originaram – *agnogênese* – em diferentes contextos históricos e sociais. O caso paradigmático, discutido em detalhe por Proctor, é a campanha promovida pela indústria tabagista, a partir da década de 1950, que tinha o objetivo de acobertar o potencial carcinogênico do cigarro. Essa campanha envolveu financiamento de pesquisas e publicação de artigos que lançaram dúvidas sobre a relação causal entre o consumo habitual de cigarro e o desenvolvimento de certos tipos de câncer. Atualmente, há campanhas com estratégias similares que contestam, por exemplo, o caráter antropogênico do aquecimento global.

Mas o grosso do desconhecimento não é produzido dessa forma, não é resultado da maquinação de um pequeno grupo de pessoas poderosas; de modo que a agnotologia não deve se limitar a casos como o da indústria do tabaco.[2] Ignoramos muitas coisas a respeito do mundo à nossa volta – muitas mais do que conhecemos. Por essa razão, pode parecer, a princípio, que o campo da agnotologia seria infinitamente maior do que o da teoria do conhecimento. Não obstante, a maior parte da ignorância pode ser explicada de forma muito simples, que exige pouco da agnotologia: muito do que ignoramos, ignoramos porque se trata de algo que não estamos em condições de conhecer.

É claro: a ideia de que há muito mais para ser conhecido do que podemos conhecer soa especialmente trágica quando o que está em jogo é a vida e a morte das pessoas. Pode ser difícil aceitar o fato de que alguém que amamos vai morrer porque, talvez, não conhecemos a cura da doença que a aflige, não

---

1 Cf. Proctor e Schiebinger, 2008.
2 Na mesma linha, Proctor e Schiebinger (2008, p.1-33) distinguem a ignorância como "estado nativo" da ignorância "construída", e vão além ao distinguir a construção ativa da ignorância – como no caso da agnogênese promovida pela indústria de tabaco – da construção passiva, resultante de um conjunto de fatores concorrentes e escolhas seletivas.

sabemos o que fazer para curá-la. No entanto, por mais que a ignorância seja algo "difícil de aceitar" nesse caso, ela é facilmente compreensível do ponto de vista da sua explicação, de modo que não demanda uma investigação específica, ou seja, não é um problema real de pesquisa para a agnotologia. O corpo humano é imensamente complicado, é difícil saber tudo o que ocorre no interior dele. Bem mais espantoso do que não sabermos a cura de muitas doenças é conhecermos a cura de algumas delas.

E não ignoramos apenas coisas intrinsecamente difíceis de conhecer. Boa parte do que ignoramos são coisas que poderíamos facilmente saber, que estamos em condições de conhecer, mas que simplesmente não são importantes para nós. É por isso, por exemplo, que você provavelmente não sabia, até agora, que um sociólogo alemão chamado Georg Simmel (1858-1918) nasceu em um prédio situado na esquina da Leipzigerstraße com a Friedrichstraße, em Berlim.[3] Não se trata, em casos assim, de algo que seria de se esperar que qualquer um soubesse, mas de conhecimentos mais ou menos triviais, que só têm alguma importância para especialistas nesse autor – de modo que a ignorância a esse respeito também é fácil de explicar, também demanda muito pouco da agnotologia.

Entretanto, ainda resta um conjunto de coisas que estamos em boas condições de conhecer, que seria se de esperar que conhecêssemos – ou por serem pessoalmente importantes ou por serem de interesse público –, mas que, mesmo assim, ignoramos, evitamos e até recusamos conhecer. Foi a perplexidade diante desses cenários que motivou a pesquisa apresentada neste livro, que é uma versão revista e modificada de parte da minha tese de doutorado em sociologia.[4]

Para dar um exemplo mais palpável do que está em jogo, gostaria de pintar esse cenário com cores mais vivas. Mesmo que não saibamos a cura de muitas doenças fatais, como é o caso de vários tipos de câncer – sobretudo em estágio avançado –, atualmente dispomos de tecnologias diagnósticas que ajudam a detectar tumores precocemente e, assim, tratá-los antes de

---

3 Simmel, um dos pioneiros da sociologia alemã, foi também um dos primeiros sociólogos a discutir o tema da ignorância. Investiguei sua obra durante o mestrado, e é por isso que fiquei sabendo onde ele nasceu, o que em geral é conhecido apenas por especialistas na obra desse autor.

4 Cf. Bárbara, *Investigações sobre a ignorância humana*. A tese aprofunda a discussão sobre a ignorância e trata, em detalhe, além da homeopatia – o assunto central deste livro –, o caso do masculinismo.

se tornarem irreversíveis. É o caso da máquina de ressonância magnética, que, como outras invenções, foi fruto do trabalho de mais de um indivíduo. Para nós, interessa destacar um deles: o médico norte-americano Raymond Damadian (1936-2022), quem registrou, na década de 1970, a primeira patente dessa máquina. Graças a essa invenção, o horizonte de conhecimento sobre o organismo humano foi ampliado, tornando possível identificar alterações no corpo outrora tidas como incognoscíveis pela comunidade médica. Um dos cientistas que contribuiu para tornar conhecido o que parecia incognoscível – Damadian – foi, em vida, um criacionista convicto, que afirmou publicamente que a Terra foi criada há seis mil anos, tal como descrito no livro de Gênesis.

A idade do planeta não é um fato trivial, ainda mais para um cientista, e Damadian tinha todas as habilidades cognitivas necessárias para avaliar a evidência disponível a respeito do assunto, a que certamente teve acesso, mas que, mesmo assim, ele se recusou a reconhecer, ou seja, seguiu ignorando. Como isso é possível? Como entender esse tipo de fenômeno?

Este livro visa contribuir para essa investigação, que envolve o que chamaremos de comunicação da ignorância – e, em particular, do desconhecimento de fatos não triviais, de interesse público, e que estamos em condições de conhecer com relativa facilidade.

É claro: em se tratando de um trabalho de sociologia, a ignorância de um indivíduo não é o que realmente interessa. O exemplo de Damadian serve apenas para ilustrar, em cores vivas, o tipo de questão que motivou as investigações apresentadas ao longo deste livro. Do ponto de vista sociológico, menos do que compreender o que leva um indivíduo a ignorar um fato, o que interessa é a emergência e a consolidação de *sistemas de crenças* – conjuntos mais ou menos coerentes de ideias partilhadas por diversos indivíduos – que promovem, transmitem, disseminam ou, como preferimos, *comunicam* o desconhecimento sobre coisas de interesse público que têm boas condições de serem conhecidas. Aqui se encaixa a *homeopatia*.

A homeopatia é um sistema médico criado na virada do século XVIII para o XIX, pelo médico alemão Christian Friedrich Samuel Hahnemann (1755-1843). Sua doutrina[5] gira em torno da "lei dos semelhantes", segundo

---

5 Há quem questione o uso de "doutrina" para se referir ao conjunto de ideias criadas por Hahnemann. A ideia é que o termo deveria ser evitado por ser comumente associado ao

a qual uma substância capaz de produzir um conjunto X de sintomas em uma pessoa saudável seria capaz de curar uma pessoa doente, caso seus sintomas sejam semelhantes a X, e caso tal substância seja preparada de uma maneira específica, que envolve sua agitação e diluição em série.

Neste livro, considerando o conjunto da evidência relevante e do conhecimento científico disponíveis, bem como a posição prevalente da comunidade científica sobre o assunto, partimos do entendimento de que não há boas razões para acreditar que os preparados homeopáticos, se feitos e prescritos conforme as regras da homeopatia, produzam quaisquer efeitos terapêuticos específicos, ao contrário do que alegam os homeopatas.[6]

Vários caminhos diferentes levam a essa conclusão. Sabemos que, em geral, o preparado homeopático que chega ao paciente não contém princípio ativo passível de ser detectado por qualquer método científico conhecido. Isso significa que ele é, para todos os efeitos, puro excipiente, sendo a lactose, ou açúcar de leite, o excipiente mais comum, em geral dispensado sob a forma de pequenos glóbulos, ou "bolinhas",[7] como várias pessoas as chamam, usando o diminutivo seja em tom afetuoso, no caso dos pacientes, seja em tom de desdém, no caso de seus críticos. Os próprios homeopatas reconhecem que nenhuma análise química conhecida é capaz de distinguir, de forma consistente, dois preparados homeopáticos feitos a partir de duas substâncias distintas, como é o caso da *Arnica montana* 30 CH e do *Aurum*

---

pensamento religioso e dogmático. Cabe esclarecer que, após tanto tempo estudando essas ideias, entendo que há, sim, certo dogmatismo na homeopatia. Mas essa não é a razão pela qual o esse termo é usado aqui – mesmo porque, ao longo do livro, veremos que há apropriações mais ou menos dogmáticas da doutrina homeopática, para não dizer que a associação com o dogmatismo é apenas uma do campo semântico da palavra "doutrina", que é além disso amplamente usada para se referir a qualquer conjunto mais ou menos coerente de ensinamentos. Por isso, não é de se espantar que o termo seja usado para se referir às ideias de Hahnemann não só em textos críticos à homeopatia (cf. Novaes, *O tempo e a ordem*, *passim*), mas também em textos escritos por homeopatas (cf. subtítulo de Priven, *Hahnemann: um médico de seu tempo*). Às vezes, o próprio Hahnemann referia-se à homeopatia como *meiner Lehre* e *Heil-Lehre* – em geral, traduzidos como "minha doutrina" e "doutrina médica", respectivamente.

6 Por "efeito terapêutico específico" entende-se efeitos terapêuticos passíveis de serem atribuídos ao princípio ativo do medicamento. Esse não é o caso, por exemplo, do chamado efeito placebo, que é um efeito terapêutico não específico.

7 A homeopatia é disponibilizada em várias formas: gotas (o excipiente mais comum, nesse caso, é uma solução alcoólica), comprimido, tablete, pó e até cremes de aplicação tópica. Foi escolhido o exemplo dos glóbulos de lactose por ser a forma farmacêutica mais comum e tradicional.

metallicum 30 CH, feitos a partir da arnica e do ouro, respectivamente. Isso porque o método de preparação da homeopatia – a *farmacotécnica homeopática* – dilui a substância inicial a ponto de não deixar nenhum traço dela no produto ingerido pelo paciente. A ideia de que um excipiente, sem nenhum traço de princípio ativo, pode interagir com o organismo e produzir efeitos terapêuticos não é apenas implausível, ela é inconsistente em relação à quase tudo o que se sabe de farmacologia, fisiologia e bioquímica.

Por isso, não surpreende que as mais completas e criteriosas metanálises que avaliaram a eficácia clínica da homeopatia concluam não haver evidências confiáveis de que ela tenha efeitos terapêuticos além do placebo.[8] Os homeopatas, por sua vez, contestam tal conclusão, mas, para isso, citam metanálises – publicadas em periódicos de menos impacto e, via de regra, elaboradas e revisadas por autores simpáticos à homeopatia – que concluem, no máximo, que se por um lado a evidência clínica disponível mostra que "medicamentos prescritos em homeopatia individualizada podem ter pequenos efeitos terapêuticos específicos", por outro, "a qualidade geralmente baixa ou incerta da evidência suscita cautela na interpretação desses resultados".[9] Em suma, mesmo artigos escritos por homeopatas, por mais que denotem esforço em apresentar seus resultados sob uma luz favorável à doutrina, não apresentam evidência convincente, robusta e confiável da eficácia clínica dos preparados homeopáticos.[10]

---

8 Cf. Shang et al., Are the Clinical Effects of Homoeopathy Placebo Effects?, *The Lancet*. Uma revisão sistemática ainda mais completa, com conclusão similar, foi elaborada pelo National Health and Medical Research Council da Austrália (cf. Australian Government, *NHMRC Information Paper*).

9 Cf. Mathie et al., Randomised Placebo-Controlled Trials of Individualised Homeopathic Treatment, *Systematic Reviews*. A metanálise é uma das citadas por Waisse (2017, p.138), em um dossiê bastante citado por homeopatas brasileiros. No entanto, ela só menciona a primeira parte da conclusão do artigo, sem fazer menção ao trecho em que os autores explicitam a qualidade baixa ou incerta da evidência analisada. Todas as obras estrangeiras citadas são tradução nossa.

10 Cabe ressaltar que nenhuma das metanálises que Waisse (2017) classifica como sendo favoráveis à homeopatia apresenta evidências robustas ou de boa qualidade de que a homeopatia seria eficaz. Esses trabalhos sempre trazem uma restrição similar à que vimos no artigo de Mathie (ele mesmo homeopata): concluem que a *evidência analisada pode ser compatível* com a eficácia clínica da homeopatia ou, no máximo, que seria incompatível com a hipótese de que os efeitos clínicos da homeopatia seriam devidos exclusivamente ao efeito placebo; mas logo em seguida destacam a *baixa qualidade metodológica da evidência analisada*. Tal ponderação não pode ser ignorada na interpretação dos resultados analisados – como os próprios autores ressaltam –, mas Waisse, ao comentar esses artigos, sistematicamente

A conclusão de que não há boas razões para crer que os preparados homeopáticos produzam efeitos terapêuticos específicos, se por um lado é amparada pela maior parte da comunidade científica, por outro é contestada por quase todo profissional de saúde que trabalha com homeopatia. E não só: também é contestada por uma parcela – não quantificada com exatidão – de médicos e cientistas que não trabalham com homeopatia, e até mesmo por algumas instituições médicas e científicas que não são compostas apenas por homeopatas, das quais a mais notável, no contexto brasileiro, é o Conselho Federal de Medicina (CFM), que desde 1980 reconhece a homeopatia como especialidade médica; e, claro, também por milhões de pacientes. Neste livro, examinaremos detalhadamente vários argumentos mobilizados nessa disputa travada na esfera pública. Porém, cabe deixar claro que, embora sejam apontadas várias fragilidades tanto da teoria como da prática da homeopatia, o objetivo central deste livro não é "provar" que ela não funciona, muito menos "testar" a hipótese de que não funcionaria. Isso não faria sentido em uma investigação sociológica. Antes, para os fins desta investigação, toma-se como suficientemente bem estabelecido que a homeopatia não funciona (no sentido acima estipulado), com o objetivo de explicar a adesão de profissionais da saúde e pacientes a um sistema de crenças cultivado em torno da ideia de que a homeopatia funciona.

A esta altura, é importante deixar claro que, para a agnotologia e os estudos da ignorância em geral, "ignorância" não é sinônimo de "estupidez". Quando alguém aponta o dedo para um desafeto e o tacha de ignorante, para insultá-lo, o termo é usado com o intuito de afrontar a inteligência de alguém. Neste trabalho – e nos estudos da ignorância em geral –, o termo tem sentido descritivo, ou seja, é compreendido como um fato ou um estado de coisas passível de ser explicado. Nesse sentido, todos somos similarmente ignorantes, embora não ignoremos exatamente as mesmas coisas.

Parafraseando o filósofo francês Mathias Girel, responsável pelo mais completo acervo bibliográfico sobre a ignorância,[11] "há várias maneiras de

---

omite essas ponderações, mostrando para seus leitores um quadro muito mais favorável à homeopatia do que o que vemos ao ler as conclusões na íntegra. E vale lembrar que esses são apenas os artigos assinados por homeopatas ou por pesquisadores especializados em formas complementares e alternativas de medicina.

11 O acervo Science et Ignorance, que faz parte do Centre d'Archives en Philosophie, Histoire et Edition des Sciences (Caphés), um departamento vinculado à Escola Normal Superior de

ser ignorante",[12] pois ignorar, no sentido amplo do termo, é simplesmente não saber alguma coisa. Essa "alguma coisa" pode ser:

- Um fato discreto e muito bem delimitado sobre o mundo, como o nome de uma pessoa ou se choveu ou não certo dia em determinada cidade.
- Um fenômeno complexo, como o descrito pela teoria da relatividade geral ou pela teoria da evolução.
- Uma crença, seja ela verdadeira e bem justificada (como a de que a Terra tem por volta de 4,54 bilhões de anos), seja falsa (como a de que ela tem 6 mil anos).[13]
- Uma técnica ou habilidade, como fazer feijoada, dirigir um carro ou portar-se à mesa de maneira elegante.
- Um valor ou conjunto de valores, regras ou convenções (tácitas ou manifestas) que orienta a ação de indivíduos ou de grupos.

O mais importante é ter em vista que *a ignorância sempre se refere a um objeto*, a algo ignorado. Nossa linguagem ordinária – em diversos idiomas – reconhece isso ao estipular que "ignorar" é um verbo transitivo, que pede um objeto direto. Mas a linguagem tem nuances; ela também induz a tratar "ignorância" como sinônimo de "estupidez", quando se emprega a palavra "ignorante" como insulto.

Não há como negar que essa associação faz parte do campo semântico da palavra "ignorância", e que há algo pejorativo no termo. Mas isso não é razão para recuarmos diante da reflexão sobre a ignorância. Antes, a melhor forma de lidar com a carga pejorativa é combatendo a associação fácil, mas equivocada, entre ignorância e estupidez. Lembremos que ignorância sempre se refere a um objeto, a algo ignorado, e que ela, o não saber, o desconhecimento, é, em última análise, parte inescapável da condição humana. As imagens em geral associadas à ignorância – a figura humana com orelhas de burro das gravuras e pinturas alegóricas, o avestruz com a cabeça enfiada na terra, os três chimpanzés cobrindo os olhos, os ouvidos e a boca – extraem o seu apelo da

---

Paris (PSL-ENS) e ao Centro Nacional de Pesquisa Científica (CNRS).
12 Girel, *Science et territoires de l'ignorence*, p.11.
13 Na medida em que há pessoas que acreditam ou acreditaram que a Terra tem 6 mil anos, essa ideia existe como crença, mesmo não sendo verdadeira; e é perfeitamente possível ignorar que tal crença existe.

associação fácil com a estupidez, e falham em captar o essencial: que a ignorância é um fato trivial da vida humana, é a consequência de que não somos criaturas oniscientes, é a contrapartida necessária do conhecimento.

Assim, para afastar o uso impróprio do termo, vamos identificar o que, exatamente, afirmamos que os homeopatas ignoram ao aderir às ideias de Hahnemann: os preparados homeopáticos, se feitos e prescritos de acordo com as regras da homeopatia, não produzem quaisquer efeitos terapêuticos específicos; eles são placebos. Isso não significa que tudo que os seguidores de Hahnemann fazem ou alegam esteja errado, mas, uma vez que a doutrina homeopática baseia-se na eficácia de seus preparados, desacreditá-la implica desacreditar a doutrina como um todo, o *sistema médico* proposto pelo médico alemão. Desacreditá-la implica, ainda, que um médico, se pretende que sua prática seja orientada pela ciência e pelo melhor conhecimento disponível, não tem bons motivos para prescrever medicamentos homeopáticos a seus pacientes. Desacreditá-la implica, por fim, que se concordamos não ser razoável gastar recursos públicos com tratamentos que não são amplamente aceitos pela comunidade científica, então não deveria haver lugar para a homeopatia no sistema público de saúde – afirmação que deixa claro como este trabalho se posiciona a respeito dessa questão pública controversa.

Isso posto, a história da ciência ensina que é preciso ter cautela em tomar como estabelecido até mesmo a mais incontroversa teoria científica. É inegável que diversas teorias em algum momento consideradas verdadeiras foram rejeitadas mais tarde.[14] Diante da possibilidade de que as teorias que a comunidade científica considera verdadeiras tenham o mesmo destino no futuro – chamada de metaindução pessimista –, é importante não presumir que os enunciados científicos, quaisquer que sejam, são um espelho da realidade. Pode ser, por exemplo, que os instrumentos de que dispomos aqui e agora para testar nossas teorias não consigam captar uma parte importante da realidade (como era o caso, digamos, antes da invenção do microscópio), ou que elas estejam inteiramente baseadas em pressupostos que parecem autoevidentes, mas que o são apenas para nós, criaturas que só conhecem uma fração diminuta do universo e experimentam a realidade de forma

---

14 Laudan (1981, p.33), em um influente artigo, lista alguns exemplos, entre eles: teoria do éter eletromagnético, na física; e teoria da força vital, na fisiologia, sobre a qual nos debruçaremos mais adiante.

concreta em uma escala compatível ao tamanho do corpo e a duração da vida humanos (como o pressuposto de que tempo e espaço são imutáveis, que estava na base da física newtoniana). Assim que a história das ciências passou a ser levada a sério, a filosofia da ciência reconheceu que uma teoria ser bem aceita pela comunidade científica não significa que ela seja, de fato, verdadeira, nem mesmo garante que seja a "melhor aproximação possível" da verdade.[15] Apesar de atualmente ser quase um clichê, não há como evitar de mencionar que o conhecimento, inclusive o científico, está em constante transformação.

Por isso, cabe perguntar: e se esse for o caso da homeopatia? E se, como os próprios homeopatas afirmam, houver algum mecanismo ainda desconhecido que permite aos preparados homeopáticos produzir efeitos terapêuticos específicos? Estipulado esse cenário – que jamais é possível afastar em definitivo, como deve reconhecer um trabalho que trata da ignorância –, não seria errôneo tomar como estabelecido que a homeopatia não funciona? Será que não seria melhor, ainda mais por um prisma sociológico, tratar o assunto como uma questão em aberto, suspendendo o juízo a seu respeito?

Ouvimos variantes dessa pergunta diversas vezes no curso da pesquisa e mesmo após a conclusão deste trabalho. Não há como descartar de uma vez por todas essa possibilidade, mas é importante, em primeiro lugar, deixar claro que, mesmo se todas as tábuas do navio da ciência forem trocadas, mesmo se todas as teorias que a comunidade científica atualmente considera bem estabelecidas forem descartadas, isso, por si só, não bastará para que a teoria de Hahnemann se torne verdadeira. Mobilizar a metaindução pessimista como argumento *em defesa* de uma teoria específica – no caso, a homeopatia – é um equívoco,[16] pois não basta que as ciências do futuro sejam diferentes das do presente para que a teoria homeopática seja verdadeira; é preciso que sejam diferentes de uma maneira bem peculiar. O cenário projetado pela metaindução pessimista é um cenário *nebuloso* para o espectador do presente, afinal, não sabemos como serão as ciências do futuro. Pode até

---

15 Apesar de não ser o caso de um trabalho de sociologia aprofundar nessa discussão, que afinal não acabou com Laudan (1981). Seu texto, porém, pode ser considerado um marco no debate em torno dela.

16 De resto, parece bem mais frutífero conceber a metaindução pessimista como uma crítica ao realismo, ou melhor, à ideia de que nossas melhores teorias são "a mais pura verdade" ou mesmo que se aproximam progressivamente dela, ou então concebê-la como uma forma de aguçar e manter viva a *sképsis* – em vez de concebê-la como um argumento que deve ser compreendido em termos literais (mesmo porque, nesse caso, incorreríamos em uma contradição performativa).

ser que a hipótese dos homeopatas esteja correta, mas esse é apenas um dos vários cenários possíveis; há muitos outros em que as ciências futuras rejeitam tanto as teorias científicas mais bem estabelecidas, como as menos.

E não é só. O caráter transitório do conhecimento científico é, decerto, uma boa razão para tratar com cautela as nossas presunções de conhecimento. No entanto, não é uma boa razão para tratar como equiprováveis teorias amplamente aceitas pela comunidade científica e aquelas aceitas só por um nicho muito restrito de praticantes e pesquisadores, como é o caso da homeopatia.

Por fim, não se deve esquecer que este é um trabalho de sociologia, e que o sociólogo que porventura escolher suspender o juízo sobre a questão da eficácia clínica da homeopatia adotará, na prática, a postura de não levar em conta, de ignorar, no sentido amplo do termo, o que a maior parte da comunidade científica disse até aqui sobre a questão. Evitar tomar uma posição sobre questões factuais – isto é, adotar a suspensão do juízo, como vários colegas recomendam fazer – pode até permitir ao sociólogo evitar incorrer em erro, mas isso tem um preço. Nesse caso, o sociólogo na prática tratará, *a priori* e quase à revelia de todo o conhecimento produzido sobre o assunto ao longo de duzentos anos, como igualmente prováveis o cenário em que a homeopatia funciona exatamente como os homeopatas afirmam e o cenário em que ela não funciona.[17] Isso fica mais evidente quando nos distanciamos da homeopatia e analisamos casos como o da indústria do cigarro ou o do negacionismo climático. Por mais que sejam situações diferentes em muitos aspectos, no âmbito da agnotologia são bons exemplos do absurdo que seria suspender o juízo de fato quanto ao caráter antropogênico das mudanças climáticas para estudar o negacionismo climático, ou quanto ao potencial carcinogênico do cigarro para estudar a produção deliberada de ignorância promovida pela indústria do tabaco. Nesses casos, o próprio problema de pesquisa só pode ser formulado com base em algumas pressuposições, e é claro que devemos ser cautelosos e reflexivos em relação às várias conjecturas que informam o recorte de uma pesquisa, mas ser cauteloso e reflexivo não é o mesmo que evitar tomar *qualquer* posição em relação a questões já muito debatidas em outras áreas do conhecimento.

---

17 Uma crítica detalhada ao que chamamos de regra da suspensão do juízo de fato – evocada com frequência na sociologia do conhecimento e do desconhecimento – foi elaborada em Bárbara (2018, p.75-86).

Como dito, não é objetivo deste livro "provar" que a homeopatia não funciona, mas, para a caracterização do problema, serão expostas diversas fragilidades da doutrina homeopática que ajudam a compreender por que não temos boas razões para crer que ela seja eficaz. Essa é uma questão de grande importância no contexto contemporâneo. Uma das lições da metaindução pessimista é, por sinal, que os seres humanos têm uma capacidade fantástica de aderir a ideias errôneas, que elaboram racionalizações sofisticadas, e mesmo engenhosas, para não abandonar as crenças que lhes são mais caras. Vemos isso por toda a parte na história das ciências. O ponto é que não há como compreender os erros sem arriscar identificá-los, sem tentar apontá-los, sem delimitar, de maneira refletida, um conjunto de ideias e afirmar que elas estariam erradas por tal e qual razão. Devemos ser cautelosos na atribuição de ignorância e erro – afinal, não há como garantir que tais atribuições não sejam, elas mesmas, novos erros, ou que não sejam fruto da nossa ignorância. Mas insisto que devemos tratar com um pouco mais de naturalidade a possibilidade do erro e a nossa ignorância, que não devemos deixar que a cautela imobilize a capacidade para pensar criticamente. Ao tomar como estabelecido que a homeopatia não funciona, no fundo, apenas nos apoiamos no conhecimento construído coletivamente sobre o assunto ao longo de mais de dois séculos, para tentar lançar luz sobre o atual momento.

Por isso mesmo, e para compreender melhor *como* se construiu esse conhecimento, é inevitável adotar um olhar histórico sobre a questão. Esse olhar é indispensável para que o sociólogo possa dialogar de maneira crítica com o conhecimento construído, para que possa se apoiar nele sem tomá-lo como simplesmente dado.

A homeopatia surgiu em uma época em que a medicina era muito diferente do que é atualmente. As sanguessugas e flebotomias eram um dos métodos mais aceitos para tratar as mais diversas doenças, ao lado de eméticos e purgativos. Mesmo em hospitais, práticas sanitárias elementares – tais como lavar as mãos após o contato com doentes ou antes de realizar cirurgias – só se tornariam regra em meados do século XIX, após a morte de Hahnemann. Tampouco haviam sido desenvolvidas na Europa técnicas modernas de anestesia geral, de modo que muitas cirurgias eram realizadas sem anestesia adequada. O arsenal medicamentoso era bastante reduzido e pouco confiável: os antibióticos não haviam sido descobertos, e várias substâncias minerais e vegetais eram prescritas apenas com base na tradição médica, sem ter passado por experimentos controlados, que se tornariam padrão só muito depois. Até o mais sábio dos médicos da época ignorava completamente certos assuntos que, atualmente, uma pessoa aprende já na escola básica, como a diferença entre vírus, bactérias e protozoários, uma vez que a teoria microbiana não fora desenvolvida. O organismo era desconhecido na escala celular; não havia métodos de sondagem do interior do corpo humano vivo.

A homeopatia surgiu – na virada do século XVIII para o XIX – ao mesmo tempo que diversas outras novidades no mundo da medicina. Invenções como a primeira vacina moderna (1806) e o estetoscópio (1816) anunciaram novos tempos. Ficava cada vez mais claro que era preciso romper com as tradições de pensamento médico herdadas da Antiguidade clássica, ainda ensinadas nas universidades europeias e que orientavam a prática médica do mundo ocidental. Aos poucos, a ciência começava a revolucionar a medicina.

Mas o rompimento com a tradição não é uma história linear do triunfo da ciência sobre a superstição. A homeopatia foi apenas uma das várias doutrinas médicas com pretensões revolucionárias que fizeram moda na Europa nesse período e que contribuíram para minar a tradição. Esse também foi o caso do *mesmerismo*, ou teoria do magnetismo animal, desenvolvido pelo médico alemão Franz Mesmer (1734-1815), e ainda do *brownismo*, doutrina criada pelo médico escocês John Brown (1735-1788). A diferença é que as ideias de Hahnemann não seriam logo relegadas às páginas da história da medicina, mantendo-se, ao contrário, vivas até hoje. Além disso, enquanto a medicina continuou a passar por transformações drásticas desde então, em boa medida por causa dos avanços científicos que se seguiram, a homeopatia continuou essencialmente a mesma.

Isso tem uma implicação importante para a agnotologia. Surgidas em uma época na qual o conhecimento fisiológico e farmacológico era muito mais precário do que é atualmente, as ideias de Hahnemann refletiam esse desconhecimento. Embora hoje os homeopatas saibam muitas coisas que Hahnemann não estava em condições de saber, eles ainda assim se valem de uma doutrina que não incorpora o conhecimento produzido nesse meio tempo. Ou seja, mesmo o homeopata que conhece a fisiologia humana muito mais a fundo do que Hahnemann, na prática, sempre que segue fielmente suas instruções, *age como se ignorasse* tudo o que o mestre ignorava. Com isso, o desconhecimento de Hahnemann é comunicado para as novas gerações; e isso no sentido amplo de comunicação: no sentido de que a ignorância de Hahnemann é partilhada por um círculo cada vez maior de pessoas, deixando assim de ser desconhecimento individual para se tornar desconhecimento comum, coletivo, para se reproduzir em sua forma social. Nesse ponto, este trabalho faz um desvio importante em relação à terminologia e ao enquadramento conceitual usuais da agnotologia: o enfoque aqui não é exatamente na "produção" da ignorância, mas na sua comunicação em sentido amplo, na sua reprodução.

Outro desvio digno de nota em relação à literatura da área é que grande parte dos trabalhos produzidos na esteira da agnotologia se debruça sobre situações que envolvem a produção mais ou menos deliberada de ignorância, sendo o caso modelo o da indústria do cigarro. A própria literatura, porém, reconhece que a produção da ignorância – o mesmo pode ser dito de sua reprodução – não é sempre deliberada e consciente. Há, nesse sentido, vários trabalhos que mostram como constelações de valor e estruturas mais amplas de poder – isto é, estruturas que não se limitam a grupos de interesse específicos, como os empresários da indústria do tabaco, mas que refletem desigualdades estruturais das sociedades capitalistas – produzem ignorância de forma indireta e sistêmica. Um desses trabalhos é o de Nancy Tuana acerca do desconhecimento sobre a anatomia da genitália feminina.[18] Tuana, ao investigar manuais científicos de anatomia em perspectiva histórica, mostra como o clitóris tende a ser representado como uma estrutura mais simples e pobre em detalhes se comparado ao pênis. A relativa desconsideração e desvalorização do prazer feminino aí implicada é um bom exemplo de como relações de poder impactam de forma sistêmica não só o conhecimento produzido em sociedade, mas também o não produzido.

Casos que envolvem a construção "passiva" ou não deliberada da ignorância – para usar os termos propostos por Proctor e Schiebinger,[19] que considero um pouco simplistas – são de especial interesse para a análise sociológica. São também muito mais difíceis de explicar. A ignorância promovida pela indústria tabagista é um fenômeno relativamente mais simples: trata-se, em última análise, de um grupo de pessoas que explorou sua posição de poder para impor seus interesses.

---

18 Cf. Proctor e Schiebinger, op cit., p.108-45.
19 Ibid.

Sob tal lente, o caso da homeopatia é muito diferente do caso da indústria do tabaco. Não devemos, é claro, alimentar ilusões; a homeopatia também movimenta muito dinheiro. O maior laboratório de preparados homeopáticos do mundo, Boiron, é uma empresa francesa de capital aberto com faturamento anual declarado na ordem de 600 milhões de euros. A Boiron é só uma engrenagem do maquinário econômico da homeopatia. Médicos, farmacêuticos, praticantes leigos, professores, veterinários, agrônomos e outros indivíduos que trabalham auxiliando tais profissionais – como atendentes em farmácias homeopáticas, projetistas de máquinas para produzir as preparações homeopáticas, desenvolvedores de *software* para auxiliar o médico homeopata a chegar à prescrição considerada correta pelo cânone da doutrina etc. – movimentam muitos mais milhões de euros, dólares, reais, rupias indianas, pesos etc.

Apesar disso, os homeopatas não são particularmente poderosos, seu poder político e econômico não se compara, nem de perto, ao da indústria do cigarro e, tampouco, ao das grandes companhias farmacêuticas. Os homeopatas são realmente marginalizados até dentro da comunidade médica, são amiúde ridicularizados e tratados com palavras ásperas por seus opositores no debate público. E não é só: todos os profissionais que trabalham com homeopatia que conheci – antes, durante e depois de conduzir esta pesquisa – demonstraram preocupação genuína com seus pacientes. A maior parte se identifica com a homeopatia de uma forma muito pessoal – não é incomum ouvir alguém se apresentar como uma "pessoa homeopática". Para a pessoa homeopática, a homeopatia também é, como não poderia deixar de ser, um trabalho, uma forma de ganhar dinheiro; mas é, para muito além disso, uma forma de olhar para o mundo e de contribuir para ajudar os coabitantes deste mundo e aliviar o sofrimento humano. É uma causa que confere sentido ao conjunto de suas ações, é parte de sua identidade.

Essa circunstância exige do sociólogo uma sensibilidade muito maior do que, digamos, a exigida para investigar a ignorância promovida pela indústria do cigarro. Em versões anteriores deste trabalho, nem sempre fui feliz em articular a discussão com a sensibilidade que o assunto requer; e é provável que, ao reler no futuro o que foi aqui escrito, encontremos outras formulações infelizes. Mas esperamos que o leitor concorde que essa dificuldade não é motivo para evitar discutir a questão pelo prisma da agnotologia. Ao contrário, se a literatura se ativer a casos menos "controversos", como o da indústria do tabaco, estará condenada a ignorar dinâmicas de produção e reprodução da ignorância que só se manifestam quando o desconhecimento já não é resultado da maquinação de grupos de interesse poderosos, estará condenada a ignorar dinâmicas que alimentam a própria controvérsia pública, que *tornam* questões como a questão da homeopatia controversas na esfera pública.

Devemos ter em mente que as ideias de Hahnemann demonstraram, até aqui, uma força extraordinária. Em torno delas, formou-se uma cultura complexa e diversificada, como veremos ao longo deste livro. Nisso reside uma das principais diferenças da homeopatia com outros pseudomedicamentos, como a cloroquina – quando usada para tratar a Covid-19 – ou a fosfoetanolamina – promovida como cura do câncer por um grupo de pesquisadores formado em torno de um ex-professor do Instituto de Química da USP de São Carlos, e que ganhou os noticiários e a atenção dos três poderes, sobretudo entre 2015 e 2016. Por mais impactantes que tais fenômenos tenham sido, eles logo perderam fôlego.

Por sua vez, como veremos ao longo do livro, a resiliência bicentenária das ideias de Hahnemann está relacionada à circunstância de que elas conseguiram lançar raízes em várias camadas da cultura moderna, ocupando brechas institucionais oferecidas aqui e ali pela comunidade médica. Há todo um intricado sistema de ideias – uma cultura rica, diversa e dinâmica – que contribui para tornar mais plausível, mais intelectualmente palatável, a crença na eficácia da homeopatia.

Neste livro, investigaremos a fundo a cultura homeopática: ideias, fantasias, aspirações, narrativas, discursos, afetos, motivações, racionalizações, invenções, jargão, referências, alianças e, não menos importante, controvérsias que unem e dividem os homeopatas desde a criação da doutrina até os dias atuais. Pois o longo argumento deste livro é que um componente central para explicar por que tantas pessoas ainda ignoram o fato de que os glóbulos de lactose prescritos pelos homeopatas não são a cura que prometem ser reside, justamente, na complexa e industriosa cultura formada em torno desses glóbulos.

1
A HOMEOPATIA NO SEU CONTEXTO DE ORIGEM

1.1. Para uma história crítica da homeopatia

Já se afirmou que "qualquer discussão em homeopatia começa por uma referência a seu fundador", Samuel Hahnemann (1755-1843), por causa da "natureza essencialmente histórica da homeopatia".[1] Essa afirmação, se despida de seus exageros retóricos, dá uma pista importante para compreendermos a persistência da cultura homeopática no mundo contemporâneo.

Retirada de um artigo publicado em uma revista de homeopatia, a autora da frase não se preocupou em demonstrá-la. Nem precisava, pois isso é uma obviedade para qualquer pessoa acostumada a ler os textos que circulam entre homeopatas, ou a acompanhar as discussões da área. Mas este não é um trabalho escrito para homeopatas, e por isso convém demonstrá-la ao leitor.

Há várias maneiras de evidenciar a centralidade das ideias de Hahnemann para a atual cultura homeopática no Brasil. Qualquer médico brasileiro que queira obter o título de especialista em homeopatia, de forma legítima, tem apenas duas linhas de ação a seguir: ou faz um dos raros cursos de residência médica em homeopatia, ou – como é bem mais comum – presta o exame oficial da Associação Médica Homeopática Brasileira (AMHB). Em ambos os casos, é cobrado do candidato amplo conhecimento das ideias de Hahnemann, cujo nome e teorias são mencionados em todas as provas para homeopatas a que tive acesso. Sua obra integra a bibliografia de todos os cursos de homeopatia analisados, desde os que servem de requisito para a realização da prova da AMHB (cujo público-alvo são médicos formados)

---

1 Cf. Priven, 2004, p.17.

até os oferecidos para estudantes de medicina, como disciplinas optativas durante a graduação. Sua importância na formação do homeopata também se faz presente na produção acadêmica: quase metade dos artigos publicados nas duas principais revistas de homeopatia do país trazem referências explícitas a Hahnemann.[2] Menções diretas a ele também foram feitas na maior parte das apresentações orais realizadas no 70º Congresso da Liga Medicorum Homoeopathica Internationalis (LMHI), realizado em 2015.[3] A LMHI é, vale dizer, uma das mais importantes associações internacionais de homeopatas.

Isso mostra que Hahnemann continua presente na cultura homeopática atual, e por isso só compreendemos algumas divisões internas da cultura homeopática quando levamos em conta as ideias de seu fundador.

Neste capítulo, será apresentado o pensamento de Hahnemann no seu contexto de origem, comparando-o, de forma crítica, às ideias de outros médicos da época. Essa abordagem foi escolhida por duas razões. A primeira é que, apesar de muito já ter sido dito a respeito da história da homeopatia, ainda falta uma comparação cuidadosa entre as ideias de seu criador e as de outros médicos que viveram no mesmo contexto em que ele viveu. Há, isso sim, vários trabalhos que discutem as influências – ou supostas influências – de Hahnemann, mas não há uma discussão da homeopatia à luz do debate médico da época e levando em consideração o país em que foi criada; até o momento, a obra de Hahnemann só foi comparada em detalhe à de seus predecessores.[4]

A segunda razão é que boa parte das críticas que recebi de sociólogos, filósofos e antropólogos que tiveram contato com meu trabalho girava em torno da ideia de que os critérios usados para validar o pensamento médico convencional poderiam não ser aplicáveis à homeopatia. A prática teria por base uma "episteme", "paradigma" ou "racionalidade" não só

---

2 O nome de Hahnemann foi mencionado em 137 dos 278 artigos que foram objeto de fichamento sistemático na pesquisa que serviu de base para este trabalho.
3 Houve ao menos uma menção direta a Hahnemann em 43 das 65 apresentações a que assisti na íntegra, o que equivale a cerca de dois terços das apresentações.
4 Encaixam-se aí os trabalhos realizados por Novaes (1989), Ruiz (2002), Priven (2005) e Rebollo (2008), para mencionar apenas a produção nacional mais recente a respeito da história da homeopatia. Há também trabalhos mais atentos à dimensão prática da homeopatia, que, embora tenham se preocupado em referir as ideias de Hahnemann ao seu contexto mais imediato, não fazem comparações entre suas ideias e as de outros médicos. Dentre estes, são dignos de nota King (1958), Jütte, Eklöf e Nelson (2001) e Thomas (2006).

diferente, mas também incomensurável com a da medicina convencional. Por isso, afirmações como "os medicamentos homeopáticos não são eficazes" só fariam sentido se complementadas com "de acordo com os critérios da medicina convencional", ou ainda "com base na racionalidade médica convencional", por sua vez atrelada a grupos de interesse radicados em um contexto sócio-histórico específico. Esse raciocínio abre espaço para outras "racionalidades" médicas, cada uma atrelada a grupos de interesse específicos. Estaria aí incluída uma possível "racionalidade" homeopática, com seus próprios critérios para decidir o que é ou não eficaz, em última análise, incomparáveis com os da medicina convencional.

Será que essa linha de raciocínio se aplica ao caso da homeopatia? Será que ela, de fato, opera com critérios incompatíveis com os da medicina convencional? Parece razoável presumir que a melhor maneira de responder a essas questões passa por considerar, com o máximo de atenção e detalhadamente, a evidência histórica disponível. Isso implica ir além das generalidades que conhecemos sobre a homeopatia; implica ir além, também, da imagem que os homeopatas projetam de sua doutrina em sua luta por reconhecimento; e implica, por fim, compreendê-la em diferentes contextos. E o que gostaria de mostrar aqui é que uma análise da doutrina homeopática em dois contextos discursivos diferentes – seu contexto de origem e seu contexto atual –, revela que esse simplesmente não é o caso: desde sua origem até seus desdobramentos mais recentes no Brasil, nada há na doutrina homeopática que inviabilize sua avaliação pelos critérios da medicina convencional, seja a de hoje, seja aquela em voga no começo do século XIX, em terras germânicas.

Para evitar mal-entendidos, não serão empregadas as noções de "racionalidade", "episteme" ou "paradigma", pois entendemos que são ferramentas analíticas pouco claras e demasiado genéricas para dar conta das nuances do assunto em pauta, sobretudo da maneira como costumam ser usadas em discussões sobre homeopatia. Em vez de descrever e comparar "racionalidades", "epistemes" ou "paradigmas" da medicina, a proposta é analisar o pensamento médico de alguns autores em termos de sua relação com *tradições de pensamento*, devidamente referidas a seu respectivo contexto discursivo – seguindo, nesse ponto, o caminho indicado pelo filósofo da ciência Larry Laudan.[5]

---

5 Cf. Laudan, 2011.

É verdade que só conseguimos expressar nosso conhecimento por meio do arcabouço conceitual de que dispomos no momento, o que impõe várias dificuldades para o tipo de análise aqui proposta, não só porque operamos com uma série conceitos desconhecidos no período estudado, como também porque topamos com conceitos que caíram em desuso. Fator agravante: pode ser que uma palavra usada hoje para designar uma condição fosse comumente empregada, há dois ou três séculos, com sentido distinto, como é o caso da palavra "febre".[6] Mas isso não basta para concluir que a medicina do século XVIII operava com uma "racionalidade" diferente da do século XXI, ou que os médicos atuais pensam de forma diversa dos de outrora. Até aqui, a diferença em jogo se limita a *alguns* dos itens do nosso repertório conceitual – uma diferença que pode, a princípio, ser corrigida.

Do mesmo modo, é difícil negar que muito do que Hahnemann escreveu não parece razoável nem mesmo para a medicina do começo do século XIX. Por exemplo:

> Da mesma forma, tampouco se consegue restabelecer uma mão escaldada por água fervente com isopatia, ou seja, aplicando água fervente, mas apenas por meio de um calor de intensidade um pouco menor, por exemplo: mantendo a mão num jarro com um líquido aquecido a 60 °R, que a cada minuto torna-se um pouco menos quente até enfim chegar à temperatura ambiente – e assim a parte queimada seria restabelecida por homeopatia.[7]

Note-se que a escala de temperatura usual na época era a escala Reámur, e que 60 °R equivale a 75 °C. O próprio Hahnemann revela, nessa passagem, que seu conselho para tratar queimaduras causadas por água fervente recebeu objeção dos médicos de sua época, o que não deixa dúvidas de que já havia, então, quem considerasse – com boas razões – que tal conselho não tinha cabimento.

Ocorre que isso também pode ser dito de boa parte das teorias médicas de seu tempo. Por volta de 1800, vários tipos de sangria eram aceitos como prática médica na Europa, sendo usados para tratar as mais diversas

---

[6] O termo é empregado atualmente com sentido distinto daquele que pode ser detectado em textos de medicina do século XVIII, segundo King (1958, p.123 et seq.).

[7] Hahnemann, 1833, p.68-69, tradução nossa.

enfermidades. O que sabemos atualmente sobre o funcionamento do corpo humano permite identificar como descabidas, e mesmo absurdas, várias das concepções que justificavam sua adoção, mas a situação não era a mesma para um médico no começo do século XIX e, por isso, não deixa de ser notável que Hahnemann, que não tinha como saber o que sabemos hoje a esse respeito, ainda assim, rejeitasse enfaticamente a utilidade terapêutica das sangrias. Pode-se dizer que ele foi um dos pioneiros da crítica às sangrias; que nesse ponto, pelo menos, ele estava à frente de seu tempo.

Só que, também nesse caso, trata-se de diferenças entre *alguns* dos critérios hoje utilizados para decidir se de fato conhecemos o que pensamos conhecer e *alguns* dos utilizados para o mesmo fim em outros períodos e contextos. Na época em que Hahnemann criou a homeopatia, não havia estudos clínicos controlados e de grande porte para avaliar se um tratamento seria eficaz contra certa enfermidade, muito menos metanálises que avaliassem estudos e consolidasse o corpo de conhecimento sobre o assunto. Vários médicos eminentes de seu tempo, como Christoph Wilhelm Hufeland (1762-1836), julgavam que a experiência clínica de um médico com boa formação acadêmica era suficiente para validar um tratamento.

Mas isso não implica uma diferença entre "racionalidades" médicas, pois mesmo hoje não podemos dizer que a prática médica é inteiramente baseada em ciência: muitos recursos terapêuticos efetivamente usados na clínica médica não foram avaliados por estudos clínicos controlados e de grande porte. É difícil negar que, na prática, a experiência ainda serve como critério para a tomada de decisões médicas, sendo esse um critério a que recorre o mesmo médico que, em outras circunstâncias, apoia-se em estudos clínicos para determinar qual o melhor tratamento para um paciente. Em resumo: não é que os médicos atuais pensem diferente do que os médicos de outrora, mas sim que há *determinadas discrepâncias* em termos (1) do arcabouço conceitual usado em cada contexto para descrever as porções do real relevantes para a medicina e (2) dos critérios empregados em cada contexto na tentativa de distinguir o que pensamos conhecer do que de fato conhecemos. Assim, por mais que tradições de pensamento diferentes muitas vezes operem de acordo com *alguns* critérios peculiares a tal tradição – ou atribuam pesos diferentes a este ou aquele critério –, ainda assim podemos compará-las pelos critérios partilhados entre elas, ou então avaliar cada uma delas com base em um novo conjunto de critérios, talhados especificamente para isso. Podemos, por exemplo, buscar identificar qual das tradições se mostrou mais frutífera na produção de teorias capazes de resolver, de modo adequado, certo conjunto de problemas cognitivos.[8]

Estipulada a possibilidade de comparação, adianto que duas questões básicas servirão de norte para a apresentação da doutrina homeopática em seu contexto de origem.

A primeira questão: *seria a homeopatia uma teoria médica viável para os padrões de sua época?* A resposta aqui apresentada, que será justificada ao longo deste capítulo, é, em síntese: em sua formulação inicial, entre 1795 e 1810, a doutrina homeopática já podia ser considerada questionável para os padrões da época, mas ainda assim promissora, se encarada com algumas reservas. Porém, nos anos seguintes, à medida que Hahnemann desenvolveu o corpo teórico da homeopatia, ela se mostrou cada vez mais inviável quando comparada às teorias concorrentes, de modo que, em 1833, já se podia dizer que não havia mais boas razões para aceitar suas principais ideias, inclusive aquelas que, duas décadas antes, soavam mais promissoras. Sobretudo porque, nesse intervalo, teorias concorrentes às de Hahnemann, as quais ele rejeitava, davam cada vez mais frutos e se consolidavam cada vez mais entre médicos e cientistas da época.

A segunda questão: *o que de mais importante Hahnemann ignorava ao propor a doutrina homeopática e que os outros médicos de seu tempo já não ignoravam?* Em linhas gerais, a resposta é: o papel dos eventos que ocorrem no corpo humano durante os processos de adoecimento. A doutrina homeopática, tal como formulada por Hahnemann de 1795 a 1833, ignorava um dos ramos do conhecimento médico que mais avançava na época: a fisiologia. Esse desconhecimento acabou se cristalizando no conjunto de textos que servem de base para a prática da homeopatia desde então, e foi, por esse meio indireto, comunicado às novas gerações de homeopatas – que, embora saibam, ou estejam em condições de saber, muito do que Hahnemann desconhecia, não conseguem articular esse conhecimento à doutrina que praticam, ao menos não a ponto de modificá-la de forma duradoura.

A resposta mais completa às questões propostas envolve a reconstrução da *evolução* da doutrina homeopática, o que será feito por meio da

---

8 É nesse sentido que segue a proposta de Laudan (2011, p.149 et seq.), que discute em detalhe a questão da avaliação das tradições de pesquisa.

comparação da primeira com a quinta edição do *Organon da Medicina*, publicadas em 1810 e 1833,[9] considerado, até hoje, o cânone da homeopatia. Essa reconstrução também será orientada por um enfoque de solução de problemas, ou seja, buscaremos identificar os problemas que Hahnemann tentou solucionar ao modificar sua doutrina ao longo do período, prestando atenção tanto a problemas puramente cognitivos, como aos de ordem mais prática. Comecemos, pois, elaborando um panorama do pensamento médico no contexto da origem da homeopatia.

1.2. Hahnemann e o problema geral dos fundamentos da medicina

Ao reconstruir o sistema médico proposto por Hahnemann, Regina André Rebollo, filósofa e historiadora da ciência, faz a seguinte observação:

> o problema central da medicina do período é basicamente o de justificar teoricamente a ação terapêutica, isto é, apresentar uma explicação racional da intervenção médica, que tenha sido elaborada com base em um conhecimento perfeitamente estruturado, cujo modelo para a época é o "conhecimento experimental e observacional isento de hipóteses metafísicas".[10]

Com efeito, algumas das publicações mais importantes da época permitem constatar que esse problema – ou seja, o "problema dos fundamentos

---

9 Richard Haehl, um dos mais influentes biógrafos de Hahnemann, foi um dos responsáveis pela publicação da sexta edição do *Organon*, em 1921, que teve como base anotações de Hahnemann. Uma versão crítica da sexta edição, baseada nos manuscritos preparados por Hahnemann, foi publicada apenas na década de 1990. Ela traz várias mudanças em relação às anteriores, mas nenhuma tão grande quanto as que podem ser verificadas entre as edições de 1810 e 1833. Josef Schmidt, o responsável pela edição crítica, após listar algumas mudanças, observa que a mais importante delas é a introdução de uma nova escala para a homeopatia, a chamada cinquenta-milesimal, que Hahnemann considerava superior à escala centesimal (o significado desses termos será discutido no Capítulo 2; cf. Schmidt, 1994, p.45). Apesar disso, ainda hoje a escala centesimal é a mais comumente prescrita por homeopatas, o que demonstra o pequeno impacto da sexta edição na cultura homeopática. Por isso, vamos nos ater a uma comparação entre a primeira e a última edição da obra publicadas enquanto Hahnemann ainda estava vivo.
10 Rebollo, 2008, p.25.

da medicina" – era de fato enfrentado por vários colegas de profissão de Hahnemann. Por isso, antes de expor a solução por ele proposta, é necessário reconstruir esse quadro mais geral de meados da década de 1790, quando o médico alemão preparava suas primeiras soluções homeopáticas.

1.2.1. Panorama do problema na Alemanha cerca de 1795

Boa parte das deficiências da historiografia atualmente disponível sobre a homeopatia deve-se, entre outras razões, à falta de critérios bem definidos para selecionar os autores relevantes que, de algum modo, teriam influenciado Hahnemann. Essa ausência está por trás de algumas falhas importantes que podem ser detectadas ao se tentar reconstituir o pensamento médico da época, como a tentativa de Rebollo. Em face disso, é oportuno lembrar a recomendação geral de Laudan de que o historiador da ciência deveria "prestar atenção aos parâmetros de debate e controvérsia científica da época";[11] com essa recomendação em vista, buscamos identificar, em meio a alguns dos principais veículos que registraram o debate e a controvérsia científicas no contexto temporal e espacial mais imediato em que Hahnemann estava inserido, os elementos mais relevantes para uma compreensão adequada de sua doutrina médica.

Sabemos que a primeira edição do *Organon* de Hahnemann foi publicada em 1810, e que as ideias ali contidas começaram a ser desenvolvidas na década de 1790. É nessa época, portanto, que devemos iniciar nossa busca pelo problema que o autor teria tentado resolver ao criar a homeopatia. A pesquisa historiográfica sobre a vida e a obra de Hahnemann permite especificar com precisão ainda maior onde devemos procurá-lo. Segundo Silvia Irene Waisse de Priven, médica homeopata e historiadora da ciência:

> a primeira formulação de suas novas teses [as de Hahnemann] a respeito da aplicação da semelhança na terapêutica e da metodologia de experimentação de medicamentos só foi exposta em 1796, no *Versuch über ein neues Prinzip zur Auffindung der Heilkräfte der Arnzeisubstanzen, nebst einigen Blicken auf die bisherigen*.[12]

---

11 Laudan, 2011, p.179.
12 Priven, 2005, p.21. O título citado em alemão pode ser assim traduzido: "Ensaio sobre um novo princípio para a descoberta dos poderes terapêuticos das substâncias medicinais, acompanhado por algumas considerações sobre aqueles até aqui vigentes".

Esse artigo foi publicado no *Journal der practischen Arnzeykunde und Wundarzneykunst*,[13] uma revista fundada um ano antes por Hufeland e ligada à Universidade de Jena, importante centro de ensino médico germânico da época. Como veremos, Hufeland, o mais influente médico alemão de sua geração, fornece várias chaves para a compreensão da evolução das ideias de Hahnemann.

Essa revista não era a única arena de debate importante, havia um bom número de publicações potencialmente relevantes. A literatura secundária especializada do período[14] permite identificar pelo menos mais um autor que precisa ser levado em conta: Johann Christian Reil (1759-1813). Embora Hahnemann não tenha travado um contato tão direto com esse autor, é importante termos em vista sua posição no debate médico, pois Reil, por circunstâncias históricas a serem especificadas adiante, viria a se tornar um interlocutor de peso para Hufeland.

Em 1795, o mesmo ano em que Hufeland funda seu jornal, Reil lança seu *Archiv für die Physiologie*,[15] no qual logo na introdução programática à primeira edição, ele destaca os inúmeros avanços conquistados no âmbito das ciências naturais, para em seguida fazer a seguinte ressalva:

> Chama a atenção o fato de que, de todas as ciências, a fisiologia (exceto a anatomia) é a que fez os menores avanços, em termos comparativos; e mesmo esses avanços não passam, em grande parte, de um punhado de hipóteses ora sem fundamento, ora sem sentido.[16]

Reil atribui o "atraso" da fisiologia não à natureza intrinsecamente obscura do seu objeto, mas a certos "obstáculos subjetivos", entre os quais destaca a tendência a buscar o fundamento dos fenômenos ligados à vida animal

---

13 *Jornal de farmacologia e medicina práticas*.
14 Cf. Broman, 1996.
15 Essa publicação (em português, *Arquivo para a fisiologia*) era vinculada à Universidade de Halle, em que Reil era professor e da qual logo se tornou um dos maiores expoentes. Apesar de ter sido estabelecida apenas na década de 1690, a Universidade de Halle rapidamente se tornou uma das instituições de medicina mais importantes da Prússia. Teve entre seus primeiros professores Friedrich Hoffmann e Georg Ernst Stahl, que tiveram grande destaque para a recepção germânica do mecanicismo e do animismo na medicina (cf. King, 1964; Debus, 2001, p.207-222).
16 Reil, 1796, p.4.

"num substrato suprassensível, numa alma, [...] numa força vital".[17] Nessa linha, afirma que "muitos médicos [...] tornaram-se a tal ponto dependentes de seus velhos dogmas, que consideram um pecado ser infiéis a eles, e evitam toda pesquisa, pois ela contradiz suas conveniências".[18] Para superar esse obstáculo, propõe que o corpo dos animais seja concebido como "objeto meramente físico", sujeito a leis naturais imutáveis, passíveis de serem estudadas no âmbito das ciências da vida e compatíveis com as demais leis da natureza, especialmente com as da física e da química.[19] Nesse sentido, o "fundamento" que então faltaria à atividade médica deveria ser buscado no estudo da fisiologia animal, e foi isso que levou Reil a lançar a primeira revista alemã dedicada a essa linha de pesquisa, o *Archiv für die Physiologie*. Cumpre enfatizar, portanto, que a pesquisa a que muitos médicos se furtariam por estarem presos a seus dogmas – como mencionado anteriormente – era a da área da *fisiologia*, e que o tipo de hipótese metafísica que Reil criticava eram conceitos animistas e vitalistas.

Isso permite especificar melhor o recorte que o problema geral dos fundamentos da medicina assume para Reil: trata-se de um problema surgido da incompatibilidade entre os conceitos empregados no âmbito da medicina e os empregados em outras ciências, já mais bem estabelecidas. Para ser mais exato, Reil procura mostrar como os dogmas metafísicos, que seriam, segundo ele, moeda corrente nas várias teorias médicas de seu tempo, eram incompatíveis com os desenvolvimentos recentes nas ciências naturais, já que tais teorias partiriam do pressuposto de que as leis da vida suspenderiam temporariamente as demais leis da natureza.[20] Nesse sentido, a solução que Reil propõe consiste em promover a pesquisa numa área que faria a ponte que liga a medicina à física, à química e à mecânica, ponte que corresponderia a uma fisiologia concebida em termos puramente naturalistas.

Assim, se quisermos atribuir nomes mais gerais para identificar a posição que Reil assume ao publicar esse texto, podemos mencionar naturalista ou fisicalista[21] (ele próprio chama a fisiologia nos moldes que propõe de

---

17 Ibid.
18 Ibid.
19 Cf. ibid., p.6-7.
20 Cf. ibid., p.52.
21 O que está de acordo com trabalhos que trazem uma reconstrução mais detalhada das ideias do autor, que levam em conta outros textos de Reil além dos que consultei, como Broman (1996)

doutrina natural,²² fortemente ligada às demais ciências naturais). Outra opção seria chamá-lo de materialista, ainda mais se considerarmos que a primeira frase do artigo "Von der Lebenskraft", que encabeça a primeira edição do *Archiv für die Physiologie*, é: "As manifestações do corpo vivo fundamentam-se antes de tudo na matéria".²³ Neste capítulo, adoto a opção fisicalista, pois captura de maneira mais intuitiva o que nos interessa para a elucidação do posicionamento de Hahnemann. Isso posto, a relação dessas concepções de ordem mais geral – importantes para Reil dada sua preocupação em articular os fundamentos da medicina em um registro mais compatível com o das demais ciências naturais²⁴ – com os problemas mais específicos da medicina aparece bem mais depois no artigo. Para dar uma ideia de como ele aplicava esses conceitos mais gerais aos problemas empíricos da medicina, podemos ter em mente que uma dessas "manifestações do corpo vivo" é a doença. Nessa linha, Reil afirma que "todas as doenças do corpo animal têm sua causa próxima ou numa *organização* ou numa *mistura* antinatural da matéria animal".²⁵

Mas a posição assumida por ele não era a única de destaque naquele período. O problema geral dos fundamentos da medicina pode ser detectado nos textos mais programáticos que Hufeland publica também em meados da década de 1790. Por exemplo, no texto em que ele entra em um embate com um representante do naturalismo de inspiração kantiana, o médico e filósofo Johann Benjamin Erhard (1766-1827).²⁶

Em um artigo publicado, em 1795, na revista *Der Neue Teutsche Merkur*,²⁷ Hufeland rebate um texto da edição anterior, de autoria anônima,

---

e Richards (2002). Rebollo (2008, p.61-66, 85-86) também propõe uma reconstrução, mas o resultado é insatisfatório; sua caracterização de Reil como vitalista está equivocada, e se baseia numa leitura superficial de uns poucos trechos de um texto em que Reil expõe as ideias vitalistas, mas apenas para criticá-las (o que passou despercebido por Rebollo).

22 O termo original é *Naturlehre* (cf. Reil, 1796, p.19-22).
23 Reil, 1796, p. 8. O título desse artigo pode ser traduzido como "Sobre a força vital".
24 Isso leva Reil a adotar uma terminologia que rescende a Kant, sobretudo ao seu livro *Crítica da razão pura*, como destaca Richards (2002, p.260), e ao universo conceitual da filosofia acadêmica da época, com a qual Reil tinha certa familiaridade. Devemos ter isso em mente quando formos tratar de Hufeland.
25 Reil, 1796, p.159.
26 De passagem, Richards (2002, p.169) sugere que Reil buscou inspiração, entre outros, em Erhard.
27 Revista literária criada pelo influente escritor alemão Christoph Martin Wieland (1733-1813), um dos vários pacientes ilustres de Hufeland. Na década de 1790, o leque temático da revista, considerada a mais influente do gênero na Alemanha, já não se restringia ao universo

porém, mais tarde atribuído a Erhard.[28] No texto que deu início a essa disputa, há uma série de críticas ácidas à ortodoxia médica – a que Hufeland se alinhava –, todas apontando para a falta de fundamentos de como a medicina era exercida. A resposta de Hufeland a essas críticas, a que ele se refere como um "ataque à medicina racional", toma como fio condutor a distinção entre a atitude do médico "racional" e a do médico "empírico" – que corresponderia à postura de seu interlocutor anônimo. Note que "empírico" tem aí um sentido particular, que convém discriminar do uso comum a fim de evitar confusões. Para Hufeland, o médico "empírico" é alguém que atua sem conhecimento de causa, cujas ideias derivam do exercício desregrado da medicina; é, em suma, alguém que pratica medicina sem a devida formação na área. O termo, tal como usado por Hufeland, tem claro teor pejorativo. Hufeland contrasta o "médico empírico" com o "médico racional" – rótulo esse de que ele se serve para caracterizar a própria posição. O médico "empírico", por não dispor de um conhecimento disciplinado, acabaria impondo, de fora para dentro da medicina, sistemas filosóficos alheios às exigências de seus pacientes – o que engloba desde sistemas místicos até o kantiano –, fazendo mais mal do que bem. O médico "racional" se vale dos recursos mais adequados para realizar o objetivo mais alto da medicina: "o verdadeiro fim da medicina é o aperfeiçoamento físico do ser humano, a manutenção, o restabelecimento e a ampliação da saúde, tanto individual quanto coletivamente".[29]

Formulada em termos tão genéricos, essa posição parece não envolver nenhuma solução específica para o problema dos fundamentos da medicina. Mas essa impressão se desfaz assim que contextualizamos melhor a passagem, que, bem compreendida, fornece uma chave importante para elucidar o posicionamento de Hahnemann em 1810, assim como sua eventual mudança. Por isso, convém desdobrar melhor o que significa dizer que o fim da medicina estaria na manutenção, restabelecimento e ampliação da saúde. Para isso, consideremos uma das obras mais conhecidas de Hufeland,

---

literário. Suas páginas também continham desde discussões políticas (em especial sobre a Revolução Francesa) até debates científicos na área da medicina.
28 Cf. Erhard, 1795. Para uma reconstrução mais detalhada desse debate, cf. Broman (1996, p.131-136).
29 Hufeland, 1795a, p.147.

a *Macrobiótica*,³⁰ publicada em 1796, exatamente no período que nos interessa.³¹ Eis o que lemos já no primeiro parágrafo da obra:

> Não se deve confundir essa arte [isto é, a macrobiótica] nem com a medicina usual, nem com a dieta médica, pois ela tem outros fins, outros meios e outros limites. O fim da medicina é a saúde, enquanto o da macrobiótica é a vida longa; os meios da medicina levam em conta apenas o estado presente e sua alteração, enquanto os da macrobiótica levam em conta o todo; no primeiro caso, basta conseguir restabelecer a saúde perdida, sem se perguntar se, pela maneira como isso é feito, a vida como um todo é prolongada ou encurtada [...].³²

O que nos interessa é que Hufeland propõe uma "divisão do trabalho médico", segundo a qual, *grosso modo*, caberia à medicina cuidar das pessoas quando adoecessem, e à macrobiótica ocupar-se em prolongar a vida, o que envolve uma atenção especial ao paciente, para garantir que ele permaneça saudável; ou seja, a macrobiótica enfoca o paciente saudável e não a doença, como se costuma dizer. Além disso, na sua visão, essas duas artes se complementariam numa espécie de sinergia.

A *Macrobiótica* é uma referência importante para compreendermos algumas das ideias de Hahnemann. A certa altura, Hufeland expõe em detalhe o conceito de força vital (*Lebenskraft*), numa versão muito próxima daquela criticada por Reil e eventualmente adotada por Hahnemann. Não seguiremos esse fio por enquanto, pois o que nos interessa aqui é apenas a proposta de Hufeland de distinguir a medicina da macrobiótica, pois, como veremos, em 1810 Hahnemann recorta o problema da medicina nesse mesmo molde.

---

30 O título original do livro era *Die Kunst das menschliche Leben zu verlängern* (A arte de prolongar a vida humana), mas as edições seguintes passaram a ter o título *Makrobiotik oder die Kunst der menschliche Leben zu verlängern*. Embora cite uma edição de 1797, ainda com o título original, vamos nos referir à obra como *Macrobiótica*, pois é assim que ficou conhecida. Note que, atualmente, o termo macrobiótica é, em geral, usado com outro sentido, mais restrito, para se referir a um tipo de dieta proposto, no fim do século XIX, pelo médico japonês Sagen Ishizuka (1850-1909). Um dos objetivos dessa dieta é o prolongamento da vida, mas ela não remonta diretamente a Hufeland.

31 Diga-se que o livro teve várias edições, e foi traduzido para o inglês já em 1797. Para uma reedição dessa primeira tradução, que preserva o título original, cf. Hufeland (1854). Trata-se de um trabalho bastante influente e relativamente popular para os padrões da época.

32 Hufeland, 1797, p.VI-VII.

Com isso, podemos enfim reconstituir, em linhas gerais, o problema dos fundamentos da medicina, tal como estava colocado para Hahnemann. Se, para Reil, a solução do problema demandava o desenvolvimento de uma fisiologia experimental compatível com as demais ciências naturais, para Hufeland era visto como um conjunto de problemas empíricos a serem resolvidos, um por um, no âmbito da prática médica.

Devemos ter em mente que, assim como Reil não desprezava a prática clínica, tampouco Hufeland desprezava as contribuições da fisiologia animal e, muito menos, da anatomia. No entanto, em relação a Hufeland, podemos falar em vitalismo – sobretudo no contexto da *Macrobiótica* e de seus escritos de meados da década de 1790 – e, com efeito, numa combinação eclética entre o mecanicismo newtoniano aplicado à medicina e o vitalismo. *Grosso modo*, em sua obra, essas duas tradições aparecem articuladas num esquema mais geral da divisão de trabalho entre a macrobiótica (em que o vitalismo ganha destaque) e a medicina propriamente dita (em que o mecanicismo desponta mais claramente). Essa tentativa de fusão fica nítida já nas primeiras linhas da *Macrobiótica*,[33] em que a metafórica mecanicista é inclusive bem mais exuberante do que no texto de Reil. A diferença entre esses dois autores, que em 1795 estava só se desenhando, é no fundo uma diferença de ênfase: a posição de Hufeland era basicamente que o conhecimento teórico da medicina, inclusive da fisiologia, apesar de suas deficiências, exigia, naquele momento, menos atenção do que o conhecimento prático.

Ele já havia posto o problema nesses termos logo na primeira edição do periódico *Journal der practischen Arnzeykunde und Wundarnzeykunst*, por ele lançado em 1795:

> Muitas vezes penso que a Alemanha, com seus vários jornais de medicina (a maioria oportunos), ainda carece de um exclusivamente dedicado à medicina prática. Temos vários periódicos críticos de excelência, temos jornais sobre o aspecto teórico da arte médica, e até sobre certos aspectos práticos mais específicos da medicina, mas ainda não há um jornal que compreenda seu aspecto prático na sua totalidade, e que se atenha a isso somente.[34]

---

33 Trata-se aqui da passagem imediatamente anterior ao trecho citado (cf. Hufeland, 1797, p.VI; 1854, p.VII et seq.).
34 Hufeland, 1795b, p.III.

A essa altura, parece razoavelmente claro que as propostas de Reil e Hufeland, apesar de seguirem em direções diferentes, não eram a princípio incompatíveis. Em tese, seria possível, e mesmo recomendável, combiná-las para se chegar a uma solução mais completa do problema geral dos fundamentos da medicina. Podemos até dizer que cada autor se voltava a um aspecto específico de uma problemática mais geral.

Mas uma circunstância histórica especial fez esses projetos entrarem em rota de colisão: a iniciativa do influente naturalista alemão Alexander von Humboldt (1769-1859) de criar a Universidade de Berlim, inaugurada em 1810 – mesmo ano em que se cristalizava a solução alternativa de Hahnemann para o problema dos fundamentos da medicina –, fez Reil e Hufeland competirem diretamente por uma "posição dominante na nova faculdade de Berlim".[35] Ao propor que o ensino médico se concentrasse no estudo das ciências naturais, Reil deixa para segundo plano a aplicação da medicina no âmbito clínico, o contato direto com o paciente, tendo em vista, antes de tudo, corrigir o problema da formação científica, que ele considerava mais básico. Já Hufeland considerava mais necessário e urgente investir no ensino prático. O historiador Thomas Broman resume bem a diferença entre os dois:

> Enquanto Reil enfatizava o cultivo da *Wissenschaft* [ciência] nos estudantes, Hufeland sublinhava os elementos curriculares que melhor preparariam os estudantes para sua vocação terapêutica.[36]

O desenrolar dessa disputa, contudo, não nos interessa, mas sim a circunstância de que, entre 1795 e 1810, o problema dos fundamentos da medicina foi se polarizando de tal maneira a exigir uma tomada de posição entre a solução "fisicalista" de Reil, focada no estudo da fisiologia e em que o problema se configurava como um problema de formação científica, e a posição "prática" de Hufeland, com sua ênfase na atenção direta ao paciente e seu recorte daquele mesmo problema geral como um conjunto de problemas empíricos cuja solução era indissociável dos resultados clínicos. Para se ter uma ideia do grau a que chegou essa polarização, vejamos como Hufeland então se referiu ao projeto de Reil para a nova faculdade de medicina:

---

35 Broman, 1996, p.182.
36 Ibid., p.122, grifo do original.

O principal objetivo da medicina [...] é e sempre será a cura. E, sendo assim, a regra é que uma dissertação inaugural tenha de demonstrar a todos, além das capacidades gerais e da formação [*Bildung*] do autor, que ele obteve os conhecimentos necessários para a cura. Agora, pergunto: que ideia nossas escolas passariam ao mundo, se legassem a ele nada mais além de dissertações de anatomia comparada? Todos pensariam que formamos bons anatomistas e cientistas naturais, mas não médicos.[37]

Se lembrarmos que, em 1795, Hufeland chamava sua posição de "racional" e se, em seguida, lembrarmos que vários artigos de Hahnemann eram publicados na revista de Hufeland, temos uma ideia da posição assumida pelo criador da homeopatia em 1810 – bastando, para tal, verificar o título de seu livro publicado naquele ano: *Organon der **rationellen** Heilkunde*, ou seja, *Organon da medicina **racional***.

1.2.2. A solução homeopática para o problema dos fundamentos da medicina

A promoção da homeopatia como medicina racional, estampada na capa da primeira edição do *Organon*, é mais do que um apelo iluminista às virtudes da razão abstrata. É um aceno direto a Hufeland e uma tomada de posição diante do problema mais geral dos fundamentos da medicina.

Na primeira edição do *Organon*, Hahnemann formula as metas e os princípios básicos da homeopatia, que a essa altura a identifica com a medicina racional. Do ponto de vista formal, a obra possui, além de um breve prefácio, uma extensa introdução, em que o autor lista uma série de casos retratados na literatura médica que, na sua opinião, demonstravam a validade universal do princípio básico da homeopatia. *Trata-se do princípio da cura pela semelhança, segundo o qual substâncias capazes de provocar certos sintomas em indivíduos saudáveis teriam efeito terapêutico quando aplicadas a pessoas que*

---

[37] Hufeland *apud* Lenz, 1910, p.378. Chegamos a essa citação via Broman (1996, p.184), mas, após consultar o livro de Lenz, optamos por apresentá-la em tradução própria, a partir do alemão. Devemos a Lenz a informação de que essa crítica é feita no contexto da avaliação que Hufeland faz do projeto de Reil para a faculdade de medicina de Berlim.

sofrem de sintomas semelhantes. Com esses exemplos, Hahnemann pretendia mostrar como vários médicos ilustres teriam sido bem-sucedidos por seguirem esse princípio básico, mesmo se o fizeram por acidente. No prefácio à primeira edição do livro, ele alega ter descoberto a lei natural subjacente a toda cura bem-sucedida, afirmando se orgulhar de "recentemente ter apresentado ao mundo, parte em textos anônimos, parte em textos assinados, o produto das minhas convicções".[38]

A teoria homeopática é exposta na parte principal do livro, em que Hahnemann adota uma forma remanescente dos aforismos médicos, encadeados como um argumento. São ao todo 271 aforismos ou parágrafos numerados,[39] vários dos quais acompanhados de observações secundárias, que em geral servem para ilustrar a aplicação clínica dos princípios da homeopatia.[40] Os aforismos são arranjados como uma cadeia argumentativa linear, no curso da qual Hahnemann expõe não só os princípios normativos e metodológicos da homeopatia, como também as teorias e diretrizes práticas que a constituem. Dentre elas, destacam-se: teoria da doença ou patologia (T1); teoria da ação medicamentosa ou farmacologia (T2); e mais três conjuntos de regras práticas, sendo o primeiro dedicado a ensinar a condução adequada do diagnóstico clínico e do trato com o paciente (P1), o segundo, a instruir o preparo e a administração dos remédios homeopáticos (P2), e o terceiro, a como conduzir os experimentos que permitiriam identificar o potencial terapêutico das substâncias medicinais (P3).

Note que o princípio da semelhança possui, no esquema que propomos, um *status* diferente de T1 e T2. Isso se dá por duas razões. Primeiro, Hahnemann concebe esse princípio como tirado diretamente da experiência e da observação,[41] como o "dado" diante do qual ele elabora não só T1 e T2, mas também a articulação entre elas. Segundo, porque, enquanto o princípio da semelhança se mantém inalterado em todas as edições do *Organon*, T1 e

---

38 Hahnemann, 1810, p.11. Ele se refere a textos como o publicado na revista de Hufeland.
39 Por isso, cito o número do parágrafo com a página da edição consultada (o que só não farei, quando a passagem em questão for tirada do prefácio ou da introdução às respectivas edições, que não trazem tal numeração).
40 Na quinta edição, o total de parágrafos aumenta para 294. Apesar de incluir mudanças importantes de conteúdo, parte das quais é articulada na introdução às novas edições, a estrutura argumentativa se mantém praticamente igual de uma edição a outra.
41 Cf., por exemplo, Hahnemann (1810, p.19, §17; ou 1833, p.93-94, §25), em que o autor se refere à "experiência pura" como o "único oráculo infalível da arte médica".

T2 passam por mudanças substanciais, que veremos em detalhe no capítulo seguinte. Por enquanto, basta observar que a leitura do texto deixa claro que a "experiência" e a "observação", das quais Hahnemann alega ter extraído o princípio da semelhança, não são aquelas privilegiadas por Reil (a observação fisiológica), e sim as privilegiadas por Hufeland (a experiência clínica).

Isso diz algo importante sobre como Hahnemann se posicionava no debate médico da época. Vamos, agora, dar a palavra ao criador da homeopatia, para examinar a questão em detalhe:

1. O médico não possui nenhum fim mais elevado do que tornar as pessoas saudáveis, ao que se dá o nome de curá-las.

2. O ideal mais elevado da cura é o restabelecimento rápido, ameno e duradouro da saúde, ou a superação e eliminação da doença em toda sua extensão, conduzida pelo caminho mais curto, mais seguro e menos danoso, com base em razões percebidas com clareza (medicina racional).

3. Caso o médico perceba claramente o que há para ser curado nas doenças em geral e em cada caso particular de doença [...]; caso perceba claramente o que há de terapêutico nos medicamentos em geral e em cada medicamento específico; caso saiba, com base em razões evidentes, ajustar o que há de terapêutico nos medicamentos à doença a cada vez tratada, de modo a sempre obter como resultado a recuperação (ajuste que diz respeito tanto à adequação do medicamento ao caso, conforme o modo de atuação desse medicamento [...], como à quantia exata dele exigida, ou seja, à dosagem certa e ao intervalo adequado da administração das doses); e, finalmente, caso conheça todos os obstáculos para a recuperação e saiba como evitá-los, para que o restabelecimento seja duradouro – nesse caso, ele saberá agir com base em razões suficientemente sólidas e será um mestre na arte racional da cura [*rationeller Heilkünstler*].

4. Ele será, além disso, um guardião da saúde, caso conheça as coisas que fazem mal à saúde e engendram a doença, e caso saiba como afastá-las das pessoas saudáveis.[42]

Desde o primeiro aforismo, Hahnemann emprega um arcabouço conceitual compatível com o de Hufeland. Além disso, ao fim do quarto parágrafo, fica evidente que ele opera com uma axiologia alinhada à de seu colega; havia

---

42 Hahnemann, 1810, p.3-5, §1-4.

grande correspondência entre os critérios promovidos por ambos quando o que estava em jogo era discernir os objetivos gerais do conhecimento médico. No quarto aforismo, por exemplo, vemos como Hahnemann também distingue a atividade do médico que enfrenta a doença da do "guardião" da saúde. De uma leitura completa do *Organon* – e quanto a esse ponto não há diferenças substanciais entre as edições de 1810 e a de 1833 –, depreende-se que Hahnemann tem bem mais a dizer sobre a primeira atividade – isto é, o confronto com a doença – do que sobre a segunda, que ele, por assim dizer, deixa aos cuidados da *Macrobiótica* de Hufeland. Atualmente, em contrapartida, vários homeopatas afirmam que sua doutrina teria um enfoque mais "preventivo" do que a medicina convencional. Mesmo que esse seja um traço da homeopatia atual, isso não se aplica a como foi concebida por Hahnemann. Depreende-se do *Organon* que o foco da doutrina é o tratamento de indivíduos doentes ou, no máximo, a prevenção em situações de epidemia. Hahnemann, é claro, achava a manutenção da saúde importante, mas esse não era o enfoque da doutrina homeopática, tal como ele a concebia. Ela oferecia curas; era apresentada como a medicina racional, e não como a guardiã da saúde.

É no terceiro aforismo que Hahnemann descreve o que considera a via correta ou "racional" que o médico deveria seguir para alcançar o objetivo final da medicina. Temos aqui uma imagem suficientemente nítida dos conhecimentos de que o médico precisaria dispor para atingir seu objetivo maior e, com isso, agir em conformidade à razão, e de que Hahnemann se serve para selecionar o tipo de teoria e de experiência que seriam necessários para resolver o problema dos fundamentos da medicina. Assim, para "perceber claramente o que há para ser curado nas doenças", o médico racional precisa dispor de uma teoria da doença (patologia); e Hahnemann nos oferece uma teoria no *Organon*. Da mesma forma, para "perceber com clareza o que há de terapêutico nos medicamentos", precisa ter à mão uma teoria da ação medicamentosa (farmacologia), o que Hahnemann também oferece.[43]

---

43 Hahnemann era um dos poucos médicos de seu tempo que concentrava as atividades do médico e do farmacêutico, o que, por sinal, lhe rendeu disputas com associações de apotecários, com repercussões jurídicas (um evento que, apesar de interessante, foge do escopo deste trabalho).

A esse conjunto de teorias, Hahnemann acrescenta uma série de prescrições sobre como o médico deve agir na clínica. Tais prescrições de ordem prática ou técnica estão encadeadas numa série teleológica cujo ponto de chegada é o mesmo que orientara sua seleção teórica: o trato direto com o paciente. De resto, para formular e justificar tais prescrições, Hahnemann se vale de vários elementos de T1 e T2, que estão, portanto, ligadas por vários fios a P1, P2 e P3.

Para se ter uma ideia da importância dessas recomendações práticas e de como elas se articulavam aos componentes teóricos da homeopatia, Hahnemann dedicou 21 parágrafos só para descrever como o médico deveria observar o paciente no consultório (P1).[44] Trata-se de recomendações sobre como captar a "individualidade da doença" para reconstruir sua "imagem verdadeira", conceitos cujo sentido depende das concepções teóricas formuladas no âmbito da patologia de Hahnemann (T1).[45] Podemos chamar isso de técnicas de diagnóstico. No *Organon*, elas estão relacionadas claramente à *anamnese*, isto é, a ensinamentos de como ouvir as queixas do paciente e de seus familiares, a fim de obter as informações necessárias para o diagnóstico. Hahnemann fornece exemplos detalhados de como e quando fazer as perguntas certas ao paciente ou a seus familiares. Para dar uma ideia do peso que a anamnese tem, enquanto reserva 11 dos 21 parágrafos apenas a considerações ligadas à anamnese,[46] ele limita a um único parágrafo suas recomendações sobre o uso de *outras* técnicas de diagnóstico aplicadas ao corpo – como a checagem do pulso e das pupilas –, formulando-as em chave mais genérica.[47] A ênfase na descrição da doença feita pelo doente torna-se significativa assim que nos damos conta de que envolve certo grau de rejeição do conhecimento fisiológico e, mais especificamente, da *sondagem do interior do corpo* – uma rejeição que ainda não é absoluta, mas que certamente já é maior do que no caso de Hufeland.

---

44 Cf. Hahnemann, 1810, p.63-81, §62-82.
45 Os termos entre aspas são expressões de Hahnemann. Cf., por exemplo, Hahnemann (1810, p.70, §71).
46 Cf. Hahnemann, 1810, p.63-69, §63-68; p.72-73, §72; p.75-78, §75-78.
47 Cf. Hahnemann, 1810, p.69-70, §69. Os demais parágrafos são preenchidos por recomendações de ordem geral (§62), retomadas da teoria, em especial da teoria farmacológica, enfatizando que o médico deveria prestar atenção aos efeitos dos medicamentos prescritos (§70-71), recomendações práticas sobre a observação do ambiente em que vive o paciente (§73-74) e recomendações de como proceder com o diagnóstico em caso de epidemias (§79-82).

Tão notável quanto o tipo de conhecimento que Hahnemann *exige* do médico é aquele que ele *não exige* ou ignora, em particular, o conhecimento fisiológico. Não é que nessa época rejeitasse as contribuições da fisiologia,[48] mas não as considerava suficientemente importantes para merecer um espaço em seu livro. Um dos raros momentos em que a fisiologia é mencionada é quando Hahnemann discute as vias adequadas para administrar os preparados homeopáticos; e aí ela aparece claramente subordinada à P2. Assim como o conceito de doença só aparece no fim do texto de Reil sobre a força vital, inversamente, no *Organon*, é a fisiologia que acaba relegada às páginas finais,[49] ainda que, nesse caso, não se possa dizer que ela seja objeto de uma teoria bem articulada (o que, independentemente dos méritos da patologia de Reil, se podia dizer de sua discussão sobre as doenças). Não por acaso, é nesse contexto que achamos a única passagem, da primeira edição do livro, em que Hahnemann recorre a algo semelhante ao conceito vitalista de força vital, que aqui aparece para "ocupar" o lugar que Reil reservara à fisiologia:

> O efeito que o potencial antipatogênico de ação curativa – o medicamento – produz no corpo humano vivo se dá de modo tão incisivo, propagando-se com uma rapidez e generalidade tão inconcebível a partir do ponto em que é primeiro aplicado (ou seja, seguindo das fibras sensíveis, isto é, nervosas, para todas as partes do indivíduo vivo), que praticamente podemos chamar esse efeito de espiritual; na prática, isso é algo tão espiritual como a própria vitalidade [...].[50]

O fato de que Hahnemann reserva pouco espaço do *Organon* à fisiologia – em particular, à discussão sobre o que se passa no interior do corpo humano – não é algo trivial, ainda mais considerando o contexto em que ele estava inserido. Pois, se é claro que faz pouco sentido criticá-lo por não tratar de um problema que não havia em seu tempo, *esse não era o caso dos*

---

48 Certamente não o faz em 1810, mas a situação mudou consideravelmente em 1833, como veremos a seguir.
49 Cf. Hahnemann, 1810, p.205-210, §254-259.
50 Hahnemann, 1810, p.205, §254. Note que o autor usa a palavra *Vitalität* (vitalidade), e não "força vital". Um pouco antes, no §227, temos o único registro da palavra *Lebenskraft* na primeira edição do *Organon*; como se depreende da leitura do texto, ele não possui conotação propriamente vitalista, sendo compatível com a apropriação fisicalista do termo proposta por Reil.

problemas relativos à fisiologia, uma vez que naquela época foram realizadas várias descobertas na área.[51] Portanto, estamos diante de uma situação que Hahnemann não podia ignorar se quisesse propor uma teoria médica à altura de seus melhores concorrentes. Mas, de fato, ele não o fez, deixando-o vulnerável a críticas de todo tipo.

Até aqui, a evidência de que a postura de Hahnemann envolvia algum grau de rejeição das soluções da tradição fisicalista para o problema dos fundamentos da medicina apareceu só de forma negativa, surgindo da busca pelo que faltava em sua teoria em comparação com o trabalho de outros autores de seu tempo. Não se trata apenas de uma postura latente ou implícita à obra de Hahnemann; podemos encontrar passagens em seu texto em que ele articula, de forma clara, seu posicionamento. Consideremos esta passagem, em que o ponto aparece vinculado à patologia hahnemanniana:

> Ora, já que, com a cura, a alteração interna a que se deve a doença é superada com a eliminação de todo o quadro de particularidades e sintomas perceptíveis dela [...], então basta ao médico eliminar o quadro sintomático para assim vencer também a alteração interna e, portanto, a totalidade da doença, a doença em si [...]; *foi fatal que se pretendesse buscar a essência da medicina não no restabelecimento da doença, mas em elucubrações a respeito das alterações no interior recôndito, isto é, em especulações infrutíferas.*[52]

Em outra passagem, Hahnemann afirma que esse aspecto "interno" da doença seria incognoscível, de modo que só se poderia conhecer a doença por meio de seus sinais externos.[53] Na mesma linha, propõe que a "essência" das substâncias medicinais só poderia ser conhecida a partir dos efeitos que produzem no organismo,[54] o que, no caso, implicava atribuir pouco valor prático a experimentos que visavam identificar as propriedades intrínsecas a essas substâncias. Notemos como, em todos esses casos, a experiência é reduzida ao contato direto do médico com o paciente; e não devemos perder

---

51 Reil, por exemplo, conduziu uma série de experimentos com coelhas, que teve grande impacto para a ginecologia clínica (cf. Richards, 2002, p.280).
52 Hahnemann, 1810, p.13-14, §13, grifo nosso.
53 Cf. ibid., p.5, §5.
54 Cf. ibid, p.8, §7.

de vista a ênfase que Hahnemann dá à anamnese, implicando uma restrição ainda maior do horizonte da experiência.

Tampouco devemos nos deixar despistar pela linguagem abstrata do autor: o "interior recôndito" a que ele se refere é o interior do organismo. Esse ponto não passou despercebido por seus interlocutores, que viviam no mesmo contexto de Hahnemann. Vejamos o que um dos críticos mais duros do *Organon*, o médico alemão Johann Heinroth (1733-1843), escreveu em 1825, ao comentar que o aspecto interno da doença seria "incognoscível":

> [disso], segue-se que poderíamos pôr inteiramente de lado o esforço até aqui aplicado à ciência nosológica, fisiológica e anatômica, já que seria mesmo suficiente, aliás mais que suficiente, ocupar-se com a compilação dos sintomas para, assim, encontrar um medicamento adequado.[55]

Alguns anos antes, o médico austríaco Ignaz Rudolf Bischoff (1784-1850), um crítico mais moderado,[56] já havia afirmado algo do gênero:

> a homeopatia vê com maus olhos os enormes esforços de patologistas e terapeutas, tratando-os – de modo extremamente injusto – como fantasias solipsistas da razão especulativa, sem propor uma patologia satisfatória.[57]

Os esforços a que Bischoff se refere visavam identificar e classificar as alterações no interior do organismo de modo a associá-las a algum quadro sintomático. Talvez por se ver pressionado por esse tipo de crítica, Hahnemann acabou especificando melhor o que seria esse "interior recôndito" a que se referiu de forma vaga na edição de 1810. No prefácio à quinta edição do *Organon*, lemos:

---

55 Heinroth, 1825, p.34. Trecho de um livro dedicado a atacar o *Organon*, cujo título pode ser traduzido como *Antiorganon ou o que há de errado na doutrina hahnemanniana contida no Organon da Medicina*.

56 Seu livro *Ansichten über das bisherige Heilverfahren und über die ersten Grundsätze der homöopathischen Krankheitslehre* (Considerações sobre os métodos terapêuticos atuais e sobre os princípios básicos da teoria homeopática das doenças) faz parte da primeira leva de críticas à doutrina homeopática. Embora seja um crítico de Hahnemann, Bischoff elogia algumas de suas ideias; e suas críticas são, em geral, menos ásperas do que a de outros autores, como Heinroth.

57 Bischoff, 1819, p.73.

A velha escola médica estava totalmente convencida de poder reivindicar como seu, e somente seu, o nome da "medicina racional", porque só ela buscaria *a causa da doença* e tentaria eliminá-la, *e também porque só ela agiria sobre as doenças em conformidade aos processos naturais.*

Tolle causam! [Elimine a causa!], eles tantas vezes bradam. Mas não vão além desses gritos vazios. *Apenas desejam* poder encontrar a causa da doença, mas não a encontram, porque ela é incognoscível e não pode ser encontrada. Pois a maioria, aliás, a grande maioria das doenças é de origem dinâmica (espiritual) e de natureza também dinâmica (espiritual), e, portanto, suas causas não podem ser conhecidas pelos sentidos. Assim, eles tratam de inventar uma causa e, com base no exame das partes normais do corpo humano morto (anatomia), comparadas com as alterações visíveis no interior de pessoas mortas pelas doenças (anatomopatologia), e também com base na comparação das aparências e funções da vida saudável (fisiologia) com as intermináveis alterações a que são submetidas nos diversos estados patológicos (patologia, semiótica), creem poder chegar a conclusões acerca do processo invisível responsável pelas alterações que afetam a essência interior do doente. Mas isso que a medicina teórica considera ser sua *prima causa morbi* [causa primeira da doença] é uma quimera abstrusa [...].[58]

Bischoff é um dos autores que critica a passagem da primeira edição do *Organon*, argumentando que, como "nem sempre as doenças se refletem no exterior por meio de um complexo de sintomas correspondente", a cura só ocorreria quando, além dos sintomas externos da doença, fosse eliminada sua causa.[59] Além disso, Bischoff, no início de sua obra, evoca o mote *tolle causam*,[60] que Hahnemann, como vimos, ironiza na quinta edição do *Organon*, o que indica que é a esse tipo de crítica, e talvez até mesmo a esse autor em particular, que Hahnemann reagia.

Passagens como essa também permitem pôr em perspectiva a afirmação de Rebollo de que, "assim como a maior parte dos vitalistas do período, Hahnemann não nega a importância das leis físico-químicas para a economia animal".[61] Pode até ser que não negasse a importância dessas leis *para a economia animal*, mas, como seu prefácio de 1833 deixa claro, ele nega de

---

58 Hahnemann, 1833, p.III-V, grifo do original.
59 Cf. Bischoff, 1819, p.33.
60 Cf. ibid., p.1.
61 Rebollo, 2008, p.67.

maneira veemente que o estudo da "economia animal" e da anatomia seja relevante para a boa medicina. Essa é uma posição similar – só que mais radical – àquela que Hufeland assume no auge da disputa com Reil.

Rebollo também procura associar o vitalismo de Hahnemann ao de Albrecht von Haller (1708-1777),[62] sem observar que é nesse ponto que ambos divergem: para Haller, o vitalismo *levava* à pesquisa fisiológica,[63] ao passo que, para Hahnemann, não. Quanto a isso, observa-se um importante elemento de continuidade da homeopatia tal como formulada entre 1810 e 1833, que permite demarcar uma diferença central em relação a Hufeland: Hahnemann em nenhum momento incorpora ao seu manual de medicina, ao *Organon*, uma teoria fisiológica que leve em conta alguma observação que não se dê no contato direto do médico com o paciente. Essa não era a posição de Hufeland, pois, ainda que ele, no auge de sua disputa com Reil, tenha acenado nessa direção, a fisiologia nunca deixou de desempenhar um papel importante em seus livros, especialmente nos de patologia. Essa limitação da doutrina homeopática, para a qual, como vimos, vários de seus contemporâneos já chamavam a atenção, tem como desdobramento mais importante a cisma entre uma linha homeopática ortodoxa, que exige total rejeição da medicina convencional e é orientada pela pretensão de substituí-la, e outra heterodoxa, que aceita a medicina convencional e é orientada por pretensões conciliadoras. O próprio Hahnemann era defensor ferrenho da postura ortodoxa.

Mas o programa de Hahnemann não é marcado apenas por continuidades. Na segunda edição do livro (1819) há uma mudança significativa: o título muda de *Organon der rationellen Heilkunde* para *Organon der Heilkunst* (Organon da medicina, ou da arte de curar). Em termos mais substantivos, a supressão da palavra "racional" não faz diferença. Mesmo na quinta edição, o conteúdo dos quatro primeiros parágrafos, em que é articulada a cadeia de fins da medicina, permanece praticamente inalterado; a única distinção relevante para nós é que, ao longo do livro, Hahnemann substitui "racional" por

---

62 Um dos mais influentes médicos da geração anterior a Hahnemann, a que Rebollo recorre na tentativa de reconstruir o panorama do vitalismo na época do surgimento da homeopatia (cf. Rebollo, 2008, p.76).

63 Seu estudo que resultou na distinção entre fibras musculares e nervos, que marcaria época, baseava-se em experimentos com animais (cf. Roe, 2008, p.403).

"genuíno".⁶⁴ Essa diferença sutil na formulação, que não altera a mensagem substantiva do texto, reflete uma tentativa clara e consciente de rompimento com a proposta de Hufeland.

Essa ruptura ganha ainda mais destaque na quinta edição do *Organon*, em que o autor rebate diretamente as críticas feitas por Hufeland, em 1831, no livreto *Die Homöopathie*.

As críticas são interessantes por questionarem a homeopatia dentro de seu marco axiológico. Elas giram em torno do argumento de que os fins da medicina buscados por Hahnemann não seriam satisfeitos só com os meios da homeopatia. Boa parte da força do argumento de Hufeland se deve à circunstância de que o próprio Hahnemann, desde o começo, opera com o recorte de Hufeland sobre o problema dos fundamentos da medicina. Vejamos como Hufeland resume o ponto:

> A conclusão disso tudo é a seguinte:
> *Não aceito a homeopatia*, mas posso até aceitar *um método homeopático dentro da medicina racional*.
> *Não aceito homeopatas*, mas posso até aceitar *médicos racionais que usam o método homeopático no local certo e da maneira certa*.⁶⁵

Hufeland admite que a sua própria experiência clínica mostrava que, ao menos em alguns casos, os preparados homeopáticos seriam eficazes,⁶⁶ e conclui propondo que restava uma tarefa científica legítima para a homeopatia: "explorar e descobrir novos medicamentos específicos".⁶⁷ O problema detectado por Hufeland é que Hahnemann concebia a homeopatia como o único meio legítimo para a cura, ao passo que a experiência mostrava haver "vários caminhos para chegar a um objetivo, especialmente no caso da medicina".⁶⁸

---

64 Cf. Hahnemann, 1833, p.77-78, §1-4.
65 Hufeland, 1831, p.40, grifo do original.
66 Ibid., p.16-17.
67 Ibid., p.44. Da mesma forma, mas agora de forma mais prática, Hufeland defende que o Estado da Prússia só deveria conceder autorização para a prática de homeopatia a indivíduos que já tenham uma formação científica em medicina (Ibid., p.41). Essa seria a solução adotada, quase 150 anos depois, pelo Conselho Federal de Medicina, no Brasil.
68 Ibid., p.6.

Se procedente, a acusação de dogmatismo de Hufeland expõe a homeopatia a diversas anomalias.[69] Basta apontar um único caso clínico em que o doente se recupera por meio de um tratamento inequivocamente não homeopático, para demonstrar que a versão dogmática da homeopatia não é razoável. Hufeland, com efeito, preenche todo um parágrafo com exemplos de tratamentos tidos como eficazes, mas que "a homeopatia não leva em conta".[70] E ele não estava só; outros críticos da época, como Bischoff,[71] já haviam atacado a doutrina por esse ângulo.

No entanto, para tentar demonstrar a superioridade da homeopatia perante a medicina de seu tempo, Hahnemann evoca justamente o critério da experiência clínica, cujo indicador seriam os resultados obtidos no trato direto com os doentes. Esse é o mesmo critério empregado por Hufeland e Bischoff para criticá-lo: muitos pacientes tratados por eles foram curados após a administração de tratamentos que Hahnemann descartava aprioristicamente, apenas por não obedecerem à lei da cura pelo semelhante.[72] O apelo a esse critério tinha ainda mais força no caso de Hufeland, que possuía experiência clínica muito mais vasta e diversificada do que Hahnemann. Além de pacientes ilustres, como Wieland e Goethe, Hufeland trabalhou por muito tempo em grandes hospitais, engajava-se em políticas públicas de combate a epidemias[73] e possuía seu próprio projeto de reforma curricular da medicina, com ênfase no fortalecimento do ensino prático.[74] Já Hahnemann, por mais que apelasse ao critério da experiência clínica, só conseguiu se consolidar como médico na década de 1800, ou seja, *depois* de anunciar pela primeira vez os princípios da homeopatia. Antes disso, viveu basicamente de tradução, atividade que exerceu até 1806.[75]

---

69 Isto é, evidências que não são adequadamente explicadas por determinada teoria (no caso, a de Hahnemann).
70 Ibid., p.22-23.
71 Cf., por exemplo, Bischoff, 1919, p.128 et seq.
72 Esse critério, é claro, não deve ser aceito sem questionamento, embora ele fosse, na época, amplamente aceito para estipular a eficácia de determinados tratamentos. Por exemplo, médicos como Hufeland e Bischoff também defendiam as sangrias apelando ao mesmo critério, o que dá uma ideia de suas limitações.
73 Cf. Ross, 2015, p.212.
74 Cf. Broman, op. cit., p.121 et seq.
75 Cf. King, 1958, p.160-1.

Hufeland argumenta que, ao desconsiderar muitos recursos terapêuticos potencialmente benéficos para o paciente em prol do "sistema unilateral" que inventara, Hahnemann deixava o dogma, a "obediência cega a uma única autoridade",[76] falar mais alto do que a experiência clínica, do que o trato com o paciente. Em um contexto em que a medicina dispunha de tão poucos recursos terapêuticos eficazes, e no qual o principal critério para decidir por um tratamento era a experiência do médico, o dogmatismo de Hahnemann estava em clara desvantagem diante do ecletismo de Hufeland, já que este, ao menos, prospectava um leque maior de recursos terapêuticos.

Por fim, não devemos esquecer que essas insuficiências da doutrina homeopática são só as que emergem quando comparamos a proposta de Hahnemann com a de Hufeland, as quais operam com a mesma axiologia. Há ainda toda uma série de problemas oriundos de sua rejeição à tradição de pensamento fisicalista – aqui representada por Reil. Essa tradição já dava frutos no âmbito da fisiologia e da patologia, ainda que, como veremos no final deste capítulo, estivesse atrelada a práticas terapêuticas que muitas vezes faziam mais mal do que bem aos pacientes. Tais problemas têm implicações importantes para a patologia de Hahnemann, e serão considerados em detalhe na primeira seção do Capítulo 2, "Permanência e mudança na cultura homeopática".

Antes de seguir com a discussão, devemos parar por um momento a fim de questionar se a reconstrução que Hufeland fez das ideias de Hahnemann são pertinentes, pois a princípio nada impede que a acusação de dogmatismo seja uma invenção da imaginação de Hufeland, talhada para que o crítico passasse a impressão de vitória aos leitores desavisados.

Esse, porém, não é o caso. Não só é possível encontrar uma série de afirmações presentes nas edições de 1810 e 1833 que corrobora essa interpretação, como também é possível demonstrar que, de um texto a outro, a posição de Hahnemann sobre a exclusividade da homeopatia torna-se ainda mais dogmática. Destacamos duas linhas de evidência distintas para amparar essa afirmação:

---

76 Ambas as expressões entre aspas são de Hufeland (1831, p.23). Rebollo (2008, p.163) identificou o mesmo problema apontado por Hufeland, ao afirmar que "o 'não faço hipóteses' de Hahnemann não é muito diferente do de Newton", ou seja, que Hahnemann, apesar de rejeitar especulações, apelava o tempo todo a elas.

1. Foi feita uma busca de ocorrências da palavra *einzig* (único), procurando especificamente por casos em que ela está associada à homeopatia ou aos medicamentos homeopáticos, de tal modo que comunica claramente a ideia de que a "via homeopática" seria a única capaz de realizar o objetivo mais geral da medicina (em termos usados por Hahnemann, "o restabelecimento rápido, ameno e duradouro da saúde"). Essa busca revelou que o número de parágrafos em que essa associação se verifica aumentou de seis, em 1810, para pelo menos doze, em 1833.[77]
2. Ao ler a quinta edição, fiquei atento para detectar novos parágrafos – isto é, parágrafos que não possuem equivalente na edição original e que, por isso mesmo, são especialmente representativos das mudanças de uma edição a outra. Um deles é:

A via *homeopática* [...] só pode mesmo ser a **única** certa por ser, dentre as três únicas modalidades possíveis de aplicação dos medicamentos contra as doenças, a **única** via direta [*gerade*] para a cura suave, segura e duradoura [...]. O jeito puramente homeopático de curar é a **única** via correta, a **única** via direta [*gerade*], a **única** possível pela arte humana, o que é tão certo como o fato de que só se pode traçar uma única linha reta [*gerade*] entre dois pontos dados.[78]

Com isso, temos material suficiente para passar a uma avaliação comparativa "das bases científicas e metafísicas da homeopatia"[79] no seu contexto de origem, tarefa que nos dedicaremos a seguir.

---

77 As seis ocorrências contidas na edição de 1810 são: Hahnemann, 1810, p.9, §9; p.17, §14; p.161, §198; p.171, §211; p.173, §213; p.187, §234. As da quinta edição são (sempre que a passagem aparece em nota de rodapé, foi inserido "n" após o parágrafo): Hahnemann, 1833, p.119, §48; p.121, §50; p.124, §53; p.124, §54; p.133, §61; p.175, §109; p.176, §109n; p.197, §143; p.197, §143n; p.243, §228; p.244, §228n; p.282, §272.
78 Hahnemann, 1833, p.124, §54, grifo do original em itálico, grifo nosso em negrito.
79 Robollo, 2008, p.117. A autora, a essa altura, promete uma análise dessas bases, conduzida "no interior daquilo que os filósofos da ciência chamam de contexto da justificação", mas que ao cabo entrega apenas uma descrição – é verdade que fiel – das ideias de Hahnemann, acompanhada da arqueologia de alguns dos conceitos por ele empregados, mas sem, de fato, avaliá-las.

1.2.3. Avaliação das bases científicas e metafísicas da homeopatia

Hahnemann foi duramente criticado por vários médicos eminentes da época, e não só por seu dogmatismo. No entanto, isso não excluiu que houvesse algo em sua doutrina que merecesse uma consideração mais cuidadosa de seus contemporâneos.

Os textos publicados por Hahnemann na revista de Hufeland antes da formulação da teoria homeopática não destoavam tanto do padrão da época. Ao contrário, havia várias afirmações bastante razoáveis. Mesmo Lester King, historiador da medicina que não poupa alfinetadas à homeopatia, reconhece vários méritos das críticas do jovem Hahnemann à medicina de seu tempo.[80] De resto, ao menos dois eventos ocorridos entre 1795 e 1810 sugeriam que, descontados os arroubos retóricos e problemas de formulação do texto de Hahnemann, talvez valesse a pena prospectar algumas de suas sugestões a fim de avaliar se seriam boas soluções para alguns dos dilemas do conhecimento médico daquele tempo. Os eventos foram a invenção da primeira vacina moderna e a experimentação do próprio Hahnemann com a casca de cinchona, ou quina.

Em 1796, o médico britânico Edward Jenner (1749-1823) demonstrou que a inoculação da varíola bovina em humanos conferia imunidade contra a varíola humana. Seu trabalho ganhou grande projeção continental, e Hahnemann logo se inteirou do assunto, discutindo-o já na primeira edição do *Organon*. Ele observa que não se trata aí de duas doenças idênticas, mas apenas similares, já que uma é mais fatal e agressiva do que a outra para seres humanos, e, então, propõe que tais inoculações atuariam por homeopatia, isto é, em função da semelhança sintomática entre a varíola bovina e a humana.[81] O apelo ao princípio da semelhança parecia ao menos se encaixar como explicação minimamente adequada para o fenômeno, ainda que não se possa dizer que fosse a *mais* adequada dentre as então disponíveis. Em 1819, Bischoff fez esse mesmo questionamento:

---

80 Cf. King, 1958: p.161-163. King elogia em particular o texto "O amigo da saúde", publicado em duas partes, em 1792 e em 1795, que pode ser encontrado em inglês em Hahnemann (1852, p.155-241).
81 Cf. Hahnemann, 1810, p.31, §29.

Seria, como Hahnemann afirma, a pústula da vaca uma profilaxia tão boa contra as assustadoras epidemias de varíola por provocar feridas na pele muito semelhantes às da varíola? – É claro que não. Essa força benéfica está ligada a uma propriedade peculiar e específica da pústula da vaca, que nos é tão desconhecida como também o é a essência da varíola [...].[82]

Apesar dessa crítica, e do fato de que o objetivo da vacina de Jenner era a imunização e não o tratamento da varíola, sua eficácia no primeiro caso sugeria uma analogia que, naquele tempo – em que a medicina dispunha de recursos terapêuticos tão escassos –, devia mesmo ter mais apelo do que tem atualmente. Assim, por que não prospectar o princípio da semelhança no âmbito da terapia, para analisar até onde chegaríamos com ele? Além disso, mesmo que – como fica claro para o historiador da medicina, que desfruta o privilégio de poder olhar para o debate por uma visão retrospectiva – a explicação materialista de Bischoff se aproxime bem mais do alvo do que a de Hahnemann, o próprio Bischoff admite ignorar o mecanismo exato que confere poder preventivo a tais inoculações. Tudo o que é capaz de dizer a respeito é genérico: "uma propriedade peculiar e específica". Qual propriedade é essa? Em que consiste sua especificidade? Ele não tinha como responder a essas questões. Era algo que todos os seus contemporâneos ignoravam, e esse quadro conferia à explicação de Hahnemann maior poder de convencimento do que tem hoje em dia.

Essa situação só mudou com os avanços na imunologia e na microbiologia, duas áreas que sequer existiam naquele período. A teoria microbiana já vinha sendo cogitada havia tempo, mas só ganhou terreno e recebeu seus contornos modernos na segunda metade do século XIX, com os trabalhos de Louis Pasteur (1822-1895) e Robert Koch (1843-1910), entre outros; e a imunologia só foi desenvolvida na virada do século XIX para o XX, a partir de descobertas como as de Élie Metchnikoff (1845-1916) e Paul Ehrlich (1854-1915).

Além disso, Hahnemann conduziu seus experimentos a partir de 1790, em particular estudando a casca de cinchona, no que se costuma considerar uma espécie de experimento crucial da doutrina

---

82 Bischoff, 1819, p.630. A vacina de Jenner consistia na inoculação, em humanos, da pústula de vacas infectadas com varíola bovina. Daí o nome "vacina", que vem do mesmo radical de "vaca".

homeopática.[83] Vejamos como outro historiador da medicina descreve o experimento:

> Para entender melhor os efeitos das drogas, Hahnemann começou seus próprios experimentos. [...] Primeiro, ele sabiamente escolheu a mais importante dentre as drogas medicamente válidas então disponíveis, a casca de cinchona. Ele tomou a droga quando estava com boa saúde, para verificar seus efeitos numa pessoa saudável, e descreveu com exatidão os efeitos de doses moderadas de cinchona. Lançando mão da teoria amplamente aceita, segundo a qual "a totalidade dos sintomas, e nada mais, é o que constitui a doença", Hahnemann inferiu que, como a cinchona tinha produzido nele todos os sintomas da malária, tinha causado a ele, uma pessoa saudável, a malária. Então, usando outra teoria amplamente aceita, segundo a qual "o médico só precisa remover a totalidade dos sintomas para curar a doença como um todo", chegou a uma conclusão lógica. É fato que a cinchona cura malária numa pessoa doente – um erro, já que a cinchona apenas alivia os sintomas da malária –, e é também fato que provocou a malária numa pessoa saudável (no caso, nele mesmo). Portanto, o que causa uma doença numa pessoa saudável deve curar essa doença numa pessoa doente. Ele chamou essa "lei" de *similia similibus curantur*, usualmente traduzida como "o semelhante cura o semelhante" [...].[84]

A passagem deve ser lida com algumas reservas. Em primeiro lugar, onde lemos "e é também fato que [a cinchona] provocou a malária", o mais correto seria "e é também fato que provocou sintomas *similares* ao da malária". Em segundo lugar, a alegação de que Hahnemann descreve "com exatidão os efeitos de doses moderadas de cinchona" é questionada por outros autores.[85] E, em terceiro lugar, a implicação de que Hahnemann estava em sintonia com o seu tempo ao presumir que a cura decorria da eliminação de todos os sintomas aparentes não está de todo correta, porque, embora a concepção de

---

83 Cf. Priven, 2005, 2005, p.77-107. A autora se refere a esses experimentos pelo termo *breakthrough*.
84 Rothstein, 1985, p.153-154.
85 Thomas (2006, p.1-4), sem dialogar com Rothstein, afirma que os sintomas descritos por Hahnemann sugerem que ele seria alérgico à quinina (alcaloide presente na casca de cinchona), qualificando sua descrição como um "relato excelente de hipersensibilidade à quinina" (ibid., p.3).

doença mencionada por Rothstein, e efetivamente articulada por Hahnemann em 1810, de fato estivesse em voga na época, ela já era objeto de controvérsia na medicina germânica desde, pelo menos, a década de 1790. Isso fica claro no debate entre Hufeland e Reil acerca do problema da causa das doenças e do papel da força vital como possível solução, que discutiremos no capítulo seguinte.

Feitas essas ressalvas, a reconstrução de Rothstein permite identificar o que havia de aceitável, para os padrões da época, em algumas ideias de Hahnemann. Uma vez rearticuladas numa teoria menos dogmática do que a de Hahnemann, suas ideias talvez merecessem alguma atenção entre 1795 e 1810, sobretudo porque elucidavam uma importante anomalia empírica da época, que dizia respeito à ação medicinal da casca de cinchona. Devemos a Priven uma descrição detalhada dessa anomalia, a que ela se refere como "problema da quina":

> O dilema epistêmico da quina, de maneira sintética, era o seguinte: tratava-se de uma substância amarga e, portanto, no esquema galênico, tinha ação quente. Mas possuía propriedades antifebris: um medicamento febrífugo quente era uma contradição inadmissível.[86]

No entanto, a situação logo mudaria, pois o esquema galênico, que naquela época já era objeto de vários questionamentos, seria abandonado tão logo uma alternativa viável se consolidasse. E é justamente isso que ocorreu alguns anos depois do "experimento crucial" de Hahnemann.

Desde o século XVII, os médicos europeus sabiam que a casca da cinchona, uma árvore nativa da América do Sul, possuía propriedades que a tornavam um bom remédio para o tratamento de malária, entre outras doenças relacionadas a estados febris.[87] Por muito tempo, o remédio feito com ela era preparado de forma mais crua e artesanal. Um método de preparação comum na época consistia em pulverizar a casca de cinchona e misturá-la a uma bebida alcóolica, como o vinho.[88] O objetivo era "neutralizar" o caráter

---

86 Priven, 2005, p.57.
87 Cf. Meshnick; Dobson, 2001, p.16. Segundo esses autores, a casca de cinchona já era usada com finalidades medicinais por nativos das Américas muito antes, apesar de não para o tratamento de malária, que chegou ao continente com os colonizadores europeus.
88 Cf. ibid.., p.18; Achan et al., 2011, p.1.

amargo da substância. Se a casca de cinchona permanecer tempo suficiente nessa mistura, obtém-se um extrato ou tintura dessa planta, ainda hoje vendido dessa forma como remédio natural.

Essas tinturas servem de base para várias preparações homeopáticas. Ao que tudo indica, Hahnemann, que fez seu experimento com a casca de cinchona por volta de 1790, deve ter consumido a substância numa dessas formas cruas, e ainda em doses ponderais, isto é, sem submetê-la às diluições e agitações que, eventualmente, caracterizariam a farmacotécnica homeopática. Essa é uma presunção segura, uma vez que a grande inovação na administração da casca de cinchona para o tratamento de malária só ocorreu a partir de 1820, quando foi isolado o primeiro alcaloide responsável pelas propriedades terapêuticas da planta, que ficou conhecido como *quinina*,[89] que logo passou a ser diretamente usada no tratamento de malária.[90]

O isolamento da quinina foi um dos marcos da farmacologia moderna, e nos interessa por ter ocorrido em 1820, ou seja, entre a publicação da primeira e da quinta edição do *Organon*. A linha de investigação dessa descoberta – o estudo das propriedades intrínsecas das substâncias medicinais – foi rejeitada com veemência por Hahnemann, que imaginava que as propriedades intrínsecas dos fármacos seriam tão incognoscíveis quanto o que se passa no "interior recôndito" do organismo humano. Ele foi enfático ao afirmar que, para o médico, seria infrutífero "especular" sobre tais propriedades, pois a única coisa que importava eram os efeitos das substância sobre o organismo saudável, ou seja, o conjunto de sintomas por ela produzidos. Essa afirmação foi sustentada de 1810 a 1833.[91]

O que está em jogo é, no fundo, uma confusão entre o desconhecido e o incognoscível. Na época em que Hahnemann inventou a homeopatia, na

---

89 Cf. Meshnick; Dobson, 2001, p.16. Segundo os autores, esse trabalho foi feito por dois químicos franceses, Pelletier e Caventou.

90 A quinina foi utilizada na primeira linha do tratamento de malária até mais ou menos a segunda guerra mundial, quando perdeu esse posto para um composto sintético (cf. Meshnick; Dobson, 2001, p.20-21).

91 Para ser mais exato, Hahnemann (1810, p.83, §86) contentava-se em afirmar que bastava ao médico identificar os sintomas provocados por cada substância em pessoas saudáveis. Em 1833, além de reafirmar esse ponto (cf. id., 1833, p.92, §21), foi explícito em propor que, para o médico, não interessava submeter os fármacos a "processos químicos", nem estudar quaisquer de suas propriedades intrínsecas, bastando detectar seus efeitos em pessoas saudáveis (ibid., p.177-178, §110).

década de 1790, o estudo das propriedades intrínsecas dos fármacos não parecia dar muitos frutos, de modo que a relação dessas propriedades com os efeitos terapêuticos associados a elas permanecia no reino do desconhecido. Mas isso logo mudou e, com essa mudança – que encontra no isolamento da quinina um de seus marcos –, a fragilidade da solução adotada por Hahnemann, em comparação com as adotadas por outros pesquisadores, ficou ainda mais evidente.

Mesmo assim, Hahnemann tinha razão em criticar os médicos de seu tempo, que prescreviam drogas cujos efeitos eram pouco conhecidos e apoiavam-se, para isso, em uma tradição sem base experimental.[92] No entanto, também isso estava em vias de mudança. Basta mencionar o trabalho de James Lind (1716-1794), que, em 1747, havia mostrado, com base em experimentos clínicos rudimentares, mas até certo ponto controlados, a eficácia do suco de limão no combate ao escorbuto.[93] Ou o método estatístico de Pierre-Charles-Alexandre Louis (1787-1872), de que ele se serviu para, em 1828, argumentar que as sangrias, em vez de contribuir para tratar as então chamadas doenças inflamatórias – como a pneumonia –, aumentariam a chance de haver complicações fatais.[94] Ainda que experimentos do tipo não fossem a regra, eles integravam o repertório científico da época, indicando o caminho que, mais tarde, levaria ao desenvolvimento dos estudos clínicos controlados e das metanálises.

Esses dois exemplos, por sinal, sugerem que as limitações da teoria de Hahnemann são mais graves do que Hufeland dá a entender, já que até mesmo o trunfo empírico da homeopatia aos olhos deste – isto é, o sucesso clínico dos medicamentos homeopáticos – é endossado com base em critérios que, em breve, se mostrariam obsoletos. Como Louis mostrou cinco anos antes da publicação da quinta edição do *Organon*, a confiança ingênua na experiência clínica do médico era um dos fatores que sustentavam a crença – afinal equivocada – na eficácia das sangrias.

---

92 Cf. Hahnemann, 1810, p.196, §246n; ou, mais enfaticamente, Hahnemann, 1833, p.5.
93 Cf. Porter, 2008, p.224.
94 Cf. Porter, 2008, 224. Para mais detalhes, cf. Louis (1836), tradução inglesa do livro em que Louis retoma seu artigo de 1828 em que expõe o tema, originalmente publicado no *Archive Générales de Médecine*. O trabalho de Louis é comentado em Morabia (1996), em que também esta pesquisa se apoia.

Assim, o que foi exposto até aqui indica que, já em 1833, não era razoável para um médico alemão aceitar a doutrina homeopática nos moldes propostos por Hahnemann. Além disso, também é possível concluir que, em 1833, já era, na melhor das hipóteses, bem menos razoável prospectar as teses mais gerais da homeopatia do que o fora por volta de 1810.

Por outro lado, a concessão de Hufeland de que alguns medicamentos homeopáticos seriam eficazes sugere que, em 1833, ainda era razoável ao menos prospectar a solução de Hahnemann para o problema específico do mecanismo de ação dos medicamentos, contanto que tal solução fosse desvinculada de alguns dos princípios centrais da homeopatia tal como defendida pelo próprio Hahnemann. Isso porque, embora já tivéssemos iniciativas como as de Lind e Louis, elas ainda não eram a regra. Dadas as limitações do conhecimento da época, era razoável presumir que a experiência clínica de um médico com boa formação fosse um critério bom o bastante para indicar, com alguma segurança, a eficácia ou não de certos recursos terapêuticos. No entanto, essa conclusão deve ser encarada com cautela, pois ainda precisamos examinar detalhadamente em que consiste a farmacotécnica homeopática.

Resta pôr em perspectiva mais ampla aquele que, como vimos, era um dos problemas mais graves do sistema de Hahnemann: sua desconsideração à fisiologia e, em especial, aos eventos que ocorrem no interior do corpo humano. No contexto que examinamos até aqui, a fisiologia foi explorada por médicos como Reil ou Bischoff, que aderiram à tradição fisicalista da medicina.

Mas essa não era uma questão exclusiva do contexto germânico. Do outro lado do Reno, René Laënnec (1781-1826) ocupava-se com a invenção do estetoscópio, datada de 1816, e com a elaboração e o aperfeiçoamento de toda uma série de técnicas de diagnóstico baseada na auscultação do corpo. Laënnec preocupava-se em "sondar" o que, em 1810, Hahnemann julgara insondável: o interior do corpo humano.

> Eu vi imediatamente que esse achado poderia se tornar um método útil para o estudo não só dos batimentos cardíacos, mas também de todos os movimentos capazes de produzir sons na cavidade torácica, e que, por conseguinte, poderia servir para investigar a respiração, a voz, os estertores e, possivelmente, até os movimentos de exsudatos para dentro da cavidade pleural ou pericárdica.[95]

---

95 Laënnec apud Porter, 2008, p.158.

Ademais, Louis, além de ter comprovado, por meio de seu método estatístico, a ineficácia da flebotomia, adotou uma estratégia de diagnóstico clínico diametralmente oposta à de Hahnemann. Louis, colega de Laënnec em Paris, era tão preocupado com a prática clínica quanto o médico alemão, mas havia uma diferença importante entre eles: enquanto Hahnemann ainda conferia grande peso a métodos de diagnóstico mais antigos, como a anamnese, o médico francês "considerava o valor dos sintomas do paciente (isto é, o que o paciente sentia e relatava) secundário, reforçando de longe o maior significado dos sinais (isto é, o que o exame médico revelava)".[96] Como sabemos atualmente, a via seguida por Laënnec e Louis levou o conhecimento médico mais longe, por suprir uma deficiência milenar; não porque a anamnese fosse sem valor, mas porque já havia sido muito explorada desde Hipócrates. Seguir, naquele momento histórico, a pista aberta por Laënnec e Louis implicava se embrenhar em um território ainda desconhecido, que conduziu a diversas descobertas. Hahnemann, por sua vez, caminhava sobre o caminho pisado; tudo que oferecia de novo era uma teoria – particularmente dogmática – e um princípio para prospectar novos medicamentos.

Estudos baseados nas cartas trocadas entre Hahnemann e seus pacientes mostram que não eram só as ideias de Hahnemann que permaneciam presas ao passado, sua prática médica também indicava isso. Esse pormenor foi capturado de forma sucinta pelo historiador Michael Stolberg, autor simpático à homeopatia:

> Quanto a suas ideias médicas, pode ser que Hahnemann tenha sido mesmo, em vários aspectos, uma cria do século XVIII. Do mesmo modo, o papel crucial que atribuía às percepções subjetivas e sensações do paciente, evidenciada de maneira marcante nas cartas trocadas com seus pacientes, era um dos traços mais notáveis da prática médica comum nos séculos XVII e XVIII. Só no século XIX essa abordagem "centrada no paciente" perderia terreno, em especial na prática hospitalar, sendo progressivamente superada por uma confiança em sinais "objetivos" e exames físicos.[97]

---

96 Porter, 2008, p.159.
97 Stolberg, 2002, p.78. Em seguida, o autor ressalta alguns aspectos em que Hahnemann teria sido pioneiro, aos quais ele se refere como esforços de maior "profissionalização" da relação entre médico e paciente. Isso inclui, entre outros exemplos, ter uma atitude pouco flexível

O estetoscópio é talvez o símbolo mais impactante dessa busca por "sinais objetivos" a que Stolberg se refere. No entanto, o enquadramento entre uma abordagem "subjetiva" e outra "objetiva" é um pouco escorregadio, e não deve ser aceito sem questionamento. Tanto homeopatas quanto historiadores simpáticos à homeopatia com frequência apelam a essa falsa dicotomia para pintar a doutrina sob uma luz favorável, mas enquadrar a questão nesses termos obscurece um ponto central: o paciente, como qualquer outra pessoa, não é capaz de traduzir em palavras e gestos tudo o que se passa em seu interior. Seu conhecimento acerca desses eventos é limitado por diversos fatores, por exemplo, pelos conceitos de que dispõe para se expressar. Nossa ignorância não se limita ao mundo exterior, à verdade que está "lá fora"; também somos ignorantes em relação a muito do que se passa "aqui dentro".

Com o estetoscópio, o médico teve acesso a fenômenos que até então não alcançavam expressão linguística. Tornou-se capaz de ouvir o que o paciente tinha a dizer, mesmo quando este não sabia *como* dizê-lo, mesmo quando não encontrava as palavras certas. A invenção desse instrumento representou uma *ampliação* do horizonte do observável.

Somente por obra do acaso, inovações como as de Louis ou Laënnec poderiam ter surgido de uma doutrina que considera, por questão de princípio, que o "interior recôndito" do organismo seria insondável. Da primeira à última edição do *Organon* de Hahnemann, a "observação pura" permaneceu sendo a do contato direto do médico com o paciente que relatava suas queixas; uma "base científica" muito limitada até mesmo para os padrões da época, cujos avanços mais importantes foram pautados por um ouvido especialmente atento a aspectos até então inauditos do interior do corpo humano.

Para fechar esta seção, sugerimos que essa limitação tenha sido reconhecida, ainda que indiretamente, pelo próprio Hahnemann, que, apesar de não incorporar a fisiologia em seu *Organon*, tinha sobre a mesa do seu consultório, em Köthen, o produto das elucubrações de Laënnec, o estetoscópio, que rapidamente se tornou um dos principais símbolos do progresso da medicina convencional, um objeto que todo médico, independentemente de

---

com pacientes que não pagavam o que Hahnemann achava adequado. Stolberg (2002, p.75) observa que as taxas cobradas por Hahnemann eram acima da média da época.

suas posições teóricas, precisa ter à mesa para ser reconhecido como médico pelos pacientes.[98]

1.3. As metamorfoses da homeopatia entre 1810 e 1833

Tanto Reil como Hufeland propuseram teorias mais progressivas ou frutíferas do que a de Hahnemann, se considerarmos os méritos cognitivos das soluções de cada um para o problema dos fundamentos da medicina. Mas essa não era a única questão proposta para a medicina de seu tempo, na verdade, era uma questão geral com desdobramentos específicos, alguns dos quais foram mencionados anteriormente. Dessa forma, apesar de ter, para todos os efeitos, falhado ao propor soluções mais progressivas do que as oferecidas por outros médicos da época para esse problema geral, Hahnemann talvez tenha se saído melhor na solução de alguns problemas específicos. É o que examinaremos a partir deste ponto.

Compreender bem as transformações sofridas pela homeopatia entre 1810 e 1833 será útil para elucidar a questão. Selecionamos três delas, consideradas as mais centrais e evidentes no cotejo entre as duas edições do *Organon*: (1) desenvolvimento da teoria miasmática das doenças crônicas; (2) refinamento da farmacotécnica homeopática; (3) e filiação cada vez mais radical ao vitalismo.

1.3.1. Sintomas e miasmas

A primeira mudança que investigaremos, ligada à patologia hahnemanniana, diz respeito à proposição de que a maioria das doenças crônicas seria causada por três miasmas específicos, sendo o miasma de psora o mais comum (psora, ou sarna, era o termo usado para se referir a várias irritações de pele).[99] Hahnemann afirmava que a maior parte das doenças crônicas

---

98 Há em Köthen um pequeno museu com *memorabilia* de Hahnemann, que viveu na cidade de 1821 a 1835. Um dos objetos de seu acervo é um estetoscópio rudimentar de madeira.
99 Cf., por exemplo, Hahnemann, 1833, p.233, §206. Para mais detalhes, cf. Rebollo (2008, p.107-115) e Bessa (2008, p.43-67).

envolvia uma irritação análoga, que seria causada pela mesma força que causava as irritações na pele: o miasma crônico de psora.

Nada disso estava presente na edição original do *Organon*. Hahnemann elaborou essa teoria em resposta aos problemas ligados à causa e aos modos de transmissão das doenças, um problema científico de grande relevância na época. Para compreender essa mudança entre as duas edições da obra, precisamos analisar como era a concepção de doença proposta por Hahnemann em 1810.

Partindo de uma crítica aos sistemas de classificação das doenças existentes, Hahnemann afirma que o médico nada teria a ganhar, em termos práticos, ao agrupar as várias doenças em famílias e tipos.[100] Assim, propôs um tratamento individualizado de cada doença, considerando-a única e incomparável.

O que, afinal, seria uma doença? Vejamos como Hahnemann respondia a essa questão em 1810:

> É de se imaginar que toda doença tenha de se basear numa alteração ocorrida no interior do organismo humano. Essa alteração, não obstante, só pode ser intuída pelo entendimento a partir dos sinais externos que a revelam; ela não pode, de maneira nenhuma, ser reconhecida em si mesma.
>
> A alteração patológica invisível, situada em nosso interior, compõe, junto da alteração observável do estado de saúde, situada em nosso exterior (o quadro sintomático), isso a que damos o nome de doença; ambas são a própria doença.[101]

Assim, toda doença apresenta duas faces: uma interna e incognoscível, e outra externa e acessível aos sentidos. A essa altura, Hahnemann imaginava que esses dois aspectos estavam de tal modo ligados que, com a eliminação dos sintomas aparentes, o médico estava autorizado a presumir que eliminara também os sintomas no interior do organismo. A consequência prática era que, para alcançar a cura, bastava eliminar o quadro sintomático aparente.[102]

---

100 Cf. Hahnemann, 1810, p.42-44, §45-46. Nessa mesma passagem, Hahnemann afirma que dar nome às doenças podia ser de interesse do "médico como historiador natural", mas não do "médico como terapeuta". Reaparece aqui o critério de que a experiência relevante para a medicina "de verdade" era *apenas* o trato direto com o paciente.

101 Cf. ibid., p.5, §5-6.

102 Cf. ibid, p.13-4, §13n. Ver nota 52 deste capítulo.

Hahnemann ainda propõe que o médico sempre considere a doença como totalidade. Para ele, é como se não fizesse sentido falar em um indivíduo com várias doenças, pois a doença seria o conjunto dos sintomas manifestos em alguém e das alterações internas associadas a eles.[103] A certa altura, ele leva sua definição ao extremo do solipsismo, afirmando que "já que só pode existir uma doença no corpo de cada vez, então uma doença precisa sempre ceder a outra".[104] É nessa afirmação que se baseia para justificar a validade universal do princípio da semelhança: a partir de sua definição de que uma doença seria o conjunto de todos os males que afligem um indivíduo, Hahnemann deduz que duas doenças não poderiam ocupar o mesmo corpo, de modo que uma teria de suprimir a outra ou se mesclar a ela. Dessa maneira, caso a segunda doença fosse diferente da primeira, elas poderiam, em alguns casos, mesclar-se uma à outra, formando uma doença mais complexa e diferente das duas anteriores.[105] Outra possibilidade seria que a segunda suprimisse por um tempo a primeira, que ressurgiria tão logo aquela fosse curada.[106] No entanto, caso a nova doença seja similar, só que mais forte do que a primeira, ela aniquilaria "totalmente" a antiga, seja esta aguda ou crônica.[107] O que temos aqui é uma analogia com as ideias de Newton e, em particular, com a teoria de que dois corpos não podem ocupar o mesmo espaço ao mesmo tempo, a qual Hahnemann aplica à sua definição de doença. Nas edições posteriores do *Organon*, o médico tentou "avançar" na explicação, encaixando nela a noção de força vital e a teoria miasmática das doenças crônicas,[108] mas essas mudanças são incrementais, de modo que, quanto ao resto, a explicação permanece a mesma.

Na concepção de Hahnemann, a ideia de tratar o paciente "como um todo" implicava essa definição de doença; e esse "todo" corresponde, para ser mais exato, à *totalidade dos sintomas que afligem o paciente em dado momento*. Desde então, os homeopatas referem-se a essa visão global, que propõe tratar em bloco todos os sintomas presentes em um indivíduo, por

---

103 Cf., além das passagens já citadas, Hahnemann (1810, p.10, §10).
104 Ibid., p.22, §20.
105 Cf. ibid., p.24-25, §23. Isso ocorreria se a primeira doença fosse crônica e a segunda, artificial, ou seja, induzida pela ingestão de alguma substância tóxica.
106 Isso ocorreria caso a nova doença fosse aguda e a antiga, crônica, e se ambas fossem diferentes entre si (cf. Hahnemann, 1810, 28, §26).
107 Cf. ibid., p.29-30, §28 (sobre doenças agudas); p.31, §30 (sobre as doenças crônicas).
108 Cf. id., 1833, p.113, §45.

meio da máxima "a homeopatia trata o doente, e não a doença", ao passo que, segundo eles, a medicina convencional trataria a doença como entidade abstrata. Ainda hoje, muitos profissionais que trabalham com homeopatia evocam essa máxima para mostrar que a doutrina opera sob um "paradigma" ou "racionalidade" diferente da medicina convencional.[109] No entanto, como vimos, um "enfoque no doente" em sentido amplo também estava presente na abordagem de Hufeland, um dos médicos mais influentes da época; e, segundo historiadores da medicina, essa foi a tendência da medicina acadêmica durante parte considerável da Idade Média.[110] Isso, claro, em um registro mais geral; a questão é que Hahnemann se apropria desse enfoque de modo peculiar, ao associá-lo a técnicas de diagnóstico diferentes das que estavam em voga na época.

Para entendermos o que há de singular na apropriação dessa máxima pela homeopatia, convém desmembrá-la em dois momentos, que correspondem a etapas distintas de sua aplicação clínica. No diagnóstico, essa máxima se traduz em uma abordagem holística; e uma vez que o diagnóstico tenha sido realizado, desdobra-se no princípio da individualização do tratamento.

No contexto de Hahnemann, só o primeiro passo era realmente controverso. Médicos convencionais da época – além de Hufeland, August Friedrich Hecker (1763-1811), por exemplo – não se opunham à ideia de adaptar o tratamento às peculiaridades do paciente; ao contrário, a defendiam. Já a abordagem holística *tal como defendida por Hahnemann* era, de fato, bem diferente do que se praticava à época. Tais diferenças ficam evidentes assim que consideramos o que exatamente ele tinha em vista ao afirmar que o médico deveria considerar a "totalidade" sintomática do indivíduo. Para ele, isso não implicava apenas a ideia de que, para se chegar a um diagnóstico adequado, o médico teria de saber as condições de vida do paciente. Com isso, médicos como Hecker e Hufeland concordavam plenamente.[111] A ideia de que o médico precisa estar atento às condições de vida do paciente para

---

109 Cf. Luz, 1988, p.122. Nem todos os homeopatas endossam a ideia; veremos o que vários deles têm a dizer a esse respeito no Capítulo 2.
110 O médico com formação acadêmica, no período medieval, servia principalmente à nobreza, ou seja, a uns poucos indivíduos que exigiam de seu médico atenção especial e individualizada (cf. French, 2003, p.119-122 *passim*).
111 Cf. Broman, 1996, p.116-117, 123.

tratá-lo adequadamente é um dos pilares da mais antiga tradição médica do Ocidente, a hipocrática.[112]

Hahnemann divergia do padrão da época em dois pontos: primeiro, por concluir que a individualização do tratamento era *incompatível* com qualquer tentativa de atribuir nomes genéricos às doenças; e, segundo, por presumir que virtualmente *tudo* que incomodava o paciente devia ser interpretado como sintoma de uma mesma "alteração interna" (nas edições posteriores do *Organon*, o autor identificaria como uma perturbação da "força vital"). *Tudo* mesmo, de pesadelos a alterações no pulso, da aparência das fezes à ansiedade, de palpitações no coração à dificuldade de levantar da cama, das poluções noturnas às irritações na pele, da ira aos ataques de asma.[113]

É verdade que Hahnemann trabalhava com uma definição de doença diferente daquela em voga em seu tempo, ao conceber como sintomas de uma só doença sensações que outros médicos ou atribuíam a causas distintas ou classificavam como triviais, que não caracterizavam estados patológicos específicos, nem exigiam tratamento farmacológico. Isso, porém, não nos autoriza a concluir que um "enfoque no doente" fosse alheio à medicina convencional, tal como praticada naquele contexto. Quando analisamos o que os críticos contemporâneos de Hahnemann escreveram, fica claro que, ao contrário, esse era um enfoque compatível com a patologia da época. Portanto, mesmo que se considere que o "enfoque no paciente" seja um dos traços *constitutivos* da doutrina de Hahnemann, sem o qual ela não pode ser bem caracterizada, não se trata de um traço *distintivo*,[114] mas sim de um ponto comum entre o arcabouço conceitual da homeopatia e da medicina convencional. O que permite distinguir as duas não é o "enfoque no paciente", mas *a teoria da doença acrescentada pelo criador da homeopatia*. Hufeland, Reil, Hecker e Bischoff não tratavam "doenças", por mais que sua prática médica fosse orientada por certas concepções de doenças (aliás,

---

112 Ibid., p.142. Nessa passagem, Broman deixa claro que a abordagem de Hecker era bastante tributária dessa tradição.
113 Exemplos do que Hahnemann considerava como "sintomas" provocados em pessoas saudáveis pela ingestão de certas substâncias vegetais e minerais. Outros exemplos podem ser tirados dos diários clínicos do médico. Para ler o diário de dois pacientes, cf. Hahnemann (1852, p.773-776).
114 Isto é, um traço que permite distinguir a homeopatia da medicina convencional. São exemplos de traços distintivos da homeopatia: teoria dos miasmas crônicos, farmacotécnica homeopática e instrumental mobilizado pelos homeopatas para fins de diagnóstico, a *materia medica*.

distintas entre si); o que também se aplica a Hahnemann, que desenvolveu sua própria "ciência das doenças".[115]

Este último ponto torna-se evidente assim que comparamos as ideias defendidas nessa época. Em 1810, Hahnemann não detalhou as causas das alterações internas a que se referia. Ele nem sequer explicou o que seriam, apenas afirmou que se dariam de forma "dinâmica".[116] Isso tornou a teoria da doença de Hahnemann vulnerável a objeções importantes e difíceis de refutar, algumas das quais foram levantadas por seus primeiros críticos, como Hecker, já em 1810, e Bischoff, em 1819.

Uma das objeções mais reveladoras de Bischoff era dirigida à presunção de que a remoção dos sintomas aparentes da doença equivalia à cura. Rebate Hahnemann destacando que, em muitos casos, necrópsias mostravam alterações no interior do organismo que não chegaram a se manifestar como sintoma clínico, de modo que não geraram qualquer incômodo perceptível quer pelo paciente, quer pelo médico, ao examiná-lo de maneira convencional, quando o doente ainda vivia.[117] Se há doenças assintomáticas – como são chamadas atualmente –, então a definição de doença proposta por Hahnemann cai por terra. A estratégia de Hahnemann para rebater argumentos como o de Bischoff era taxar de "especulativa" qualquer afirmação sobre processos vivos baseada em observação *post mortem*. Não há como defender essa postura sem incorrer em algum tipo de dogmatismo, já que tal rejeição presume que a única experiência genuína – a experiência que o médico interessado em curar precisaria levar em conta – seria a obtida no trato direto com o paciente. Com isso, Hahnemann apenas limita o campo observacional, em um contexto em que se buscava – com razão – ampliá-lo.

Com isso, também fica claro que a ênfase no trato direto com o paciente informa o conceito de doença de Hahnemann de maneira ainda mais sutil:

---

115 "Ciência das doenças" é o termo que Luz usa para designar a patologia da época (cf. Luz 1988, p.122), sem se dar conta de que Hahnemann também dispunha de uma "ciência das doenças", o assunto de toda esta seção.

116 Referência vaga à distinção entre a matéria em si e o movimento ("dinâmica") da matéria. Para elucidar sua teoria, Hahnemann faz uma analogia com a força da gravidade, capaz de mover a matéria observável, sem ser em si observável. Pensemos aqui na diferença entre a força que nos atrai para o chão e a força "mecânica" de uma bola de bilhar, que, ao se chocar com outra bola, faz esta se movimentar; no segundo caso, a causa do movimento é imediatamente visível, enquanto, no primeiro, não.

117 Cf. Bischoff, 1819 p.32-34.

o "complexo de sintomas externos" a que ele se refere é, na prática, o conjunto de queixas que levam o paciente a buscar o médico. Nesse sentido, um paciente "curado" é aquele que, tendo chegado ao consultório com muitos problemas, ao fim do tratamento não tem mais do que se queixar. Não é à toa que a principal técnica de diagnóstico discutida por Hahnemann – a técnica sobre a qual ele tem mais a dizer – é a anamnese. Mas, como Bischoff notou, não é toda alteração no interior do organismo que provoca sintomas aparentes. Estar doente não é o mesmo que se sentir ou dizer-se doente, ou seja, podemos estar doentes, mesmo sem saber, mesmo sem ter do que nos queixar. Uma crítica similar seria mais tarde formulada por Hufeland, para quem a doutrina de Hahnemann "permanecia um *método terapêutico sintomático*, já que se baseia tanto no reconhecimento quanto no tratamento do sintoma, e de nada mais".[118]

Hecker, por sua vez, rejeitava, entre outras coisas, a postura de Hahnemann em relação à nomenclatura das doenças. Ele reconhece que o médico que se atenha *apenas* ao nome genérico das doenças estaria fadado ao erro. Porém, observa que tais classificações são indispensáveis como pontos de partida do diagnóstico, por darem os parâmetros sem os quais os médicos não teriam nem como filtrar as inúmeras informações obtidas no trato com o paciente, nem como se comunicar uns com os outros.[119] Hecker tampouco se opõe à individualização no cuidado com o paciente, ao contrário: para ele, o conhecimento da generalidade das doenças era um ponto de partida indispensável, embora insuficiente, do tratamento. Este também exigia, além desse conhecimento, a adaptação da terapêutica às particularidades do caso individual. Vejamos como ele formula o ponto. Após criticar asperamente Hahnemann por sua posição sobre as taxonomias usadas na época – referida a seguir como "raciocínio unilateral" –, Hecker afirma:

---

118 Hufeland, 1831, p.27. Embora essa crítica seja de 1831, ela atinge de maneira mais certeira a primeira edição do *Organon* (conclusão nossa, não de Hufeland).

119 Cf. Hecker, 1810, p.57-61. Hufeland parece adotar postura semelhante a de Hecker ao considerar esse passo como necessário para o diagnóstico (sobre o ponto, cf. Broman, 1996, p.114). Sua opinião acerca da patologia proposta por Hahnemann é bem mais desfavorável do que sua postura quanto ao papel da homeopatia na identificação de novos medicamentos específicos (cf. Hufeland, 1831, p.17-20, 31-34).

Há alguma verdade nesse raciocínio unilateral [...], que os médicos judiciosos não costumam esquecer. Tais médicos jamais se deixam seduzir pelos nomes genéricos a ponto de prescrever panaceias; em vez disso, sabem individualizar. Mas, afinal, não podemos evitar os nomes se queremos compreender uns aos outros e evitar uma confusão de inúmeras doenças.[120]

O que Hecker propôs era apenas a separação analítica entre a doença e o doente, não um "enfoque na doença" que excluía um "enfoque no doente". Por sinal, afirmava que até a hierarquia social do paciente deveria fornecer parâmetros para a individualização do tratamento. Nada ilustra melhor a vantagem dessa abordagem em relação à de Hahnemann do que o fato de este, apesar de rejeitar essa distinção analítica, ter de se valer dela ao discutir as doenças contagiosas e epidêmicas, já que, em casos de epidemia, a mesma doença se manifesta em indivíduos diferentes.

Nove anos depois, Bischoff fez uma crítica similar, ao observar que Hahnemann referia-se o tempo todo ao nome "asma", de modo que ele também "daria nome às doenças".[121] Para ser mais exato, trata-se aí de um truque retórico de que Bischoff não se deu conta. Hahnemann, com efeito, mencionava entidades abstratas como "melancolia", "hemorroidas", "asma", "câncer" etc., porém, tendia a imaginá-las não como doenças propriamente ditas, mas sim como complexos de sintomas de uma doença ainda individual, sem nome próprio. Apesar de não ter captado essa sutileza, o argumento de Bischoff é certeiro ao mostrar que, contrariamente ao que afirma Hahnemann, a referência a certas entidades abstratas – não importando se damos a isso o nome de "doença" ou de "sintomas" – é indispensável à prática médica.

Essas duas críticas remetem a uma mesma insuficiência básica da patologia que Hahnemann defendia em 1810: ela sequer se propunha a enfrentar o problema da causa das doenças em geral ou o de seus meios de transmissão (no caso das doenças contagiosas). Esses eram problemas centrais para a época, a ponto de levar Hahnemann a alterar sua teoria ao longo dos anos, filiando-se de maneira cada vez mais radical à tradição vitalista e propondo sua teoria miasmática das doenças crônicas.

---

120 Hecker, 1810, p.57.
121 Cf. Bischoff, 1819, p.81-82, em que a discussão de todo o parágrafo a seguir é baseada.

Desde o começo, Hahnemann se apropria de parte do arcabouço do pensamento médico convencional usado para lidar com o problema da causa das doenças. Ele admitia, por exemplo, que determinadas doenças estariam ligadas a fatores ambientais, que precisariam, portanto, ser levados em conta no diagnóstico, como "a conduta de vida e a dieta habituais [do doente], o local onde mora etc.".[122] Ele também reconhecia que muitas substâncias minerais e vegetais provocavam quadros sintomáticos específicos, que chamava de doenças artificiais. A despeito disso, afirmava que o médico não precisava saber como tais substâncias ou influências externas interagiam com o corpo, com o interior do organismo. Bastava identificar o conjunto dos sintomas clínicos exteriores por elas desencadeados. A questão é que, na época de Hahnemann, a patologia avançava justamente em direção à identificação desse elemento intermediário entre a influência externa e o sintoma aparente, determinando como tais ações atuavam "de dentro para fora" do corpo, produzindo este ou aquele sintoma. Em 1819, Bischoff formula o ponto com clareza:

> os médicos contemporâneos distinguem essas influências [nocivas] segundo os seus elementos causais genéricos ou locais, externos ou internos; distinguem entre forças que atuam física ou psicologicamente, ou então química, dinâmica ou mecanicamente. As influências nocivas são tratadas em qualquer manual de patologia de maneira muito mais exaustiva do que Hahnemann dá a entender, e trazem investigações detalhadas sobre como influenciam o organismo.[123]

A distinção entre influências nocivas de natureza mecânica, química ou dinâmica (ou, orgânica, como prefeririam alguns autores) já podia ser encontrada, por exemplo, no manual de patologia que Hufeland publicara em 1795, sobre o qual nos debruçaremos mais adiante.[124]

---

122 Hahnemann, 1810, p.73, §73. No trecho citado, ele se refere, especificamente, às doenças crônicas – em oposição às agudas – e afirma que, caso haja algo errado com os hábitos dietéticos ou com a residência do doente (por exemplo, morar em um local insalubre), bastaria remover a causa externa para se chegar à cura. Esse tipo de recomendação era comum na época, e remonta à medicina hipocrática.
123 Bischoff, 1819, p.107.
124 Cf. Hufeland, 1795c, p.16-21.

A consequência mais decisiva da desconsideração desse elo da cadeia causal do processo de adoecimento fica evidente ao levarmos em conta os experimentos de Hahnemann para construir esse que, até hoje, é o mais importante e peculiar instrumento de diagnóstico usado pelos homeopatas: a *materia medica* homeopática. *Materia medica* refere-se às obras de referências típicas da farmacologia medieval, que surgiram na Antiguidade e enumeravam as propriedades farmacológicas atribuídas às substâncias usadas como medicamentos. Esse material foi, por muito tempo, o principal veículo de circulação do conhecimento (e do pseudoconhecimento) sobre o assunto, e, embora estivesse com os dias contados, ainda era muito usado no contexto de origem da homeopatia. O próprio Hahnemann traduziu para o alemão mais de uma *materia medica*, entre as quais se destacam as de William Cullen (1710-1790), Albrecht von Haller e Donald Monro (1727-1802), todas muito populares, o que sugere que a medicina alemã da época demandava esse gênero. Mas o gênero logo seria substituído pelos modernos manuais de farmacologia, o que representou um dos rompimentos mais significativos com a tradição farmacológica da Antiguidade. Segundo Linette Parker, autora de vários artigos sobre o tema, a área passou por diversas transformações ao longo do século XIX, em grande medida "por causa dos avanços nos métodos de investigação e diagnóstico e da utilização de instrumentos mais precisos nos laboratórios e na clínica".[125]

Nesse cenário, Hahnemann propôs criar sua própria *materia medica* homeopática, com bases estritamente experimentais. A *materia medica* homeopática é uma obra estruturada em torno das substâncias comumente usadas em homeopatia. Na versão de Hahnemann, composta por vários volumes, a obra é dividida em vários capítulos, um para cada substância. Cada capítulo é introduzido por um texto de Hahnemann, em que ele relata brevemente a literatura sobre a toxicologia da substância a ser tratada e descreve sua experiência clínica com ela, seguido por uma longa lista dos sintomas associados a ela, os quais ele teria ou observado pessoalmente, ao fazer seus próprios experimentos, ou que lhe teriam sido relatadas por fontes de sua confiança.

Em sua *materia medica*, portanto, Hahnemann descreve os vários sintomas atribuídos à administração de diferentes substâncias – que vão desde extratos de vegetais, como arnica e cânfora, até minerais, como arsênio e

---

125 Parker, 1915, p.731.

ouro. Sem um inventário desses, não há homeopatia, pois o princípio da semelhança só pode ser posto em prática pelo médico caso ele conheça previamente o efeito produzido por cada substância medicinal de seu arsenal.[126] Com isso em vista, Hahnemann elaborou e conduziu seus próprios experimentos, que mais tarde ficaram conhecidos como patogenesias. As patogenesias, até hoje conduzidas por homeopatas, deveriam, de acordo com Hahnemann, ser realizadas apenas em indivíduos saudáveis. Mas o que é crucial para esta discussão é que Hahnemann, na prática, considerava o aparecimento de qualquer sensação *após* a administração de certa substância como se fosse *causada por* ela – um erro grosseiro, mas muito comum, de atribuição causal. Em suas palavras:

> Todas as queixas, incidentes e alterações na condição do experimentador ocorridas no período em que um medicamento atua (contanto que sejam observadas as condições antes elencadas para um experimento bom e puro [§124-127]) devem-se unicamente a esse medicamento e precisam ser considerados e registrados como pertencentes a ele, como sintomas desse medicamento em particular, mesmo que o experimentador tenha observado em si próprio, *há um bom tempo atrás*, acidentes semelhantes.[127]

Essa é uma passagem da quinta edição do *Organon*. Na primeira, Hahnemann não fora tão explícito, mas o resultado de suas investigações – sua *materia medica* – não deixa dúvidas de que, na década de 1810, ele já incorria nesse tipo de erro de atribuição causal. Em sua crítica à homeopatia, Hecker chama a atenção para o fato de que Hahnemann alega ter descoberto 102 sintomas da beladona[128] ao realizar, pessoalmente, a patogenesia dessa erva,[129] e mais 306 sintomas baseados no relato de terceiros – a maior parte dos quais

---

126 Não custa lembrar que, para Hahnemann, as mesmas substâncias capazes de produzir um conjunto de sintomas X em um indivíduo saudável (isto é, uma doença artificial X), seriam capazes de curar um indivíduo acometido por um conjunto semelhante de sintomas (isto é, uma doença natural semelhante a X).
127 Hahnemann, 1833, p.193, §138.
128 Erva utilizada desde a Antiguidade para fins medicinais e recreativos; ela ainda é bastante usada como base para os preparados homeopáticos.
129 Hahnemann dizia que o experimento mais puro era o que o médico realizava em si mesmo, já que o leigo em medicina não saberia descrever adequadamente todas as suas sensações (cf. Hahnemann, 1810, p.102, §118).

não eram tidos como sintomas da beladona por mais ninguém, além do próprio Hahnemann e de seus seguidores.[130] Podemos recorrer ao texto de Hahnemann para ter uma ideia mais concreta das afirmações que ele incluiu na *materia medica*. Vejamos alguns dos "sintomas" que atribui ao ouro, que continuam a ser base de preparados homeopáticos, indicados sobretudo para tratar pacientes com depressão ou transtornos mentais semelhantes:[131]

- "um galinho no canto superior esquerdo da testa" (p.109, n.15);
- "zumbidos perto do ouvido esquerdo" (p.110, n.30);
- "os dentes da frente da arcada superior ficam bastante sensíveis ao mastigar" (p.111, n.46);
- "sai um odor da boca que parece o de um queijo velho" (p.111, n.61);
- "fezes muito grossas, e por isso difíceis de evacuar" (p.112, n.84);
- "ereções noturnas, várias noites seguidas" (p.113, n.89);
- "comichões entre o polegar e o indicador" (p.114, n.109);
- "pela manhã, muita fraqueza ao despertar" (p.115, n.129);
- "sonhos agradáveis e bem razoáveis, mas pouco memoráveis (depois das 8 horas)" (p.115, n.133);
- "sonhos com gente morta" (p.115, n.135);
- "sonhou a noite inteira que estava no escuro" (p.116, n.141);
- "irascibilidade" (p.116, n.151);
- "aos prantos e berros, acredita estar irremediavelmente perdida" (p.117, n.154);
- "está mal consigo mesmo e desanimado" (p.117, n.156).

Esses são apenas alguns dos 157 sintomas "descobertos" por Hahnemann nos experimentos realizados com a folha de ouro preparada homeopaticamente que ele conduziu nele mesmo ou em experimentadores de sua confiança. Isso incluía seus discípulos e até sua esposa, uma das participantes do experimento com o ouro preparado homeopaticamente – por sinal, vários sintomas que o próprio Hahnemann teria testemunhado se referem a alguém

---

130 Cf. Hecker, 1810, p.42-43.
131 Todas as passagens a seguir foram tiradas de Hahnemann, 1825, na qual admite usar o ouro preparado homeopaticamente para tratar a melancolia (Hahnemann, 1825, p.103-104), segundo ele com sucesso. Trata-se aí do quarto volume do seu "Reine Arnzeimittellehre" (alemão para *Materia medica pura*). Entre parênteses, informo a página em que a passagem se encontra e o número do sintoma (a numeração consta do próprio livro).

do sexo feminino, como é o caso do n. 154. Além disso, ele lista nada menos do que 201 outros sintomas, com base no relato de terceiros,[132] que incluem:

- "quando está de pé, é acometido subitamente por uma tontura que o obriga a se sentar" (p.118, n.5);
- "uma ferida na bochecha direita" (p.121, n.42);
- "a ansiedade passa enquanto come" (p.122, n.65);
- "sensação de angústia, amiúde associada à opressão na caixa torácica (após três dias)" (p.125, n.108);
- "bom humor o dia inteiro; falava bastante e estava contente consigo" (p.131, n.181);
- "acredita que o amor dos outros é falso, e isso o leva as lágrimas de tão mal que fica" (p.133, n.199).

É neste ponto que a abordagem holística de Hahnemann (um dos aspectos do "enfoque no doente" que ele defendia) contrasta com o que se fazia na época. Assim como considerava que esses 358 sintomas compunham o quadro sintomático característico da doença artificial que surgia quando era administrada a folha de ouro, ele também pensava que todos os sintomas em um indivíduo – salvo os produzidos por meios externos conhecidos (como pancadas, cortes etc.) – eram parte de uma mesma doença, originada de uma alteração recôndita e incognoscível no interior do organismo dessa pessoa.

Sob esse aspecto em particular, bastante questionável já para os padrões da época, a homeopatia permanece a mesma há dois séculos. No 70º Congresso da Liga Medicorum Homoeopathica Internationalis (LMHI), em 2015, um homeopata ligado ao Instituto Mineiro de Homeopatia relatou ter realizado a patogenesia do pepino comum. Dentre os sintomas que atribui ao pepino,[133] elenca estados como "depressão pela morte da mãe" e "tosse devido a uma crise de sinusite".[134] Esse experimento teria se mostrado valioso em ao menos uma ocasião, segundo o homeopata. Um dia, chegou

---

132 A maioria discípulos de Hahnemann, embora ele também inclua algumas referências bibliográficas.
133 O pepino foi diluído na potência 30 CH, ou seja, na prática, não havia uma única molécula do pepino original no preparado homeopático.
134 Os trechos entre aspas são transcrições da apresentação desse homeopata no 70º Congresso da Liga Medicorum Homoeopathica Internationalis, em 2015, tal como registradas em meu caderno de campo.

a seu consultório um paciente com sintomas similares aos que ele mesmo experimentara, ao fazer a patogenesia do pepino: o paciente sentia falta da mãe, queixava-se de depressão e apresentava uma tosse associada a problemas respiratórios. Com base nessa similaridade, o homeopata indicou o preparado homeopático de pepino. Nas consultas seguintes, um bom tempo depois, o paciente relatou sentir-se melhor, inclusive em relação à perda da mãe. O homeopata não teve dúvida ao concluir que o caso demonstrou "eficácia da aplicação clínica" do pepino nesse paciente (claro exemplo de erro de atribuição causal). E não se trata de um caso isolado. Consideremos só mais um exemplo, entre tantos outros possíveis. Um grupo de homeopatas ligados à antiga Escola Paulista de Homeopatia realizou a patogenesia da pirita dourada,[135] cujo resultado foi só uma lista de sintomas, isso foi tudo que conseguiram anotar no período da pesquisa, incluindo relatos como: "Não consegui trabalhar, parecia que estava embotada, não conseguia raciocinar, parecia aqueles rapazes drogados" e "dor de cabeça mais à esquerda, em volta do olho esquerdo".[136] O ponto aqui é: se tantos homeopatas, atualmente, concluem sem hesitar que esses seriam sintomas provocados pela pirita dourada, é por tomarem como dogma algumas das recomendações de Hahnemann. É por confiarem na autoridade intelectual do criador da doutrina, em particular, na alegação de que "todas as queixas, incidentes e alterações na condição do experimentador ocorridas no período em que um medicamento atua [...] devem-se unicamente a esse medicamento". Mas talvez a "depressão pela morte da mãe" não seja um sintoma da administração do pepino comum, e sim do fato de que aquele homeopata havia perdido a mãe recentemente. Talvez a "dor de cabeça em volta do olho esquerdo" não tenha nenhuma relação com a administração da pirita dourada; pode ter sido provocada por um fator que foi ignorado durante o experimento. Isso, porém, vai de encontro à presunção de que *tudo* que incomoda o paciente deve ser interpretado como sintoma de uma mesma "alteração interna". Vai de encontro, justamente, ao componente central da teoria da doença de Hahnemann que mais destoava do padrão da época.

Para avançar na discussão, imaginemos como seria uma consulta com Hahnemann, se ele fosse fiel às recomendações de seu *Organon*. Digamos

---

135 Diluída na escala 200 K, diluição ainda mais extrema do que a anterior.
136 Cf. Rosenbaum et al., 2003, p.83-84.

que um paciente do começo do século XIX – vamos chamá-lo de Goldstein – o procura, a princípio, por sentir-se deprimido. Durante a anamnese, Goldstein relata, entre outras coisas, que está se sentido "mal consigo mesmo" e "desanimado". Também diz não ter força para se levantar pela manhã, e que, à noite, não sente atração pela esposa, embora tenha ereções de madrugada, como ela chegou a relatar. Digamos ainda que Hahnemann nota um pequeno galo na sua testa e, assim que o paciente abre a boca pela primeira vez, sente um bafo nada agradável. Todos esses "sintomas" sugeririam a Hahnemann que a substância indicada para tratar Goldstein seria o ouro, preparado conforme a farmacotécnica homeopática.

A ideia de que esses "sintomas" seriam manifestações de uma mesma alteração interna, que mais tarde Hahnemann considerou ser uma perturbação na força vital, não é implausível apenas para nós. Hecker e Bischoff também considerariam inaceitável a presunção de que "odor de queijo velho" e "comichões entre o polegar e o indicador" nada mais eram senão expressões de uma só doença (no caso, a "doença artificial" ou intoxicação produzida pela administração do ouro preparado homeopaticamente).[137] Tal pressuposto só podia fazer sentido para quem, como Hahnemann, imaginava o interior do organismo como algo insondável, um local onde transcorriam mudanças cujas causas permaneceriam para sempre ocultas. É nesse sentido que sua doutrina ignorava os avanços da patologia desde o século XVIII – tanto os exames *post mortem* aos quais alude Bischoff, quanto invenções como o estetoscópio de Laënnec –, que desmistificaram esse "interior recôndito" e possibilitaram *localizar exatamente* tais alterações, nos casos em que elas, de fato, existiam. Isso tudo viabilizou a prospecção de novas relações de causa e efeito entre sintomas e alterações internas. A falha de Hahnemann em incorporar o conhecimento médico então disponível impôs à patologia que ele propôs uma grande desvantagem, já que o deixava sem ter o que dizer acerca da causa das doenças, para além do que já se dizia desde a Antiguidade – em um contexto em que seus colegas de profissão já tinham muito mais a dizer sobre isso.

A insuficiência da patologia homeopática, tal como foi formulada na primeira edição do *Organon*, revela-se de maneira mais nítida quando o assunto

---

137 Em tom mais ácido, Hecker (1810, p.50) caracteriza esse pensamento de Hahnemann como um apego a detalhes sem relevância para o diagnóstico, que "confunde as situações e não raro resulta numa escrupulosidade risível".

eram as epidemias. Nesses casos, uma mesma doença se manifesta de forma muito similar em diversos indivíduos. Com efeito, para Hahnemann as doenças epidêmicas eram uma exceção à regra do diagnóstico focado na totalidade sintomática do indivíduo doente; inclusive concede que o médico poderia usar nomes gerais para se referir a essas doenças.[138] Em casos de epidemia, Hahnemann afirma que o diagnóstico não poderia se ater aos sintomas apresentados por um só indivíduo, devendo, em vez disso, basear-se no conjunto dos sintomas de todas as pessoas afetadas. O foco do diagnóstico deixa de ser o doente e passa a ser a figura genérica da doença – a qual ele se referia como seu "gênio epidêmico" –, que não raro corresponderia a um remédio igualmente genérico. Essas ideias tinham repercussões em sua prática clínica. Durante a epidemia de cólera que atingiu a Europa, Hahnemann recomendava o tratamento com cânfora em determinado estágio da doença, e mais outras duas substâncias, cada uma para um estágio específico da cólera.[139] Essa alteração *ad hoc* em sua teoria estava em franca contradição com o restante de sua patologia, a ponto de levá-lo a ceder à noção abstrata de doença, já que o gênio epidêmico da cólera não coincide com sua manifestação em determinados indivíduos.

Nesse contexto, é significativo que uma das principais modificações de sua doutrina entre 1810 e 1833 – a elaboração da teoria miasmática das doenças crônicas[140] – nada mais é do que uma apropriação peculiar de uma teoria então mobilizada, sobretudo, na epidemiologia. Devemos tomar o cuidado de distinguir a teoria dos miasmas crônicos de Hahnemann das teorias miasmáticas mais clássicas, sem, contudo, perder de vista o fato de que estas eram a base da teoria hahnemanniana.

A maior parte do crédito de que as teorias miasmáticas então desfrutavam se devia a sua capacidade de explicar a proliferação de doenças, especialmente as epidêmicas. A ideia básica, que admitia adaptações, era que os dejetos e a matéria putrefata emanavam alguma coisa invisível – os miasmas – que contaminava o ar. Essa ideia explicava de forma satisfatória, para os padrões da época, como a mesma doença passaria de uma pessoa a outra, mesmo sem

---

138 Hahnemann, 1810, p.55-56, §55.
139 Cf. id., 1852, p.753.
140 Outra modificação, a adesão de Hahnemann ao vitalismo, será discutida na seção "A vitalidade da homeopatia, em suas dimensões ideal e prática", deste capítulo.

ter havido contato direto entre elas.[141] Tomemos como exemplo a pandemia de cólera, que chegou à Europa, vinda da Ásia, no início da década de 1830. Naquela época, muitos imaginavam que, para ser contaminado pela cólera, bastaria respirar o ar "corrompido" que emanava dos corpos vencidos por essa doença. Esse não era o caso, mas a noção de miasma explicava como era, afinal, possível que uma pessoa fosse infectada mesmo na ausência de contato direto com um doente.

Para termos uma ideia da força que as teorias miasmáticas tinham nesse período, vale mencionar um texto de Hahnemann de 1831,[142] em que procura explicar como a cólera se propagava, em diálogo crítico com Hufeland. Nesse texto, ele opõe duas teorias: a telúrica-atmosférica – que Hahnemann a certa altura atribui a Hufeland –, segundo a qual a cólera seria transmitida "só pelo ar"; e a do contágio interpessoal, defendida por Hahnemann, segundo a qual a cólera seria transmitida por contato direto com alguém afetado por ela ou por contato indireto (quando um indivíduo suscetível à cólera passava pelas imediações de um local em que a "exalação miasmática" se instalara, por causa da presença de doentes).[143] Consoante a isso, Hahnemann recomenda ao médico aproximar-se aos poucos de um paciente com cólera. Durante a primeira consulta, propõe que, de preferência, evite entrar no quarto onde está o doente, permanecendo à porta e solicitando à enfermeira que se aproxime do paciente, se necessário.[144] Nesse texto, apesar de Hahnemann fazer questão de enfatizar suas diferenças com Hufeland, o que mais interessa é que ambos reconheciam que a cólera se propagava sem contato direto e se valiam do conceito de miasma para explicar casos em que propagação era indireta.

Atualmente sabemos que os dois estavam errados. Mas isso só foi comprovado mais de duas décadas depois, quando o influente médico inglês John Snow (1813-1858), após estudar o padrão geográfico de disseminação da cólera em um bairro de Londres e demonstrar sua relação com o sistema

---

141 Essa teoria também justificava a aplicação de medidas higiênicas e/ou de isolamento de doentes, ambas com alguma eficácia em determinadas epidemias.
142 O título desse texto é "Sobre os modos de propagação da cólera asiática", originalmente publicado como um panfleto, em 24 de outubro de 1831. Cf. Hahnemann, 1852, p.756-763.
143 Cf. ibid., p.756-757.
144 Cf. ibid., p.759-760.

de abastecimento de água local, demonstrou que ela não se espalhava pelo ar, mas pela água contaminada.

Em todo caso, não havia novidade em propor que doenças agudas e de caráter epidêmico, como a cólera, eram transmitidas por miasmas, ainda que a natureza dos miasmas fosse objeto de debates na época.[145] A grande novidade de Hahnemann em seu livro sobre as doenças crônicas, de 1828, e que logo em seguida incorporou ao *Organon*, é a teoria de que não só as doenças epidêmicas, mas também as crônicas, seriam, em geral, causadas por miasmas, ainda que se tratasse de outro tipo: o miasma crônico, que ele teria descoberto por conta própria. Hahnemann apresenta essa "descoberta" da seguinte maneira:

> Levei doze anos para descobrir a fonte de um número incrivelmente copioso de males crônicos, para pesquisar e comprovar essa grande verdade que permaneceu desconhecida de todos os meus predecessores e contemporâneos, e também para descobrir os medicamentos (antipsóricos) mais formidáveis, que, em conjunto, são na maioria das vezes páreos para esse monstro de mil cabeças, que é a doença [...]. – Antes de me avir com tal conhecimento, tudo que eu podia fazer era ensinar a tratar toda a classe das doenças crônicas como individualidades singulares e discretas, com as substâncias medicinais até então testadas segundo seu efeito puro em pessoas saudáveis, de modo que cada caso de doença crônica era tratado pelos meus discípulos conforme o grupo de sintomas correspondente a ela, ou seja, como uma doença peculiar. Sendo assim tão cuidadosamente curada, a humanidade enferma estava bastante satisfeita com a enorme afluência de recursos terapêuticos proporcionada pela nova arte de curar. E há de contentar-se ainda mais [...], já que lhe foram revelados remédios homeopáticos mais acurados para os males crônicos de origem psórica (remédios antipsóricos, para designá-los pelo nome apropriado), bem como os ensinamentos específicos de como prepará-los e aplicá-los [...].[146]

---

145 Segundo Baldwin (2004, p.7), tanto localistas quanto contagistas recorreram à noção de miasma, ainda que de maneira distinta. A apropriação de Hahnemann, para discutir o miasma da cólera, tem maior afinidade com a leitura contagista do conceito de miasma, que já havia sido aventada para outras doenças (em particular algumas doenças venéreas, como a sífilis) desde, pelo menos, final do século XVIII.

146 Hahnemann, 1833, p.152-153, §80n. Esse tom autocongratulatório aparece várias vezes ao longo do livro, desde a versão original do *Organon* (cf., por exemplo, Hahnemann, 1810, p.II--III). A afetação estilística, que ajuda a entender por que Hahnemann foi atacado de forma tão

Em seguida, Hahnemann propôs que, uma vez diagnosticado o miasma, o médico "genuíno" deveria escolher *dentre as substâncias antipsóricas* (isto é, dentre os remédios que ele alega serem capazes de combater o miasma de psora), a que produziria sintomas mais semelhantes aos da doença crônica a ser curada. Com isso, a lei da cura pela semelhança acaba subordinada à teoria dos miasmas crônicos,[147] implicando que, no caso das doenças crônicas que definia como "genuínas", a consideração de sua individualidade tornava-se secundária diante da generalidade do agente causador.

Em suma: a analogia das doenças crônicas com as epidêmicas, em que se baseia essa apropriação peculiar das teorias miasmáticas então em voga, permitiu a Hahnemann abordar a causa das doenças, em uma tentativa de preencher um dos pontos mais vulneráveis de sua patologia, formulada em 1810. O cotejo entre a primeira e a quinta edição do *Organon* deixa isso claro; depois da supressão do termo "racional" – que, implicava um rompimento com Hufeland –, a primeira alteração substantiva no corpo principal do texto encontra-se no quinto parágrafo, em que lemos:

> Servem de auxílio terapêutico para o médico, as informações sobre o *motivo* mais provável de uma doença aguda, bem como os elementos cruciais na história completa de uma doença crônica, para que se possa identificar sua *causa fundamental*, em geral baseada num miasma crônico [...].[148]

A teoria dos miasmas crônicos está a tal ponto ligada ao problema da causa das doenças que Hahnemann chega a *definir* uma doença crônica "genuína" como aquela *causada* por um dos três miasmas crônicos, que ele alega ter descoberto (os miasmas de psora, sicose e sífilis),[149] enquanto as

---

ácida por alguns de seus críticos, está em franco contraste com o padrão da época: não vemos nada semelhante nos textos de Reil, Hufeland, Bischoff ou Hecker.

147 Isso, claro, em teoria. Na prática, pouco mudava, pois o que Hahnemann "descobriu" é que boa parte das substâncias que ele já empregava combatia algum miasma crônico. A maior mudança foi a introdução de novas substâncias no arsenal homeopático, os *nosódios*, que – assim como a vacina de Jenner – eram preparados com base em excreções patológicas. Esse é o caso do *psorinum*, nosódio preparado a partir de material retirado de lesões graves de sarna.

148 Hahnemann, 1833, p.79, §5; grifos do original.

149 Cf. ibid., p.145-146, §72, p.150-153, §78-80. Psora, ou sarna, era o termo usado para se referir a erupções cutâneas e irritações na pele em geral. Já a sicose e a sífilis são doenças venéreas que se distinguiam, na época, pela sintomatologia e, em especial, por provocarem feridas nos órgãos sexuais. Atualmente, costuma-se interpretar a sicose como gonorreia.

"não genuínas" seriam as ligadas a fatores ambientais bem delimitados ou a hábitos prejudiciais à saúde.[150] Seriam exemplos desse último caso o consumo de alimentos e bebidas tóxicas ou a moradia em locais insalubres (com excesso de umidade, sem ventilação adequada etc.). Nesses casos, segundo Hahnemann, contanto que o doente não esteja "infectado" com algum miasma crônico, a doença cessaria tão logo ele não estivesse mais submetido a tais condições externas. Exceto pela afirmação da infecção com o miasma crônico, essas eram ideias triviais na época. O que era peculiar à patologia de Hahnemann, tal como formulada em 1833, era mesmo a teoria dos miasmas crônicos.

A definição das doenças crônicas com base na "causa fundamental" contrasta claramente com a definição de doença como quadro sintomático específico a cada pessoa. Com essa guinada teórica, todas as doenças crônicas "genuínas" parecem possuir a mesma origem, pois compartilham uma característica geral que as conecta e que permite classificá-las em três variedades, cada qual associada a um dos três agentes patogênicos "descobertos" por Hahnemann. O corolário prático é que, para cada uma dessas doenças, haveria um tratamento específico, recomendado a despeito das demais peculiaridades do caso. Tal inconsistência já havia sido detectada por comentadores de Hahnemann; o homeopata curitibano M. Bessa resume bem essa questão:

> Ao classificar as moléstias transmissíveis em *miasmas agudos* e nos três *miasmas crônicos*, cada qual com remédios específicos, o autor não só cria uma nova taxionomia própria, como reintroduz a necessidade de se tratar as enfermidades crônicas e não os doentes. Com efeito, Hahnemann garante que todos os casos da **shyphilis** necessitam do mercúrio; os da **sycosis** precisam receber **thuya** ou **nitri acidum** e os da psora devem ser tratados com **sulphur** e os demais antipsóricos adequados.[151]

---

150 Cf. ibid., p.150-151, §77-78.
151 Bessa, 2008, p.63, grifos do original. O caso do mercúrio é o mais revelador, pois era uma substância bastante usada para tratar sífilis na Idade Média, levando, não rara as vezes, a intoxicações fatais. Como nos casos da prescrição de ouro para tratar melancolia, ou cânfora para tratar a cólera, também aqui a "descoberta" de Hahnemann não passa da retomada de alguma tradição médica, já bem estabelecida no imaginário popular.

O próprio Hahnemann insiste que a maioria das doenças crônicas genuínas estaria relacionada ao miasma de psora. O que torna sua teoria especialmente absurda para os padrões da época é que o mesmo miasma é visto como causa dos mais diversos males crônicos, como se fosse uma espécie de arquidoença. Vejamos o que Hahnemann disse sobre o miasma de psora, logo após discorrer sobre os demais miasmas crônicos:

> Porém, incalculavelmente maior e mais importante que os dois miasmas crônicos mencionados é o miasma crônico de psora, que [...], após infectar completamente todo o organismo por dentro, revela, por meio de erupções cutâneas peculiares (que algumas vezes não passam de umas poucas lesões pequenas), acompanhadas de pruridos que dão uma vontade insuportável de coçar e de um odor específico, o abominável miasma crônico interno – a psora, que é a única verdadeira *causa fundamental* responsável pela geração de muitas, de incontáveis formas patológicas que figuram nos manuais de patologia como doenças peculiares e distintas, sendo chamadas de neurastenia, histeria, hipocondria, mania, melancolia, idiotismo, loucura, epilepsia e de convulsões de todo tipo; de debilidade óssea (raquitismo), escoliose, cifose, cáries, câncer, angioma; de neoplasias, gota, hemorroidas, icterícia, cianose, edemas, amenorreia e hemorragia digestiva, nasal, pulmonar, da bexiga ou do útero; de asma e úlcera pulmonar; de impotência, infertilidade, enxaqueca, surdez, catarata, cegueira, cálculo renal, paralisias, deficiências sensoriais e de dores de todo tipo, e assim por diante.[152]

Essa apropriação peculiar da teoria miasmática o tornou alvo de críticas cada vez mais ásperas. Mesmo naquela época, soava implausível que uma mesma "causa elementar" fosse responsável por males tão diferentes como melancolia, escoliose, câncer, asma, hemorroidas e enxaqueca, ainda mais considerando os avanços nas técnicas de diagnóstico que marcaram a época e tornaram possível discernir quadros sintomáticos até então ignorados ou indistintos. Perde-se, com isso, o ponto forte das teorias miasmáticas: sua capacidade de explicar o aparecimento de um *mesmo* conjunto de sintomas em pessoas diferentes, *na ausência de contato* entre elas. Hahnemann, ao se apropriar da noção de miasma para explicar a causa das doenças crônicas

---

152 Hahnemann, 1833, p.151-153, §80. Devemos ter em vista que o significado que o autor atribuía a alguns desses termos nem sempre é o mesmo com o qual estamos acostumados.

"genuínas", não consegue tirar proveito do bônus explicativo associado a essa noção. Afinal, além de ser uma solução pouco adequada para o problema inicialmente colocado para ele, ela gera uma série de problemas novos e embaraçosos, já que envolve considerar contagiosas as doenças para as quais não havia a menor evidência de contágio. O que faria o miasma de psora assumir formas tão diferentes de um indivíduo a outro?[153] O que seria, de fato, tal miasma, de onde ele viria e como diagnosticá-lo?[154] Como avaliar quais substâncias funcionariam como "antipsóricos"?

Mesmo entre os homeopatas, há quem tenha concluído que essa *prima causa morbi*, que Hahnemann anuncia ter descoberto, era só mais uma das quimeras que o médico criticava ao se referir à medicina da época.[155] Esse foi o caso Paul Wolff, homeopata de Dresden, que, em uma de suas "dezoito teses para amigos e inimigos da homeopatia", publicadas em 1837, rejeitou a teoria miasmática de Hahnemann.[156] Assim, a aceitação ou não da teoria dos miasmas crônicos, tal como imaginada pelo criador da homeopatia, logo se tornou um dos pontos de disputa entre seus discípulos. Aliás: não só a aceitação dessa teoria, como também a própria definição do conceito de miasma crônico se tornou objeto de controvérsia entre uma posição mais ortodoxa (dogmática) e outra mais heterodoxa (conciliadora).

Ainda que vários homeopatas rejeitem a teoria dos miasmas crônicos, isso não impediu que o núcleo básico dessa ideia continuasse sendo cultivado nos círculos de homeopatas. Mesmo que atualmente não se use mais o antigo conceito de miasma no âmbito da medicina convencional, espera-se de um homeopata que conheça bem a teoria miasmática de Hahnemann, e o assunto é abordado com frequência nas conversas que os homeopatas travam entre si. Isso ficou bem claro no 70º Congresso da LMHI. Nada menos do que

---

153 Hahnemann dedica um parágrafo do *Organon* a essa questão. Afirma, para resumir, que o miasma de psora era muito antigo e que teria afetado indivíduos bastante diferentes e, assim, adquirido a capacidade de produzir os mais diversos sintomas (cf. Hahnemann, 1833, p.153-154, §80).

154 Alhures, Hahnemann especula que a psora seria a "mãe de todas as doenças crônicas" (Hahnemann, 1828, p.24), e o que a tornaria mais terrível é ela não se limitar à corrupção externa do corpo (isto é, às erupções cutâneas), sendo capaz de corromper o corpo por dentro (provocando tumores e hemorragias) e até mesmo a própria alma (os distúrbios mentais mencionados seriam "prova" disso).

155 Bessa (2008, p.64) argumenta algo nesse sentido.

156 Tema da 12ª tese (cf. Wolff, 1840, p.144).

14 das 65 apresentações assistidas por nós (21,5%) – algumas de homeopatas eminentes – fizeram alguma menção a miasmas, não raro empregando o termo com sentidos distintos ou de forma vaga. Em nenhuma dessas menções a teoria dos miasmas crônicos foi confrontada criticamente ou sequer questionada, e numa boa parte dos casos foi mencionada no contexto de sua utilização clínica (a "identificação" do miasma serviu para a seleção do medicamento prescrito a um paciente real). Às vezes, a noção de miasma lembrava só vagamente a de Hahnemann, sugerindo modificações no conceito, não explicitadas ao longo das exposições. Por fim, algumas das provas para homeopatas a que tivemos acesso – para concessão de título ou contratação no setor público – também tinham questões sobre a teoria miasmática de Hahnemann.

Apesar das controvérsias em torno da definição do conceito de miasma crônico – que não interessam no contexto desta discussão –, é possível dizer que a função básica da teoria miasmática na homeopatia permaneceu praticamente a mesma desde sua elaboração: permitir ao homeopata *dar um nome* à causa dos múltiplos sintomas de que o paciente se queixa, ao conversar com o homeopata.

Para Hahnemann e vários de seus seguidores, os miasmas crônicos são a força mórbida que se impõe como obstáculo à vida, a força oposta à força vital (na tradição vitalista, a força vital é o princípio que distingue a matéria inanimada da matéria viva). Hahnemann é bem claro ao afirmar que não interessa saber *como* o miasma crônico age no interior do corpo humano,[157] o que interessa é que ele cria obstáculos para a atuação da força vital. Em suas palavras:

> Quando a pessoa adoece, o que originariamente se passa é que a força vital espiritual, que opera por si só (automaticamente) e que está presente no organismo como um todo, é perturbada pela influência dinâmica e hostil à vida de um agente patogênico; apenas a força vital perturbada por essa anormalidade pode conferir ao organismo as sensações incômodas e destiná-lo a atividades anormais, ao que damos o nome de doença.[158]

---

157 Cf. Hahnemann, 1833, p.85, §12n.
158 Cf. ibid., p.84, §11.

O miasma crônico é esse agente patogênico "dinâmico e hostil à vida", sendo ele, portanto, um elemento necessário para completar o quadro explicativo da patologia homeopática, incompleto na versão original do *Organon*. Dentre os homeopatas que ainda se valem de alguma variação da teoria dos miasmas crônicos de Hahnemann, o papel do miasma (ou diátese, como alguns, atualmente, preferem) é, via de regra, o mesmo: é um nome para a causa dos males que afligem o doente, causa que assume contornos diferentes dependendo de como os homeopatas concebem os miasmas crônicos.[159] Uma das interpretações de maior destaque, que segue a tradição de James Tyler Kent (1849-1916) – homeopata norte-americano, considerado o mais influente depois de Hahnemann –, é a de que a psora nada mais é senão o pecado original. Eis o que um influente homeopata brasileiro disse a respeito:

> é fácil entender a razão pela qual a psora pode evidentemente ser considerada o "pecado original"; o primeiro pensamento inarmônico deu origem, na mente do ser, a uma tensão para a qual ele não estava preparado, uma tensão interna tão forte que não mais podia dela se liberar por meio de uma função fisiológica ideal.[160]

Essa era a leitura de Kent, um opositor ferrenho das teorias microbianas, de caráter "materialista", bem na época em que elas se consolidavam, graças às descobertas de Koch e Pasteur.[161] Essa interpretação é compatível com a discussão de Hahnemann sobre o tema, apesar de o fundador da homeopatia não explicitar tal associação, ao contrário do que fez Kent.

O que devemos tirar disso é que a teoria dos miasmas crônicos se tornou elemento indispensável para homeopatas mais ortodoxos, como o próprio Hahnemann, que tendem a rejeitar, sem maiores reservas, a medicina convencional e consideram a homeopatia a forma "mais elevada" da medicina; um homeopata heterodoxo pode, ao menos em princípio, dispensar a teoria dos miasmas, recorrendo ao repertório da medicina convencional para falar sobre as causas das doenças.

---

159 Algumas dessas interpretações encontram-se listadas em Kossak-Romanach (2003, p.177).
160 J. C. Egito apud Novaes, 1989, p.190.
161 Novaes (1989) chamou a atenção para esse ponto ao analisar o trecho anteriormente citado.

Quanto aos demais elementos da patologia proposta por Hahnemann, em particular o estilo peculiar de diagnóstico e prescrição que propôs já na primeira edição do *Organon*, eles permanecem, em boa medida, inalterados de lá para cá. A única mudança significativa foi a enorme ampliação da *materia medica* homeopática, ampliação essa continuada, após a morte de Hahnemann, por vários de seus seguidores, muitas vezes sem observar os procedimentos experimentais prescritos no *Organon*.[162] Para termos uma ideia de até que ponto a imaginação de Hahnemann domina a homeopatia até hoje, consideremos a seguinte questão, tirada de um exame de múltipla escolha de um processo de seleção para contratação de médico homeopata para a prefeitura de Cubatão (SP):

> Paciente vem apresentando dor retroesternal há meses, com sensação de que o coração vai parar de bater. Tem dores ósseas noturnas. Estado depressivo há seis meses, após separação por decepção amorosa. Isola-se imaginando que perdeu o afeto de seus amigos e que descuidou de seus deveres. Cólera violenta. Pensa em suicídio, como se atirar pela janela. Refere que teve sífilis na adolescência. O medicamento indicado, neste caso, é: [...]
> (C) *Aurum metallicum*.[163]

Vasculhando o complexo sintomático que Hahnemann e seus seguidores atribuíam ao ouro – os homeopatas preferem chamar pelo termo latino, *Aurum metallicum* –, encontraremos todos os sintomas descritos na citação. Se os homeopatas ainda hoje prescrevem ouro em doses homeopáticas para um paciente – vamos chamá-lo de Aurélio – com um quadro sintomático como o descrito, é em boa medida porque, há muitos anos, Hahnemann ou outro influente homeopata escreveu que o ouro provocava sintomas similares em pessoas saudáveis. Como vimos, esse tipo de declaração, quando feita pelo médico alemão, era baseada ou na confiança que ele depositava em alguma tradição médica (não raro questionável), ou, como ele mesmo afirma, em suas próprias patogenesias, repletas de erros de atribuição causal.

---

162 Em particular, o princípio da experimentação no indivíduo sadio, que veremos mais adiante (cf. a passagem ligada à nota 190).
163 Vunesp, 2012. Prova aplicada para a categoria Especialista em Saúde I: Médico Homeopata. Foi incluída a resposta considerada correta pelo elaborador da prova, disponível no gabarito.

Atualmente, o homeopata tem acesso a um estoque de conhecimento muito maior e mais confiável do que o disponível no século XIX. Mesmo assim, continua a seguir um roteiro de diagnóstico e prescrição elaborado com base em um repertório de técnicas restrito até para os padrões da época em que foi elaborado – cujos limites correspondiam aos limites da anamnese –, e em uma *materia medica* certamente extensa, mas desprovida de conteúdo confiável.

Assim, por mais que os homeopatas contemporâneos estejam em condições de saber muito mais do que Hahnemann – e Hufeland, Hecker, Bischoff, Reil – sobre as alterações internas associadas ao quadro sintomático de um paciente, como o Aurélio, na prática, o tratamento *especificamente* homeopático é idêntico ao que Hahnemann oferecia, dois séculos antes, a um paciente como Goldstein (mencionado anteriormente). Nesse sentido, os homeopatas não ignoram os mesmos fatos que Hahnemann ignorava, mas boa parte de suas prescrições efetivamente *incorpora* o desconhecimento de Hahnemann daqueles fatos, contribuindo, dessa forma, para a comunicação desse desconhecimento. Nada ilustra isso melhor do que o fato de que, no presente, as únicas versões das antigas teorias miasmáticas – surgidas da necessidade de explicar a transmissão de doenças em um mundo no qual a vida, em nível microscópico, era completamente desconhecida – que ainda informam decisões terapêuticas são as cultivadas pelos homeopatas.

1.3.2. A farmácia hahnemanniana e os quatro pilares da homeopatia

A segunda mudança da doutrina de Hahnemann sobre a qual nos debruçaremos diz respeito à farmacotécnica homeopática, ainda hoje a "marca registrada" da homeopatia. Embora, na edição de 1810, o autor já falasse em um princípio das pequenas doses, pouco mencionou sobre os procedimentos de agitação e diluição em série, a que os homeopatas deram o nome de sucussão e dinamização.

> Quem esperava um tratamento detalhado sobre as doses nessa primeira edição da obra fundamental de Hahnemann teve uma grande decepção. Não foi aqui mencionada uma sílaba sequer de toda a doutrina do caráter espiritual do

medicamento e da potencialização por meio da diluição, que ganharia um espaço considerável na quinta e na sexta edição do livro.[164]

Em linha com isso, as críticas que Hahnemann recebia com base na primeira edição do *Organon* eram formuladas de forma mais genérica: ele era criticado por prescrever a seus pacientes substâncias em concentrações demasiado pequenas para ter efeito, mas o modo como eram preparadas ou as explicações que Hahnemann fornecia não eram objeto de críticas mais específicas.[165]

Por volta de 1810, o que levou Hahnemann a exigir que tais substâncias fossem usadas segundo o princípio das pequenas doses é que se tratava em muitos casos de substâncias tóxicas. Aliás, era preciso que fossem, para que o princípio da semelhança fosse válido, pois, na visão do médico homeopata, uma substância só seria capaz de curar uma doença caso tivesse o potencial de causar sintomas similares em um indivíduo saudável. Dentre as substâncias usadas por Hahnemann para fins medicinais, estão desde vegetais – como o ópio, a beladona (erva bastante tóxica, mas que, em pequenas doses, tem efeito analgésico) e o heléboro branco (cuja raiz é tóxica, e era usado como emético desde, pelo menos, a Antiguidade) – até minerais – como o arsênio e o ouro, usados para fins terapêuticos por certas tradições médicas.

No século XIX, boa parte dos médicos compreendia bem a natureza tóxica de muitas das substâncias então empregadas como remédios. Assim, a ideia de ajustar sua concentração para aproveitar seu potencial terapêutico, sem prejudicar o paciente, era comum.[166] A principal diferença de Hahnemann estava relacionada ao grau de diluição a que ele submetia tais substâncias; elas eram diluídas demais para os padrões da época.

---

164 Haehl, 2014, p.346; 1922, p.316.
165 Hecker (1810, p. 70-73) vai nessa linha. Em 1801, Hahnemann publicou um texto em que descrevia com algum detalhe essa técnica, ainda que não a explicasse nos termos da quinta edição do *Organon* (cf. Haehl, 2014, p.342-343; 1922, p.312; Hahnemann, 1801; 1852, p.380-381). Ainda assim, devemos ter em mente que, nessa época, Hahnemann aplicava tal procedimento apenas a certas substâncias, enquanto outras eram prescritas em doses ponderais, seguindo o padrão da época (Haehl, 2014, p.344-5; 1922, p.314-315).
166 Hecker (1810, p.70-71) observa, em seu texto sobre o *Organon*, que a mesma substância com potencial curativo poderia ter efeitos nocivos, caso administrada em doses excessivas; o exemplo que fornece é a prescrição de ópio para pacientes com tifo. Essa é uma teoria tão antiga quanto Paracelso (1493-1541).

Ele afirmava que o potencial terapêutico de uma substância não se perdia após sucessivas diluições, contanto que ela fosse empregada segundo a lei da semelhança, mesmo que "nem os sentidos, nem as análises químicas" disponíveis na época fossem capazes de "detectar o menor traço da substância medicinal".[167] Para ser mais exato, Hahnemann presumia que podia diluir tantas vezes quanto quisesse uma substância e, ainda assim, uma fração dela permaneceria no produto final, mesmo que em uma forma sublimada e inacessível aos sentidos.[168] Porém, na década de 1800, não dispunha de uma explicação na qual amparar tal presunção e, na ausência dela, contentou-se em declarar que sua experiência clínica mostrava que esse era o caso.[169]

Em 1833, houve uma mudança notável de registro. Hahnemann então recomenda que tais substâncias sejam submetidas a uma série de diluições e agitações com base na suposição de que tais procedimentos seriam capazes de liberar sua "força medicinal latente".[170] Vejamos como ele, a essa altura, descrevia o processo básico de preparação da homeopatia; nesse caso, a substância inicial da preparação era um extrato vegetal:

> Duas gotas da mistura do extrato vegetal fresco com a mesma quantia de álcool devem ser diluídas em 98 gotas de álcool e potencializadas com duas sucussões, atingindo assim o primeiro grau de potência. Deve-se então prosseguir com mais 29 frascos, sempre preenchidos com 99 gotas de álcool, de maneira a ocupar três quartos de cada frasco, para que cada frasco subsequente receba uma gota do anterior (que já deve ter sido agitado duas vezes), sendo então igualmente agitado duas vezes, e assim por diante até que se atinja o 30º grau de potência [...], o mais comum.[171]

Não é à toa que "nem o sentido, nem as análises químicas" indiquem a presença da substância original ao final do processo; após ser submetida a

---

167 Cf. Hahnemann, 1852, p.703.
168 Cf. id., 1810, p.192-193, §244; 1833, p.287-289, §279-280.
169 Cf. id., 1801, p.154-155; 1852, p.386.
170 Cf. id., 1833, p.197-198, §128.
171 Id., 1833, p.281-282, § 270. A farmacotécnica homeopática é bem conhecida, de modo que não parece necessário descrevê-la em detalhes. Para uma descrição fiel e sucinta do procedimento de confecção dos "remédios" homeopáticos, tal como Hahnemann fazia, cf. Rebollo (2008, p.137-139). Cf. também o apêndice, "Quão diluídas são as preparações homeopáticas", deste livro.

trinta diluições como essa, não sobra uma só molécula da substância original no último frasco. Isso posto, o que nos interessa é o fato de que vários detalhes da farmacotécnica homeopática foram alterados por Hahnemann ao longo de sua vida, e continuaram sendo pelos homeopatas que o sucederam.

A mudança que mais chama a atenção envolve uma das etapas desse procedimento, a chamada sucussão, que consiste em sacudir de maneira vigorosa o frasco com o preparado homeopático, entre uma diluição e outra.[172] Inicialmente, era apenas uma forma de misturar bem a substância no solvente, via de regra, uma solução hidroalcóolica. Mas, com o tempo, Hahnenmann passa a atribuir uma importância crescente a esse procedimento, considerando-o essencial para "liberar o potencial terapêutico latente" das substâncias.

Ele recorre a uma analogia com a ciência de seu tempo para ilustrar o processo: ao sacudir o frasco, a força medicinal latente seria despertada, mais ou menos como, conforme o conde de Rumford (1753-1814) estabelecera na década de 1790, a fricção despertaria um "inesgotável estoque de calórico" contido em alguns materiais.[173] Nesse contexto, Hahnemann propõe que o objetivo da sucussão não era apenas misturar bem a solução homeopática entre uma diluição e outra, mas sim, acima de tudo, "ajustar a potência" do preparado homeopático. Ele parece levar tão a sério essa ideia que alega ser essa a razão de ter escolhido os glóbulos de lactose como principal meio de dispensação da homeopatia. Dizia que as soluções homeopáticas não deviam ser transportadas em longas viagens em forma líquida, ainda mais a cavalo, já que as inevitáveis sacudidas acidentais a que o líquido seria submetido durante viagem tornariam o "remédio" potente demais,[174] o que, aliás, deixa suficientemente claro que a sucussão, no fundo, nada mais era do que uma boa sacudida. O emprego dos glóbulos de lactose resolveria esse problema.

---

172 A *Farmacopeia homeopática brasileira* define sucussão como um "processo manual que consiste no movimento vigoroso e ritmado do antebraço, contra anteparo semirrígido, do insumo ativo, dissolvido em insumo inerte adequado" (Brasil, 2011, p.19), e recomenda que, a cada diluição, o frasco contendo a solução seja sucussionado cem vezes (ibid., p.63), em vez de duas, como Hahnemann recomendava em 1833. Essa definição um tanto barroca, embora reproduza bem o ritual adotado pelo fundador da homeopatia, obscurece o fato de que se trata aí, no fundo, apenas de "dar uma boa agitada" no frasco com a solução homeopática, como ficará claro na sequência.
173 Cf. Hahnemann, 1852, p.728-735. A apropriação que Hahnemann faz das ideias de Rumford é imprecisa, embora não caiba aqui detalhá-las.
174 Cf. id., 1852, p.735-736.

Após estipular que o propósito central da sacudida seria "ajustar a potência" do remédio, Hahnemann cria várias regras, especialmente quanto ao número de sucussões que deveriam ser realizadas entre uma diluição e outra. Um homeopata se deu ao trabalho de fazer o histórico das recomendações de Hahnemann:

> Inicialmente, Hahnemann sucussionava por "vários minutos" (1801), depois por "3 minutos" (1814); em 1821, trazia o braço abaixo dez vezes; de 1824 em diante, aumentou a dinamização, trazendo o braço abaixo dez vezes. Em Paris, experimentou 30, 100 e 200 batidas, finalmente estabelecendo que cem batidas contra uma base elástica dava um ótimo resultado para as potências cinquenta-milesimais.[175]

Essa reconstrução tem algumas imprecisões e lacunas. Em 1833, por exemplo, Hahnemann recomendava só duas sucussões; além disso, onde lemos "em 1821, trazia o braço abaixo dez vezes", o certo seria "duas vezes";[176] não se verifica uma tendência a um aumento linear do número de sucussões, como a citação acima dá a entender. Em todo caso, o que interessa no presente contexto é que Hahnemann não explica o porquê desses números. Quando muito, reafirma que sua experiência clínica teria mostrado que assim funcionava melhor.[177]

O que está por trás dessas mudanças é o fetichismo numérico, que trai a afinidade de Hahnemann, e da homeopatia em geral, com o pensamento mágico. Tal fetichismo, aliás, pode ser detectado em outras partes da obra de Hahnemann, que tinha predileção por múltiplos de três e centenas: suas diluições favoritas, para a escala centesimal, eram 3 C, 6 C, 9 C, 12 C e 30 C, e, como já vimos, ele dá mostras de seu fetiche pelas centenas ao tratar do número de sucussões, para não falar na adoção da escala centesimal. Essas

---

175 Barthel, 2004, p.9. O autor menciona as referências bibliográficas para cada um desses passos, mas optou-se por suprimi-las aqui.
176 É provável que se trate de um erro de tradução do texto de Barthel. O texto em português citado aqui é tradução da edição inglesa do original em alemão. Não tivemos acesso nem à tradução para o inglês, nem ao original em alemão, para verificação. Em todo caso, não interessa mapear com exatidão essas mudanças, mas sim passar uma ideia geral delas.
177 Cf., por exemplo, Hahnemann, 1852, p.735. *Farmacopeia homeopática brasileira* também não justifica objetivamente a recomendação de cem sucussões; fica subtendido que a razão é que seria uma determinação de Hahnemann.

idiossincrasias estão até hoje presentes na farmacotécnica homeopática. O preparado homeopático mais vendido no mundo, o Oscillococcinum, é vendido na potência 200 K.[178] Já o Proden, vendido no Brasil como auxiliar na prevenção e tratamento de dengue, é um complexo feito com três substâncias do arsenal homeopático, todas na potência 15 D.[179] Potências que não correspondem a múltiplos de três, dez ou cem são muito mais raras – não foram localizados, ao longo desta pesquisa, nem um único exemplo de potência 17 C ou 151 K (números primos). Assim, não é de se espantar que, diante dessas situações, a doutrina homeopática tenha se tornado alvo de críticas cada vez mais ásperas, sendo não raro ridicularizada por críticos menos cordiais do que Bischoff e Hufeland, como era o caso de Heinroth e, mais tarde, do médico norte-americano Oliver Wendell Holmes (1809-1894).[180]

O papel central que a agitação do frasco com a solução homeopática adquiriu ainda está bem presente na homeopatia contemporânea. Até hoje, há homeopatas que tentam mostrar que a sucussão é essencial para o sucesso do tratamento,[181] valendo-se de um expediente similar ao utilizado por Hahnemann, ao apropriar-se, de maneira pouco qualificada, de ideias científicas de vanguarda – como era o caso das ideias de Rumford –, na tentativa de apresentar a homeopatia como ciência. Também nesses casos, tanto Hahnemann como seus sucessores recorrem a um arcabouço conceitual e a critérios de validação do conhecimento que nada têm de distintamente homeopáticos e que precisam ser sistematicamente descaracterizados e descontextualizados para que sua incompatibilidade com a doutrina homeopática não seja evidente aos olhos de seus interlocutores. A principal diferença é que, em vez de Rumford, os homeopatas atuais defendem a plausibilidade de sua técnica valendo-se de ideias como a da memória d'água ou das nanobolhas, quando não apelam a explicações mais francamente esotéricas, como a da cura quântica; ideias que não cabe examinar neste trabalho, mas que só soam aceitáveis para um público que ignora ou não tem grande interesse na caracterização e no domínio adequado de aplicação desses conceitos.

---

178 "K" refere-se à potência obtida pelo chamado método korsakoviano, que não exige medição exata da escala.
179 "D" representa a escala decimal.
180 Cf. Heinroth, 1825, p.117-121; Holmes, 1842, p.37-40.
181 Esse é, por exemplo, o caso de Malarczyk (2008).

Devemos ter em mente que tais apropriações não passam de tentativas de explicar um fenômeno que não pode ser explicado, de resolver um pseudoproblema, a saber: como é possível que as substâncias prescritas pelos homeopatas atuem sobre o organismo humano, mesmo depois de serem diluídas ao extremo? Essa era uma questão que, na década de 1800, Hahnemann se dava por satisfeito em deixar sem resposta. Sua analogia com as ideias de Rumford acerca do calor gerado por fricção sugere que, duas décadas depois, ele já se via obrigado a justificar a farmacotécnica homeopática com algo mais do que um simples apelo à própria autoridade clínica. Mas é preciso ter em mente que tudo o que tal analogia oferece é uma explicação potencial para o suposto poder terapêutico dos preparados homeopáticos, e que o apelo ao critério da experiência clínica permanece central para a aceitação de crença nuclear de que, afinal, as preparações teriam os poderes terapêuticos que Hahnemann atribuía a elas.[182] Nesse sentido, é significativo que mesmo um médico como Hufeland – ortodoxo, mas que tinha alguma boa vontade em relação à homeopatia – limitava-se a defender que alguns medicamentos do arsenal homeopático eram úteis em certas situações clínicas. Quando tocava no mérito da explicação dada por Hahnemann para a melhora dos pacientes que se tratavam com homeopatia, Hufeland era bem mais crítico: já em 1801, questionava de maneira incisiva o grau extremo de diluição da farmacotécnica homeopática.

É importante que fique clara a relação entre a crença nuclear, que se refere à eficácia dos medicamentos homeopáticos, e as teorias-satélite criadas ao redor dela, que mudam constantemente. Essa crença não podia, no tempo de Hahnemann, ser conciliada com o conhecimento químico então disponível, e as descobertas feitas desde então nesse âmbito só agravaram a situação. Nesse sentido, a busca por analogias forçadas com a mecânica quântica, a qual recorre uma vertente da cultura homeopática atual, é explicada pelo mesmo motivo que levou Hahnemann a Rumford: amparar a crença no poder terapêutico da homeopatia em algo além do critério da experiência clínica acumulada.

Isso não é à toa. No período de Hahnemann, esse critério começava a ser questionado graças ao desenvolvimento de metodologias científicas

---

182 As teorias originadas da necessidade de explicar as crenças nucleares da homeopatia serão referidas como teorias-satélite.

elaboradas sob medida para identificar o poder terapêutico dos tratamentos médicos. Por exemplo, o emprego de métodos estatísticos de análise e a elaboração de estudos minimamente controlados, em um processo que só passaria para o primeiro plano da pesquisa médica com o advento e refinamento dos estudos clínicos controlados e randomizados, consolidado apenas na segunda metade do século XX. Em certo sentido, a homeopatia contribuiu para isso: a invenção de alguns desses mecanismos criados sob medida para controlar vieses de observação foi diretamente motivada para combater doutrinas médicas que prometiam curas milagrosas, entre elas a homeopatia, que eram consideradas uma ameaça à medicina científica então emergente, ainda em vias de afirmação. Nesse contexto, no final do século XVIII, foi criada uma comissão científica, liderada por ninguém menos que o polímata Benjamin Franklin (1706-1790), então embaixador dos Estados Unidos na França, e que contava com o químico francês Antoine Lavoisier (1743-1794), entre outros cientistas eminentes. A comissão foi criada para avaliar a eficácia do mesmerismo (muito popular na época); para alcançar esse objetivo, conduziu uma série de experimentos que usavam técnicas rudimentares de cegamento;[183] na década de 1830, experimentos similares, inspirados nos desenvolvidos para testar o mesmerismo, também foram realizados para avaliar a homeopatia.[184]

Há bons motivos para recorrer a técnicas de cegamento como as que começavam a ser elaboradas: sem elas, ficamos à mercê dos vieses de observação; tendemos a ver só o que estamos inclinados a ver. É nessa situação que Hahnemann se encontrava ao interpretar eventos que se sucedem no tempo como se estivessem conectados em termos de causa e efeito. Não é raro encontrar, entre os consumidores de homeopatia, quem afirme que ela teria funcionado "para eles", que afinal sentiram na própria pele a melhora após iniciarem o tratamento homeopático. Para esses pacientes, a afirmação de que a homeopatia não funciona tende a ser interpretada como uma rejeição da própria experiência – quem afirma algo do tipo seria alguém que não "estava lá", que "não viveu o que eu vivi". Mas o que se nega aí não é

---

183 Cf. Kaptchuk, 1998. Hahnemann (1833, p.299-304, §293-294) defendeu o uso do mesmerismo, a despeito de seu dogmatismo.
184 Cf. Kaptchuk, 1998; Stolberg, 2006. O resultado desses experimentos foi desfavorável para a homeopatia, assim como para o mesmerismo.

a vivência da melhora; é a interpretação de que essa melhora é uma consequência do tratamento. Esse é o mesmo tipo de erro de atribuição causal em que Hahnemann tantas vezes incorreu, e que ele não sabia como evitar. Aliás, nem ele, nem Hufeland, Hecker, Bischoff ou Reil, que incorreram no mesmo erro ao defender o uso das sangrias.

E não só: nós também tendemos a pensar dessa maneira no dia a dia. Se melhoramos logo após tomar um medicamento, com frequência concluímos, sem sequer refletir sobre o assunto, que melhoramos *porque* tomamos esse medicamento. Não faltou, mais de dois séculos depois da criação da homeopatia, quem se valesse do mesmo raciocínio para defender o uso da hidroxicloroquina e da ivermectina no tratamento e prevenção da Covid-19. Ensaios clínicos controlados e randomizados permitem tirar conclusões mais confiáveis a esse respeito; no entanto, sua realização é dispendiosa, demanda tempo e a interpretação dos resultados exige conhecimentos especializados de estatística e metodologia de pesquisa científica, o que a maior parte da população não possui. Por ser muito mais intuitivo, o mesmo tipo de raciocínio a que apelava Hahnemann mantém, ainda hoje, parte considerável de seu poder de convencimento, ajudando a explicar por que tantas pessoas que uma vez escolheram, por qualquer motivo, serem tratadas pela homeopatia continuam a fazê-lo.

***

O que vimos até aqui sobre a patologia e a farmacologia propostas por Hahnemann permite avançar na compreensão do que há de distintivo na cultura homeopática.

Os produtos mais peculiares dela – isto é, os elementos do imaginário dos homeopatas que permitem distinguir a conduta deles da de outros médicos – são justamente sua *materia medica* e sua farmacotécnica.

Ou seja, desde Hahnemann, o que afinal distingue o homeopata do médico convencional é a crença no valor terapêutico dessas duas peças-chave da doutrina homeopática. Mesmo hoje, um homeopata precisa adotar uma postura dogmática diante desses dois itens, ao menos se quer ser aceito como homeopata por seus pares. Ele não precisa seguir Hahnemann na presunção de que a homeopatia seria o único caminho para a cura; não precisa abraçar a teoria miasmática das doenças crônicas; tampouco aceitar as racionalizações elaboradas pelo criador da homeopatia e seus seguidores para explicar como a homeopatia funciona (analogia com Rumford, por exemplo, ou a ideia da memória d'água). No entanto, precisa estar disposto a crer que o poder terapêutico das substâncias do arsenal homeopático se preserva, e até mesmo se intensifica, por causa da farmacotécnica homeopática, e precisa confiar no conteúdo da *materia medica*, sem o qual não teria como fazer uma prescrição homeopática. Ou, ao menos, precisa agir como se acreditasse nisso.

Essas duas peças do imaginário homeopático estão ligadas a dois dos quatro princípios básicos de que os homeopatas, ainda hoje, se servem para caracterizar sua doutrina. São eles:

- cura pelo semelhante;
- doses infinitesimais;
- remédio único;
- experimento na pessoa saudável.[185]

Os quatro princípios estão em conformidade à doutrina homeopática tal como formulada por Hahnemann. O único que não analisamos até o momento é o do remédio único, segundo o qual cada doente deve ser tratado com um e apenas um remédio por vez (método defendido por Hahnemann desde a primeira edição do *Organon*).[186] Essa recomendação é consistente com sua concepção de doença: como cada paciente só pode, por definição, ter uma doença de cada vez, nada mais adequado do que administrar um remédio de cada vez. Para além dessa concordância teórica, havia ainda ao menos uma boa razão, mais prática: tratava-se de uma estratégia de redução de riscos iatrogênicos e de controle da evolução do quadro do paciente. Esse procedimento fazia sentido nesse contexto, considerando não só que as substâncias, a partir das quais o medicamento homeopático era produzido, eram tóxicas, mas também a quase completa falta de critérios para prescrevê-las como medicamentos, que Hahnemann abertamente, e com razão, criticava. A ideia era prescrever uma substância de cada vez para que o médico pudesse associar, com um grau maior de certeza, a eventual melhora do paciente à administração de determinada substância. Por si só, não era uma

---

185 Essa lista de fundamentos faz parte do cânone da homeopatia, sendo de conhecimento comum entre homeopatas. Vários manuais de homeopatia a reproduzem para fins didáticos, e ela também pode ser encontrada em um bom número de artigos assinados por homeopatas; cf., por exemplo, Kossak-Romanach (2003, p.23) e Teixeira (2009, p.157).
186 Cf. Hahnemann, 1810, p.137, §234; 1833, p.282, §272.

má ideia, embora Hahnemann tenha se valido dela para justificar todo tipo de atribuição causal, usando-a sem levar em conta suas claras limitações.

Embora esses quatro princípios estejam de acordo com o texto de Hahnemann, só os dois primeiros seriam amplamente adotados por homeopatas, e mesmo assim com ressalvas. A maior parte das variantes da *materia medica* atualmente utilizadas, e em particular as versões ampliadas e reorganizadas pelos homeopatas após Hahnemann,[187] inclui sintomas detectados na clínica, contrariando o princípio do experimento no indivíduo saudável.[188] Não que os homeopatas, em geral, rejeitem conscientemente tal princípio; apenas tendem a ignorá-lo na prática, ao empregar obras de referências que contêm entradas incluídas à revelia desse princípio. Raramente esse problema se torna objeto de discussão entre homeopatas; simplesmente não parece ser importante para eles.

Algo diferente se dá com o princípio do remédio único, que logo se tornou objeto de intensas controvérsias entre homeopatas, alimentando a formação de correntes doutrinárias distintas e bem delimitadas: os unicistas, que seguem fiéis a Hahnemann, e os pluralistas e complexistas, que discordam do mestre em alguma medida. A diferença entre as duas últimas correntes pode parecer sutil para o observador externo: os pluralistas prescrevem mais de uma substância do arsenal homeopático para seus pacientes, mas pedem que sejam administradas alternadamente (trata-se de uma solução de compromisso entre o unicismo e o complexismo); já os complexistas desafiam abertamente Hahnemann, prescrevendo complexos preparados a partir de várias substâncias do arsenal homeopático (por exemplo, o Proden).

Os dois primeiros princípios são seguidos mais à risca, ainda que não de forma irrestrita. Já vimos que mesmo Hahnemann, apesar de afirmar repetidas vezes que a homeopatia era a única via para a cura verdadeira, na prática, nem

---

187 Isso inclui os chamados repertórios homeopáticos. Enquanto a *materia medica* é estruturada em torno das substâncias medicinais, os repertórios são estruturados em torno dos sintomas. Sua estrutura é similar a de um dicionário; os sintomas são divididos por categorias, e, em cada categoria, organizados em ordem alfabética; junto de cada um desses sintomas, são listadas as substâncias que o produziriam, segundo o cânone homeopático. Examinaremos em detalhe, mais adiante, o papel dos repertórios na consulta homeopática. Neste momento, basta termos em mente que se trata de grandes índices que auxiliam o homeopata a identificar o símile homeopático a partir dos sintomas relatados pelos pacientes; e que o conteúdo desses índices é a *materia medica* homeopática.

188 Esse ponto já foi esmiuçado por Novaes (1989, p.274-275).

sempre foi fiel ao próprio dogma.[189] Quanto aos homeopatas atuais, muitos recomendam nosódios (ou bioterápicos, como preferem chamá-los), que são preparações feitas a partir de algum produto da doença a ser tratada (como secreções de indivíduos doentes, culturas de bactéria etc.). Esse é, para nos atermos à terminologia proposta por Hahnemann no *Organon*, um tipo de isopatia. Embora rejeitasse a isopatia, Hahnemann abriu caminho para ela ao prescrever nosódios preparados homeopaticamente como remédios para os miasmas crônicos – por exemplo, o *psorinum*, um nosódio a base de secreção extraída de feridas que surgem em casos graves de sarna, usado para tratar doentes infectados, na imaginação de Hahnemann, pelo miasma da psora.

Apesar dessas ressalvas, o diagnóstico homeopático é, na prática, em certa medida, orientado pelo princípio da semelhança, e a aplicação clínica desse princípio depende de um roteiro de diagnóstico específico e da *materia medica* homeopática. Assim, o que os homeopatas de fato buscam identificar, e o que serve de parâmetro para suas prescrições, são correspondências entre os sintomas, tal como relatados pelo paciente ou observados pelo médico na clínica, e o texto da *materia medica* homeopática.

Se o princípio da semelhança encontra seu suporte objetivo – ou melhor, seu veículo de transmissão cultural – na *materia medica* homeopática, o princípio das doses infinitesimais se cristaliza na farmacotécnica homeopática. Esta permanece a mesma, no que tem de essencial, quer a prescrição homeopática seja feita estritamente segundo o princípio da semelhança, quer não (como no caso de alguns bioterápicos).

Não é à toa que, enquanto as teorias-satélite da homeopatia são descartadas com relativa facilidade – a analogia de Hahnemann com Rumford foi esquecida, e substituída por variantes mais atuais, como a teoria da memória d'água e, mais recentemente, a das nanobolhas –, as mudanças nas duas peças-chave da cultura homeopática foram sempre incrementais: a *materia medica* foi ampliada, com a inclusão de novas substâncias ao arsenal homeopático e de novos sintomas para as antigas substâncias, mas o arsenal antigo foi mantido sem questionamentos; máquinas para preparar homeopatia

---

189 Priven (2009, p.138), ao avaliar a literatura sobre os diários clínicos de Hahnemann, conclui que, ao menos na década de 1810 – portanto, depois da publicação da edição original do *Organon* –, o médico alemão ainda prescrevia "alopatia", além de "mesmerismo, ímãs, eletricidade e aplicação tópica de remédios homeopáticos", tratamentos que ele condena em sua obra.

foram inventadas, mas o procedimento básico de agitação e diluição em série segue essencialmente o mesmo. Portanto, parte do que a doutrina de Hahnemann tinha de insustentável já no começo no século XIX está, ainda hoje, no centro da cultura homeopática; mas não poderia ser diferente, pois são esses elementos que a distinguem da medicina convencional e que lhe conferem sua especificidade.

Isso posto, ainda que as soluções teóricas de Hahnemann não fizessem justiça ao conhecimento médico à sua disposição, cabe reconhecer que algumas surgiram em resposta a limitações e deficiências reais da medicina de seu tempo. A homeopatia era, em resumo, uma solução ilusória para problemas teóricos reais, alguns dos quais não se conseguia resolver naquela época. Como veremos na próxima seção, em alguns casos, seria melhor o paciente se submeter ao tratamento oferecido por Hahnemann do que ao oferecido por um médico convencional, por mais que a teoria homeopática não estivesse à altura da de seus concorrentes. Essa afirmação, com ares de paradoxo, não passa de uma consequência de que a postura dogmática de Hahnemann o levava a rejeitar a medicina convencional como um todo, o que inclui práticas que deveriam ser rejeitadas, mas não o eram em função da ignorância dos médicos de então (ainda que houvesse outras teorias médicas bem mais promissoras do que a de Hahnemann, elas também eram cheias de lacunas, também eram soluções ilusórias). Sob essa perspectiva, seu dogmatismo foi sua tábua de salvação, garantindo-lhe seu nicho de pacientes, formado por aqueles insatisfeitos com a medicina convencional. Era preciso, para atrair essas pessoas, convencê-las de que a homeopatia era radicalmente diversa da medicina de sua época (que seria então rebatizada pelos seguidores de Hahnemann como "alopatia"). Essa constelação de problemas, por sua vez, está ligada a outra mudança importante que ocorreu entre a primeira e a quinta edições do *Organon*, a saber: a adesão cada vez mais irrestrita da homeopatia à tradição vitalista na medicina.

1.3.3. A vitalidade da homeopatia, em suas dimensões ideal e prática

A primeira edição do *Organon* mostra apenas indícios de vitalismo. O termo *Lebenskraft*, isto é, força vital, aparece só uma vez, mas sem conotação especificamente vitalista,[190] sendo empregado em uma acepção compatível com o fisicalismo de um médico como Reil. A ideia de uma força vital suprassensível e que coordena de forma global as funções do organismo, que está na base do conceito propriamente vitalista de força vital, só aparece em uma passagem da primeira edição sob o nome genérico de "vitalidade".[191]

Apenas nas edições posteriores, o vitalismo foi de fato incorporado tanto à patologia quanto à farmacologia de Hahnemann, tornando-se, a partir daí, um dos componentes-chave da doutrina. O vitalismo aparece no lugar da fisiologia, como se a ideia de uma força ou princípio vital servisse para preencher o "interior recôndito" do corpo. Consequentemente, a doença passa a ser concebida não mais como uma alteração interna e invisível do "estado de saúde" em geral,[192] mas sim como uma perturbação ou desequilíbrio da força vital.[193]

Essa é uma concepção de doença muito parecida com a proposta por Hufeland quinze anos *antes* da publicação da primeira edição do *Organon* – e que, aliás, Reil considerava circular e pouco elucidativa.[194] Como Hahnemann não chega a definir o que seria a força ou princípio vital a que tantas vezes se refere, e como o sentido do conceito era, então, objeto de disputa, convém retomar o debate entre Hufeland e Reil para compreendermos de onde Hahnemann o tirou.

Em *Macrobiótica*, Hufeland discorre longa e coerentemente sobre o conceito de força vital, atribuindo a ele onze propriedades específicas.[195] Elas podem ser resumidas no esquema a seguir, construído de maneira a eliminar as redundâncias de Hufeland e ressaltar as características mais importantes para o debate com Reil e para a elucidação da apropriação que Hahnemann faria do conceito:

1. A força vital é uma força invisível, assim como o magnetismo e a eletricidade, com os quais tem certas afinidades.[196]

---

190 Cf. Hahnemann, 1810, p.182, §227.
191 Ver a nota 50, deste capítulo.
192 Cf. Hahnemann, 1810, p.5-6, §5-6.
193 Cf., por exemplo, Hahnemann (1833, p.56, §15).
194 Cf. Reil, 1797:, p.159-160.
195 Hufeland, 1797, p.34-50; 1854, p.26-37.
196 Cf. ibid., p.34-36; 1854, p.26-27.

2. É a grande responsável por animar a matéria, conferindo à matéria orgânica viva o que ela tem de distintivo em relação à matéria inorgânica ou morta; a força vital realizaria a síntese sem a qual a vida não existiria, nem subsistiria, o que inclui coordenar tarefas ligadas à sua conservação e à assimilação de elementos do meio exterior para o interior do corpo, como o oxigênio e os nutrientes.[197]
3. Ela se opõe a, e até suspende temporariamente (isto é, enquanto for vigorosa o bastante), certas forças naturais de ordem física e química, como as responsáveis pela putrefação e pelo congelamento.[198]
4. Além de animar a matéria orgânica, é responsável por organizá-la e mantê-la em ordem.[199]
5. Várias forças interagem com a força vital, algumas abalando-a ou destruindo-a, outras reforçando-a. Dentre as que podem destruí-la, Hufeland elenca desde fortes descargas elétricas até venenos e infecções (como a infecção por varíola); já a luz, o calor moderado e o oxigênio têm a capacidade de revigorar a força vital.[200]
6. Ela se distribui por todo o corpo, estando presente tanto nos tecidos como nos fluidos corporais, ainda que se manifestando de modo diferente em função das diferenças entre os vários tecidos. Hufeland enfatiza que ela é responsável pela irritabilidade das fibras e pela sensibilidade dos nervos.[201]

---

197 Cf. ibid., p.38-41, 50; 1854, p.28-30, 37.
198 Cf. ibid., p.38-41; 1854, p.28-30.
199 Cf. ibid., p.38; 1854, p.28.
200 Cf. ibid., p.41-49; 1854, p.31-36.
201 Cf. ibid., p.49-50; 1854, p.36-37. Hufeland refere-se à distinção entre *sensibilidade* e *irritabilidade*, que marcou a fisiologia de seu tempo e que fora proposta uma geração antes, por Albrecht von Haller. A sensibilidade seria a propriedade dos nervos, responsáveis por transmitir até o cérebro estímulos sensoriais como a dor; o próprio Haller a imaginava como uma ponte entre o material (os objetos ao nosso redor) e o imaterial (a nossa "alma"; cf. Richards, 2002, p.313). Já a irritabilidade seria a propriedade das fibras musculares, que reagiriam de maneira involuntária a estímulos externos (ou seja, sem a superveniência do cérebro e, portanto, na concepção de Haller, da "alma"). Haller conduziu seus próprios experimentos para embasar tal distinção, como vivissecções em animais, que mostrariam como certos "órgãos internos estimulados com uma sonda não davam o menor sinal de comunicar dor, ainda que pudessem continuar apresentando uma resposta irritável" (ibid., p.315). Hufeland (1975c, p.62-63) retoma o ponto, dessa vez com uma referência explícita a Haller, em outro livro, que iremos considerar a seguir.

Hahnemann refere-se, de maneira esparsa, a várias dessas propriedades em seu texto, sendo a aproximação com (6) a mais significativa, pois a concordância com Hufeland chega aos mínimos detalhes:

> A força sublime, inata a todo ser humano e que faz que a vida, durante o estado de saúde, siga com plenitude; *que está presente de maneira uniforme em todas as partes do organismo, tanto nas fibras sensíveis como nas irritáveis*; que é o motor inesgotável de todos os processos normais e naturais do corpo – essa força não foi, em absoluto, criada para ser capaz de curar a si mesma em caso de doença, não sem o emprego de uma medicina digna de ser seguida.[202]

Isso fornece uma ideia de onde o médico homeopata tirou a noção de força vital. Não deixa de ser digno de nota que ele tenha retomado, anos depois de publicar a primeira edição do *Organon*, uma noção que se tornara objeto de controvérsia em meados da década de 1790, na tentativa de suprir uma das deficiências mais marcantes da patologia de seu livro de 1810, que desconsiderava o problema da causa das doenças.

Na *Macrobiótica*, fora apenas insinuado – no item (5) – o papel que o conceito de força vital exerce na patologia (afinal, como convém lembrar, esse livro não é um tratado de patologia, mas sim uma obra destinada a educar o leitor leigo a prolongar sua vida). Hufeland discutiu o tema em detalhe em um livro publicado em 1795,[203] no qual propôs, exatamente como Hahnemann fez muitos anos depois, que as doenças eram resultado de alterações na força vital. Nele, Hufeland afirma que o processo de adoecimento estava intimamente ligado ao que então chamava de "reação da força vital". Convém, aqui, citar uma passagem do livro em que ele resume o ponto:

> A essência da doença repousa nestes princípios:
> I. Nada existe para nós, exceto aquilo que percebemos, ou [...] a que reagimos (mesmo a sensação pressupõe uma reação, a da sensibilidade [...]).

---

202 Hahnemann, 1833, p.46, grifo nosso. Parte dessa passagem encontra-se reproduzida, em português, em Rebollo (2008, p.68), com outra tradução.
203 Trata-se do livro *Ideen über Pathogenie und Einfluſs der Lebenskraft auf Entſtehung und Form der Krankheiten* (Ideias sobre a patogenia e a influência da força vital no surgimento e na forma das doenças).

II. Nada é capaz de atuar sobre nós e no nosso interior, a não ser que possa acionar uma reação da força vital da nossa parte.

III. Portanto, também sempre faz parte de uma doença [...], primeiro, a influência da causa próxima dessa doença e, então, a reação da força vital, graças a qual a impressão é percebida e modificada, expressando-se na sua forma animal e individual. O resultado dessa atividade conjunta é a doença.[204]

Essa é uma concepção de doença que guarda vários paralelos com a que Hahnemann defenderia em 1833, começando pela ideia de que a força vital era concebida como a força de reação do organismo a um estímulo externo,[205] e pela concepção do quadro sintomático da doença como resultado da modificação desse estímulo pelo organismo.

O que nos interessa nessa passagem é como Hufeland explicita e discute em detalhe dois elos de uma cadeia causal, elaborando um esquema explicativo para os processos de adoecimento de que Hahnemann, mais tarde, se apropriaria, na tentativa de preencher uma das lacunas de sua patologia, tal como formulada em 1810. O primeiro desses elos, de que tratamos na seção "Sintomas e miasmas", é a ideia do agente patogênico externo. No caso das doenças infecciosas, considerava-se, na época, que algum miasma deveria ser responsável por esse estímulo. É claro que as doenças infecciosas não esgotam a questão: Hufeland, assim como outros médicos da época, já sabia que havia outras classes de agentes externos além dos "miasmas" – conceito que, com o desenvolvimento da microbiologia, logo se mostrou inadequado –, e que interagiam com o corpo de maneira distinta. Assim, ao passo que a interação entre o "miasma" e o corpo era classificada, nos manuais de patologia, como "orgânica", as lesões causadas pelo fogo eram classificadas como "químicas".[206] Esses diferentes estímulos, contudo, não teriam sempre o mesmo

---

204 Hufeland, 1795c, p.4-5.
205 Ao discutir os efeitos produzidos pelas substâncias medicinais sobre o organismo, que Hahnemann concebia como "doenças artificiais", ele se valeu da mesma expressão de Hufeland (*Gegenwirkung der Lebenskraft*), que traduzimos como "reação da força vital" (cf. Hahnemann, 1833, p.179, §112). Essa expressão é utilizada em outras passagens, sempre com um sentido similar ao que podemos detectar em Hufeland. A ideia é desenvolvida mais detalhadamente em Hahnemann (1833, p.134-135, §63-64).
206 Cf. Hufeland, 1795c, p.18. Tanto Hufeland como Bischoff propuseram uma taxonomia do gênero (cf. ibid., p.14-30; para o caso de Bischoff, cf. a citação ligada à nota 124), comum na época.

efeito: a exposição ao mesmo miasma, por exemplo, poderia ou não resultar na doença. O segundo elo dessa cadeia causal é, portanto, o substrato que reage aos estímulos provocados por esses agentes: a força vital. Pessoas com uma força vital mais "vigorosa" seriam capazes de se manter saudáveis, mesmo após serem expostas a certos miasmas.

Até esse ponto, o Hahnemann de 1833 está alinhado ao Hufeland de 1795. As diferenças começam a aparecer tão logo consideramos como cada um preencheu esse esquema geral. Mais uma vez, a comparação é desfavorável a Hahnemann. No tocante ao agente patogênico, o atrativo da proposta de Hufeland é que ela permite conciliar a generalidade da doença com suas variações individuais, ao associar seu aspecto genérico a certos estímulos externos e seu aspecto individual à maneira como eles seriam "processados" pela força vital de cada um.[207] Isso se perde no caso de Hahnemann, principalmente no que diz respeito às doenças crônicas, pois ele alega que todas as doenças crônicas genuínas são causadas por apenas três miasmas, e a grande maioria por um único deles, o miasma de psora. Com isso, ele acaba restringindo ao máximo a variabilidade dos agentes patogênicos, e sem a presunção dessa variabilidade – de diferentes "miasmas" – a figura do agente patogênico se torna uma formalidade vazia, já que tudo passa a depender da reação da força vital. Não é à toa que a psora apareça no texto de Hahnemann como causa de quase todos os males, e os antipsóricos, por conseguinte, como uma espécie de panaceia. E tampouco é à toa que o problema apareça com menos força nos casos das doenças agudas e das crônicas "não genuínas", que Hahnemann, como Hufeland e vários outros médicos da época, imaginava serem causadas estas por fatores ambientais e aquelas por miasmas agudos (como o da cólera). Hahnemann tinha pouco a dizer no *Organon* sobre os miasmas agudos, ao contrário do que ocorreu com os miasmas crônicos; essa ênfase só pode ser entendida considerando questões de ordem prática. Ela está ligada ao fato de que os pacientes crônicos eram os que retornavam regularmente ao consultório, sem ter seus problemas resolvidos, ao passo que os que sofriam de doenças agudas, quer se recuperassem ou não, não tinham razão para voltar com regularidade. E Hahnemann escreveu o *Organon* tendo em vista especialmente esse público.

---

207 Hufeland (1795c, p.9-10) chega a formular essa ideia claramente.

No que diz respeito ao papel da força vital, a diferença central é que, para Hahnemann, não interessava compreender como ela se vincularia ao organismo e, em particular, como se manifestaria fisiologicamente.[208] Nesse ponto, a posição de Hufeland é diametralmente oposta: faz um esforço considerável para articular a noção de força vital às ideias então vigentes sobre o funcionamento do corpo humano e, em particular, às de Haller.[209] Hahnemann, ao contrário, chega a explicitar seu desinteresse nesse aspecto da questão, em um trecho em que, não obstante, propõe articular a noção de força vital à sua patologia e ao princípio da semelhança (a "lei natural" a que ele se refere no começo da passagem a seguir):

28. Já que essa lei natural da cura se revela em todos os experimentos puros e em todas as experiências autênticas do mundo, o fato em si está estabelecido, e por isso pouco importa a explicação científica de *como isso ocorre*; e eu não dou muito valor às tentativas de chegar a tal explicação. Não obstante, a concepção que exponho a seguir é a mais provável, pois se baseia em premissas experimentais sólidas.

29. *Toda doença (não estritamente cirúrgica) está assentada numa perturbação patológica específica da nossa força vital, afetando suas sensações e funções, por isso a cura homeopática da força vital perturbada pela doença natural é obtida com a administração de uma força medicinal rigorosamente selecionada com base na semelhança sintomática, que produz uma doença artificial semelhante e mais forte, que, então, toma o lugar da doença natural semelhante e mais fraca. Com isso, a força vital instintiva, agora afetada unicamente pela doença induzida pelo medicamento, é compelida a aplicar mais energia para combater a doença artificial, mais forte; mas, devido à duração mais curta dos efeitos do medicamento que a afeta, a força vital logo consegue superá-la – e então, assim como num primeiro momento se viu livre da doença natural, assim também a força vital logo se vê livre da doença artificial, que tomou o lugar da primeira, e com isso ela se torna novamente capaz de conduzir com saúde a vida do organismo.*[210]

---

208 Rebollo (2008, p. 69) afirma que Hahnemann, nas raras passagens em que abordava a interação entre a força vital (imaterial) e o organismo (material), era "bastante vago".
209 Cf. Hufeland, 1795c, p.77-101.
210 Hahnemann, 1833, p.96-98, §28-29, grifo do original.

O parágrafo 28 reforça a postura de Hahnemann, que faz questão de ressaltar não dar importância à elucidação dos eventuais mecanismos de ação da homeopatia, para logo depois avisar que abordará o assunto (mesmo assim, sem em nenhum momento mobilizar conceitos fisiológicos específicos). O corpo humano é a arena em que as várias "forças" mencionadas – força vital, força patológica natural e força patológica artificial – lutam uma contra a outra, mas Hahnemann não diz uma palavra sobre a matéria que seria, afinal, afetada por elas, sobre o corpo, o organismo e sua fisiologia.

Essa postura não é intrinsecamente problemática. Há drogas e procedimentos médicos cujo mecanismo de ação não é bem conhecido, o que não impede que seus efeitos o sejam. Na primeira metade do século XIX, quando diversos ramos do conhecimento médico nem sequer existiam, essa era uma situação comum, sendo a vacina contra a varíola de Jenner um bom exemplo. Mas a situação da homeopatia na época de Hahnemann não era bem essa: a despeito de suas afirmações repletas de convicção, a eficácia clínica da homeopatia era objeto de questionamentos legítimos para os padrões da época, pois a ideia de que soluções tão diluídas como as que ele prescrevia agiriam sobre o organismo era incompatível com o conhecimento então disponível nas áreas da química e da farmacologia. Esse não era o caso da vacina de Jenner; embora se ignorasse seu mecanismo de ação, nada havia de implausível na ideia de que a vacina atuasse sobre o organismo.

O que interessa agora são os traços gerais da cadeia causal articulada no parágrafo 29, no qual faltou explicitar o papel do agente patogênico, responsável por provocar a "perturbação patológica específica da nossa força vital", que, para Hahnemann, impediria a força vital de promover a saúde. A explicação é dada alhures no *Organon*;[211] como vimos, no caso das doenças crônicas genuínas, tal agente seria um dos três miasmas crônicos que o autor anuncia ter descoberto. Com as informações vistas aqui, podemos esquematizar a teoria dos processos de adoecimento e cura defendida por Hahnemann em 1833 (Figura 1.1), aplicada ao caso das doenças crônicas.

---

211 Cf. ibid., p.84, §11.

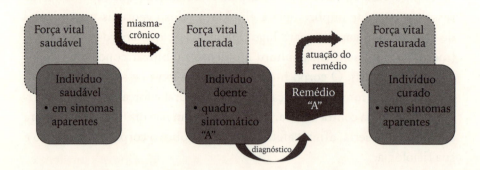

Figura 1.1. Teoria médica de Hahnemann em 1833 (doenças crônicas genuínas).

Os elementos e processos na parte superior do esquema, com contornos tracejados, transcorreriam em um domínio imaterial ou inobservável, ao passo que os demais seriam aparentes ou sensíveis. O domínio da aparência é concebido como expressão imediata do que se passa no domínio invisível, em que atuariam tanto o agente patogênico (no caso, os miasmas crônicos), como os "remédios" homeopáticos.[212] Só o diagnóstico homeopático ocorreria no plano observável, posto que é baseado no conjunto de sintomas aparentes de um indivíduo.[213] É notável como Hahnemann joga para o plano imaterial tudo que escapa da observação clínica imediata, tudo que *o médico e o paciente ignoram ao interagir no contexto da clínica.*

Não se trata apenas de fatos que Hahnemann e seus pacientes ignoravam, mas sim de fatos que praticamente todos os médicos e pacientes da época ignoravam. Com a descoberta dos micróbios, que só se consolidou e se popularizou na segunda metade do século XIX, a ideia de que os agentes patogênicos seriam imateriais perdeu grande parte de seu apelo junto do

---

[212] Hahnemann várias vezes explicita a natureza imaterial da força vital e dos processos capazes de influenciá-la, como a "infecção" por algum miasma ou a ação de várias substâncias "dinamizadas" (preparadas homeopaticamente) sobre o organismo. Cf., por exemplo, Hahnemann, 1833, p.19, 83-84, §9-10.

[213] A Figura 1.1 é um esquema simplificado da teoria dos processos de adoecimento e cura de Hahnemann, e só se aplica às doenças crônicas genuínas. É, contudo, possível modificá-lo para acomodar as doenças agudas e epidêmicas – neste último caso, bastaria substituir "indivíduo" por "grupo de indivíduos".

público em geral. Parece pouco temerário concluir que essa é uma das razões pelas quais houve menor adesão dos homeopatas à teoria miasmática de Hahnemann, que, mesmo atualmente sendo usada na clínica e levada em conta para realização de diagnóstico, raramente é defendida em textos de divulgação da doutrina homeopática para o público não iniciado, ou seja, leigo no assunto.

O mesmo não pode ser dito da ignorância acerca do modo de atuação das substâncias prescritas como medicamentos. Mesmo hoje, em que temos acesso às informações detalhadas de como atua a maior parte das substâncias vendidas nas farmácias, são poucos os que de fato o sabem. O conhecimento do mecanismo de ação de vários medicamentos não se popularizou da mesma forma que o conhecimento dos agentes patogênicos responsáveis pelas doenças infecciosas. Isso se explica pela divisão social do trabalho intelectual, que envolve a consolidação de expectativas sobre o que as pessoas devem saber ou podem ignorar ao assumir determinados papéis sociais. Espera-se, por exemplo, de um médico e um farmacêutico que dominem tanto o conhecimento dos agentes patogênicos quanto seu mecanismo de ação, porém, de um aluno do Ensino Médio, somente que tenha noção do que são alguns desses microrganismos. Ainda que os indivíduos que assumem tais papéis nem sempre satisfaçam tais expectativas (por razões que, não raro, escapam de seu controle), a sociedade dispõe de mecanismos de sanção e recompensa – de eficácia variável – criados com o objetivo de garantir que elas sejam satisfeitas. Atualmente, para o paciente, o que mais interessa são os *efeitos* associados a certas substâncias no organismo. Conhecer em detalhe o mecanismo de ação de um medicamento não faz muita diferença na prática; não vai ajudá-lo a resolver seu problema, isto é, a curar-se da doença que o aflige. Por isso, faz algum sentido que tal conhecimento seja delegado a especialistas. Nada ilustra isso de maneira tão clara, no caso que nos interessa, do que o fato de, às vezes, o paciente de homeopatia não saber muito bem a diferença entre um preparado homeopático e um medicamento convencional; quando muito, considera, erroneamente, aquele um remédio "mais natural" do que este. Vários homeopatas já chamaram a atenção para a frequente confusão entre homeopatia e fitoterapia, mesmo entre sua clientela usual. Fitoterápicos não são prescritos, tipicamente, com base no princípio da semelhança, nem submetidos ao processo de diluição serial próprio da farmacotécnica homeopática.

Se Hahnemann não se interessava em explicar como os medicamentos homeopáticos atuavam sobre o organismo, como se dava a passagem do "imaterial" para o "material" de que afinal depende seu modelo teórico, é em boa medida porque explicações mais elaboradas não eram exigidas por sua clientela. O paciente, assim como Hahnemann (e como qualquer um que não se atente a seus vieses), muitas vezes atribui *qualquer* melhora ou piora de saúde ao tratamento prescrito pela figura do especialista a que recorre em caso de doença, sem dispor de bons critérios para evitar atribuições causais equivocadas.

O problema é que, ao preencher o desconhecimento sobre a fisiologia humana com a noção de uma força vital imaterial, a imaginação médica de Hahnemann permaneceu limitada ao que se pensava saber até o século XVIII. Isso também ocorreu com outros médicos que se valeram do mesmo recurso, como foi o caso de Hufeland, em 1795, cujos esforços foram dirigidos mais para *integrar* à sua própria patologia as ideias de Haller e de seus seguidores, a essa altura já muito bem estabelecidas, do que no sentido de promover novas descobertas no âmbito da fisiologia.

A crítica que Reil faz ao livro de Hufeland sobre a causa das doenças segue essa linha. Ataca de forma incisiva a proposta de Hufeland – segundo a qual todas as doenças seriam provocadas por alterações na força vital –, rejeitando a premissa vitalista de que ela deveria ser concebida como uma "força elementar".[214] Essa crítica é consistente com a posição articulada por Reil em *Von der Lebenskraft*, em que afirma que "força é um conceito subjetivo, é a forma segundo a qual pensamos o nexo entre causa e efeito",[215] e que "elementar" seria a matéria, de que ele *deriva* o conceito de força em geral e o de força vital em particular. Podemos caracterizar essa interpretação da noção de força vital como fisicalista, em oposição à leitura propriamente vitalista que identificamos em Hufeland e em várias passagens de Hahnemann. A versão fisicalista do conceito de força vital pressupõe um substrato material, a que Reil se refere como "material sutil", capaz de promover mudanças no organismo (como mudanças de temperatura) em

---

214 Reil, 1797, p.151. O termo originalmente usado é *Grundkraft*. De fato, Hufeland concebia a força vital como elementar.
215 Ibid., p.46.

resposta aos estímulos que recebe.²¹⁶ Tais mudanças poderiam promover tanto a saúde como a doença, dependendo do caso. A lógica é simples: o mesmo medicamento que reduz a temperatura do corpo altera, em uma pessoa saudável, uma de suas funções normais (resultando em um estado patológico), mas restabelece a normalidade de um paciente com febre. Algumas menções de Hahnemann ao conceito de força vital até podem ser lidas de forma semelhante; é o caso da única passagem em que menciona o termo na primeira edição do *Organon*.²¹⁷ Porém, o traço distintivo da leitura de Reil, que consiste em atrelar a força vital *a um substrato material específico*, seria recusado com todas as letras por Hahnemann em 1833.

Ainda que, ao fim e ao cabo, Reil tenha falhado em elaborar um conteúdo teórico sólido à noção de força vital, limitando-se a especular sobre um substrato material "sutil" em que tal força se assentaria, o que temos é um ramo particularmente infrutífero de uma tradição de pensamento que, várias décadas depois, deu diversos frutos. Basta pensarmos nas pesquisas de Metchnikoff e Ehrlich sobre o sistema imunológico, no final do século XIX. Aí estava o núcleo do fenômeno que Reil, Hufeland e Hahnemann tentaram, em vão, cobrir com a noção de uma força vital que reagiria aos estímulos patogênicos – e só se tornou possível entender melhor o sistema imunológico quando a nossa compreensão fisiológica chegou ao nível celular, ainda fora do alcance do pensamento médico na virada do século XVIII para o XIX.

Isso posto, Reil era especialmente crítico em relação a certos aspectos da caracterização da noção de força vital de Hufeland, atacando duramente a ideia de que as leis da vida e, em particular, as da fisiologia, seriam de alguma forma opostas às outras leis da natureza (físicas, químicas e mecânicas), as "anulando", ao menos temporariamente.²¹⁸ Reil refutou essa ideia propondo que, embora haja leis características que só atuam sobre os organismos vivos, todas as demais leis naturais continuam atuando sobre o corpo, também composto de matéria. Para seguir essa linha, ele próprio se esforça para

---

216 Cf. Reil, 1796, p.160-162.
217 Cf. Hahnemann, 1810, p.182, §227. Trata-se apenas de uma menção do conceito, que não é explicado, definido ou detalhado.
218 O atrativo da posição vitalista é que ela permite explicar por que o corpo só se decompõe após a morte, quando já não seria "animado" pela força vital. Isso soa mais razoável em um contexto em que se ignorava a fisiologia em nível celular, pois foram justamente os avanços nessa área que permitiram chegar a uma resposta menos genérica a esse tipo de problema cognitivo.

incorporar ao estudo da fisiologia as discussões de Lavoisier sobre o oxigênio – a que chega via Humboldt –, e as discussões acerca de fenômenos ligados à luz e à eletricidade.[219] Para Reil, falar em força vital e no seu papel nos processos de adoecimento só faria sentido no contexto de pesquisas desse naipe, voltadas a uma melhor compreensão da matéria que compõe o corpo humano. O parágrafo com que Reil encerra a resenha ao livro de Hufeland resume bem o ponto:

> Baseado nisso tudo, o resenhista está convencido de que uma patogenia das doenças relacionadas à força vital anômala [tal como proposta por Hufeland] é algo impossível no estado presente da medicina. Os princípios para uma patogenia das doenças orgânicas são fornecidos pela anatomia e pela física. A patologia dessas doenças só pode ser racional, caso trate delas de maneira puramente empírica.[220]

Isso implica na busca pela identificação das mudanças ocorridas dentro do organismo, a que, em 1810, Hahnemann se referiu em um registro demasiado vago, e que, em 1833, deu lugar à noção imaterial de força vital. A adesão ao vitalismo o afasta ainda mais do fisicalismo, o que tem consequências importantes.

Naquele contexto, havia pelo menos duas vantagens em aderir ao vitalismo e afastar-se do fisicalismo. Já abordamos uma dessas vantagens, a saber: a adesão ao vitalismo dava a Hahnemann a oportunidade de discorrer sobre a causa das doenças – sem onerar sua obra com considerações técnicas, e não raro assustadoras – e as alterações mórbidas que ocorriam dentro do corpo de seus pacientes (para quem, afinal, escreveu o *Organon*). Não devemos subestimar a importância disso. Hahnemann cobrava de seus pacientes letrados a leitura do livro, de que ele se servia como instrumento de proselitismo da doutrina. Nas palavras de Martin Dinges, um historiador da homeopatia:

---

219 Cf. Reil, 1796, p.32-40. Em volumes posteriores da revista *Archiv für die Physiologie*, há discussões detalhadas sobre a composição química do sangue (cf. ibid., p.3; p.29 et seq).
220 Reil, 1797, p.152.

Hahnemann ainda exigia de seus pacientes que eles estivessem convencidos de que a homeopatia funciona. Ele esperava de todos eles, ou pelo menos dos doentes crônicos em tratamento há bastante tempo, que tivessem lido sua obra principal, o *Organon*.[221]

Estratégias de persuasão eram essenciais para Hahnemann manter sua clientela, pois o paciente que ele buscava tinha liberdade para escolher seu médico. Alguns estudos que buscaram caracterizar a clientela de Hahnemann, com base em seus diários clínicos, mostram que ela era formada, na maior parte, por pessoas de classe média e alta, mas sem título de nobreza.[222] Embora a evidência de que dispomos não baste para determinar qual percentual exato de sua clientela era instruído o bastante para ler o livro, ela permite concluir que parte considerável dela, de fato, podia escolher seu médico.

Dinges também comenta, em outro trabalho, uma série de cartas que Hahnemann trocou com um de seus pacientes crônicos, datada da primeira metade da década de 1830, que ilustra a liberdade de escolha e suas implicações.[223] Elas mostram que esse paciente – um homem que buscou a homeopatia para se curar dos males que acreditava estarem ligados à masturbação, como sua "timidez" diante das mulheres – de fato leu os livros de Hahnemann, bem como o de outras autoridades médicas da época, de cujas ideias aliás se serviu para contestar o criador da homeopatia, quando o tratamento prescrito não dava sinais de funcionar ou não lhe parecia adequado.[224]

O paciente em questão menciona ter lido um livro de um médico inglês, publicado de forma anônima no começo do século XVIII, no qual foi exposto, sob clara influência do puritanismo, os supostos males da masturbação. O título da obra fornece uma boa ideia do tom do texto: *Onania; or the Heinous Sin of Self-Pollution, and all its frightful consequences, in both sexes* (Onanismo ou o pecado hediondo da autopoluição e todas as suas terríveis consequências em ambos os sexos). A queixa principal do paciente

---

221 Dinges, 2002a, p.4. Para mais detalhes, cf. Stolberg, 2002, p.73-74.
222 Cf. Priven, 2009, p.137. Esse artigo traz um breve balanço sobre a literatura acerca dos diários clínicos de Hahnemann da primeira metade da década de 1800, portanto, depois de ele criar a homeopatia, mas antes de publicar o *Organon*. Esses diários contêm informações sobre os pacientes, o que permite ter uma ideia da clientela que frequentou sua clínica.
223 Cf. Dinges, 2002b.
224 Cf. ibid., p.103-104. Note que Dinges, por ser simpático à doutrina, relata o caso sem confrontar criticamente as ideias do criador da homeopatia.

era que, apesar de ter abandonado o hábito ao descobrir todas as "terríveis consequências" apontadas pelo autor da obra, a mudança parecia não ter surtido o efeito esperado. Por mais arrependido que estivesse, os sintomas de seu vício de juventude ainda persistiam. Hahnemann aconselha o onanista arrependido a casar-se assim que possível, e envia por correio pacotinhos com preparações homeopáticas. No entanto, além delas, também foram enviados glóbulos de lactose puros, ou seja, preparados que não haviam sido submetidos à farmacotécnica homeopática. O paciente, desconfiado, exige de Hahnemann que envie apenas pacotinhos com "remédio de verdade" (veremos a seguir que essa era uma prática comum de Hahnemann, a qual defendia em seus textos). Mas o problema central parece ser que o paciente não queria se casar, e por isso recorre a suas outras leituras para contestar o "tratamento" prescrito por Hahnemann.

O ponto desse caso pitoresco é que a reputação de Hahnemann como médico dependia de sua capacidade de persuadir pacientes com esse perfil, que desfrutavam de algum grau de autonomia para escolher seu médico. O próprio Hahnemann reconhecia o *Organon* como um instrumento essencial para persuasão. E não é só. Em 1958, o historiador da medicina Lester King concluiu que a doutrina de Hahnemann seria mais aceitável se tivesse sido formulada no começo do século XVIII, pois defendia ideias comuns para os padrões dessa época.[225] Essa leitura parece correta, e pode, ao menos em parte, ser explicada em função de que *o pensamento médico do século XVIII ainda estava presente no século XIX, sobretudo nas camadas que formavam a clientela visada por Hahnemann*. Esse era o caso do onanista arrependido, que rebate Hahnemann citando *Onania* – ou seja, apoiando-se em um texto escrito no século anterior, mas ainda relativamente popular.

Essa era, em suma, a primeira grande vantagem da adesão ao vitalismo: ela permitia a Hahnemann se comunicar com uma parte importante de sua clientela, falar a sua língua. A segunda vantagem está mais diretamente ligada a uma adesão *dogmática* ao vitalismo, o que acarretou consequências desejáveis não só para Hahnemann, como também para alguns de seus pacientes. Enquanto Reil rejeitava o vitalismo em favor do fisicalismo, e Hufeland, com seu ecletismo e sua ênfase na atuação clínica do médico, buscava conciliar as duas tradições de pensamento, Hahnemann adotou uma

---

225 Cf. King, 1958, p.191.

postura de distanciamento do fisicalismo cada vez maior. E isso implicava se afastar não apenas do que havia de progressivo nessa tendência, como também de práticas médicas realmente nocivas aos pacientes, justificadas com base em ideia equivocadas sobre o funcionamento do corpo humano – mas que eram tomadas como a mais pura verdade, como conhecimentos já bem consolidados. Esse era o caso, por exemplo, de dois recursos terapêuticos muito comuns na época, as sangrias e o uso indiscriminado de eméticos e purgativos, aos quais o criador da homeopatia se opôs de maneira radical, e até mesmo pioneira.

Na época, o que dava apoio teórico à crença da eficácia das sangrias – empiricamente "corroborada" pelo critério da experiência clínica do médico, que testemunhava vários pacientes melhorarem após sua aplicação, em geral, associada a outros cuidados – eram certas concepções fisicalistas, herdadas do mecanicismo que dominara parte do pensamento médico no século XVIII. Nada mais mecânico do que tirar sangue para tratar um mal concebido como "excesso de sangue", como eram então consideradas as inflamações e até certas doenças associadas a estados febris.[226] Foi o apelo à ideia da imaterialidade da doença, a que Hahnemann às vezes se referia como seu caráter "dinâmico" ou "espiritual", que o levou a antecipar-se a Louis na crítica à flebotomia como recurso terapêutico.[227] Nisso, Hahnemann sem dúvida tinha mais razão do que seus críticos, unânimes em defender o valor terapêutico da prática (não indiscriminadamente, claro, ainda assim para uma ampla gama de casos e pacientes). Isso se aplica a todos os interlocutores diretos de Hahnemann que consideramos, em maior ou menor detalhe, ao longo da nossa reconstrução da história da homeopatia: Hecker, Bischoff, Heinroth e Hufeland.

Algo similar pode ser dito de sua crítica ao uso de purgativos e eméticos, empregados para "expulsar" do organismo a matéria que se acreditava ser responsável pelos males que afligiam os pacientes. A questão não se restringe ao fato de que os pacientes não gostavam de tomar esses remédios, por terem efeitos desagradáveis. Em muitos casos, eles até mesmo agravavam o estado

---

226 Sobre a concepção de febre herdada do mecanicismo à Boerhaave, cf. King (1958, p.125).
227 Na década de 1830, Louis (1836, p.2) ainda tentava argumentar que a flebotomia seria ineficaz no tratamento da pneumonia, concebida como doença inflamatória; seu estudo pioneiro sobre o assunto foi publicado apenas em 1828. A enorme resistência com a qual sua tese foi recebida por seus pares é testemunha da excentricidade dessas ideias na época.

de saúde; agravamento que costumava ser racionalizado pelos médicos como resultados infelizes do curso natural da doença, sem relação direta com o tratamento administrado, já que, na "luta" do organismo pela vida, não havia garantia de vitória. Isso tornava o tratamento homeopático ainda mais atraente nos casos em que era desejável evitar o sofrimento que acompanhava os tratamentos usuais da época, como na pediatria. Há inclusive quem tenha afirmado que, "nos seus primeiros anos, o tratamento homeopático parecia especialmente adequado às crianças, se comparado com outros tipos de tratamento disponíveis na época que, com frequência, eram descritos como heroicos".[228] O mesmo autor afirma que, ao contrário do que se passa hoje, no contexto de Hahnemann "os pais recorriam ao homeopata quando seus filhos contraíam doenças possivelmente fatais" –[229] ou seja, quando o risco de agravamento devido a tratamentos tão desagradáveis quanto ineficazes (como o uso impróprio de purgativos e eméticos) era ainda maior. Vale notar, por fim, que os glóbulos homeopáticos que Hahnemann impregnava de suas soluções homeopáticas eram preparados por um *confeiteiro* de sua confiança; eram, afinal, como ainda são hoje, glóbulos de açúcar de leite.

Assim, mesmo que nenhuma das soluções teóricas propostas por Hahnemann pudesse ser considerada progressiva ou frutífera para os padrões da época, o apelo a concepções imateriais, que marcou sua adesão ao vitalismo, permaneceu atrelado a uma rejeição progressiva de certas práticas médicas, resultando em benefício concreto para o paciente. Nessa linha, há quem tenha afirmado – é verdade que de forma provocativa – que a grande "descoberta" do criador da homeopatia teria sido "estabelecer que, dado o estado então existente do conhecimento médico, a ausência de terapia era muito melhor do que [a chamada] terapia heroica".[230] Com efeito, receitar um preparado farmacologicamente inerte como se fosse um remédio – ao lado de conselhos triviais para a época, como respirar ar puro, fazer exercício físico, adotar uma dieta saudável etc. – ainda hoje parece mais razoável do que aplicar sanguessugas em alguém com pneumonia, ou tratar pessoas

---

228 Ritzmann, 2002, p.119. Os tratamentos eram chamados de heroicos por serem agressivos, testando a vitalidade do paciente.
229 Ibid., p.133. O autor se baseou em um estudo documental.
230 Rothstein, 1985, p.157. A "descoberta" se baseava em uma ideia que nada tinha de novo. A ideia de que o corpo até certo ponto se trata sozinho é tão velha quanto Hipócrates, e ela estava, durante a época de Hahnemann, em voga na França de Laënnec (Porter, 2008, p.160).

acometidas pela cólera com "sangrias, purgativos e restrição de ingestão de fluidos".²³¹ Fato é que Hahnemann sabia disso. Como observa em seu livro sobre as doenças crônicas:

> o médico homeopata não pode deixar de pedir ao paciente que tome diariamente um pozinho que seja para tratar sua doença crônica (a vantagem, diante de muitas prescrições alopáticas, continua sendo enorme). [...] Por isso, é melhor que ele tome alguma coisa todos os dias, sem saber se há medicamento no pó administrado [...], para que não espere nada mais do pó de hoje do que esperava do que tomou ontem ou anteontem.²³²

Com isso em vista, Hahnemann recomenda, mesmo em casos em que o homeopata entende não caber tratamento farmacológico, que se prescreva glóbulos de lactose pura, o veículo inerte que foi impregnado de suas soluções homeopáticas. Como vemos, ele não fazia nenhum segredo disso. Daí as suspeitas do paciente que o procurara para tratar dos males que acreditava serem devidos à masturbação, que não só exige que Hahnemann lhe envie apenas "remédio de verdade", como também alega ter adivinhado quais dos pacotinhos recebidos por correio não continham preparações homeopáticas "de verdade".²³³

Em estudo recente, o historiador Robert Jütte, conclui, a partir da análise dos diários clínicos de Hahnemann, que o médico prescrevia a seus pacientes, com grande frequência, glóbulos sem insumo homeopaticamente "ativo" (isto é, glóbulos inertes mesmo segundo os princípios da homeopatia). De acordo com Jütte, entre 1831 e 1833, mais da metade das prescrições de Hahnemann eram pseudo-homeopatia.²³⁴ Baseado nesses achados, é razoável concluir que o principal objetivo dessas prescrições atender às

---

231 Segundo Thomas (2006, p.61-63), esses eram alguns dos recursos terapêuticos tradicionais naquela época. De todo modo, não devemos engrandecer as vantagens da homeopatia em relação aos tratamentos mais agressivos da época, pois elas só se confirmavam *em alguns casos*; o que, diga-se, era suficiente para Hahnemann, já que lhe garantia um nicho, uma clientela. De resto, tais tratamentos eram só uma parte do arsenal da medicina convencional, ainda que uma parte importante.
232 Hahnemann, 1828, p.215-216.
233 Cf. Dinges, 2002b, p.104.
234 Cf. Jütte, 2014. Longe de ser um detrator da homeopatia, nesse mesmo artigo, exalta "mentes brilhantes" como a de Hahnemann (ibid., p.211).

expectativas de seus pacientes em agir, em fazer alguma coisa para tentar remediar os seus males, mesmo quando o médico julgava não haver remédio (o que está acordo com o que Hahnemann de fato escreveu).

Nesse ponto, a homeopatia de antigamente e a atual não são tão diferentes. O médico contemporâneo não receita mais sangrias, purgativos e eméticos, mas há um sem-número de doenças cujo tratamento é arriscado, doloroso e, em muitos casos, sem garantia de cura; parte da atração exercida pela homeopatia está ligada à percepção de que ela não traz efeitos colaterais, não envolve riscos, de que ela é suave e doce. Ao mesmo tempo, o paciente do homeopata sempre sai do consultório com uma prescrição para ir buscar na farmácia homeopática e levar para casa: com isso, sente que está fazendo algo para se cuidar, mas de modo a evitar os riscos associados aos medicamentos convencionais cheios de "química".[235] Como veremos nos capítulos seguintes, essa ainda é uma das principais motivações da busca pelo tratamento homeopático. Desse modo, o jogo com as expectativas do paciente – o desejo de encontrar um remédio para os seus males, de preferência um remédio suave, doce, livre de riscos iatrogênicos e efeitos colaterais – continua sendo uma característica da prática médica em homeopatia, ainda que não uma característica distintiva dela.

***

Buscamos mostrar como Hahnemann alterou a doutrina homeopática para acomodar melhor algumas das deficiências apontadas por seus críticos na primeira edição do *Organon*. Isso foi feito enfatizando até que ponto as ideias de Hahnemann divergiam dos padrões da época. A conclusão mais importante nesse ponto é que tais divergências aumentaram no período de 1810 e 1833.

Porém, mesmo durante a época em que as ideias de Hahnemann diferiam de maneira mais drástica do pensamento médico acadêmico, não cabe dizer que elas operavam segundo outra "racionalidade" ou "paradigma". Hahnemann, de fato, se apoiou cada vez mais no vitalismo e rejeitou de forma cada vez mais radical o fisicalismo. Mas isso não tornou suas ideias imunes às críticas de seus contemporâneos. Vários dos questionamentos de Hufeland

---

235 No sentido pejorativo do termo. Às vezes, é usado no senso comum, na linguagem cotidiana.

– que buscava conciliar o vitalismo com o fisicalismo – foram formuladas com referência às mesmas suposições axiológicas (como a valorização da experiência clínica) e ao mesmo arcabouço conceitual a que Hahnemann apelou (como na discussão sobre o papel da força vital, no âmbito da patologia). No mais, o fato de que Hahnemann rejeitava o fisicalismo simplesmente não o eximia de críticas elaboradas nos marcos dessa tradição (como as de Bischoff, ou às quais chegamos comparando suas ideias às de Reil). Afinal, os problemas encarados tanto por vitalistas quanto por fisicalistas eram exatamente os mesmos (o que é doença, quais são suas causas e como se propagam; como certas substâncias atuam sobre o organismo; quais seriam os fundamentos da prática médica etc.).

Além disso, o fato de o *Organon* ter sido escrito, ao menos em parte, para persuadir o leitor a procurar os serviços de Hahnemann, caso adoecesse, e a confiar na sua palavra, para seguir com o tratamento homeopático, tem consequências importantes para se compreender como as ideias do criador da homeopatia se articulavam com as tradições de pensamento médico. Essa circunstância, por si só, põe em perspectiva uma série de traços estilísticos da obra, tais como: seu tom autocongratulatório;[236] seus elogios rasgados às grandes autoridades médicas do passado, com as quais buscava identificar-se (e que eram os alvos ideais desses elogios, já que, estando já mortos, não poderiam contestar a apropriação de suas ideias),[237] e que contrastavam com as críticas acerbas e exageradas a seus contemporâneos e concorrentes (que, por sua vez, contestavam Hahnemann com frequência, às vezes de modo igualmente ácido); e seu dogmatismo. Isso tudo pode ser explicado, ao menos em parte, como estratégias para cativar sua clientela.

---

236 Como mencionado anteriormente, a celebração da própria genialidade aparece com frequência nos textos de Hahnemann, que se vendia como gênio. A enorme admiração que homeopatas, dois séculos depois, ainda expressam por ele dá mostras do quão bem-sucedido ele foi em projetar sua imagem.

237 Basta comparar o tratamento que Hahnemann e Hufeland dispensam a Haller. Enquanto Hufeland (1795c, p.77-101) de fato estabelece um debate crítico e substancial com Haller, o homeopata apenas o menciona de passagem, citando suas palavras sem problematizá-las e sem se engajar na discussão de suas ideias, e cobrindo Haller de elogios, aliás potencializados de 1810 a 1833. Se, em 1810, Hahnemann (p.83, §86n) contenta-se em chamar Haller de "grande", em 1833 refere-se a ele ora como "grande e imortal", ora como "venerável" (Hahnemann, 1833, p.175, §108n; p.182, §118n; a primeira dessas passagens é uma variante do trecho de 1810, em que ele cita Haller).

Esse panorama ajuda a compreender em que sentido suas ideias não estavam alinhadas às duas tradições médicas predominantes naquele contexto. A discrepância das ideias propostas de Hahnemann diante do pensamento médico dominante na época é, no fundo, um distanciamento da *medicina acadêmica*, e envolve uma concomitante aproximação a algumas tradições médicas de *senso comum*. Esse movimento pode ser detectado em sua versão peculiar da teoria miasmática, na sua farmacotécnica – que incorporava técnicas oriundas da alquimia, rejeitadas por médicos como Hufeland, mas que tinham, e ainda têm, algum apelo para o imaginário –, e na adesão ao vitalismo. Ou seja, *em todos os elementos da doutrina homeopática que sofreram alterações significativas de 1810 a 1833*. Da mesma forma, como já vimos, sua relativa desconsideração da fisiologia humana está em sintonia com as expectativas do leitor potencial do *Organon*, no sentido de que o público leigo que Hahnemann tinha em vista, ao escrever essa obra, não exigia dele que incluísse, nas edições subsequentes, mais explicações sobre o funcionamento do corpo humano, como exigiam os médicos que efetivamente o criticaram.

Porém, com o passar do tempo, o *Organon* estava destinado a perder ao menos uma parte da função específica acima mencionada – isto é, persuadir o leitor a procurar os serviços de Hahnemann –, tão importante para seu criador. Atualmente, o livro não é muito palatável para a clientela potencial da homeopatia. Sua linguagem está datada, e muitas das ideias – ali mencionadas vagamente, mas que o leitor ainda assim compreendia por serem pensamentos correntes – hoje caíram em desuso e, por isso, soam herméticas. Além disso, hoje está disponível toda uma literatura especializada em divulgar a doutrina homeopática para o público leigo – sem mencionar os recursos não literários (palestras, entrevistas, vídeos etc.) –, que, no nosso contexto, cumprem melhor esse papel do que o *Organon*, ou outros textos de Hahnemann.

Se seus textos seguem como parte da cultura homeopática, é porque exercem outra função, que, ao contrário da anterior, se manteve inalterada desde o século XIX: a doutrina de Hahnemann fornece uma referência comum a todos os homeopatas. Pode ser que muitos rejeitem uma ou outra de suas ideias; sem dúvida, há diversas cisões internas na homeopatia, e examinaremos algumas delas no próximo capítulo. Mas há uma coisa que se espera de qualquer homeopata, sem exceção: ele não pode ignorar o texto de

Hahnemann. Ainda hoje ele é considerado central para os círculos de *especialistas* em homeopatia; para aqueles que não só consomem, mas também produzem e reproduzem ativamente a cultura homeopática.

O *Organon* já exercia essa função no tempo de Hahnemann, em torno do qual se formou uma verdadeira seita médica, composta por um núcleo de iniciados na doutrina homeopática (alguns menos, outros mais fiéis às ideias do mestre) nos quais Hahnemann confiava para conduzir novas patogenesias e sugerir aprimoramentos.[238] Mesmo assim, naquela época, havia quem desafiasse as ideias do mestre, defendendo uma apropriação mais heterodoxa da doutrina (como Paul Wolff). Além disso, a homeopatia logo ganhou tamanha popularidade que escapou do controle de seu criador, cruzando o Atlântico e precisando se adaptar, onde quer que afinal aportasse, às novas exigências impostas à doutrina pelos diferentes públicos locais e pelas distintas tradições do pensamento médico ali vigentes. A homeopatia foi introduzida nos Estados Unidos em 1825 e, na década seguinte, se consolidou graças aos esforços do médico Constantin Hering (1800-1880); nascido na Saxônia, Hering foi um dos discípulos diretos de Hahnemann, e imigrou para o continente americano nos anos 1830.[239] No Brasil, ela chegou em 1840, estabelecendo-se em grande medida graças a Benoît Mure (1809-1858), fourierista francês que teve contato com Hahnemann; o médico alemão, em seus últimos anos de vida, mudou-se para Paris, onde abriu um consultório de sucesso. No próximo capítulo, examinaremos em detalhe a aclimatação da doutrina no Brasil.

Alguns dos discípulos diretos de Hahnemann – como Jahr, Trinks e Bönninghausen[240] – contribuíram para modificar a doutrina homeopática, sobretudo no que diz respeito à ampliação da *materia medica* e à criação de obras de referência derivadas dela, como as rubricas repertoriais.[241] Outros autores, em especial James Kent (1849-1916), contribuíram com impacto ainda maior, mesmo depois da morte de Hahnemann. No entanto, elas não são mais do que acréscimos ao legado do criador da homeopatia, em

---

238 Haehl (2014, p.411-471; 1922, p.374-434) dedica um longo capítulo de sua biografia sobre Hahnemann para traçar um perfil de alguns de seus seguidores mais próximos, que formavam o núcleo do culto a Hahnemann.
239 Cf. Haehl, 2014, p.465 et seq.; 1922, p.419 et seq.
240 Mencionados na biografia de Hahnemann escrita por Haehl (2014; 1922).
241 Sobre as rubricas repertoriais, cf. nota 187.

que ainda repousa o que a doutrina tem de distintivo. E mesmo que, atualmente, vários homeopatas defendam uma versão bem menos ortodoxa da defendida pelo seu criador, buscando dialogar com a medicina convencional contemporânea, fato é que o texto em torno do qual a cultura homeopata gira foi escrito pelo mais rígido e dogmático dos homeopatas, Hahnemann. Vozes mais heterodoxas, como a de Wolff, não conseguiram mais do que um alcance local, sendo eventualmente esquecidas pelas gerações seguintes; ao passo que o homeopata que se considera o mais influente depois de Hahnemann, Kent, foi justamente um dos mais ortodoxos.

Não podia ser de outro modo, pois, uma vez que as ideias de Hahnemann não encontram esteio fora de seu texto, a referência última da atividade dos homeopatas só pode ser a obra do próprio fundador da doutrina. Sem o texto de Hahnemann, a cultura homeopática perde seu centro de gravidade. Graças a isso, porém, os frutos da imaginação de Hahnemann conseguiram evitar o destino que recaiu sobre as ideias de Hufeland, Reil, Hecker e Bischoff: sua *museificação*, o destino comum que ameaça a vitalidade de todas as ideias (boas e ruins, falsas e verdadeiras, úteis e inúteis, grotescas e belas) e que, nesse sentido, está para elas assim como a doença está para as pessoas capazes de concebê-las.

Uma das mais importantes consequências práticas deve ser evidente a esta altura. Atualmente, as sangrias, eméticos e purgativos não são mais usados na medicina convencional; a prática médica se transformou radicalmente ao longo dos dois séculos que nos separam de Hufeland e Reil. Nesse meio tempo, a única coisa que *só* um homeopata pode oferecer a um paciente, como o nosso Aurélio, são os seus glóbulos impregnados de uma solução homeopática, preparada a partir da folha de ouro três vezes triturada com grãos de lactose e, em seguida, diluída mais um bom número de vezes em água e álcool, a ponto de não conter mais nenhum sinal da folha de ouro. Dessa forma, permanece presente, no legado de Hahnemann, tudo o que ele e seus contemporâneos ignoravam sobre a fisiologia humana, sendo esse o preço a pagar para que a doutrina homeopática preserve a sua inegável vitalidade.

2
A HOMEOPATIA NO BRASIL, ONTEM E HOJE

2.1. Permanência e mudança na cultura homeopática

Nascida em terras germânicas, a homeopatia começa a lançar raízes em solo brasileiro pouco antes da morte do seu criador, que falece em 1843, aos 88 anos de idade, em Paris.

A homeopatia praticada atualmente, no Brasil, mantém vivas várias das ideias de Hahnemann, cuja obra permanece sendo a principal referência para a formação de médicos e farmacêuticos que trabalham com homeopatia. Em mais de um aspecto, porém, a homeopatia que os homeopatas brasileiros ensinam e praticam não é exatamente a mesma ensinada e praticada por Hahnemann. Neste capítulo, examinaremos em detalhe como as mudanças pelas quais passou a doutrina contribuíram – em uma formulação que só parece paradoxal – para a sua conservação.

Comecemos pelo que não mudou: a ideia de que "o semelhante cura o semelhante"; de que o homeopata deve tirar, da consulta com o paciente, a imagem de uma "totalidade sintomática" peculiar a esse indivíduo, para então compará-la ao conteúdo da *materia medica* homeopática e chegar à prescrição do *símile* capaz de curá-lo; e a ideia de que a substância escolhida, por meio desse roteiro de diagnóstico, deve ser submetida a um processo serial de diluição e agitação. Esses são os princípios que distinguem o homeopata dos outros profissionais que, como ele, propõem atuar como médico e guardião da saúde (para evocar os termos de Hahnemann). Conservar essas ideias distintivas é conservar a doutrina homeopática no que ela tem de único.

Como vimos ao final do capítulo anterior, elas dependem de dois suportes culturais, a *materia medica* e a farmacotécnica homeopáticas, que foram, com efeito, conservadas, com alterações apenas incrementais. No entanto, por mais importantes que sejam para a doutrina, a homeopatia não se resume a esses dois componentes. Em torno deles, os homeopatas cultivaram e cultivam várias outras crenças, que, por sua vez, mudam bastante de um contexto a outro.

Os homeopatas sempre oferecem, aos seus pacientes e interlocutores, junto do cuidado distintamente homeopático, do diagnóstico e da prescrição homeopática, algo além da homeopatia. Esse algo-além-da-homeopatia, justamente por ser mais maleável do que o núcleo da doutrina, por se modificar mais facilmente para atender às exigências específicas a cada contexto, em muitos casos se revela um ingrediente muito importante na conservação do que há de distintamente homeopático. É, em suma, com as mudanças no cinturão de crenças secundárias que os homeopatas compensam a inflexibilidade de suas crenças centrais, do núcleo da doutrina.

Por conta disso, vamos nos concentrar na transformação e diversificação do arcabouço conceitual mobilizado por pessoas que, em diferentes situações, deram vida às ideias de Hahnemann. Essa estratégia analítica se distingue da maior parte da literatura sociológica até aqui produzida sobre a homeopatia, principalmente no Brasil. Isso porque o fio condutor dessa literatura é a ideia de que a doutrina homeopática estaria vinculada a um repertório conceitual específico, a outra "racionalidade", tão diferente da "racionalidade" da medicina convencional que nem sequer poderíamos compará-las. Já vimos que esse não era o caso da homeopatia em seu contexto de origem, e veremos, neste capítulo, que tampouco o é na homeopatia tal como praticada no Brasil.

Se vamos considerar a cultura homeopática em sua diversidade, isto é, nas várias formas em que ela se manifestou no país, precisamos fazer um esforço para registrar essas metamorfoses, em vez de eleger uma delas e tomá-la como a forma "verdadeira", "autêntica" da homeopatia. Assim, pretendemos mapear as diferentes maneiras como a homeopatia se manifesta na prática. Para tanto, conduzimos o fichamento sistemático de duas revistas de homeopatia, que forneceu o fio condutor para a investigação dessas metamorfoses. A discussão sobre o conteúdo dessas revistas encontra-se ao final deste capítulo, mas a análise a que subjaz essa discussão, apresentada por último, serviu de paradigma para a nossa abordagem da cultura homeopática em sua diversidade.

Folheando as revistas de homeopatia, identificamos dois diferentes programas de "aclimatação" da doutrina ao atual contexto: um que chamamos de culturalista, e outro, cientificista. Esses programas, em tese complementares, mas, na prática, concorrentes, dão uma visão mais geral para a compreensão da diversidade da cultura homeopática em outros contextos: são dois aspectos diferentemente ornamentados de uma mesma entidade, de um mesmo conjunto articulado de ideias, voltados, cada qual, a um público específico. Ao longo deste capítulo, veremos que a diversificação da cultura homeopática, do cinturão de crenças secundárias da doutrina, deve ser pensada nos seguintes termos: como resultado das estratégias dos homeopatas brasileiros para cativar diferentes públicos e, com isso, manter viva a cultura homeopática.

2.2. Duas histórias da homeopatia no brasil

Neste capítulo, veremos não uma, mas duas histórias da aclimatação da homeopatia no Brasil: uma inventada, de ficção, com começo, meio e fim; e outra real, mas inacabada e fragmentada. A primeira, que ocupa a seção seguinte, servirá para passar uma ideia do que há de mais permanente nos personagens que cultivaram a homeopatia no Brasil, desde Hahnemann. A segunda, a que dedico a maior parte do capítulo, apoia-se em uma revisão da literatura secundária disponível sobre a história da homeopatia no país. A discussão aqui desenvolvida sobre a aclimatação da homeopatia entre nós será orientada por um objetivo básico: entender como, ao longo de mais de um século e meio, a doutrina homeopática foi se adaptando para sobreviver na imaginação da população brasileira.

Comecemos pela história de um homeopata imaginário, que nunca existiu neste mundo, o Dr. Leão.

2.2.1. Um homeopata inexistente

Entre julho e setembro de 1882, Machado de Assis (1839-1908) publicou na revista *A Estação*, em forma seriada, o conto "O imortal", cujo protagonista é um homeopata. Na época, a homeopatia era objeto de grande controvérsia nos jornais do Império, era o assunto da vez.

O conto é uma metanarrativa, em que o narrador machadiano relata e ressignifica, para o leitor contemporâneo – da década de 1880 –, uma história que teria sido contada décadas antes, em 1855, por um tal de Dr. Leão, o protagonista da história. É o Dr. Leão, um homeopata, quem assume a tarefa de narrador ao longo da maior parte do conto, e é na boca dele que Machado põe a frase espetacular que abre a história: "Meu pai nasceu em 1600". Como o conto se passa no século XIX, concluímos que o pai do Dr. Leão – Rui de Leão, o "imortal" do título – teria vivido mais de duzentos anos.

Após dar a palavra ao protagonista, o autor toma temporariamente as rédeas da história para contextualizar a frase. Explica que o Dr. Leão disse o que disse na ocasião de sua chegada a uma vila fluminense qualquer – "suponhamos Itaboraí ou Sapucaia", como prefere Machado[1] –, onde "andava propagando o novo sistema". Tendo chegado à vila há pouco mais de uma semana, "provido de boas cartas de recomendação, pessoais e políticas", o Dr. Leão era agora recebido por um coronel e um tabelião locais – as autoridades a quem tinha de se apresentar, se queria fazer proselitismo da doutrina por ali.

É diante dessa pequena, mas importante audiência que o Dr. Leão dispara a frase impactante do início, recebida com grande ceticismo, mas não com menor curiosidade. E assim começa o relato da história fantástica de seu pai, narrada madrugada adentro pelo Dr. Leão; e a partir desse ponto a função narrativa só seria retomada por Machado em alguns momentos.

Rui de Leão, conta o homeopata, nascera em 1600, em Pernambuco, filho de uma aristocrata espanhola com um nobre português, vindos para este lado do Atlântico "por motivos que não vêm ao caso dizer".[2] Ele se ordenara frade franciscano, e, em 1639, levava uma vida pacata no interior de Pernambuco quando o convento em que vivia foi tomado de assalto em meio à invasão holandesa. Já sem contato com os pais, Rui de Leão deixa o convento e passa a perambular "por lugares ermos". Em suas andanças, acaba chegando a um povoado nativo, e ali cai nas graças do chefe indígena, que lhe oferece a filha

---

[1] Machado de Assis, 2008a, p.64. Essa e as demais passagens citadas entre aspas a seguir são da mesma página.
[2] Ibid., p.65.

em casamento. Tempos depois, o velho índio, no leito de morte, presenteia Rui de Leão com um misterioso elixir, sob a promessa de que tornaria imortal quem o bebesse.

Rui aceita o presente do moribundo – que não queria o elixir para si, por já ter visto "muita lua" –, mas, a princípio, não crê no poder a ele atribuído. Seu ceticismo cai por terra quando Rui adoece e é desenganado pelos curandeiros locais. Em segredo, bebe metade do elixir, e a recuperação não tarda.

Daí em diante, o Dr. Leão narra a seus dois ouvintes, detalhadamente, as aventuras de seu pai pelos séculos. O coronel e o tabelião fazem questão de, de tempos em tempos, interromper o homeopata para expressar sua incredulidade, mas em nenhum momento perdem o interesse pela história, a tal ponto que, a certa altura, o narrador machadiano intervém para advertir que o melhor seria resumi-la. Para nós, fica o resumo do resumo, afinal, o texto de Machado está aí para o leitor que tenha a mesma curiosidade do coronel e do tabelião. Rui eventualmente deixa o Brasil para ir viver na Europa, de lá voltando ao Brasil, até migrar de novo para a Europa, e de lá para cá mais uma vez; aprende a "traduzir o padre-nosso em cinquenta idiomas diversos"; se instrui em inúmeras ciências; testemunha a Guerra dos Palmares, a Revolução Francesa e a vinda da família real portuguesa ao Brasil; sobrevive a facadas e tiros dos inimigos que encontra pelo caminho, a golpes de guilhotina e às tentativas de suicídio, a que confessa ter apelado em momentos de desespero; ama mulheres de todos os tipos, calcula que mais de cinco mil; e trabalha nos mais diversos ofícios, de advogado a sacristão, de livreiro a traficante de escravos.

Mas a vida eterna acaba por cobrar seu preço, e disso teria sido testemunha o próprio Dr. Leão. A essa altura, ele morava com o pai, no Rio de Janeiro. Rui de Leão tornara-se melancólico, amargurado por entender que estava condenado a ver a morte de todos que um dia amou. Nas palavras do filho:

– A alma de meu pai chegara a um grau de profunda melancolia. Nada o contentava; nem o sabor da glória, nem o sabor do perigo, nem o do amor. Tinha então perdido minha mãe, e vivíamos juntos, como dois solteirões. [...] Vegetava consigo; triste, impaciente, enjoado. [...] Tinha visto morrer todas as suas afeições; devia perder-me um dia, e todos os mais filhos que tivesse pelos séculos adiante.[3]

---

3 Ibid., p.77.

A vida eterna se tornara uma doença para Rui de Leão. Seu filho já era, a essa altura, homeopata, e foi ao ouvi-lo falar da doutrina homeopática a alguns colegas que lhe ocorreu uma ideia. O desfecho fica melhor narrado pelo próprio Dr. Leão:

> Achei-o moribundo; disse-me então, com a língua trôpega, que o princípio homeopático fora para ele a salvação. *Similia similibus curantur*. Bebera o resto do elixir, e assim como a primeira metade lhe dera a vida, a segunda dava-lhe a morte. E, dito isto, expirou.[4]

A homeopatia, enfim, teria curado seu pai do mal da vida eterna. Para fechar a história, o narrador machadiano retoma a palavra:

> O coronel e o tabelião ficaram algum tempo calados, sem saber que pensassem da famosa história; mas a seriedade do médico era tão profunda, que não havia duvidar. Creram no caso, e creram também definitivamente na homeopatia. Narrada a história a outras pessoas, não faltou quem supusesse que o médico era louco; outros atribuíram-lhe o intuito de tirar ao coronel e ao tabelião o desgosto manifestado por ambos de não poderem viver eternamente, mostrando-lhes que a morte é, enfim, um benefício. Mas a suspeita de que ele apenas quis propagar a homeopatia entrou em alguns cérebros, e não era inverossímil. Dou este problema aos estudiosos.[5]

***

As histórias que os homeopatas contam para convencer os coronéis e tabeliães deste mundo raramente são tão fantásticas quanto a do Dr. Leão, ainda que o registro histórico mostre que há outras ainda mais fantásticas do que essa, que convenceram pessoas de carne e osso de que seriam verdadeiras algumas ideias muito mais incríveis do que as imaginadas por Hahnemann.[6]

---

4 Ibid., p.78.
5 Ibid.
6 Um exemplo especialmente fantástico, sem nenhuma relação com a homeopatia, é o documentado em detalhe em Festinger, Riecken e Schachter (1956), que realizaram um estudo, atualmente considerado clássico, sobre um culto norte-americano. Os membros do culto acreditavam que um dilúvio de proporções apocalípticas ocorreria no dia 21 de dezembro de 1954,

Apesar disso, ao examinar os registros deixados pelos homeopatas ao longo de mais de dois séculos de história, observamos uma exuberância enorme de racionalizações: os homeopatas contam muitas "histórias", com efeito precisam contá-las, pois elas contribuem para que as ideias imaginadas por Hahnemann sejam constantemente reanimadas.

É preciso ponderar, desde já, que, se o homeopata machadiano era, ao fim e ao cabo, um contador de histórias mormente interessado em vender seus serviços, o mesmo poderia ser dito do médico convencional, quando visto sob a lente machadiana. Um de seus personagens mais famosos, o agregado José Dias, de *Dom Casmurro*, diz que "em todas as escolas se morre".[7] José Dias, vale lembrar, chega à fazenda de Itaguaí, do pai de Bentinho, "vendendo-se por médico homeopata". Assim, a insinuação de que o Dr. Leão contara sua história fantástica com um objetivo muito bem calculado se deve muito mais ao fato de ele ser um homeopata machadiano, do que de ser simplesmente um homeopata. Machado chega a registrar suas impressões sobre a homeopatia em um artigo de jornal; da sua leitura, depreendemos que, ao menos na ocasião em que escreveu esse artigo, tinha uma posição agnóstica a seu respeito.[8] O tema central do texto, diga-se, não é a homeopatia, e sim outra moda terapêutica da época, a dosimetria, que desapareceu do imaginário popular nas décadas seguintes, sendo lembrada, hoje, apenas por historiadores.[9]

Se a caracterização do homeopata como um tipo "calculista" não tem muito valor para nós,[10] o mesmo não pode ser dito de dois elementos-chave da figura do Dr. Leão, tal como imaginada por Machado. O primeiro é que estamos aí diante de um tipo que, de fato, existia naquele tempo, o "homeopata viajante". O segundo é que, como o narrador machadiano deixa claro

---

e que, antes dessa data, eles, com seus familiares e outros "escolhidos", seriam resgatados por alienígenas em um disco voador. Alguns se comprometeram a tal ponto com essa crença que largaram o emprego e romperam com a família para se preparar para o dilúvio.

7 Machado de Assis, 1992, p.941.
8 Cf. Machado de Assis, 2008b, p.477-478. A crônica foi originalmente publicada em 2 de julho de 1883, sob pseudônimo, em uma coluna regular chamada "Balas de Estado" da *Gazeta de Notícias*.
9 Sobre a dosimetria, cf. Santos Filho, 1991, p.402-403.
10 Como observado na "Introdução" deste livro, não estamos diante de um caso puro, ou mesmo típico, de produção "ativa" da ignorância, ao contrário do que ocorreu no caso da indústria do cigarro, que serve de modelo para a agnotologia.

na última passagem do conto, as histórias que Dr. Leão conta para persuadir seus interlocutores do valor da homeopatia são abraçadas por parte do público, mas rechaçadas como "coisa de louco" por outra. Essas duas características do nosso homeopata inexistente dizem algo sobre a condição dos homeopatas deste mundo, e não só daqueles que atuavam no Brasil no Segundo Reinado. Revelam que a adesão à doutrina (seja como médico, terapeuta não médico, farmacêutico ou mesmo, em menor grau, paciente da homeopatia) põe o adepto, com certa frequência, na situação de ter de convencer outras pessoas de seu valor terapêutico; tarefa particularmente desafiadora, dada a fragilidade da doutrina.

Vejamos como isso se aplica à situação do médico homeopata atual. Enquanto um pediatra ou um cardiologista não precisa responder a artigos, publicados em grandes veículos da imprensa, que alegam que sua especialidade seria uma farsa, o homeopata se encontra, com alguma frequência, nessa situação. Os homeopatas interpretam essas críticas – muitas vezes mordazes, formuladas de forma irônica, ácida, e com uma dose considerável de desprezo – como uma grande injustiça, quando não um sinal de conspiração orquestrada pela indústria farmacêutica. Mas a fragilidade e a implausibilidade da própria doutrina tornam essa situação praticamente inevitável; vale dizer que a própria dinâmica do debate público muitas vezes contribui para que as críticas se tornem cada vez mais ácidas, pois é difícil negar que essa acidez chama a atenção. Como vimos no capítulo anterior, essa fragilidade já era patente desde pelo menos 1833, e foi ela que tornou a homeopatia alvo fácil de críticas. Da perspectiva sociológica, as insuficiências da doutrina se traduzem em pontos de ataque que tendem ser explorados, acima de tudo, pelos profissionais que competem diretamente com os homeopatas, que prometem o mesmo que eles: promover a saúde e combater as doenças.

Médicos, farmacêuticos e profissionais da saúde em geral atacam com frequência a homeopatia, assim como outras formas alternativas e complementares de medicina – e o ponto é que tais ataques são uma parte muito importante da experiência do profissional que trabalha com homeopatia. As críticas, embora a maioria das vezes partam da comunidade médica e científica, amiúde chegam também aos pacientes. Por isso, os homeopatas, se não querem perder a clientela, precisam contra-atacar, precisam demonstrar publicamente o valor da doutrina. *São os coabitantes do mundo social em que vive o homeopata que esperam e, com efeito, muitas vezes cobram dele que demonstre isso*. Não fosse tal expectativa – e as sanções a ela vinculadas –, não haveria motivo para o cultivo desse intrincado conjunto de ideias de que os homeopatas se servem para "fundamentar" a crença na eficácia da homeopatia. Foi isso, como vimos, que aproximou Hahnemann do vitalismo; que o levou a elaborar a teoria dos miasmas crônicos; que inspirou suas especulações sobre o papel da agitação para liberar o "poder medicinal latente" das substâncias do arsenal homeopático. Essas explicações eram cobradas por seus interlocutores, que queriam entender o que havia de substantivo nos glóbulos de açúcar de leite de Hahnemann. A questão de que nada há ali, além de lactose, faz que o problema reapareça nos mais variados contextos; conspira, por assim dizer, para que diferentes pessoas, em distintos contextos, se mobilizem e entrem em associação para atacar a doutrina.

Se, de um lado, precisamos, para compreender a exuberância da cultura homeopática, ter em conta a constelação de expectativas sociais que motivam os homeopatas a cultivar a doutrina, de outro precisamos ter em vista suas deficiências internas, já que são elas a fonte dos questionamentos que o homeopata precisa habituar-se a enfrentar.

Claro, pacientes também questionam algumas recomendações de pediatras e cardiologistas, que, por sua vez, frequentemente questionam uns aos outros. Apesar disso – e essa é uma diferença importante –, tais questionamentos não atingem o cerne do conhecimento médico que embasa tais recomendações. Para dizer o mesmo, por meio de uma imagem que vai mais direto ao ponto: não lemos, na imprensa, artigos que declaram que "a pediatria é uma farsa"; e o reconhecimento da cardiologia como especialidade médica tampouco é objeto de controvérsia, digamos, na seção "Tendência/Debates", da *Folha de S.Paulo*.

Mas a situação nem sempre foi assim – as especialidades médicas atualmente consolidadas também precisaram se estabelecer, provar seu valor em algum momento. Há pouco mais de duzentos anos, quando surge a homeopatia, existia uma grande margem para se questionar o que havia de mais elementar na medicina convencional. Daí a importância que o problema dos fundamentos da medicina adquiriu naquela época. Se é verdade que esse é um daqueles problemas que nunca será resolvido de uma vez por todas, por outro lado, é igualmente difícil negar que o conhecimento adquirido nesse ínterim contribuiu para torná-lo menos problemático, para minorar sua gravidade e urgência, para remediar seus sintomas mais críticos (o que não é pouca coisa).

O caso da homeopatia é, sob esse aspecto, completamente diferente, e, em alguma medida, todo homeopata sabe disso. Por mais que acredite, em seu íntimo, que sua doutrina está bem fundamentada, ele sabe que, fora dos círculos frequentados por outros homeopatas, as crenças que lhe são mais caras tendem a ser rejeitadas e, até mesmo, ridicularizadas. Por conta disso, mesmo hoje, os homeopatas frequentemente se encontram em uma situação análoga àquela em que se achava o nosso homeopata inexistente, fabricado pela imaginação machadiana. E esse é o denominador comum da situação de todo homeopata: *assim como o Dr. Leão, os homeopatas de ontem e hoje amiúde precisam demonstrar, para os coabitantes do mundo em que vivem, algo que não pode ser demonstrado*. A seguir, veremos as diferentes estratégias que mobilizam em sua busca por demonstrar o indemonstrável.

***

Mas não é só isso que nosso homeopata imaginário diz sobre a história da homeopatia. No universo ficcional que examinamos, obtemos um registro de um tipo muito especial de atividade do homeopata, relacionada à *circulação* da doutrina; trata-se da atividade de difusão desempenhada pelo homeopata viajante, ali encarnado no Dr. Leão. Essa atividade, porém, é, na prática, só uma das várias desempenhadas pelos homeopatas de ontem e hoje que, no fim das contas, contribuíram para salvar a doutrina do esquecimento. Com isso em vista, vale perguntar: quais outras atividades, além da que identificamos em nosso homeopata inexistente, precisam ser conduzidas para que as ideias que distinguem a doutrina homeopática não sejam relegadas às páginas dos compêndios de história da medicina, como o foram tantas outras?

Em suma, podemos dizer que há três diferentes atividades essenciais para a conservação da cultura homeopática. São elas, listadas em uma ordem que não carrega qualquer significado particular:

1. Atendimento a doentes conduzido em conformidade às regras da homeopatia.
2. Fabricação dos preparados homeopáticos.
3. Circulação da doutrina, tanto interna quanto externa:
    a) Circulação interna é a que envolve a comunicação de um profissional de homeopatia a outro, ou, no limite, de um profissional de homeopatia a um aspirante a profissional de homeopatia.

b) Circulação externa é a que envolve a comunicação da doutrina de dentro para fora dos círculos de homeopatas, a que parte de um homeopata e chega a um não homeopata.

Essas três funções podem ser assumidas tanto por pessoas diferentes quanto por uma mesma pessoa (o próprio Hahnemann desempenhava todas as três). A rigor, não esgotam o leque de atividades exercidas por profissionais que trabalham com homeopatia. Neste contexto, porém, o que interessa não é catalogar tudo o que os homeopatas fazem, e sim identificar as atividades de que a cultura homeopática depende de maneira mais radical para não sumir do mapa. No caso do tipo do homeopata viajante, ilustrado pelo Dr. Leão, vemos que ele exerce as funções 1 e 3b; ele se ocupa, no conto que vimos, especialmente do proselitismo da doutrina, de sua divulgação para fora dos círculos de homeopatas.

A história que o Dr. Leão conta para convencer seus interlocutores do valor da homeopatia – duas autoridades locais que detêm o poder de decidir se ele pode ou não prestar seus serviços na vila fluminense – é uma ilustração romanesca de um tipo social que atuou no mundo real, contribuindo para executar a terceira função acima enunciada. Em dado momento, o homeopata viajante deixou de existir; ele fazia sentido em um contexto em que as ideias não viajavam tão rápido quanto hoje, de modo que era comum carregá-las na mala. Com a sedentarização da atividade médica, desapareceu a figura do homeopata que, como o Dr. Leão ou José Dias, viajava para propagar a doutrina e, quem sabe, encontrar onde se estabelecer. Agora, é o paciente que se locomove até o consultório do homeopata.

O que não desaparece é a necessidade constante de ter o que dizer para convencer seus interlocutores do valor da doutrina. Dessa forma, as mesmas funções que o homeopata viajante executava em meados do século XIX seriam absorvidas por outros profissionais, e é preciso estarmos atentos a isso, ao longo da reconstrução histórica que se segue.

Durante o Segundo Reinado, havia outros veículos de circulação da doutrina, entre eles os grandes jornais do período, que, ao menos por um tempo, registraram controvérsias quase diárias sobre a homeopatia. Machado certamente estava a par dessas controvérsias. "O imortal" foi publicado em 1882, ano em que a discussão ganhou enormes proporções por causa de um pedido formal – feito ao Império pela mais importante associação de homeopatas da época – de criação de duas cadeiras de homeopatia na Faculdade de Medicina do Rio de Janeiro.

O conteúdo das histórias que os homeopatas contam para convencer os não homeopatas do valor de sua doutrina também mudou, adaptando-se às exigências de novos tempos ou, para ser um pouco mais exato, às exigências de interlocutores de outros tempos.

Desde sua chegada ao Brasil, foram criadas escolas, associações, enfermarias e hospitais de homeopatia que se tornaram o espaço para a circulação interna da doutrina; algumas dessas instituições tiveram vida breve, outras se mostraram quase tão longevas quanto Rui de Leão e continuam entre nós desde o Segundo Reinado. Para fazer circular as ideias homeopáticas, também foram realizados inúmeros congressos e encontros, nacionais e internacionais; e criadas revistas e manuais para homeopatas de diferentes áreas. A doutrina alcançou algum espaço fora desses ambientes graças à capacidade dos homeopatas de persuadir não só muitos coronéis e tabeliães Brasil adentro, como também de recrutar uma clientela própria.

Assim, planos de saúde passaram a oferecer atendimento homeopático, e o mesmo sucederia com o Sistema Único de Saúde (SUS). Assim, muitos portais dedicados à difusão de informações sobre saúde e estilo de vida promovem a doutrina, apesar da ausência de comprovação científica da eficácia dos preparados homeopáticos. As ideias de Hahnemann também circulam nas salas de aula que integram o currículo dos cursos de formação de terapeutas holísticos, em vários consultórios médicos e em muitas farmácias. E não se restringem a ambientes diretamente relacionados ao âmbito da saúde. Também conquistaram espaço, por exemplo, em centros espíritas kardecistas, e se aninharam na casa de médicos, terapeutas, farmacêuticos, dentistas, veterinários e agrônomos que põem em prática as ideias de Hahnemann.

Não estamos mais falando apenas das histórias contadas por um homeopata viajante a um coronel e um tabelião fictícios. A aclimatação da homeopatia a diferentes públicos exigiu um esforço considerável para adaptar as ideias de Hahnemann; exigiu um verdadeiro trabalho intelectual dos homeopatas, conduzido, muitas vezes, em meio a vários sacrifícios pessoais. O homeopata, diversas vezes, arrisca sua reputação para defender a doutrina em que acredita; sabe que muitos o consideram "louco" ou vão ridicularizá-lo. Mesmo assim, não foram poucos os que perderam horas de sono e lazer para registrar, por exemplo, o resultado de suas patogenesias. Não devemos, pois, perder de vista esse esforço ao longo da nossa incursão pela história inacabada da homeopatia no Brasil. Mesmo porque é dele que depende a validação social da doutrina que é, constantemente, instada a demonstrar algo que, a rigor, não tem condições de demonstrar.

2.2.2. História inacabada da homeopatia no Brasil – parte I

Atualmente, a história da homeopatia no Brasil é bastante conhecida, mas ela costuma ser narrada por autores simpáticos à doutrina, com poucas exceções. Embora tenhamos consultado algumas fontes primárias durante a pesquisa, a maior parte da discussão deste capítulo se apoia na literatura secundária, por isso, mapearemos as principais obras utilizadas.

A literatura sobre a história brasileira da homeopatia se divide em duas categorias: artigos e livros que narram episódios específicos; e trabalhos que, como este, propõem reconstrui-la de maneira mais completa. Neste mapeamento, analisaremos a última categoria, embora também tenhamos nos apoiado em alguns trabalhos com recorte mais específico. As principais referências dentre as obras de escopo mais amplo são: a *Historia da homœopathia no Brasil* (1928), escrita por José Emygdio Rodrigues Galhardo (1876-1942), um influente homeopata; um longo capítulo do livro *O tempo e a ordem* (1989), de Ricardo Lafetá Novaes; e o livro *A arte de curar versus a ciência das doenças* (1996), da socióloga Madel Therezinha Luz.

A obra de Galhardo é, das três, a mais farta em detalhes, ainda que seja a mais limitada em dois aspectos: abrange um intervalo de tempo mais restrito e tem menor fôlego analítico. Sua *Historia da homœopathia* é o que temos de mais próximo de uma história oficial da doutrina; escrita por um homeopata para outros homeopatas (literalmente, já que foi publicada nos *Anais do 1º Congresso de Brasileiro de Homeopatia*), ela é repleta de material de primeira mão e serviu de base para os outros dois trabalhos, de modo que se impõe como incontornável para qualquer pesquisador interessado em entender melhor a recepção inicial da homeopatia no país.

O trabalho de Novaes, por sua vez, se destaca entre os três por ser o único a propor uma história crítica da homeopatia. Inscrito na tradição do materialismo histórico, o livro busca mostrar que a homeopatia pode ser mais bem compreendida à luz de processos socioeconômicos maiores.[11] Apesar do maior tino crítico, ele pouco acrescenta em termos descritivos; a maior parte de sua discussão histórica se limita ao período já contemplado por Galhardo, ainda que o pouco espaço que o autor dedica ao período posterior seja valioso.

Por fim, Madel Luz propõe uma história social da homeopatia, construída por noções então correntes nos domínios da história das ideias e da sociologia. Esse não é, diga-se, o único trabalho de Luz sobre o tema, mas é o mais completo deles. Trata-se de obra ainda, em boa medida, apologética, que em vários momentos deixa transparecer a intenção da autora de provar para o leitor o valor da homeopatia; mesmo assim, não se trata de uma história da homeopatia feita para homeopatas.[12] Na prática, a simpatia pela doutrina não induz, como acontece com Galhardo, a desconsiderar ou ofuscar episódios inconvenientes da história da homeopatia; o trabalho de Luz é dotado de rigor acadêmico suficiente para evitar que a posição da autora se imponha sobre o material analisado. Luz propõe uma periodização consistente da recepção da doutrina no Brasil, e seu trabalho se baseia em uma pesquisa abrangente e cuidadosa com várias fontes primárias, o que resulta em uma reconstrução histórica muito mais informativa, completa e organizada do que vemos nas duas obras anteriores, sobretudo no que diz respeito à história mais recente da doutrina.

Recorreremos a esses trabalhos de maneira distinta, considerando as vantagens e limitações inerentes a cada um. Os trabalhos de Galhardo e Luz – e outras publicações mais focadas em episódios históricos específicos – serviram de fonte secundária para retratar os momentos que consideramos ser os mais relevantes para a difusão da homeopatia no país. Do trabalho de Novaes, aproveitamos não tanto o componente descritivo, porém mais as análises e os *insights*. Tanto seu trabalho como o de Luz têm pretensões não só descritivas, como também analíticas – pretendem explicar a dinâmica de propagação da homeopatia, e os obstáculos impostos a ela –, e por isso esses dois trabalhos serão tratados não só como fontes, mas também como interlocutores.

---

11 Segundo Novaes (1989, p.9), "das formas de organização material da vida humana".

12 O livro, é verdade, foi publicado pela Dynamis, editora de várias obras de homeopatia, entre elas obras técnicas. Atualmente inativa, a editora teve entre seus sócios um médico homeopata e, como talvez o leitor tenha adivinhado, seu nome era uma alusão à dinamização, termo usado para se referir à agitação e diluição seriais da homeopatia.

Começamos pela periodização proposta por Madel Luz, que divide a história da homeopatia no Brasil em seis períodos:[13]
- Implantação da homeopatia no Brasil: 1840 a 1859.
- Expansão e primeiras resistências: 1860 a 1882.
- Resistência à homeopatia: 1882 a 1900.
- Período áureo da homeopatia: 1900 a 1930.
- Declínio acadêmico da homeopatia: 1930 a 1970.
- Retomada social da homeopatia: 1970 em diante.

Segundo Galhardo, há registros de que, mesmo antes de 1840, já havia, no Brasil, quem aplicasse a homeopatia ecleticamente (em linha com o que sugeria Hufeland), e mesmo quem a defendesse na Faculdade de Medicina do Rio de Janeiro.[14] Foi o caso do médico suíço Frederico Emilio Jahn, que, em 1836, recebeu o título de "doutor em medicina" defendendo uma tese sobre homeopatia. Além disso, nessa época, os periódicos de medicina nacionais já circulavam notícias sobre esse "novo sistema", que, na década de 1830, ganhava cada vez mais terreno na Europa.

Galhardo afirma que as primeiras publicações sobre homeopatia no país teriam sido veiculadas na *Revista Médica Fluminense*, em 1836. Trata-se de uma série de três artigos que expõe e critica a doutrina de Hahnemann, descrita da seguinte maneira por Galhardo, em passagem que dá uma ideia do caráter apologético de seu trabalho: "Artigos estes contrários à homœopathia, embora nelles se pretendesse expor a doutrina de Samuel Hahnemann, escriptos certamente por alguém que maldosa e apaixonadamente falseou a verdade".[15]

A série era, na verdade, a reprodução de excertos de um artigo já publicado em um periódico português, o *Repositório Literário das Ciências Médicas e Literatura do Porto*.[16] O que parece ter escapado a Galhardo é que, um ano antes, em 1835, a mesma revista já publicara um artigo breve sobre a doutrina, na qual ela é exposta sob uma luz mais simpática.[17]

---

13 Cf. Luz, 1996.
14 Cf. Galhardo, 1928, p.273-274.
15 Galhardo, 1928, p.273.
16 Trata-se do texto "Doutrina Homœophatica" (1936). A série pode ser encontrada na edição de abril de 1836 da revista.
17 Cf. A homœopathia (1835), tradução de um artigo publicado na revista francesa *Magasin Universel*. Conseguimos localizar, com alguma facilidade, esse artigo graças à digitalização de várias edições da *Revista Médica Fluminense*.

Seu autor trata a doutrina como promissora e chega a criticar as "condenações antecipadas" a seu respeito; apela ainda que ela seja avaliada "com a independência, que destingue a sciencia franceza", referindo-se a um artigo publicado em uma revista francesa, entre 1833 e 1834, o qual tinha o objetivo de introduzir a doutrina de maneira neutra para que fosse avaliada por uma comissão científica.

Essas e outras incursões da homeopatia no Brasil anteriores a 1840 fazem parte do que podemos chamar de pré-história da doutrina no país. Eram iniciativas raras e pontuais, e os artigos sobre a homeopatia publicados nas revistas brasileiras não passavam de reproduções ou traduções de textos europeus. Só na década de 1840, com a chegada do naturalista francês Benoît Mure e a parceria que ele estabelece com o médico português João Vicente Martins (1808-1854), a homeopatia passa a ser divulgada de maneira sistemática no país, tornando-se rapidamente objeto de controvérsias e de forte oposição por parte da elite médica da época.[18]

Mure, que divulgara a homeopatia na Itália e na França e que, nessas ocasiões, trabalhara ao lado de discípulos diretos de Hahnemann,[19] aportou primeiro em Santa Catarina com o objetivo de criar uma colônia socialista na região.[20] Seu empreendimento no Sul fracassa, então Mure decide tentar a sorte na capital do Império. No Rio de Janeiro, passa a se dedicar inteiramente à promoção da homeopatia, e assim consegue se estabelecer no Brasil, onde permanece até 1848. O principal continuador de seu projeto é Vicente Martins.

João Vicente Martins era um cirurgião português que ingressara no Brasil em 1837, e que, antes de conhecer Mure, chegou a trabalhar como clínico no Rio de Janeiro e cirurgião em Salvador. Profundamente insatisfeito com a clínica médica como era praticada na época, Vicente Martins diz encontrar na homeopatia "a verdadeira sciencia de curar". Sua conversão em homeopata se deve, em boa medida, ao contato com Mure.[21] O uso do termo "conversão" não é gratuito: o relato de Vicente Martins não só parece o de uma

---

18 Por elite médica, entenda-se os médicos com formação universitária e reconhecidos pelos próprios pares como figuras de prestígio na comunidade médica.
19 Cf. Galhardo, 1928, p.279.
20 O Falanstério do Saí, inspirado nas ideias do socialista francês Charles Fourier (1772-1837).
21 Como ele mesmo conta em relato autobiográfico reproduzido em Galhardo (1928, p.302-303).

conversão religiosa, como é assim imaginado pelo convertido. Eis o que diz ao descrever sua postura em relação aos críticos da homeopatia:

> Mas que me importam enraivados zoilos, que mal tamanho virá de insensatos sectários do erro, que me não deixe um instante de agonia em que lhes bradei: errais por que não vêdes; olhae; vereis; e vendo elevareis o vosso espirito a Deus que sobre vós derrama por mão de seus escolhidos o balsamo que requerem tantas chagas do homem transviado: e bem direis sua infinita misericórdia, que como no evangelho vos deu remédio ás enfermidades da alma, vos dará remédio na homœopathia para as moléstias do corpo.[22]

Vicente Martins é apenas o primeiro, no Brasil, de toda uma linhagem de médicos insatisfeitos com a medicina de seu tempo que se "converte" à homeopatia. Não seria o único a imaginar sua conversão como resultante da iluminação divina, mas essa é apenas uma das diferentes formas como os próprios homeopatas anunciam sua insatisfação com a medicina convencional e expõem seus conflitos com a elite médica (os "insensatos sectários do erro" a que Vicente Martins se refere eram, justamente, os membros dessa elite).

Em dezembro de 1843, Mure ajuda a criar o Instituto Homeopático do Brasil, do qual assume a presidência. Sediado no Rio de Janeiro, consolida-se como a primeira instituição brasileira de homeopatia relativamente bem-sucedida.[23] Na fundação do instituto, Vicente Martins era só um de seus 72 associados,[24] mas logo se torna um de seus mais importantes porta-vozes na imprensa, e em 1846 é eleito primeiro secretário do instituto, cargo executivo que só ficava atrás da presidência.

Mure e Vicente Martins adotam uma estratégia abertamente polemista, e veem suas ideias repudiadas e zombadas pelos membros da mais importante associação médica da época, a Academia Imperial de Medicina, em um embate registrado nos veículos de imprensa, repleto de intrigas, ofensas pessoais e repercussões jurídicas.[25] A estratégia de propaganda agressiva e confronto encarniçado com os representantes da elite médica, que Luz

---

22 João Vicente Martins apud Galhardo, 1928, p.303.
23 Mure tentara criar um instituto semelhante em Santa Catarina, em 1842, que sumiria do mapa com o fracasso de sua colônia socialista (cf. Luz, 1996, p.66-67).
24 Conforme ata de criação do instituto, reproduzida em Galhardo (1928 p.303-308).
25 Cf. Luz, 1996, p.72-80.

considera predominante no período de implantação inicial da doutrina no Brasil,[26] é muito similar à adotada por Hahnemann na Alemanha, onde a estratégia foi acompanhada pelo crescente dogmatismo professado pelo criador da homeopatia. Aqui não foi diferente. Para homeopatas ortodoxos, como Mure e Vicente Martins, a homeopatia era a verdadeira arte de curar e, como tal, deveria substituir a medicina convencional.[27]

A propaganda agressiva na imprensa conferiu à homeopatia uma visibilidade até então ausente no cenário nacional. Sem a visibilidade conquistada pela via da polêmica, é difícil imaginar como ela seria capaz de entrar no radar dos indivíduos insatisfeitos com a elite médica. Isso ajuda a entender o relativo sucesso *inicial* da vertente ortodoxa da homeopatia em dois contextos tão distintos: o do território germânico no início do século XVIII, e o do Brasil imperial.

Parte considerável da querela entre homeopatas e a Academia Imperial de Medicina está registrada no *Jornal do Comércio*, um dos principais veículos de imprensa da época. Mas a doutrina homeopática não se difundiu apenas na letra impressa dos jornais; foi, além disso, levada na mala dos homeopatas viajantes, alcançando também o público não letrado fora da capital.

Ainda que, naturalmente, a evidência histórica não seja, nesse caso, tão abundante como a das controvérsias travadas na imprensa, ela existe, e vale a pena mencioná-la. A historiadora Ângela Porto afirma que vários "inventários de fazendeiros de Vassouras" do período "possuíam estojos e receituários homeopáticos para uso das famílias e dos escravos".[28] Um estojo como esse deve ter capturado a imaginação de Machado de Assis, pois um deles foi parar na mala de José Dias. O agregado, como narra Machado, ao chegar, por volta de 1843, à "antiga fazenda de Itaguaí [...], vendendo-se por médico

---

26 Como fica claro ao longo de todo o terceiro capítulo de Luz (1996). Para uma formulação mais concisa e explícita do ponto, cf. Luz, (1996, p.27-28).

27 Várias passagens citadas por Galhardo não deixam dúvidas quanto a isso, e, ao menos no que diz respeito a Mure, Luz e Novaes também chegam a mesma conclusão. Para Mure, "as estratégias de implantação da homeopatia não poderiam descurar de sua *pureza*, isto é, não poderiam desfigurá-la no caminho de sua legitimação" (Luz, 1996, p.100-101); Novaes (1989, p.238), por sua vez, destaca "uma certa intransigência doutrinária" da parte de Mure. Luz cita duas passagens de Galhardo (1928, p.498, 600) para amparar sua interpretação, mas várias outras poderiam ser citadas. Quanto à figura de Vicente Martins, Galhardo também deixa poucas dúvidas sobre sua ortodoxia (cf., por exemplo, Galhardo, 1928, p.506).

28 Porto, 1989, p.89. A autora baseia-se no levantamento documental realizado pelo historiador estadunidense Stanley Stein.

homeopata", levava consigo "um Manual e uma botica".[29] Os inventários dos fazendeiros de Vassouras a que Porto se refere são vestígios deixados por esse tipo social que circulava também no mundo real, levando consigo "manual e botica". Vejamos o que mais Porto diz a respeito:

> Esse tipo de propaganda iniciada pelo Dr. Mure teve continuidade após sua partida do Brasil, em 1848. O Laboratório dos Drs. Cochrane & Pinho, fundado nesta data e já com feição industrial, enviava a todos os pontos do País as "boticas" em caixas de vários tamanhos e preços [...], acompanhada de um manual com instruções para os preparos dos medicamentos, e o uso que deveriam ter, de acordo com os sintomas apresentados pelo doente [...]. Mediante as obras de divulgação da doutrina homeopática [...], os introdutores da Homeopatia no Brasil, Drs. Bento Mure e João Vicente Martins, explicavam como tratar doentes pelo novo método científico, na ausência de médicos, e como manipular medicamentos fazendo uso de uma botica básica.[30]

Algumas passagens foram omitidas para não alongar demais a citação. Porém, em um dos trechos suprimidos, consta o título de uma dessas obras de divulgação: *Prática elementar da homeopatia pelo Dr. Mure ou conselhos clínicos para qualquer pessoa estranha completamente à medicina poder tratar-se*. O título fornece uma dica do leitor visado por Mure: o terapeuta leigo. Parte importante do empreendimento dos dois homeopatas estrangeiros consistiu no recrutamento de terapeutas leigos, como era o caso de José Dias – que não tinha formação em medicina, como eventualmente confessa ao pai de Bentinho, e que mesmo assim usou o manual e a botica homeopáticas para tratar, sem exigir remuneração, "um feitor e uma escrava" da fazenda.[31]

Os manuais e boticas portáteis contribuíram para a popularização da homeopatia, sobretudo fora da capital. A evidência historiográfica aponta que a iniciativa de Mure e Vicente Martins desempenhou um papel decisivo na irradiação da doutrina no país, ainda que eles não tenham sido os únicos

---

29 Machado de Assis, 1992, p.814. Trecho do capítulo V de *Dom Casmurro*.
30 Porto, 1989, p.89.
31 O feito, contudo, é apreciado pelo pai de Bentinho, que, em troca do favor, oferece a José Dias "ficar ali vivendo, com pequeno ordenado". José Dias a princípio recusa, mas por fim cede e, de favor em favor, conquista seu espaço na casa da família de Bentinho, aposentando, assim, seu manual e botica.

a se empenhar nesse projeto.³² Montava-se assim a infraestrutura que viabilizou a difusão da doutrina, o que exigiu forjar alianças com editoras e boticários – que afinal produziam os artefatos presentes na mala do homeopata viajante –, ensinar a doutrina para ser colocada em prática por quem se interessasse por ela e recrutar pacientes.

Sobre o recrutamento de pacientes, Porto sublinha que o grupo criado em torno de Mure e Vicente Martins se destacava por prestar atendimento a escravos cariocas; o que tampouco escapou ao olhar atento de Machado, como vimos. Com efeito, a análise do mapa estatístico do consultório mantido primeiro por Mure e, após ele deixar o Brasil, por Vicente Martins, mostra que, em treze anos (1843-1856) foram registradas 81.824 consultas, das quais nada menos de 14.422 eram pacientes escravos.³³

Porto e, na sua esteira, outros historiadores que se debruçaram sobre o assunto, atribui o fato, pouco usual na época, à orientação ideológica de Mure, que chegara ao Brasil com o pretexto de fundar uma colônia socialista.³⁴ Pode ser que esse seja o caso, mas, qualquer que tenha sido a motivação de Mure e seus discípulos, dentre eles Vicente Martins, fato é que parte considerável da sua propaganda era voltada não aos escravos, e sim aos proprietários. Eram estes, afinal, os potenciais compradores dos manuais e boticas e, por isso, alguns dos guias de homeopatia para leigos, que circulavam na segunda metade da década de 1840 e no começo da seguinte, dirigiam-se especialmente a essa clientela. O próprio Vicente Martins publicou um guia chamado *Notícias elementares da homeopatia ou Manual do fazendeiro, do capitão de navios e do pai de família*.³⁵

E não é só. Como mostra Porto, nessa época os homeopatas anunciavam nos classificados uma espécie de seguro-saúde para escravos, vendido, claro, aos proprietários. O serviço oferecia compensar financeiramente o

---

32 Considere aqui a evidência trazida pelo historiador da medicina Lycurgo Santos Filho (1991, p.399-401), que lista dezenove publicações sobre homeopatia que circularam entre 1845 e 1883. Das dez primeiras publicações da lista, que correspondem às editadas entre 1845 e 1852, cinco tinham envolvimento direto de Mure ou Vicente Martins (duas traduções de Hahnemann, ambas realizadas por Vicente Martins; e as outras três, manuais para leigos de autoria própria), e outras duas contavam com envolvimento indireto deles.
33 Cf. Porto, 1989, p.91 et seq. A autora menciona o número de consultas, não o de pacientes, que é menor, já que o mesmo paciente pode se consultar mais de uma vez.
34 Cf. ibid., p.93; Pimenta, 2004, p.49-45.
35 Cf. Santos Filho, 1991, p.399.

proprietário, pagando "uma indenização de 2/3 do valor convencional dos escravos que lhes morressem em consequência de enfermidades vulgares no curso ordinário da vida".[36] Ou seja, tratava-se de um serviço voltado, antes de tudo, ao interesse dos proprietários. Além disso, em um contexto no qual a Inglaterra passou a dificultar o tráfico negreiro,[37] muitos proprietários poderiam achar que cuidar da saúde dos escravos que já tinham era melhor negócio do que comprar novos. O seguro-saúde oferecido pelos homeopatas é anunciado sob essa ótica, em artigo de 1845, publicado no jornal *O Mercantil*:

> Só a Homeopatia pode assegurar a conservação e a multiplicação dos escravos, sem os quais não há lavoura possível atualmente, e substituir o tráfico que compensou até agora a espantosa mortandade da raça negra. Adotando a Homeopatia, o Brasil não dependerá mais da importação de africanos e achará no seu seio todos os recursos necessários ao seu desenvolvimento e a sua grandeza.[38]

A despeito do ideário ainda claramente escravista que orienta tais empreendimentos, está claro que o atendimento homeopático chegou, de algum modo, aos escravos e às classes mais baixas (entre elas, alforriados e pessoas livres, mas pobres). Essas camadas da população praticamente não dispunham de assistência médica profissional. A Santa Casa do Rio de Janeiro era um dos poucos estabelecimentos profissionais que os atendia, mas sua clientela era distinta da visada pelos homeopatas, pois iam à Santa Casa, no mais das vezes, apenas indivíduos em situação crítica, sendo muito elevado o índice de mortalidade do estabelecimento.[39]

---

36 Vicente Martins apud Porto, 1989, p.89.
37 A Lei Eusébio de Queiroz, que abole o tráfico negreiro no Brasil, é assinada só em 1850, mas, ao longo da década de 1840, aumenta progressivamente o cerco da Inglaterra sobre os navios negreiros, dificultando a comercialização de escravos já nessa época.
38 Porto, 1989, p.93. A autora reproduz a passagem para ilustrar a preocupação dos homeopatas com a saúde dos escravos, que, segundo ela, só se tornaria manifesta "por parte da medicina oficial [...] a partir da abolição do tráfico em 1850" (ibid., p.92-3). Há uma dose de idealização nessa afirmação, considerando, além do texto em si, a circunstância de que, nessa época, a pressão inglesa sobre o tráfico negreiro era sentida no Brasil. Isso não impede que Vicente Martins tivesse uma preocupação genuína com a saúde dos escravos – uma coisa não exclui a outra –, mas mostra que, na melhor das hipóteses, ele *também* estava preocupado em atender aos interesses da oligarquia escravista.
39 Cf. ibid., p.88.

O serviço prestado por homeopatas era um dos poucos que atendia escravos e alforriados que não estavam à beira da morte. Embora o atendimento homeopático resulte na prescrição do "remédio" homeopático ele não se resume a isso; ao menos em tese, havia benefícios concretos a serem auferidos para tal clientela. O próprio Hahnemann aconselhava seus pacientes em relação ao estilo de vida, o que vimos, no capítulo anterior, de relance ao relatarmos o episódio caricato do onanista arrependido. Outros conselhos – de dieta, higiene, cuidado de ferimentos etc. – podem ter sido genuinamente úteis para alguns pacientes.[40]

Embora Mure e Vicente Martins tenham sido bem-sucedidos em ensinar a doutrina, forjar alianças com editoras e boticários e recrutar pacientes, faltava-lhes o prestígio de Hahnemann. Foi graças a esse prestígio – obtido, em parte, por sua posição única como criador da doutrina, e, em parte, pelo reconhecimento conquistado junto de seus pares no começo de sua carreira –[41] que Hahnemann conseguiu, durante toda a sua carreira como homeopata, que se estendeu por mais de quatro décadas, bancar sua postura dogmática, algo muito difícil de sustentar a longo prazo.

Essa postura inviabilizava, na prática, quaisquer alianças duradouras com a medicina convencional. Basta lembrar que mesmo médicos inicialmente mais simpáticos às ideias de Hahnemann, como Hufeland, por fim se afastaram dele, por sua postura cada vez mais dogmática. Além disso, tal postura obriga o homeopata a travar constantes disputas no plano intelectual e institucional; e disputas que, em muitos casos, estava fadado a perder, por conta não só da fragilidade inerente à sua doutrina, como também, o que aliás era no mais das vezes decisivo, de sua menor influência política, particularmente evidente na primeira geração de homeopatas no Brasil.

Sem o mesmo prestígio de Hahnemann, os homeopatas ortodoxos que aportaram aqui, responsáveis por conferir à doutrina seu primeiro suporte institucional no Brasil, perderam rapidamente sua influência, de modo que, em menos de duas décadas, a estratégia heterodoxa, defendida por um do

---

40 Segundo Porto (1989, p.91), Mure instruía o paciente ao menos em questões dietéticas, e não seria surpresa se também fizesse outras recomendações de estilo de vida.
41 Vale lembrar que Hahnemann publicou vários artigos na prestigiosa revista de Hufeland, antes mesmo de ter uma carreira consolidada na clínica médica.

grupo de médicos dissidentes do Instituto Homeopático do Brasil, tornou-se predominante.

Essa era a estratégia promovida, entre outros, por Domingos de Azeredo Coutinho Duque-Estrada (1812-1900), médico nascido e formado no Brasil, e um dos homeopatas mais influentes de seu tempo. Ao contrário de Mure e Vicente Martins – dois estrangeiros –, Duque-Estrada era membro de uma família tradicional estabelecida havia várias gerações no Rio de Janeiro. O próprio Duque-Estrada tinha boa inserção na política da capital, já desde pelo menos 1840. Não por acaso, buscou firmar alianças com a elite médica local, em vez de se limitar a afrontá-la publicamente nos veículos de imprensa, como faziam Mure e Vicente Martins.

Duque-Estrada fora um dos membros fundadores do Instituto Homeopático do Brasil, ao lado do médico francês, em 1843; e não um associado qualquer, mas sim seu segundo secretário. Porém, em 1846, por causa de desavenças com Mure, deixa de atuar como membro do instituto e, no ano seguinte, assume a presidência da Academia Médico-Homeopática, associação que ajudou a fundar e que reuniu outros dissidentes do Instituto Homeopático do Brasil.[42]

É significativo que os dissidentes do instituto criado por Mure adotem o nome "academia", em clara alusão à Academia Imperial de Medicina, e, ainda mais, que façam questão de ostentar a palavra "médicos" no nome da nova associação. Esses não são detalhes gratuitos, eles revelam algo importante sobre o projeto de Duque-Estrada: ele visava ao reconhecimento oficial da homeopatia por parte da elite médica. Para alcançar esse objetivo, era preciso mostrar que a homeopatia era "coisa de médico", isto é, que deveria ser praticada por pessoas formadas em medicina. Em linha com isso, a Academia criada por Duque-Estrada se notabilizou por se opor frontalmente à prática leiga da doutrina, ao atendimento homeopático prestado por pessoas sem diploma de medicina.[43]

Essa postura coloca as duas associações de homeopatas, mencionadas anteriormente, em rota direta de colisão, uma vez que Mure, e em sua esteira Vicente Martins, promovia que a atuação clínica deveria ser permitida a

---

42 Cf. Galhardo, 1928, p.424-425.
43 Cf. ibid., p.426-428.

"qualquer que se dizia a amar a homœopathia".[44] Devemos ter em vista que, na época, embora os médicos diplomados já buscassem monopolizar o exercício legítimo da medicina, as instituições médicas não tinham poder de polícia para, de fato, implementar tal ambição. Em seu trabalho sobre o ensino e a profissão médicas no Segundo Reinado, o historiador Flavio Edler afirma que, mesmo por volta do fim da década de 1850, a "situação da clínica privada revela que o monopólio oficial do exercício da medicina conferido aos diplomados pelas [...] faculdades não passava de uma ilusão", de modo que "boticários, homeopatas sem diploma oficial, curandeiros e parteiras atuavam com bastante liberdade, tornando o diploma uma formalidade dispensável".[45] Esse é um quadro muito diferente do que temos atualmente, de modo que a posição de Mure tinha mais força em comparação ao contexto atual.

Isso posto, há uma relação direta entre a adesão ortodoxa à doutrina homeopática e a aceitação do seu exercício por leigos em medicina: como tal adesão tende a inviabilizar alianças duradouras com médicos convencionais, mas elas, ainda assim, são necessárias – então só resta aos homeopatas mais ortodoxos ou abandonar a ortodoxia, ou buscar alianças com praticantes leigos. Isso não quer dizer que todos os homeopatas ortodoxos sejam leigos – o próprio Hahnemann não o era –, mas sim que mesmo os médicos homeopatas com frequência precisam, para bancar a posição ortodoxa, travar alianças com praticantes leigos. Mesmo o criador da homeopatia, que, como vimos, estava em uma situação especialmente favorável para sustentar sua posição, cercou-se de não médicos. Vários de seus discípulos mais influentes, como Clemens von Bönninghausen (1785-1864) e Caspar Jenichen (1787-1849), eram leigos, isto é, tratavam seus pacientes com homeopatia, mesmo sem possuir instrução formal em medicina.[46] Também a segunda esposa de Hahnemann, Melanie d'Herville, apesar de não ter instrução formal em medicina, atendia os pacientes de Hahnemann na clínica que este estabelece em Paris, para onde o casal se muda nos últimos anos de vida do médico alemão. A atividade renderia a Melanie complicações com a lei francesa.

---

44 Benoît Mure apud Galhardo, 1928, p.427.
45 Edler, 2014, p.57. Na mesma linha, mas voltada mais à questão da homeopatia, cf. Pimenta, 2004, p.51.
46 Cf. Ernst, 2016, p.115.

Essa lógica também ajuda a entender por que, no Brasil, a estratégia de propaganda agressiva de Mure e Vicente de Martins, que inicialmente dá mais frutos do que a adotada por Duque-Estrada, logo perde seu apelo. Ainda segundo Luz, a partir de 1860, a principal estratégia das associações mais influentes de homeopatia passa a focar na aceitação pela comunidade médica oficial,[47] como já ensaiava Duque-Estrada desde 1847, ao fundar a Academia Médico-Homeopática, que, nesse primeiro momento, teria vida breve.

A questão é que essa estratégia exige maior transigência doutrinária, requer a adoção da posição heterodoxa, ao menos do ponto de vista da retórica pública, do discurso oficial. Afinal, um médico convencional dificilmente aceitaria aliar-se a alguém que afirme publicamente que a homeopatia era a "única e verdadeira arte de curar"; e o homeopata que busca tal aliança compreende tal expectativa, e age de acordo com ela.

Isso não significa, diga-se, que o proselitismo homeopático teria perdido sua força, e suas polêmicas, deixado de existir. Ao contrário, ao que tudo indica, o que vemos, a partir da década de 1860, é uma concomitante intensificação do proselitismo e da polêmica nos veículos de imprensa, em especial no *Jornal do Comércio*. O debate com a medicina convencional, contudo, é travado em um registro bem mais polido e objetivo do que nos tempos de Mure, mantendo-se, nos termos de Galhardo, "nos limites da sciencia".[48] No âmbito da prática médica, destacam-se várias tentativas esparsas e, na maioria das vezes, malogradas (ou bem-sucedidas só no curto prazo), de inserção da homeopatia nos serviços de saúde oficiais. Dois exemplos são a distribuição gratuita de preparados homeopáticos aos soldados da Guerra do Paraguai, em 1867,[49] e a criação de enfermarias homeopáticas na Santa Casa do Rio de Janeiro, durante as epidemias de cólera e febre amarela.

---

47 Cf. Luz, 1996, p.32. Novaes (1989, p.242) chega a uma conclusão semelhante, ao afirmar, referindo-se a acontecimentos que se desenrolariam nos anos 1880, que "[n]itidamente, as proposições iniciais de Mure já não encontram mais espaço para uma ressonância, tornando os homeopatas reunidos em torno da necessidade de uma formação profissional que incluísse os saberes elaborados pela ciência oficial".

48 Cf. Galhardo, 1928, p.700, 702; Luz, 1996, p.126-130.

49 Cf. Galhardo, 1928, p.708-709. O autor traz evidências de que houve a oferta foi feita em, ao menos, duas ocasiões diferentes, a representantes distintos das forças armadas: a primeira teria ocorrido em maio de 1867, sendo formalmente aceita, mas, na prática, não utilizada; a

As epidemias de febre amarela e cólera que assolaram a capital nesse período tiveram papel muito importante na consolidação da clientela da homeopatia e na penetração da doutrina em instituições médicas já estabelecidas (a criação, é verdade que apenas temporária, de enfermarias homeopáticas na Santa Casa é apenas uma parte dessa história).

Como a experiência com a Covid-19 nos ensinou, um dos principais desafios de uma epidemia é de natureza comunicativa: para enfrentar uma epidemia, a parcela da população que não tem familiaridade com determinada doença precisa aprender, em um curto período de tempo, como agir diante da ameaça. Em resposta a isso, a comunicação entre os profissionais de saúde e a população em geral se intensifica. Em meados do século XIX, a comunicação se dava não só por meio dos jornais, como também pela distribuição de folhetos impressos, que visavam orientar o público no trato com as epidemias que atingiam o país. Mas, é claro, a informação desse material nem sempre era de qualidade, abrindo espaço tanto para a circulação de informação, como de desinformação.

Nesse ponto, apesar de a situação de meados do século XIX não parecer tão diferente da atual, ele tem um agravante: na época, não havia instituições oficiais com poder para monitorar, mesmo que minimamente, a qualidade da informação que circulava, nem sequer um suporte institucional mínimo para combater a desinformação. Consideremos o caso da Junta Central de Higiene Pública, idealizada em 1845, que fez parte de um projeto de reformas que visavam ao controle do exercício da medicina por parte da elite médica; dentre suas atribuições, estava a de fiscalizar o exercício da medicina e a venda de medicamentos. O projeto, porém, inicialmente malogra, e a Junta só sai do papel em 1850, em meio a uma onda da epidemia de febre amarela na capital do Império.[50]

Para a homeopatia, em especial, as epidemias dessa época representaram uma chance para provar seu valor e entrar no radar da população; e os homeopatas não deixaram a oportunidade passar. Não foi diferente em outras partes do mundo. Hahnemann, por exemplo, divulgou seus próprios panfletos durante a epidemia de cólera, que atingiu as terras germânicas

---

segunda oferta, feita em novembro do mesmo ano, ao que parece foi de fato utilizada durante a guerra.

50 Cf. Edler, 2014, p.34 et seq.

na primeira metade dos anos 1830. Além disso, nas décadas seguintes, as boas taxas de recuperação dos pacientes internados por cólera nos hospitais homeopáticos da Inglaterra contribuíram para catapultar a fama do "novo sistema".[51]

Várias ondas da pandemia de cólera chegaram ao Brasil. Vamos examinar mais de perto uma das mais marcantes, que atingiu a capital do país em 1855, já que há um estudo detalhado da atuação dos homeopatas nessa ocasião.

A historiadora Tânia Pimenta destaca que os homeopatas não só publicaram folhetos com conselhos de como lidar com a cólera, como se prontificaram a atender doentes de forma gratuita.[52] Nessa ocasião, a Santa Casa do Rio de Janeiro destacou uma enfermaria para tratamento homeopático da cólera,[53] como voltaria a fazer, na década de 1870, diante de uma onda da epidemia de febre amarela.[54] Mas não é só. Pimenta ainda faz uma série de outras observações que ajudam a entender melhor a popularização da homeopatia no período. A primeira diz respeito ao fato de que uma parte considerável dos cuidados contra a cólera eram feitos fora das enfermarias, sem supervisão médica. Segundo ela:

> havia uma vantagem no tratamento homeopático quanto ao emprego por leigos: era bem menos traumático. Então, se alguém tomasse de mais ou de menos gotinhas ou glóbulos de uma substância dinamizada, não sofreria tanto quanto se ingerisse extrato de ópio ou mercúrio demais – que serviam de base para muitos remédios alopáticos.[55]

Isso no tocante à automedicação. Pimenta observa, com base em pesquisa documental de jornais de época, que havia médicos que recomendavam

---

51 Ainda hoje, as altas taxas de recuperação do hospital homeopático de Londres durante a epidemia de cólera, em 1854, são mencionadas por homeopatas que se propõem a provar o valor da doutrina. Para uma discussão do caso, cf. Dean, 2016.
52 Cf. Pimenta, 2004, p.49. É preciso ter em mente a importância que a lógica do favor tinha naquele período. Mais uma vez o olhar machadiano é elucidativo: José Dias faz um favor ao cuidar de graça do feitor e da escrava do pai de Bentinho, e o que lemos nas entrelinhas é que os favores de José Dias eram feitos com a esperança de que, em algum momento, eles fossem retribuídos. É o que faz o pai de Bentinho, ao acolher o homeopata em suas terras.
53 Cf. Pimenta, 2004, p.43.
54 Cf. Galhardo, 1928, p.716-719; Luz, 1996, p.133-134.
55 Pimenta, 2004, p.48.

desde sangrias até a aplicação de extrato de ópio, por meio de uma sonda instalada na uretra.[56] A lógica é a mesma da que vimos no capítulo anterior, ao contrapor a homeopatia à medicina heroica. Em ambos os casos, não devemos esquecer que a vantagem da homeopatia não deve ser exagerada, pois ocorre só em relação a uma parte do arsenal médico convencional disponível em cada contexto. No entanto, isso basta para gerar um núcleo de insatisfeitos com a medicina convencional, basta para motivar um conjunto de indivíduos a buscar soluções menos invasivas e traumáticas, o que era oferecido, entre outros, pelos homeopatas.

Não devemos subestimar a circunstância de que o órgão de fiscalização responsável por avaliar o arsenal terapêutico à disposição da população – a Junta Central de Higiene Pública – não só demorava a emitir pareceres sanitários, como, na prática, não tinha poder de polícia para fazer valer suas normatizações.[57] Nesse cenário, mesmo que, na época, uma avaliação cuidadosa da doutrina homeopática já não deixasse dúvidas quanto a suas fragilidades, tal avaliação estava, para todos os efeitos, fora do alcance da maior parte dos doentes afetados pela cólera; aqui vale mencionar o sociólogo francês Émile Durkheim (1858-1917), que afirmou, em um contexto diferente: "A ciência é fragmentária, incompleta; avança apenas lentamente e jamais está acabada; a vida, porém, não pode esperar".[58] A opção pela homeopatia, de pacientes afetados por condições agudas, é, nesse sentido, embora precipitada, compreensível. Tanto mais compreensível, se levados em conta os seguintes fatores, já mencionados: entre os tratamentos oferecidos, estava a aplicação de uma substância estranha uretra adentro;[59] e a incapacidade de a Junta efetivamente cumprir sua atribuição de "separar o joio do trigo", o que idealmente compensaria, por meio da divisão social do trabalho intelectual, o desconhecimento dos indivíduos que precisavam saber com urgência o que fazer diante de uma doença relativamente desconhecida.

Pimenta, retomando as ideias de Porto, faz ao menos mais uma observação relevante para explicar a formação da clientela de homeopatia: propõe

---

56 Cf. ibid., p.46.
57 Cf. ibid., p.48; Edler, 2014, p.39.
58 Durkheim, 2000, p.478.
59 Menciono aqui esse exemplo extremo, mas é claro que o ponto é mais geral: um tratamento ineficaz e sem riscos iatrogênicos significativos ainda é melhor do que um tratamento ineficaz, mas com riscos iatrogênicos.

haver uma afinidade entre alguns aspectos da doutrina de Hahnemann e a medicina popular, em especial a de matriz africana.[60] Segundo Pimenta, o principal ponto de contato seria o caráter espiritual atribuído à homeopatia, cujas concepções de cura e doença, por incluir "elementos não físicos em sua anamnese, diagnóstico e terapêutica",[61] teriam maior sintonia com a mentalidade dessa parte da população.

A hipótese não é de todo improvável, e é possível que não se limite à medicina popular de matriz africana, pois a mesma lógica se aplica a qualquer sistema de crenças dotado de elementos místico-esotéricos, inclusive os de origem europeia. Esse é o caso, em especial, do espiritismo kardecista, como discutiremos em detalhe um pouco adiante. Cabe observar que, até onde sabemos, a popularidade da homeopatia entre escravos e seus descendentes não parece ter sobrevivido para muito além do período escravista, o que reforça a ideia de que o fator decisivo foi mesmo, nesse caso, a iniciativa de homeopatas como Mure e Vicente Martins em oferecer atendimento médico a escravos e alforriados, colocando a doutrina no radar dessa clientela.

Podemos agora traçar um panorama mais abrangente da teia de fatores envolvidos na consolidação da clientela popular da homeopatia no Brasil Império. Contribuíram para esse resultado:

1. Insuficiência estrutural do atendimento à saúde, verificada na falta de acesso à assistência médica profissional por parte da população mais pobre e que se tornava crítica sobretudo em períodos de epidemia.
2. Ausência de agências oficiais capazes de combater a desinformação, associada à falta de controle efetivo do exercício da medicina, pelas elites médicas.
3. Caráter mais invasivo e maior potencial iatrogênico do arsenal terapêutico à disposição dos doentes, contribuindo para tornar mais atraente a alternativa homeopática.

---

60 Cf. Pimenta, 2004, p.50; Porto, 1989, p.89.
61 Pimenta, 2004, p.50. Porto (1989, p.89) vai um pouco além: propõe que o procedimento de agitação e sucussão, próprio da farmacotécnica homeopática, era similar a "muitos rituais mágico-religiosos de origem africana ou europeia", alguns dos quais chegaram ao Brasil. Consideramos essa aproximação mais questionável, uma vez que o interesse dos doentes dificilmente recai no procedimento de confecção do medicamento.

4. Eventuais afinidades da homeopatia com os costumes e crenças de parte da população.
5. Capacidade de ação coordenada dos homeopatas, que se mobilizaram intensamente para produzir folhetos e manuais, fazer proselitismo da doutrina, atender pacientes desassistidos e se inserir nas brechas institucionais que se abriam.

Portanto, ao nos referirmos à popularização da homeopatia, deve estar claro que temos em vista o seu enraizamento simultâneo em várias camadas da sociedade brasileira, tanto "por baixo" quanto "por cima". Ao mesmo tempo que a homeopatia ganha terreno entre uma clientela formada de escravos, alforriados e pessoas livres, mas pobres, ela também se populariza entre as elites médicas, sobretudo na capital. Com isso, torna-se cada vez mais viável o projeto, primeiro ensaiado no Brasil por Duque-Estrada, de obter o reconhecimento oficial da homeopatia.

O caso mais emblemático dessa tendência talvez seja o do cirurgião-mor do Corpo de Saúde da Armada, Joaquim Candido Soares de Meirelles (1797-1868). Soares de Meirelles foi um dos médicos mais influentes de sua geração. Teve entre seus pacientes dom Pedro I e dom Pedro II, além de presidir e ser um dos fundadores da Academia Imperial de Medicina, a instituição em torno da qual gravitava a elite médica brasileira. Outrora um dos críticos mais severos da homeopatia,[62] o ilustre médico, perto do fim da vida, publica no *Jornal do Comércio* um artigo em que confessa ter se tratado uma vez com homeopatia, concedendo que a doutrina teria seus méritos se usada ecleticamente, isto é, em conjunto com a medicina convencional. Nas suas palavras:

> quando estive muito mal de uma febre typhoide, com que sahi de Uruguayana, fui tratado homœopathicamente pelo Sr. Dr. Francisco da Silva Moraes, que não é medico homœopatha, é um dos medicos mais illustrados que servirão no corpo de saúde do exercito; julguei deixa-lo obrar como entendesse. E como não esperava senão a morte, tanto me fazia morrer debaixo de um, como de outro systema! Quiz Deos que não soasse ainda a minha ultima hora! [...] Como mais

---

62 Quando presidente da Academia Imperial de Medicina, Meirelles, dirigira "violentos ataques à homeopatia e aos homœopatas" (Galhardo, 1928, p.357).

um meio de cura ou de allivio para a humanidade, póde-se sem pyrronismo acceitar a homœopathia. Eu tenho visto e assistido, como observador, tratar-se pelos remedios homœopathicos as mais graves molestias agudas![63]

Esse artigo foi publicado 1866, quando o médico da família real tinha 68 anos. Saturnino Soares de Meirelles (1828-1909), seu filho, nessa época já era um homeopata bem estabelecido, e logo se tornaria um dos mais eminentes de sua geração. Anos após a morte do pai, Saturnino assume a presidência da que seria, por quase um século, a mais importante associação de médicos homeopatas do país, o Instituto Hahnemanniano do Brasil (IHB).[64] O IHB adota oficialmente esse nome em 1880, mas a associação já atuava antes disso, sob a denominação de Instituto Hahnemanniano Fluminense (IHF),[65] cujo presidente era Duque-Estrada; com a mudança no nome do instituto, Duque-Estrada se torna presidente honorário do IHB, e passa o bastão para Saturnino.

A consolidação do IHB, composta por vários médicos de grande prestígio – uma novidade em relação ao momento inicial de implantação da homeopatia –, permite levar adiante o projeto de reconhecimento, pela elite médica, da doutrina homeopática, até então perseguida de maneira mais esporádica e com poucas chances de sucesso.[66] A mais ousada dessas investidas ocorre em 1881. Trata-se do pedido, endereçado a dom Pedro II, da criação de duas cadeiras para o ensino de homeopatia na Faculdade de Medicina do Rio de Janeiro. Quem assina a carta de solicitação é Saturnino Soares de Meirelles, então presidente do IHB e conselheiro do Império.[67]

---

63 Joaquim Soares de Meirelles apud Galhardo, 1928, p.703-704.
64 O Instituto Hahnemanniano do Brasil não deve ser confundido com o Instituto Homeopático do Brasil, a associação criada por Mure em 1843. A similaridade entre os nomes não é, em todo o caso, fortuita: o novo IHB nasce como um aceno e uma homenagem ao antigo IHB.
65 Segundo a documentação analisada por Galhardo (1928, p.729-730), em 1879, a mudança é aprovada no estatuto interno do IHF, que então passa a se chamar IHB. Essa mudança só é reconhecida pelo governo imperial por meio de decreto publicado em 1880.
66 Como os exemplos, já mencionados, da oferta de preparados homeopático aos soldados da Guerra do Paraguai e a criação de enfermarias homeopáticas na Santa Casa do Rio de Janeiro. Antes disso, em 1848, Duque-Estrada já havia solicitado ao Senado do Império a criação de uma escola de homeopatia, mas sem sucesso (cf. Novaes, 1989, p.239-240; a solicitação foi reproduzida por Galhardo, 1928, p.545-550).
67 Galhardo (1928, p.752-753) reproduz a carta oficial, assinada por Saturnino em nome do IHB e datada de 23 de agosto de 1881.

O prestígio do solicitante faz o governo imperial levar a sério o pedido, destacando, para avaliar seu mérito, uma comissão formada por alguns dos quadros mais eminentes da Faculdade de Medicina. O pedido é avaliado, mas rejeitado pela comissão em fevereiro de 1882, e um parecer detalhado, de 34 páginas, é publicado no *Diário Oficial* em 28 de outubro de 1882, para justificar a decisão.[68]

A publicação no *Diário Oficial* só se deu, de um lado, porque a comissão tinha sido formada a pedido do Império, e, de outro, pelas pressões do IHB, que insistiu na publicação oficial do parecer – já que, em fevereiro daquele ano, a negativa foi justificada apenas internamente à congregação da Faculdade de Medicina.[69] Vemos que a comissão leva por volta de seis meses para responder à solicitação, mas o parecer que embasa a decisão só se torna público oito meses depois da negativa. É nesse período que a homeopatia se torna um dos assuntos mais comentados nos jornais da época; nesse intervalo, vale lembrar, Machado publica "O imortal".

Luz, ao comentar a demora na publicação oficial do parecer, interpreta a ocorrência como indício de "tomada de posição *a priori* da comissão" e falta de transparência, lançando, assim, suspeitas sobre os méritos do parecer e deixando claro que os motivos da rejeição da homeopatia seriam mais políticos do que científicos.[70] Contribui para isso o fato de o parecer ter sido, em parte, copiado de um artigo crítico à homeopatia, publicado em uma revista francesa.[71] Luz está correta em afirmar que vários membros da comissão tinham opinião previamente formada sobre a doutrina homeopática. O relator do parecer, o barão João Vicente Torres Homem (1837-1887), na época médico pessoal do imperador, já havia manifestado opinião desfavorável à doutrina desde, pelo menos, 1870.[72]

Isso não é de se surpreender; antes, surpreendente seria se um médico eminente da época não tivesse uma opinião formada sobre essa questão, que era uma das mais discutidas no momento. E é claro: as transformações

---

68 Não analisamos o texto original, disponível no acervo da Biblioteca Nacional, pois consideramos suficiente, para os propósitos deste trabalho, a literatura secundária sobre a história da homeopatia no Brasil. Luz, no entanto, o transcreveu na íntegra, e cita vários trechos dele em seu trabalho (cf. Luz, 1996, p.146-167).
69 Cf. Galhardo, 1928, p.752.
70 Cf. Luz, 1996, p.149.
71 Cf. Faria, 1993, p.153-155.
72 Cf. Galhardo, 1928, p.712.

do conhecimento médico ocorridas entre o falecimento de Hahnemann e o pedido de Saturnino contribuíram para expor ainda mais a fragilidade da doutrina. A insistência no poder terapêutico das doses infinitesimais, o conteúdo nada confiável da *materia medica* homeopática, as diversas arbitrariedades da farmacotécnica criada por Hahnemann, entre outros tópicos (discutidos no capítulo anterior), pesavam contra a doutrina. Eram ideias cada vez mais difíceis de sustentar, por contradizer o conhecimento acumulado em ciências adjacentes, por não conseguir explicar, de forma tão consistente quanto as teorias médicas concorrentes, os fenômenos a que se propunham explicar, e por não acompanhar ou assimilar as várias transformações do conhecimento fisiológico, microbiológico e farmacológico ocorridas nesse ínterim.

Do ponto de vista simbólico, o parecer representa uma tomada de posição oficial, decisiva, das elites médicas em relação à homeopatia, e um esforço para justificar, perante o público, a rejeição da doutrina. A publicação do parecer no *Diário Oficial* é plena de significado: não se trata só de rejeitar a homeopatia nos círculos médicos – trata-se de rejeitá-la publicamente, e de rejeitá-la em um veículo oficial. Ela já fora, é verdade, muitas vezes criticada na imprensa, mas, dessa vez, a rejeição implica um obstáculo decisivo para o projeto, iniciado por Duque-Estrada, de obter o reconhecimento oficial da doutrina.

Os homeopatas logo se mobilizaram para contestar o documento, publicando diversos artigos no *Jornal do Comércio*, e em outros veículos de menor alcance, alguns em tom particularmente ácido. Segundo Galhardo,[73] os dois homeopatas que mais se engajaram nessa tarefa foram, além do próprio Saturnino, Joaquim Murtinho (1848-1911), conhecido como "o médico de Santa Teresa" (tradicional bairro carioca, onde tinha uma clínica de homeopatia bastante frequentada pela elite local).[74] Médico de formação, Murtinho se tornou uma figura política de grande vulto durante a República Velha, sendo eleito senador nos primeiros anos do novo regime e, mais tarde,

---

73 Cf. ibid., p.754-765.
74 Devemos a Faria (1993) uma biografia crítica do médico. Dedica um longo capítulo à reconstrução das polêmicas a respeito da homeopatia que Murtinho promoveu no *Jornal do Comércio*. Boa parte dessa querela ocupou a seção "A pedidos" do jornal, uma seção paga, na qual os colaborados externos muitas vezes publicavam artigos de opinião que eram, no fundo, peças de propaganda.

atuando nas administrações de Prudente de Morais e de Campos Sales, primeiro como ministro da Viação, Indústria e Comércio, e, em seguida, como ministro da Fazenda. Murtinho, que, em 1882, ainda não tinha o vulto que viria a ter, é mordaz e impiedoso em suas críticas ao parecer. Em um de seus artigos, insinua que d. Pedro II era "um dos inimigos mais impetuosos da homœopathia", e acusa o imperador de se deixar levar por vaidades científicas e de ter influenciado, de alguma maneira, a comissão.[75]

Após a intensa mobilização inicial, contudo, fica evidente que o parecer representou um baque para as pretensões de reconhecimento dos médicos homeopatas. Por quase vinte anos, diminuem consideravelmente as atividades do IHB, o que é visível ao analisarmos as atividades da *Revista Homeopatia Brasileira*, vinculada ao instituto e criada em 1882, no auge da polêmica. No ano de sua criação, ela teve tiragem mensal; já em 1883, só cinco edições foram lançadas e, depois, apenas voltou a ser publicada em 1901. Além disso, segundo Galhardo,[76] entre as décadas de 1880 e 1900, as reuniões entre os membros do IHB deixaram de ocorrer com regularidade; nesse intervalo, há, inclusive, um período de três anos em que nenhuma reunião foi feita.

Assim, em 1899, quando Machado de Assis publica *Dom Casmurro*, faz sentido que a última palavra de José Dias sobre a homeopatia seja em tom melancólico. À beira da morte, José Dias, após Bentinho sugerir chamar um homeopata para tratá-lo, diz:

> Não, Bentinho [...]; basta um alopata; em todas as escolas se morre. Demais, foram ideias da mocidade, que o tempo levou; converto-me à fé de meus pais. A alopatia é o catolicismo da medicina...[77]

É irresistível comparar a frase que Machado, em 1899, põe na boca de José Dias – "em todas as escolas se morre" – com aquela usada em 1866 por Joaquim Soares de Meirelles para comunicar sua capitulação à homeopatia: "tanto me fazia morrer debaixo de um, como de outro systema".

---

75 Cf. Galhardo, 1928, p.758-765. Galhardo reproduz vários excertos de diferentes artigos de Murtinho, que são qualificados como "magistrais" e nos quais elogia o médico por sua "argumentação irrespondível".
76 Ibid., 772-3.
77 Machado de Assis, 1992, p.941.

O mesmo argumento que outrora sinalizava aos homeopatas que as elites médicas poderiam aceitar a doutrina, caso seus partidários estivessem dispostos a abandonar a posição ortodoxa, sinaliza, anos depois, o seu ocaso. As histórias do Dr. Leão já não parecem mais convencer as autoridades deste mundo.

Isso não significa que a homeopatia some do mapa, mas sim que a recusa da solicitação feita ao imperador representou um duro golpe para as pretensões dos homeopatas (como os associados do IHB) que buscavam o reconhecimento oficial da doutrina por parte das elites médicas. Mas essa não era a única estratégia de promoção da doutrina no período.

A doutrina seguia bastante popular nos grandes centros urbanos, em boa medida graças à atuação de um tipo social que Machado não chega a registrar em seu universo ficcional, e que Galhardo achou por bem incluir superficialmente em sua história oficial da homeopatia: o *médium receitista*, que discutiremos mais adiante. Mesmo o IHB, a associação que agregava homeopatas eminentes como Saturnino e Murtinho, embora tenha sentido o golpe, não se rendeu. O IHB obteve algumas vitórias no período de transição entre o Império e a República, das quais a mais notável foi a regularização, pelo governo do Império, das farmácias homeopáticas, que até então existiam à margem de qualquer marco legal.[78]

Acaso vivesse um pouco mais, talvez José Dias tivesse sua fé na homeopatia renovada. Com a virada do século, ela, aos poucos, volta a ter esperanças de obter o reconhecimento oficial. Galhardo, assim como Luz e Novaes, usam a expressão "período áureo da homeopatia" para se referir às três primeiras décadas do século XX. Como indicador da vitalidade da comunidade homeopática, basta mencionar que a *Revista Homeopatia Brasileira*, vinculada ao IHB, alcança sua maior regularidade de publicação nesse período. O periódico volta a ser editado em 1901, sendo publicado quase sem interrupções até 1933, quando se inicia mais um longo período de inatividade.[79]

---

78 Cf. Galhardo (1928, p.769-770), em que o autor reproduz os artigos do regulamento sanitário pertinentes ao assunto, publicados em fevereiro de 1886.

79 Mesmo no "período áureo", a revista enfrentou dificuldades para manter a regularidade de lançamento; nenhum volume foi publicado em 1908, de 1917 a 1919, e em 1923, e o número de edições por ano variou bastante: foram 12 por ano entre 1901 e 1907, e em 1909; 4 em 1910 e 1911; 12 entre 1912 e 1916; 3 em 1919, após o hiato em que o Brasil participou da Primeira Guerra Mundial; 12 em 1920; 5 em 1921 e 1922; 12 entre 1924 e 1927; 2 em 1928 e 1929; 6 entre 1930 e 1932; e 1 em 1933. Entre 1934 e 1973, apenas 8 números da revista foram

A mudança de conjuntura conspira a favor da homeopatia. Joaquim Murtinho, que até o começo da década de 1880 se notabilizara como médico e propagandista da doutrina, torna-se figura importante no cenário político da República. Assim, em junho de 1900, é feita uma nova solicitação para que sejam criadas cadeiras de homeopatia na Faculdade de Medicina do Rio de Janeiro, remetida agora ao próprio Murtinho, então ministro da Fazenda, entretanto, como observa Novaes, "a pretensão sequer chegou à Faculdade".[80] A derrota não abala os homeopatas; ainda era cedo para uma pretensão dessa monta, mas o tempo da homeopatia logo chegaria.

Murtinho não escanteia completamente a homeopatia, embora ela não fosse mais sua prioridade, como fora nos tempos em que era o "médico de Santa Teresa". Ele assume a presidência do IHB em 1904 e se mantém no cargo até o ano de sua morte, em 1911. No entanto, sua atuação, considerada discreta demais, foi alvo de críticas vinda de homeopatas eminentes que viriam depois dele. Na visão de Galhardo, o Murtinho do século XX teria contribuído menos para a homeopatia como presidente do IHB do que como propagandista, duas décadas antes. O historiador oficial da homeopatia lamenta sua "falta de iniciativa política", embora não deixe de expressar sua admiração por ele.[81] Não por acaso, um dos mais enfáticos elogios de Galhardo a Murtinho se refere não à sua atividade como presidente da IHB, mas à sua atuação no âmbito da clínica; a seus olhos, o médico teria conseguido "levar e impor o prestígio da homœopathia" às "mais elevadas classes sociaes".[82] A biografia escrita pelo historiador Fernando Faria confirma essa impressão, ao destacar que a fortuna de Murtinho cresce consideravelmente graças à sua clínica no Rio de Janeiro, onde ele fizera fama.[83]

Apesar da frustração com Murtinho, na primeira década do século XX a homeopatia começa sua expansão. O IHB volta a atuar de maneira

---

publicados, sendo 3 em 1937, e 1 por ano entre 1949 e 1951, e novamente em 1958 e 1959. A revista segue sendo publicada atualmente, mas não com a regularidade que observamos no começo do século passado. Por fim, como ainda veremos em detalhe, no período mais recente de reflorescimento da homeopatia, a partir dos anos 1970, o IHB deixa de ser a principal associação de médicos homeopatas, de modo que a revista deixa de ser um bom indicador da atividade social dos homeopatas que participavam, em alguma medida, da elite médica.

80 Novaes, 1989, p.243.
81 Cf. Galhardo, 1928, p.814-817.
82 Ibid., p.796.
83 Cf. Faria, 1993, p.166-168.

regular, e a homeopatia começar a se inserir em novos espaços institucionais. Conquista um lugar, principalmente, nos hospitais do Exército: entre 1902 e 1907, o Hospital Central do Exército contou com uma enfermaria homeopática; e, em 1908, outra foi inaugurada no Hospital Central da Marinha.[84] A aliança entre homeopatas e militares – isto é, a existência, nas forças armadas, de um círculo de médicos simpáticos à doutrina – já existia desde antes. Porém, é nesse momento que ela ganha força e produz seus primeiros resultados mais robustos, a ponto de refletir uma inflexão doutrinária muito importante na cultura homeopática: sua aproximação com o positivismo clássico, de Auguste Comte (1798-1857), tradição de pensamento que, como observa Luz, "entra na homeopatia sobretudo com os militares".[85]

Antes de seguir com a reconstrução da história da homeopatia, cabe fazer um excurso para apreciar melhor um dos frutos mais exóticos da cultura homeopática: a homeopatia positiva.

2.2.3. Excurso sobre a homeopatia positiva

A ideia de uma "homeopatia positivista" pode, inicialmente, soar estranha para quem toma como naturais algumas concepções de senso comum sobre as duas doutrinas. Por exemplo, a imagem da homeopatia como medicina alternativa e complementar parece difícil de conciliar com o positivismo clássico, que concede primazia ao conhecimento científico e abre pouco espaço para a coexistência de quadros de referência "alternativos" ou "complementares" à ciência. Por isso, para começar este excurso, cabe apresentar, com certo detalhe, as ideias de uma das figuras que propôs a síntese entre a homeopatia e o positivismo: Licinio Atanásio Cardoso (1852-1926).

Licinio Cardoso se tornou médico tardiamente, como relata no prefácio do livro que veremos em detalhe a seguir.[86] Graduou-se, inicialmente, como engenheiro pela Escola Militar do Rio de Janeiro, na qual, em

---

84 Cf. Luz, 1996, p.190-193.
85 Ibid., p.37. A observação está de acordo com a evidência historiográfica apresentada em Galhardo e discutida por Luz no capítulo sobre o período áureo da homeopatia.
86 Cf. Cardoso, 1923, p.5 et seq.

seguida, passou a atuar como professor; uma das disciplinas ministradas por ele foi, por sinal, Sociologia e Moral Theorica.[87] Sua formação em medicina veio só em 1900; habilitado a exercer a profissão, Licinio Cardoso atuou, principalmente, como homeopata. Deixa claro, porém, que sempre foi heterodoxo, o que significa que combinava homeopatia a outros recursos terapêuticos, inclusive os da medicina convencional. Eis como ele mesmo apresenta a sua posição:

> Exerço, no fundo, desde que me fiz medico, a therapeutica hahnemanniana, e antes de exercê-la, já em minha These inaugural, expuz e defendi a doutrina homœopathica, mas nunca fui orthodoxo, não sou, não o serei.[88]

Isso não quer dizer que não considerava sua prática fiel a Hahnemann. Como quase todo homeopata, ele também não media esforços para mostrar que, de um jeito ou de outro, seguia o criador da homeopatia; talvez não sempre ao pé da letra, mas certamente em espírito. Cabe notar, na citação anterior, que Licinio Cardoso escreve a outros homeopatas, o público que tinha em vista ao escrever esse livro. Como muitos de seus colegas não pouparia críticas à técnica terapêutica que ele defende em seu livro e que aplicava havia anos em seus pacientes, a passagem anterior serve para marcar sua posição e abrir caminho para sua defesa. Para tanto, propõe – eis o ponto – demonstrar que tanto a homeopatia quanto a técnica por ele defendida encontrariam sua fundamentação nas ideias de Comte.

A despeito dessa técnica não ser unanimidade, Licinio Cardoso não foi um homeopata qualquer: presidiu o IHB durante o período de ouro da homeopatia, após a morte de Joaquim Murtinho, e levou o projeto de Duque-Estrada muito mais longe do que seus antecessores. Nas palavras do historiador oficial da homeopatia, o "Dr. Licinio Cardoso fez muito mais do que se comprommetera fazer, excedendo em mérito a qualquer outro Presidente do Instituto, realizando o que os outros haviam tentado, mas não haviam conseguido".[89] Galhardo não é a única voz a elogiá-lo no 1º Congresso Brasileiro de Homeopatia, realizado dois anos depois da

---

87 Cf.ibid., p.7-8 et seq. Licinio assume a cadeira dessa disciplina em 1890.
88 Cardoso, 1923, p.5.
89 Galhardo, 1928, p.818.

morte de Licinio Cardoso, como podemos ver nos discursos publicados nos *Anais* do Congresso.⁹⁰

A passagem em que Licinio Cardoso declara que não é, nem será homeopata ortodoxo foi obtida de seu livro *Dyniotherapia autonosica ou tratamento das doenças pelos agentes e productos dellas, dynamisados*, originalmente publicado em 1923. Veremos adiante o que é essa técnica terapêutica, mas, por ora, cabe apenas mencionar que, quando a obra foi publicada, a fama da homeopatia estava no auge junto das elites médicas brasileiras.

Um dos objetivos de Licinio Cardoso nessa obra é articular a doutrina homeopática ao positivismo clássico, as ideias de Hahnemann às de Comte. Esse projeto não era novidade na década de 1920; antes, outros médicos homeopatas já haviam proposto algo semelhante, e ele tampouco seria o último a fazê-lo.

É importante deixar claro: o projeto de Licinio Cardoso nada tem de excêntrico ou idiossincrático para a época; antes, ilustra a tendência dominante entre os médicos homeopatas do país. Galhardo narra que, no começo da década de 1880, Murtinho, em resposta a críticas que recebera Benjamin Constant (1836-1891),⁹¹ publica um artigo no *Jornal do Comércio*, comparando "trechos da Philosophia Positiva [...] com trechos do *Organon*".⁹² Outro influente homeopata do período que levou a cabo um projeto similar foi Nilo Cairo (1874-1928), que atuou sobretudo em Curitiba, onde também foi um dos idealizadores da Universidade do Paraná, embrião da atual Universidade Federal do Paraná (UFPR).⁹³ Além disso, Sylvio Braga e Costa (1900-1962) – homeopata que mais tarde assumiria a

---

90 No discurso inaugural, por exemplo, o homeopata Umberto Auletta elogia Licinio Cardoso como "sábio de plenitude, homem feito a acção, actividade omnimoda, continua e proficiente" (cf. Galhardo, 1928, p.20). Em outro discurso, desta vez do farmacêutico Augusto de Menezes, Licinio é descrito como um "homem excepcional, que nada prometeu mas tudo fez" (ibid., p.169).

91 Benjamin Constant foi um importante articulador da Proclamação da República, e um dos maiores entusiastas do positivismo no Brasil. Segundo Galhardo (1928, p.741), Benjamin Constant, em uma palestra, teria dito a Murtinho que "os fundamentos de sua medicina não são bem scientíficos".

92 Galhardo, 1928, p.741. Em seu livro, Galhardo passa a informação errada sobre o ano de publicação de ambas as obras, por isso elas foram omitidas na citação; o livro de Comte mencionado é o *Cours de philosophie positive*.

93 Cf. Sigolo, 2012; herança positivista de Nilo Cairo é discutida em vários trechos do trabalho, mas de forma mais detida em Sigolo (2012, p.38-49).

presidência do IHB – publicou, nos *Anais* do 1º Congresso de Homeopatia, sua tese, defendida no Rio de Janeiro e intitulada *Character Positivo da Pathologia Hahnemanniana e fundamentos aitiologicos de sua nosotaxía*,[94] na qual propõe fundamentar a homeopatia em Comte. Assim, não há dúvida que Licinio Cardoso foi só um dentre muitos outros homeopatas influentes que defenderam a homeopatia positiva.

Vejamos como Licinio Cardoso concebe a relação entre a doutrina de Hahnemann e o positivismo:

> As leis que constituem o fundamento quer da therapeutica homœopathica, quer da therapeutica autonosica, são universais. Referem-se a todas as categorias de existencias e de phenomenos, desde o que concerne ao mundo inorganico, até o que é peculiar ao dominio psychico.[95]

Mais adiante, veremos o que Licinio Cardoso quer dizer quando fala em terapêutica autonósica. Por enquanto, o que interessa é que, consoante com a passagem anterior, o autor dedica um capítulo de sessenta páginas – o capítulo II da parte I do livro – para mostrar, por meio de um sofisticado exercício de exegese da literatura positivista,[96] que as mesmas leis que regeriam a homeopatia também regeriam a física, química, biologia, sociologia e antropologia (tal como essas áreas eram concebidas pela tradição comteana).

Não cabe aqui reconstituir passo a passo a exegese proposta por Licinio Cardoso; mesmo assim, para dar uma ideia do que se trata, convém mencionar que, ao longo do capítulo, o autor explicita e define as leis universais, mencionadas na citação anterior – as leis da equivalência, persistência e coexistência – e, em seguida, tenta mostrar como cada uma das três se manifestaria em todas as cinco áreas do conhecimento, e também na homeopatia. A título de ilustração, consideremos, primeiro, a passagem em que ele interpreta a lei da cura pelo semelhante proposta por Hahnemann com base em uma das leis universais do positivismo comteano:[97]

---

94 Cf. Galhardo, 1928, p.109-134.
95 Cardoso, 1923, p.21.
96 A principal referência de Licinio Cardoso, depois de Comte, é a obra de seu discípulo Pierre Laffitte (1823-1903).
97 Licinio Cardoso cita, logo antes da passagem que veremos a seguir, um trecho de uma edição em português do *Organon* de Hahnemann (apud Cardoso, 1923, p.93), segundo a qual a

Será porém uma lei verdadeiramente nova esta lei dos semelhantes formulada por Hahnemann ou estará comprehendida n'alguma outra mais geral?

Que é este o caso, não se póde duvidar, a lei de Hahnemann resulta da lei universal da equivalencia.[98]

Licinio Cardoso procura mostrar que as ideias de Hahnemann podiam ser não só traduzidas, como até mesmo *deduzidas* do sistema positivista. Para uma ideia mais concreta do que é a lei da equivalência, tal como Licinio Cardoso a entendia, vejamos como ela se manifestaria no caso da sociologia:

> propriedade material, artes, industrias, corporações, instituições e materiaes diversos representativos das forças sociaes, órgãos governamentais, tanto na ordem espiritual como temporal, gráos de liberdade, gráos de independencia e de subordinação, tudo em fim, quanto constitue a existencia e o estado da evolução social em cada momento e fica vinculado pela constituição política, soffre as consequencias dos abalos em qualquer parte do systema.
>
> A cada influencia agitante, pois, sobre um qualquer dos elementos desse systema social, corresponde, como nos systemas physicos, um conjuncto de influencias que é representativo de uma acção complexa determinante de uma reacção equivalente, a qual é no fundo a equivalencia da causa agitante primitiva.[99]

A forma mais simples do que Licinio Cardoso chama de lei da equivalência seria a lei da ação e reação, tal como formulada pela mecânica newtoniana; na passagem anterior, o homeopata nos convida a pensar a sociedade como um sistema altamente complexo, mas regido pelo mesmo conjunto de leis que regem outros sistemas, desde os mais simples até os mais complexos. Assim, em função da lei da equivalência, a influência exercida sobre uma parte do sistema social – sobre uma instituição qualquer – seria capaz de provocar uma cadeia de reações no resto do sistema.

Portanto, apesar das investidas da imaginação sociológica em afirmar e reafirmar que a homeopatia só faria sentido à luz de sua própria

---

"grande e única lei therapeutica da natureza" seria "curai as molestias pelos remedios que produzem symptomas semelhantes aos seus".

98 Cardoso, 1923, p.93.
99 Ibid., p.45-46.

"racionalidade", "episteme", ou "universo simbólico", o que vemos, ao examinar o que os homeopatas de fato escreveram, é que não falta, entre eles mesmos, quem compreenda a doutrina por meio de referência a outras tradições de pensamento (segundo a terminologia que consideramos preferível, e que empregamos sem aspas).

O positivismo, tradição de pensamento que cativou a imaginação da elite médica brasileira desde final do Segundo Reinado e República adentro,[100] também forneceu o arcabouço conceitual com o qual muitos homeopatas racionalizaram suas ideias sobre a homeopatia e tentaram provar seu valor. Não estamos falando de quaisquer homeopatas, mas sim dos mais eminentes dessa geração, a mais influente desde a chegada da doutrina ao Brasil. Muitos deles – como foi o caso de Licinio Cardoso, Nilo Cairo e do próprio Galhardo – eram engenheiros militares de formação. Foi nas escolas militares que tiveram os primeiros contatos com o positivismo, mas o fato de estarem mergulhados em um "universo simbólico" positivista não os impediu de compreender muito bem as ideias de Hahnemann.

Também deve ficar claro que não se trata – pelo menos não no caso de Licinio Cardoso – de um exercício puramente abstrato de tradução dos conceitos da homeopatia para a linguagem positivista. Tal exercício teve desdobramentos práticos, repercutindo até mesmo no arsenal utilizado por Licinio Cardoso para tratar pessoas de carne, osso e sangue. Para ilustrar o ponto, é necessário considerar o tema substantivo do livro: a apresentação e defesa do que o autor chama de *dyniotherapia autohemica* – modalidade específica daquilo que, em um trecho que já vimos, Cardoso chama de *therapeutica autonosica*. O que seria isso?

Comecemos pela categoria mais geral, cujo nome completo, às vezes abreviado pelo autor para simplificar, é *dyniotherapia auto-nosica*. Nas palavras de Licinio Cardoso:

> Onde quer que exista, no organismo, um corpo seja solido, seja liquido, seja gazoso, continente do agente ou dos agentes morbigenos de qualquer doença, ahi está o material para a prática da Dyniotherapia auto-nosica.

---

100 E que também cativou, é claro, a elite política – embora, para o recorte deste trabalho, esta interesse menos do que a elite médica.

O essencial para essa prática é a colheita desse corpo e a submissão delle ao conveniente processo de potencialização.[101]

Atualmente, homeopatas classificam esse tipo de coisa ora na chave dos "bioterápicos", ora na chave da "isopatia".[102] Na época de Licinio Cardoso, era mais comum usar o termo "nosódio" para se referir a quaisquer preparações homeopáticas feitas a partir de matéria ligada a alguma doença (secreções ou tecidos colhidos de uma pessoa doente, culturas bacterianas etc.). Muitos homeopatas – de todas as épocas – creem que os nosódios podem ser usados, ao menos a princípio, tanto no tratamento de indivíduos com um quadro sintomático semelhante quanto para tratar o próprio doente do qual foi colhido o material – nesse último caso, o tratamento é, nos termos de Licinio Cardoso, "autonósico". O radical *dynio*, que o autor acrescenta à sua designação da técnica, mostra que o nosódio, o material colhido do doente, é submetido à farmacotécnica homeopática antes de ser devolvido ao paciente em sua forma terapêutica. *Dynio* alude a "dinamização", termo usado pelos homeopatas para se referir ao processo de diluição e agitação em série que distingue a homeopatia de outras formas terapêuticas ou profiláticas.[103]

Não se trata, pois, de um medicamento estritamente homeopático, uma vez que não segue a lei da cura pelo semelhante. Por isso, Licinio Cardoso, logo no prefácio de seu livro, adverte o leitor que não é, nem jamais seria, homeopata ortodoxo; e é consoante com essa mesma ideia que faz questão de buscar, na tradição comteana, o fundamento "quer da therapeutica homœopathica, quer da therapeutica autonosica".[104]

Portanto, a homeopatia e a *dyniotherapia autonosica* são concebidas não mais como sistemas médicos, e sim como recursos terapêuticos; diferentes entre si, mas, na imaginação de Licinio Cardoso, igualmente bem fundamentados no sistema positivista. Para além da imaginação do autor, há mais um ponto de contato entre a homeopatia e a *dyniotherapia autonosica*:

---

101 Ibid., p.235.
102 Para a definição oficial desses termos, cf. ANVISA, 2011, p.93. Tomando com base essa referência, o que Licinio Cardoso chama de *dyniotherapia autonosica* corresponde aos autoisoterápicos. Mesmo assim, os próprios homeopatas muitas vezes empregam esses termos de maneira mais frouxa.
103 Dentre elas, a vacinação convencional.
104 Cardoso, 1923, p.21.

ambas dependem da farmacotécnica criada por Hahnemann. É esse ponto de contato que explica por que, embora vários homeopatas não reconheçam a *dyniotherapia autonosica* – ou os bioterápicos e isoterápicos em geral – como "homeopatia de verdade", ela só é aceita, prescrita e preparada por homeopatas. Nada simboliza isso melhor do que o fato de que, pelo menos no Brasil, os bioterápicos e isoterápicos serem normatizados pela *Farmacopeia homeopática brasileira*, não pela *Farmacopeia brasileira*.

Isso posto, podemos passar da categoria mais geral – a *dyniotherapia autonosica* –, para a modalidade mais particular discutida em detalhe por Licinio Cardoso no livro em questão: a *dyniotherapia autohemica*, ou, como ele às vezes escreve, rearranjando os mesmos radicais, o tratamento ou a terapia *autohemadynico(a)*.

Analisando esses termos, notamos que apresentam uma única diferença em relação ao termo mais geral: no lugar de "nósica", desponta o "hema" ou "hêmica" – o mesmo radical que usamos em "hemoglobina". Com isso, fica claro que o nosódio em questão, no caso da *dyniotherapia autohemica*, é o sangue do próprio doente. A técnica exposta e defendida por Licinio Cardoso ao longo da maior parte do livro é, para resumir: o homeopata, primeiro, coleta o sangue do doente com uma seringa; depois o submete à farmacotécnica homeopática até obter a "potência" considerada ideal para determinado caso;[105] e, por fim, injeta a diluição homeopática no paciente com outra seringa, por via endovenosa, subcutânea ou intramuscular, dependendo das peculiaridades do doente.[106]

O processo é descrito detalhadamente ao longo do livro.[107] Licinio Cardoso ensina o leitor, por exemplo, a achar e imobilizar a veia do paciente para coletar o sangue, e até menciona o que deve ser feito caso o paciente seja uma criança rebelde, que não para quieta; ressalta também que só água bidestilada deve ser usada para diluir o sangue extraído, o qual deve ser mantido sempre em estufa, a 37,5 ºC; e estipula que o frasco com o sangue diluído deve ser agitado "durante dous a tres minutos, isto é, até a producção de

---

105 Licinio Cardoso (1923, p.245) afirma empregar "frequentemente as potencias medias da 5ª até a 30ª", na escala decimal. Trato da diferença entre as escalas decimal e centesimal no apêndice, "Quão diluídas são as preparações homeopáticas" deste livro.
106 Licinio Cardoso (1923, p.246) sublinha que a via mais adequada depende da situação do paciente, mas ressalta que, na maioria das vezes, opta pela via intramuscular.
107 Cf. Cardoso, 1923, p.238-263.

trezentos abalos fortes, com percussão de cada um sobre um corpo mais ou menos elastico, uma almofada, por exemplo".[108]

Trata-se de uma costura ricamente detalhada entre técnicas da medicina convencional de seu tempo[109] e a farmacotécnica homeopática – uma costura não menos elaborada do que aquela que o próprio Licinio Cardoso conduz, agora no plano da abstração teórica, ao buscar fundamentar a homeopatia, e a *dyniotherapia*, no positivismo clássico.

Essa técnica em particular não foi inventada por Licinio Cardoso, e sim ensinada a ele por um médico norte-americano, com quem o homeopata se correspondia e a quem se refere como dr. Rogers, de Chicago.[110] O homeopata brasileiro introduz seus próprios "aperfeiçoamentos" na técnica que aprendeu com o médico de Chicago, e até pontua as diferenças, todas de pouca monta. Consideramos provável que o dr. Rogers tenha se inspirado em uma técnica similar que se tornou popular no começo do século XX, a auto-hemoterapia, cuja principal diferença com a *dyniotherapia autohemica* está no fato de o sangue ser reinjetado fresco no paciente, sem ser submetido à farmacotécnica homeopática. A modalidade não homeopática dessa técnica existe ainda hoje, sendo aplicada como terapia alternativa, porém, a comunidade científica não reconhece sua eficácia. Já a variante homeopática foi praticamente esquecida, embora, nos últimos anos, alguns homeopatas tenham ensaiado revivê-la; tentativa que, até onde averiguamos, não emplacou, permanecendo limitada a um pequeno grupo de homeopatas.[111]

Embora tenha sido praticamente esquecida na atualidade, a *dyniotherapia autohemica* foi amplamente empregada no período de ouro da homeopatia, graças a Licinio Cardoso – cuja obra foi inclusive traduzida para o francês em 1942. O homeopata relata que, entre agosto de 1918 e julho de 1923, teria, só no seu consultório, submetido mais de 2.700 doentes à *dyniotherapia*

---

108 Ibid., p.241-243.
109 Um exemplo é a explicação a respeito de como encontrar e imobilizar as veias do paciente, que é tomada, sem alterações, do estoque de conhecimento disponível na época. Licinio Cardoso (1923, p.239) é explícito em afirmar que o "processo para isso é o commum".
110 Cf. ibid., p.5.
111 A tentativa foi apresentada no 30º Congresso de Homeopatia, cujo resumo está documentado nos anais do congresso, publicados, como de costume, em edição especial da *Revista de Homeopatia* (cf. Dias Paulo; Amorim, 2011, p.3). O termo usado para esse referir à técnica nesse trabalho recente é "autoisoterápico de sangue", em vez de *dyniotherapia autohemica*, mas a técnica descrita é a mesma.

autohemica, tratamento que garante ser "muito efficaz",[112] ainda que recomendasse sua administração conjunta à homeopatia propriamente dita.[113]

Em que se baseia sua firme convicção de que o tratamento daria bons resultados? Vejamos o que ele diz a esse respeito, e, aliás, consideremos como formula a questão, para evitar o risco desnecessário de impor-lhe uma questão que ele mesmo, quem sabe, não teria se colocado:

> Mas, aonde então a prova, redarguir-se-á, do valor desse tratamento autohemadynico se não ha resultados comprobativos da efficacia delle quando applicado só?
>
> Esta prova tenho-a eu e póde ter qualquer clinico que depois de um certo numero de annos de pratica na homœopatia comece a usar esse tratamento.[114]

O leitor deve se lembrar que esse "a prova sou eu" (ou, em termos mais técnicos, esse apelo ao critério segundo o qual a experiência acumulada do médico no âmbito da clínica bastaria para avaliar a eficácia de certo recurso terapêutico) tampouco é novidade. Um século antes, Hahnemann diversas vezes apelou ao mesmo critério – o mesmo critério, também, que os médicos do tempo de Hahnemann com frequência evocavam para justificar o emprego de sangrias, eméticos e vomitórios. Não deixa de ser notável que essa norma, que ainda hoje mantém seu poder de persuasão, ressurja no texto de Licinio Cardoso no momento em que ele se vê às voltas com a tarefa de convencer seus pares – outros homeopatas – do valor terapêutico dessa filha mais doce das sangrias e neta ilegítima do iatromecanicismo que era, afinal, a *dyniotherapia autohemica*.

***

No trabalho de Licinio Cardoso, e de outros homeopatas de persuasão positivista, vemos com clareza que os homeopatas não pensam de modo *fundamentalmente* diferente dos médicos convencionais. A homeopatia e

---

112 Cardoso, 1923, p.325-326.
113 Isto é, o paciente também era diagnosticado segundo os cânones da homeopatia e recebia o preparado homeopático indicado para o seu quadro sintomático.
114 Ibid., p.327.

a medicina convencional são, claro, não apenas distintas, como também incompatíveis. No entanto, não são incomparáveis, não se baseiam em linguagens conceituais mutuamente incompreensíveis ou intraduzíveis. Se assim fosse, então ou algo como a homeopatia positiva não existiria, ou os homeopatas de persuasão positivista não seriam homeopatas "de verdade", uma vez que, ao tentar pensar a doutrina com base em uma "racionalidade" que lhe é alheia, estariam fadados a não a entender, a experimentar o mesmo bloqueio epistemológico que, segundo Luz, impediria a medicina convencional de compreender a homeopatia.[115]

Por essa e outras razões, a homeopatia positivista representa um desafio grande para a tese central de Luz – também compartilhada por outros sociólogos e historiadores –, segundo a qual a homeopatia se basearia em uma "racionalidade" radicalmente distinta daquela em que se baseia a medicina convencional. A solução encontrada para salvar essa tese envolve imaginar a aproximação entre homeopatia e positivismo como mero acidente histórico, como vemos nesta passagem:

> Desde o início do século [XX] os homeopatas desenvolveram [...] argumentos tentando provar que a homeopatia é também uma *ciência positiva*, isto é[,] que faz parte da *medicina positiva*, devido ao grande prestígio do positivismo na ideologia científica e na ordem política brasileiras. Esses argumentos fazem parte das estratégias de legitimação do saber homeopático que, no entanto, mantém com o positivismo e com a medicina que nele se apoia pontos de antagonismo teórico inegáveis.[116]

Luz está correta em observar que a aproximação com o positivismo está relacionada à presença marcante dessa ideologia no imaginário científico e político da época, e mesmo em interpretá-la como uma estratégia de legitimação da homeopatia. Mas o que parece ter escapado a ela – mas não aos homeopatas do começo do século XX – é que tal aproximação mostra que, afinal, médicos convencionais e homeopatas não viviam em "mundos conceituais" diferentes a ponto de inviabilizar comparações entre eles. Ou, para indicar o mesmo problema, por outro ângulo: se é correto considerar a

---

115 Cf. Luz, 1988, p.142-145.
116 Id., 1996, p.37, em itálico, grifo do original; sublinhado, grifo nosso.

aproximação da homeopatia com o positivismo uma espécie de acidente histórico, então o mesmo deve ser dito de sua aproximação com outras tradições de pensamento (por exemplo, com o ideal da "medicina focada no sujeito" e o vitalismo).

Se estivermos dispostos a encarar a cultura homeopática em sua diversidade, devemos ainda concluir que os "pontos de antagonismo teórico inegáveis" que, ao nos fiarmos em Luz, separariam a "racionalidade homeopática" da "racionalidade biomédica", a "arte de curar" da "ciência das doenças", também estão presentes não só *no interior da medicina convencional*, como *no interior da própria doutrina homeopática*, e, por isso, não servem para distinguir uma da outra.

Consideremos o princípio da "personificação de doses e de medicamentos em função do 'quadro sintomático' individual", que Luz afirma ser uma das diferenças entre a "racionalidade homeopática" e a "racionalidade científica".[117]

Por um lado, como argumentamos em detalhe no capítulo anterior, o fato é que médicos contemporâneos a Hahnemann, como Hecker e Hufeland, também afirmavam algo nesse sentido.[118] O que rejeitavam é o tipo de individualização da dose proposto pelos homeopatas; e com boas razões, posto que, como o próprio Hahnemann admitia, é impossível detectar a diferença entre glóbulos de *Arsenicum album* 30 CH e glóbulos de *Aurum metallicum* 10 CH, a não ser com base na melhora ou piora clínica do paciente após se tratar com desses preparados. Por outro lado, fazem parte da cultura homeopática em sua configuração atual tanto o médico homeopata que chega à prescrição após fazer a consulta individualizada com o paciente, como o veterinário homeopata que incorpora soluções homeopáticas à ração de vacas leiteiras, sob a promessa de que, dessa forma, produzirão mais leite (como veremos mais adiante).

Alguns homeopatas dirão que estes últimos não seriam "homeopatas de verdade"; mas o fato é que eles *fazem parte* da comunidade dos homeopatas, sendo em geral aceitos como homeopatas por seus pares. Seus trabalhos são publicados nas mesmas revistas de homeopatia que publicam casos clínicos com atendimento individualizado; eles circulam nos mesmos congressos e

---

117 Id., 1988, p.143-144.
118 Cf. a seção 1.3.1, "Sintomas e miasmas".

associações frequentados por médicos que fazem prescrição individualizada; e suas prescrições são aviadas pelas mesmas farmácias que preparam as prescrições individualizadas. Além disso, quando o que interessa é provar o valor da doutrina, os que praticam atendimento individualizado raramente hesitam em citar pesquisas realizadas em vacas leiteiras, camundongos, plantas e mesmo placas de Petri, onde nem sequer é possível falar em um "sujeito", um paciente, uma totalidade sintomática.

A relação entre as doutrinas específicas e as tradições mais gerais de pensamento à disposição em dado contexto histórico e social – entre teorias médicas como as de Hufeland, Reil e Hahnemann, e tradições abrangentes de pensamento como vitalismo, fisicalismo e também positivismo – não assume a forma de uma vinculação unívoca entre elas. É isso que presume Luz ao destacar, para cada teoria, uma "racionalidade" correspondente.

Tudo bem, certas teorias têm maior afinidade com algumas tradições de pensamento. O problema está em extrapolar essa afinidade a ponto de presumir que uma teoria só faz sentido, ou só pode ser compreendida e apreciada, à luz de certa "racionalidade". Esse tipo de extrapolação faz que algo como a homeopatia positiva apareça como mero acidente histórico, contrário à essência da doutrina; ao passo que a ideia da homeopatia como "medicina do sujeito" aparece como essencial.

A questão é que o argumento de que seria impossível avaliar ou mesmo compreender a homeopatia a partir da "racionalidade biomédica" *depende* dessa extrapolação, não funciona sem ela. Esse argumento é, como veremos ao percorrer as páginas das revistas contemporâneas de homeopatia, a mais importante contribuição de Luz e da sociologia das ideias para a sobrevivência da cultura homeopática. É a parte que cabe aos sociólogos do tesouro de racionalizações, com o qual os homeopatas buscam salvar do esquecimento as ideias de Hahnemann.

Antes de avançar com o argumento, é preciso caracterizar melhor as ideias criticadas. Luz idealiza esse instrumento de salvação da doutrina em várias partes de sua história social da homeopatia, por exemplo:

> Eles [isto é, os homeopatas] *crêem* que seu sistema é superior teoricamente e representa um progresso terapêutico na arte de curar. Os alopatas *descrêem* desses princípios. E descrêem porque *crêem* em outros princípios, em outras *verdades*. Há, aqui a meu ver, uma *batalha de fé*, de crença em princípios doutrinários

opostos, princípios que se apoiam em verdades diferentes e mesmo opostas, defendidas e praticadas por diferentes *fiéis*. Em última análise, trata-se, nos dois casos, de *matéria de fé*.[119]

O saldo do argumento de Luz é fácil de depreender: não faz sentido avaliar as crenças dos homeopatas a partir das "verdades" da medicina convencional ("alopática"). Isso implica, de um lado, que os homeopatas jamais conseguiriam se valer dos princípios da medicina convencional para convencer a comunidade científica, de modo que projetos como o da homeopatia positiva estariam fadados ao fracasso. Em contrapartida, as críticas da comunidade científica jamais atingiriam o que há de essencial na homeopatia, jamais acertariam o alvo real de suas críticas, mas apenas uma miragem da doutrina.

Depreende-se do argumento de Luz que os homeopatas não devem perder tempo tentando provar o valor da homeopatia à maneira dos "alopatas"; convencer os pacientes já basta (algo que Hahnemann intuitivamente compreendeu). A tese se apresenta, pois, como instrumento de salvação da doutrina – mas, como tal, também está implicada em uma controvérsia interna à doutrina. Ela envolve uma tomada de posição, envolve discriminar a homeopatia "verdadeira" da "falsa", a que tem salvação da que não tem.

Isso fica ainda mais claro em uma entrevista de Madel Luz cedida à antiga revista *Cultura Homeopática*:

> Para mim, como cientista social, a ciência é um discurso cultural, socialmente construído como qualquer outro. Suas afirmações não têm o caráter de estabelecimento de verdades absolutas como parecem ter para os homeopatas, ou pelo menos para uma parte deles. E isso também é parte da história da Homeopatia. Não importa o que os homeopatas façam para se fazer reconhecidos, jamais serão vistos como científicos DENTRO DESTE PARADIGMA, com seus pressupostos filosóficos e método.[120]

É importante esclarecer, para fins de contextualização, que Luz critica nessa passagem o que chamamos de corrente cientificista da homeopatia,

---

119 Luz, 1996, p.164, grifos do original.
120 Id., 2003, p.6.

que vem crescendo nos últimos anos, mas a crítica da autora também pode ser aplicada à homeopatia positiva. E é porque a tese de Luz está implicada na sua preferência por certo aspecto da homeopatia em detrimento de outros que ela precisa enquadrar a homeopatia positiva como uma espécie de anomalia histórica da doutrina, como uma forma de homeopatia que não está em sintonia com sua "essência".

É importante fazer esse contraponto, porque o trabalho de Luz representa não a exceção, e sim a regra em se tratando da pesquisa sociológica sobre o tema. Consideremos rapidamente um trabalho mais recente, a tese de doutorado de Juliano de Fiore, defendida em 2015, na qual o autor apoia-se na obra dos sociólogos Peter Berger (1929-2017) e Thomas Luckmann (1927-2016), os autores que puseram em circulação a ideia da construção social da realidade, que Luz menciona na entrevista.[121]

No resumo da tese, Fiore menciona que "pretende demonstrar, fundamentalmente, [...] que a Medicina científica e a Homeopatia são essencialmente diferentes". Temos uma noção mais concreta do que isso quer dizer ao considerar o conteúdo da conclusão da tese, cujo título, tal como consta no sumário do trabalho, é "Universos simbólicos paralelos e sua coexistência no universo plural das sociedades modernas". Cabe notar que, nesse trabalho, a ideia de "universo simbólico", tirada diretamente de Berger e Luckmann, funciona de maneira similar à ideia de "racionalidade", em Luz. Vejamos como Fiore discute a postura dos críticos à homeopatia:

> Grande parte, senão a totalidade, daqueles que se encontram engajados na disputa entre Medicina Científica e Homeopatia, defendendo a legitimidade da Medicina, acusam a Homeopatia exatamente de ser uma crença irracional propagada por "charlatães" e aceita por "ingênuos supersticiosos". Duas coisas precisam ser ditas a respeito desse tipo de crítica. Primeiro, que elas são elaboradas, como bem notou Weber, de um ponto de vista interno do pensamento racionalista (o que tem como resultado que são perfeitamente lógicas para os racionalistas, mas totalmente incompreensíveis para o pensamento não racionalista).

---

[121] Na tese de doutorado em que este livro se baseia, há uma discussão detalhada das ideias de Berger e Luckmann (cf. Bárbara, 2018, p.85-99). A obra mais influente que eles escreveram, *A construção social da realidade*, de 1966, marcou uma geração de sociólogos e, ainda, permanece sendo uma referência inescapável para a sociologia das ideias.

Segundo, é um julgamento que valoriza um conhecimento por critérios que são inválidos para esse mesmo conhecimento; em outras palavras, julga a Homeopatia nos termos da Ciência (quando a Homeopatia não é uma Ciência no sentido estrito do termo). E esse é um julgamento tão válido quanto julgar a Ciência nos termos da Homeopatia.[122]

A menção à obra de Max Weber (1864-1920) falha em captar o cerne do argumento do sociólogo alemão.[123] A homeopatia nasceu e se propagou no seio da mesma cultura ocidental moderna com a qual tanto Weber quanto Fiore estão profundamente familiarizados; o seu universo simbólico é, em grande medida, o nosso universo simbólico. Não dá para dizer de uma doutrina médica que, desde o começo, se apresenta como "medicina racional" (não esqueçamos o título original do *Organon*); que se baseia em uma "lei universal" da cura; que evoca a todo o momento analogias com cientistas como Newton e Rumford; que se apropria de ideias de médicos convencionais como Haller e Hufeland; que produz compêndios inteiros registrando, detalhadamente, resultados experimentais (os volumes da *materia medica* homeopática); que estabelece regras e procedimentos detalhados para a produção padronizada de medicamentos; que é oferecida como prestação de serviço médico em troca de dinheiro, segundo o modelo da medicina como profissão liberal – não dá para dizer, enfim, que essa doutrina é alheia ao "pensamento racionalista", muito menos com base nas ideias de Weber.

O cerne do problema é outro: com base em que devemos aceitar a presunção de que os critérios científicos correntes seriam "inválidos" para avaliar as ideias da homeopatia? No fato de que há homeopatas que afirmam ser

---

122 Fiore, 2015, p.221-222.
123 A menção a Weber é referida a uma nota de rodapé que não consta da tese. Presumidamente, Fiore tem em vista uma passagem sobre a sociologia das religiões de Weber, citada alhures em sua tese (cf. Fiore, 2015, p.36). Lida no contexto original (Weber, 1980, p.245), vemos que Weber, nessa passagem, critica a ideia de que as ações chamadas de "mágicas" seriam por definição irracionais, e isso sobretudo em se tratando de ações realizadas em um contexto muito diferente do moderno. Weber observa que as ações "mágicas" têm vários pontos em comum com o que ele, nessa e em outras obras, chama de ação racional: ambas são orientadas por um objetivo específico (fazer chover, por exemplo) e são regidas por regras da experiência comumente aceitas em dado contexto. Seu ponto é que pode ser que, olhadas de maneira retrospectiva por nós modernos, muitas das ações que rotularíamos como "irracionais" podem ser perfeitamente razoáveis à luz do conhecimento disponível para os atores em um contexto muito diferente do nosso.

esse o caso? Se é assim, por que não ficar com os homeopatas que afirmam o contrário, que reivindicam o caráter científico de sua doutrina, como, além de Hahnemann, fizeram Murtinho, Licinio Cardoso e, mais recentemente, toda a corrente cientificista da homeopatia? Será que tais homeopatas não compreenderam bem a homeopatia? Falharam em captar sua "essência"?

Tanto Luz quanto Fiore evitam encarar a homeopatia em sua diversidade. Em vez disso, aceitam a idealização promovida por uma parte da cultura homeopática – com a qual têm mais afinidade – que se apresenta como portadora da essência, como a "verdadeira face" da doutrina.[124] Tal idealização, contudo, está longe de capturar uma parte importante da atividade que os homeopatas exercem. Nada ilustra melhor a parte da homeopatia que não cabe na ideia da "medicina do sujeito" do que o uso de preparados homeopáticos com o objetivo de engordar animais de abate ou aumentar a rentabilidade de animais de produção (um dos nichos comerciais da homeopatia veterinária, como veremos a seguir).

Eis o saldo desta discussão: não é que a homeopatia só faça sentido quando pensada com base em determinada tradição de pensamento; é que ela, por causa de suas diversas limitações, precisa se associar a alguma tradição de pensamento mais ampla para, em parte, de algum modo suprir essas insuficiências e, em parte, para ser capaz de dialogar com o contexto em que a cada vez se insere.

Visto por esse prisma, não é de se estranhar a aproximação da homeopatia com o positivismo, ou então – deixando o positivismo clássico de lado, para conceber essa argumentação como caso específico de uma tendência mais geral – a presença reiterada de correntes cientificistas de homeopatas *lado a lado* a correntes que enfaticamente recusam a possibilidade de pensar a homeopatia como ciência.

Essa contradição – inegável do ponto de vista formal – deixa de ser problemática tão logo consideramos a condição básica em que todo homeopata se encontra, e que ilustramos, em um primeiro momento, com a figura do Dr. Leão. O homeopata se acha, vale a pena recapitular, constantemente na

---

124 Não por acaso, Novaes, cujo trabalho é conduzido nos marcos do materialismo histórico, é capaz de identificá-las e dimensioná-las com maior clareza (por exemplo, Novaes, 1989, p.287), em vez de racionalizar a homeopatia que se pretende científica como uma espécie de anomalia ou acidente, e a outra, como sua face verdadeira.

situação em que precisa demonstrar o valor da homeopatia para seus interlocutores. Mas a demonstração exigida varia de acordo com o contexto, ou melhor, com os vários interlocutores encontrados em cada contexto. Assim, dependendo de quem o homeopata precisa convencer, aquele algo-além-da--homeopatia que se acrescenta ao núcleo da doutrina – cristalizado no roteiro diagnóstico homeopático, na *sua materia medica* e na sua farmacotécnica – assume ora a face mais simpática da medicina do sujeito, ora o aspecto mais impessoal da homeopatia cientificista.

A natureza da relação entre a homeopatia e as tradições mais gerais de pensamento de que ela se cerca é, pois, muito diferente da imaginada por autores como Luz e Fiore. Não é que a doutrina, em si, dependa de uma dessas tradições do pensamento ou só possa ser entendida à luz delas; são os círculos específicos de homeopatas que precisam recorrer ora a uma delas, ora a outra, quando questionados por indivíduos de persuasão distinta.

O vitalismo, o positivismo, e, como ainda veremos, o espiritismo e o ideal da medicina "focada no sujeito", nenhuma dessas tradições de pensamento está *na base* da doutrina homeopática, nenhuma reflete sua "essência". Tampouco servem para distingui-la da medicina convencional. O que há de mais basilar e mais distintivo na doutrina é – como fica claro ao percorrermos suas várias manifestações ao longo da história, ao encará-la em toda a sua diversidade – um conjunto muito bem delimitado de técnicas. Todas as tradições de pensamento mencionadas anteriormente servem não para fundamentá--las – pois essas técnicas *não têm fundamento* –, e sim para racionalizá-las[125] e apresentá-las para determinado público.

O que está aí em jogo, enfim, é a necessidade de aclimatação da doutrina ao contexto discursivo em que está inserida. A homeopatia, de fato, em muitas ocasiões apresentou-se como uma "outra racionalidade", mas somente o fez para se esquivar dos ataques que recebia, o que se mostrou um ótimo instrumento de salvação, pelo menos aos olhos de certo público.

Mas essa foi, desde sempre, só *uma parte da homeopatia*, aquela que também apela mais diretamente às aspirações dos próprios pacientes, para quem, em geral, a explicação científica da melhora de sua saúde interessa

---

125 Não no sentido da racionalização weberiana, mas sim no sentido que o termo possui no âmbito da psicologia, em que racionalizar significa buscar razões para justificar algo, mesmo quando tais razões ou não existem, ou não são boas.

menos do que a melhora propriamente dita, por ser esta mais urgente. Enquanto isso, outra classe de homeopatas – a dos inseridos na elite médica e na academia – se esforçava, muitas vezes com grande custo pessoal e enorme investimento de tempo,[126] em fazer o que vários sociólogos e historiadores ainda insistem em conceber como inconcebível: pensar a homeopatia a partir do arcabouço conceitual da medicina convencional de seu tempo. E os esforços desses homeopatas também deram muitos frutos, provaram-se instrumentos igualmente formidáveis de salvação da doutrina, ao menos em alguns momentos de sua história. A homeopatia positiva floresceu, como vimos, na era de ouro da homeopatia.

2.2.4. História inacabada da homeopatia no Brasil – parte II

Os avanços institucionais obtidos pela homeopatia na primeira década do século XX foram, contudo, de pouca monta se comparados aos das duas décadas seguintes, quando Licinio Cardoso assume a presidência do IHB. Sob a sua direção, o IHB consegue, pela primeira vez, colocar a homeopatia no mapa da medicina oficial (no final de 1912, foi criada a Faculdade Hahnemanniana, sob a sua direção,[127] e quatro anos depois, em 1916, o Hospital Hahnemanniano).

O florescimento institucional da cultura homeopática no país transcorre em clima de incertezas. Uma mudança conjuntural foi decisiva para esse desabrochar, abrindo espaço para que médicos homeopatas pudessem dar uma guinada estratégica.

Como vimos, a principal estratégia até então adotada, visando ao reconhecimento da doutrina pela elite médica, consistia em solicitar às autoridades a abertura de cadeiras de homeopatia nas faculdades de medicina, quando os ventos parecessem um pouco mais favoráveis e as oportunidades surgissem. Foi o caso da solicitação feita a dom Pedro II, possibilitada pela publicação do decreto n. 7.247 de 19 de abril de 1879, que previa a criação de novas cadeiras na Faculdade de Medicina do Rio de Janeiro e desembocaria

---

126 O livro de Licinio Cardoso ilustra isso claramente: a costura que faz entre as ideias de Comte e Hahnemann é um exercício laborioso de exegese literária, que requer boa dose de erudição.
127 Alguns dos estatutos da faculdade encontram-se reproduzidos em Galhardo (1928, p.835 et seq).

na Reforma Saboia, de 1884. Uma oportunidade diferente surge em 1911, quando é promulgada a Lei Rivadávia Corrêa, que liberaliza o ensino no país e possibilita, entre outras decisões, a criação de instituições não oficiais de ensino superior, descortinando para os médicos homeopatas uma nova via de ação: não precisam mais pedir permissão para entrar no jogo das cadeiras das faculdades de medicina com seus concorrentes, podem criar as suas cadeiras, fundar a própria faculdade. Os homeopatas do IHB não tardam a responder ao chamado da Fortuna: no ano seguinte à promulgação da Lei Rivadávia Corrêa, é fundada a Faculdade Hahnemanniana.

A lei, no entanto, tem vida breve, e é revogada já em 1915. Um ponto de interrogação paira sobre o valor dos diplomas fornecidos pelas instituições criadas nesse intervalo, inclusive a Faculdade Hahnemanniana, já em operação. A inauguração do Hospital Hahnemanniano foi um trunfo importante para o IHB, e, finalmente, em 1918, por meio do Decreto n. 3.540, de 25 de setembro de 1918, assinado pelo então presidente Wenceslau Bráz, a Faculdade Hahnemanniana, que nessa época formava sua primeira turma, ganha reconhecimento legal.

Mas o decreto estipula apenas que a faculdade estava habilitada a formar homeopatas, que poderiam atuar tanto na clínica quanto na farmácia. Não fica claro se o diploma seria equiparável aos concedidos pelas faculdades de medicina. A questão em jogo é: pertenceriam os diplomados pela Faculdade Hahnemanniana à categoria profissional "médico", como reivindicavam os membros do IHB, ou seria "homeopata" um profissional da saúde à parte, de outra categoria?

A questão da equiparação dos diplomas só é resolvida em 1921, em favor da Faculdade Hahnemanniana, e mesmo assim não sai completamente de cena a possibilidade de que a decisão seja revertida.[128] Na prática, para convencer as autoridades – sobretudo os fiscais do Conselho de Ensino Superior – de que a instituição era uma faculdade de medicina, e, portanto, teria o direito de diplomar médicos, contar histórias fantásticas não bastaria. Era preciso oferecer algo mais substancial.

Galhardo atribui a conquista à capacidade de articulação política de Licinio Cardoso, que "soube utilizar-se de seus amigos para crear o período

---

128 Cf. ibid., p.943 et seq.

Áureo da Homœopathia".[129] Se de um lado não devemos menosprezar o traquejo político do homeopata, de outro, cabe reconhecer que ter amigos na política não basta. É preciso, além disso, ter um plano de ação viável. O que tornou a estratégia de Licinio Cardoso atraente foi a ideia de oferecer o ensino de homeopatia casado ao da medicina convencional.

Não só a Faculdade Hahnemanniana dispunha das cadeiras convencionais, como o hospital a ela vinculado, além de oferecer atendimento homeopático e contar com uma farmácia homeopática própria, também dispunha de profissionais e infraestrutura para atender pacientes da forma convencional. Galhardo não descreve em detalhe o serviço oferecido pelo Hospital Hahnemanniano, mas, ao elogiar Licinio Cardoso, faz o seguinte comentário:

> A elle [Licinio Cardoso] devem os indigentes que no Dispensario Wenceslau Braz e no Hospital Hahnemanniano encontram medico, cirurgião, obstetra, gynecologista, oto-rhino laryngologista, ophtalmonologista, remedios, enfermeiros e irmãs da caridade, que lhes proporcionam cuidados e lhes alliviam os males [...].[130]

Em outra passagem, Galhardo relata que, entre 1916 e 1928, o hospital teria feito mais de 7 mil internações, e que oferecia serviços de cirurgia e maternidade.[131] Não se aprende a fazer partos e cirurgias com Hahnemann; para isso, é preciso recorrer ao conhecimento médico convencional.

Se a princípio a estratégia de oferecer, junto da homeopatia, algo além dela se mostra crucial para o sucesso a curto prazo da estratégia do IHB, mais tarde contribui para o seu revés. Este vem a médio prazo: sucessivamente diluídas no conhecimento médico convencional, as ideias de Hahnemann aos poucos perdem espaço na Faculdade Hahnemanniana, até desaparecerem por completo.

A primeira turma de médicos diplomados, depois de concedida a equiparação, era composta de 8 homeopatas e 5 "alopatas" – essa seria, segundo Galhardo, a maior turma de homeopatas formada até, ao menos, 1928, e

---

129 Ibid., p.15-16. Galhardo também lista os principais aliados da homeopatia na arena política.
130 Ibid., p.15.
131 Ibid., p.859.

a única em que eles eram maioria.[132] Nesse ínterim, a faculdade muda de nome, passando a se chamar Escola de Medicina e Cirurgia do Instituto Hahnemanniano. A mudança foi, na verdade, uma exigência das autoridades, acompanhada da ameaça de que, se não fosse atendida, a decisão sobre a equiparação dos diplomas seria revista.

Galhardo narra em detalhe a sessão da Assembleia do IHB em que a alteração foi votada pelos associados, da qual ele mesmo participara, posicionando-se, em vão, contra a mudança.[133] Nessa ocasião, fez o seguinte discurso:

> Acquiescer à vontade de nossos inimigos, importa em repudiar o nosso Mestre Samuel Hahnemann e revelar uma absoluta falta de criterio doutrinario, além de fraquesa para defender idéas que todos nos sustentamos.
>
> Os nossos inimigos nos acoimaráo de inconscientes e moralmente incapazes, pois, procedemos com Samuel Hahnemann como Judas procedeu com Christo. Judas vendeu Christo por 30 dinheiros e nós trocamos Hahnemann pelo sorrizo dos nossos algozes.
>
> Parodiando Galileo quando disse, na agonia da morte, e ella se move, eu direi: a doutrina hahnemanniana é a única verdadeira.[134]

Galhardo defende aqui uma posição estritamente ortodoxa. Assim como Hahnemann, propõe com todas as letras que a homeopatia deve substituir a medicina convencional. A posição ortodoxa jamais desaparece dos círculos homeopáticos, e é provável que, no seu íntimo, muitos homeopatas concordassem com Galhardo. Porém, no período áureo da homeopatia, tal posição foi voto vencido. Como também narra Galhardo, a discussão na assembleia foi longa e "teve uma concorrência fora do commum, mostrando assim o valor do assumpto que era posto ao julgamento dos membros", mas, ao final, só três associados se opuseram à mudança de nome.[135] O pragmatismo prevalece. Diante da ameaça da perda das conquistas recentes, a posição oficial do IHB não podia ser ortodoxa. Cumpria "aquiescer à vontade dos inimigos" da homeopatia, ou melhor, fazer a concessão simbólica exigida pela elite médica.

---

132 Cf. ibid., p.950.
133 Cf. ibid., p.990 et seq.
134 Cf. ibid., p.991.
135 Cf. ibid., p.991.

Como talvez suspeitasse Galhardo, a concessão, vista retrospectivamente, se revelaria o começo do fim da era de ouro da homeopatia, sinalizando a tendência de substituição gradual dos serviços *distintamente* homeopáticos oferecidos nas próprias instituições de saúde criadas no seio da cultura homeopática. Como observa Novaes:

> Esta tendência é acentuada com o correr do tempo, expressando-se também pelas mudanças institucionais introduzidas na primeira Faculdade Hahnemanniana. Em 1948 deixa de ser uma escola do Instituto Hahnemanniano, passando a denominar-se Escola de Medicina e Cirurgia do Rio de Janeiro. Em 1957 [...] passa à categoria de estabelecimento Federal mantido pela União e, em 1965, é transformada em Fundação Escola de Medicina e Cirurgia do Rio de Janeiro [...]. O ensino da Homeopatia torna-se facultativo e Vervloet lamenta, quando do Concurso para Livre-Docente de Homeopatia da Escola de Medicina e Cirurgia do Rio de Janeiro, o pequeno número, ou mesmo ausência, de alunos nos cursos de Homeopatia.[136]

O Hospital Hahnemanniano – de porte considerável para os padrões da época – foi fechado em 1945, convertendo-se, a partir daí, em ambulatório.[137] Esse desdobramento de médio prazo também reflete o enfraquecimento do IHB, que começa a perder seus membros em meio a disputas internas, nos últimos anos da década de 1920,[138] e que, na metade da década seguinte, deixa de editar sua revista, então a maior publicação de homeopatia do país.[139] O projeto do IHB, que obteve enorme sucesso nas primeiras décadas do século XX, se revelou de fôlego curto. Seu declínio, por outro lado, abre espaço para que novas associações de médicos homeopatas ganhem força, sobretudo no estado de São Paulo e na região Sul.

Apesar desse declínio, o IHB ainda pode ser considerado uma das mais proeminentes associações de homeopatas do país. Por sua vez, a Escola de

---

136 Novaes, 1989, p.251. Novaes menciona Alfredo Eugênio Vervloet, então um influente médico homeopata.
137 Cf. Luz, 1996, p.253. Mais tarde, os prédios que originalmente abrigaram a escola e o hospital hahnemannianos foram demolidos, e um novo hospital foi designado para servir à Escola de Medicina e Cirurgia do Rio de Janeiro, o Hospital Universitário Gaffrée e Guinle, criado em 1929, mas vinculado à Escola de Medicina do Rio de Janeiro apenas em 1966.
138 Cf. ibid., p.236.
139 Ver nota 79.

Medicina e Cirurgia do Rio de Janeiro foi integrada à Unirio, que, em 2004, passou a oferecer um programa de residência médica em homeopatia. O curso de medicina da Unirio é um dos poucos, senão o único, com um departamento de homeopatia – o Departamento de Homeopatia e Terapêutica Complementar –, que, quando da realização desta pesquisa, contava com seis professores e era responsável pelo programa de residência médica na especialidade e pelo oferecimento de disciplinas para a graduação.[140] O que houve na Unirio foi, mais especificamente, um resgate de uma tradição que vinha se perdendo, de modo que não há real continuidade entre a história da Faculdade Hahnemanniana e o referido departamento da Unirio.

O declínio da homeopatia no seio das elites médicas, que notamos a partir da década de 1930, só seria revertido nos anos 1970. No entanto, como já mencionado, o período de ouro da homeopatia não trouxe apenas a penetração da doutrina nas elites médicas; ela também ganhou terreno nas camadas populares urbanas. Mas agora não mais como homeopatia positiva, e sim, sobretudo, como homeopatia espírita.

A aproximação entre homeopatia e espiritismo é bem anterior ao período de ouro da homeopatia, e chega a ser chancelada pelo próprio Allan Kardec (1804-1869), que inclui uma citação de Hahnemann em seu *Evangelho segundo o espiritismo*, de 1864.[141] A historiadora Beatriz Weber observa que esse texto começa a ser divulgado no Brasil em 1876, traduzida pelo médico Joaquim Carlos Travassos (1839-1915). A obra, ainda de acordo com Weber, ajuda a consolidar a ideia "de que a medicação homeopática era uma prática sugerida pelos médiuns quando receitavam".[142]

Segundo Sylvia Damazio, também historiadora, os primeiros médiuns que receitavam homeopatia eram membros da elite econômica e acreditavam receitar "sob inspiração das grandes figuras da Homeopatia no Brasil, já falecidas: Bento Mure e João Vicente Martins".[143] Nesse primeiro momento,

---

140 De acordo com a médica homeopata Sandra Abrahão Chaim Salles, em 2008 a Unirio era "a única faculdade de Medicina que tem a Homeopatia entre suas disciplinas obrigatórias", e "seu hospital-escola" era "o único a oferecer residência médica em Homeopatia" (Salles, 2008b, p.286). Em 2017, quando conduzi a pesquisa que embasa este trabalho, havia mais outros dois hospitais que ofereciam residência médica em homeopatia: o hospital universitário da Universidade Federal de Mato Grosso do Sul e o Hospital de Betim (MG).
141 Cf. Kardec, 1876, p.131, especialmente o item 10 do capítulo IX.
142 Weber, 2019, p.1306.
143 Damazio, 1994, p.104.

o médium receitista é, ao mesmo tempo, médium e médico. Mas isso logo muda: com a popularização da doutrina, é cada vez mais comum encontrar médiuns receitistas sem formação em medicina; no período de ouro da homeopatia, o típico médium receitista é um terapeuta leigo.

É sobretudo com a fundação da Federação Espírita Brasileira (FEB), ocorrida em 1884, que a homeopatia espírita se populariza. Um dos primeiros presidentes da FEB foi o médico e militar Adolfo Bezerra de Menezes Cavalcanti (1831-1900), que ganhou fama de "médico dos pobres". A FEB, sob a presidência de Bezerra de Menezes, acolheu e promoveu a formação de terapeutas leigos que receitavam homeopatia.

A trajetória de Bezerra de Menezes – um membro da elite econômica que passa a atuar como benfeitor do povo – reflete a trajetória do espiritismo no Brasil: inicialmente, as ideias de Kardec são apreciadas sobretudo por membros da elite econômica, mas depois se propagam para além desses círculos, atingindo vários setores da sociedade, sobretudo nos centros urbanos; em particular e graças a esforços como o do próprio Bezerra de Menezes, atinge as camadas pobres urbanas.[144] Com isso, se a partir de 1840, com Mure e Vicente Martins, vimos surgir a figura do homeopata viajante – eventualmente repatriada do mundo social para o literário, onde fomos achá-lo –, meio século depois, com a FEB, a figura do médium receitista faz o caminho inverso. Nascido da pena de Allan Kardec, o médium receitista deixa o universo literário rumo ao mundo real, passando a circular nos centros espíritas que se multiplicavam no país na virada do século XIX para o XX.

Bezerra de Menezes nem sequer é citado na história "oficial" da homeopatia de Galhardo, e os médiuns receitistas ganham só menções passageiras, e não raro pouco amigáveis. Ao tratar da presença da homeopatia no Paraná, Galhardo afirma que "muitos mediums espiritas têm clinicado e clinicam ainda homœopathicamente no Paraná, como em outros Estados do Brasil", e, logo adiante, nota que, desde a morte de seu colega Nilo Cairo, a homeopatia paranaense foi "entregue aos mediums[,] isto é, aos espiritas e curandeiros".[145]

A relativa invisibilidade do espiritismo na história oficial de Galhardo está relacionada ao fato de que os médicos homeopatas combatiam de

---

144 Cf. ibid.
145 Cf. ibid.

maneira dura os terapeutas leigos, como era o caso da maior parte dos médiuns receitistas. Eis como Licinio Cardoso, então diretor da Faculdade Hahnemanniana e presidente do IHB, posiciona-se em relação ao médium receitista, em comunicado a um consultor da República, durante a controvérsia sobre a equiparação dos diplomas emitidos pela faculdade:

> Na multidão dos doentes que procuram os "mediums" ha supersticiosos, ha fanaticos, mas faltam os crentes verdadeiros da fé scientifica.
>
> Em regra esses "mediums", que pretendem curar pela Homœopathia, são absolutamente incompetentes, alguns allucinados na crença sincera de sua "mediumnidade", outros embusteiros e exploradores conscientes, mas em todo caso, sem capacidade para o mistér da cura, perpetram os maiores disparates. E se ás vezes, por acaso, se realiza a cura, em regra aggravam-se as doenças, pois, por ignorancia, deixam de ser convenientemente tratadas.[146]

A passagem reflete a posição oficial do IHB sobre o assunto diante das autoridades, e não a posição pessoal dos médicos homeopatas em geral, muitos dos quais eram bem mais simpáticos em relação aos médiuns receitistas. Cabe não esquecer que a homeopatia espírita nasce como prática de alguns médicos homeopatas; o embate entre médicos e médiuns homeopatas só surge mais tarde, quando a atuação destes ameaça atrapalhar os planos daqueles. Para dar uma ideia da diversidade de inclinações, podemos tomar como exemplo a posição de Nilo Cairo, médico homeopata que ajudou a fundar a Universidade do Paraná.

Em 1906, Nilo Cairo condenava as "perseguições ditas legaes movidas contra os chamados curandeiros, allopathas ou homœopatas",[147] argumentando que, no estágio de desenvolvimento em que se encontrava o país, as instituições de ensino médico ainda não eram robustas o bastante para legitimar o monopólio do exercício da medicina por parte dos médicos diplomados. Mas ele mesmo, em 1910, manifesta opinião em tudo convergente à de Licinio Cardoso sobre os médiuns receitistas, aos quais se refere como "impostores que vivem, charlatanescamente, a explorar a credulidade

---

146 Licinio Cardoso apud Galhardo, 1928, p.977.
147 Nilo Cairo apud Sigolo, 2012, p.98.

pública".¹⁴⁸ Eventuais simpatias em relação à figura do médium receitista dificilmente eram expressas em público, pelo menos pelos homeopatas que buscavam o reconhecimento das elites médicas.

Apesar das querelas entre médiuns e médicos homeopatas, os dois, no final, precisavam dos serviços de alguém que preparasse os glóbulos que receitavam ao paciente, e não foram poucas as farmácias homeopáticas vinculadas a centros espíritas. O próprio Galhardo observa que a primeira farmácia homeopática criada no Paraná surgiu em 1890 (antes do período áureo da homeopatia), sendo criada e mantida por um centro espírita.¹⁴⁹ Na capital, Bezerra de Menezes atuou intensamente nessa mesma década, contribuindo para formar diversos médiuns receitistas; embora tenha desencarnado em 1900, o seu espírito objetivo seguiu atuando neste mundo nas primeiras décadas do século XX, por meio de seus ensinamentos e das ações de seus discípulos.

Em 1930, a despeito das inúmeras resistências que lhe foram impostas quer por parte do Estado, quer por parte dos próprios médicos homeopatas, o médium receitista ainda representava uma alternativa concreta de atendimento à saúde para uma parte da população. Sobre esse ponto, Luz menciona outro texto de Galhardo, em que ele afirma não ser exagero estimar que "somente na capital do Brasil há mais de 200 destes centros [espíritas], que diariamente atendem a milhares de enfermos".¹⁵⁰ Galhardo continua seu relato, afirmando que, em 1930, havia no país "mais de cem farmácias e laboratórios exclusivamente homeopáticos, que aviam o receituário médico e espírita". A passagem ainda revela algo importante: na farmácia e nos laboratórios homeopáticos, a contradição entre as duas faces da homeopatia no período – a positiva e a espírita – estava muito bem resolvida. Ao menos para o farmacêutico, as receitas do médium tinham o mesmo valor das do médico homeopata.

A atuação das farmácias homeopáticas vinculadas a centros espíritas está muito bem documentada, e os registros disponíveis mostram que ela cresceu consideravelmente na primeira década do século XX, ou seja, no começo do período de ouro da homeopatia. De acordo com Damazio, a FEB distribuiu

---

148 Ibid., p.199.
149 Galhardo, 1928, p.851.
150 Galhardo apud Luz, 1996, p.212.

gratuitamente, em farmácia própria, em 1904, mais de cem mil prescrições homeopáticas; em 1910, esse número quase quadruplicou.[151]

Apesar de ter sido praticamente proscrita por muitos médicos homeopatas, que a consideravam uma "homeopatia degenerada", a homeopatia espírita é a herdeira intelectual legítima da visão de Mure e Vicente Martins, em dois aspectos: pela afinidade entre o colorido religioso da concepção de homeopatia desses autores e a homeopatia espírita; e, segundo, por ser a forma realmente popular da homeopatia.

Em termos concretos, a homeopatia espírita guarda duas diferenças dignas de nota em relação à praticada pelos médicos homeopatas da época, que refletem os dois aspectos acima apontados. Por um lado, como seria de se esperar, sua propagação como sistema terapêutico estava fortemente ancorada em noções de teor religioso: as ideias de Kardec eram, para a homeopatia espírita, o que as ideias de Comte eram para a homeopatia ensinada por Licinio Cardoso, o que exigia, em ambos os casos, uma boa dose de licença poética na interpretação das ideias de Hahnemann, torcidas aqui de maneira a apresentá-las como algo o mais científico possível, e ali, de maneira a ressaltar seu aspecto religioso.

A visão da homeopatia que vemos em Mure e, sobretudo, em Vicente Martins também ressalta o aspecto religioso muito mais do que as pretensões científicas da doutrina. Por outro lado, agora em registro prático, a homeopatia espírita, ainda que surja primeiro como moda em certos círculos da elite econômica, depois passa a ser promovida como uma "medicina para as massas" (Bezerra de Menezes trabalhava com essa perspectiva). Isso exige, além do recrutamento de terapeutas leigos, a simplificação do complicado roteiro de diagnóstico e prescrição homeopáticos, a ponto de favorecer a automedicação com homeopatia (via de regra abominada pelo médico homeopata, mas, vale lembrar, muito encorajada por Mure e Vicente Martins) e a realização de consultas rápidas e pouco individualizadas.

---

151 Cf. Damazio, 1994, p.93, 129. Na p.93, a autora informa, por engano, que foram aviadas 101.645 prescrições homeopáticas em 1905, quando o correto é 1904 (em 1905, foram 168.550). A informação que consta na p.129 está de acordo com a fonte utilizada pela autora, o *Reformador* (importante revista espírita vinculada à FEB, que circula até hoje), a qual afirma: "vimos elevar-se ainda consideravelmente o numero de prescrições aviadas em 1905 pela nossa carteira homeopática. Foi de 168.550 esse numero, contra o total de 101.645 no anno precedente". (Federação Espírita Brasileira, 1906, p.92.)

A literatura em que nos baseamos não traz muitas informações sobre a natureza das consultas com médiuns receitistas no começo do século XX, para além da observação de que eles acreditavam ser capazes de se comunicar com o espírito de homeopatas mortos, e de que a homeopatia era empregada junto de outros recursos com pretensões terapêuticas, ou seja, de forma heterodoxa. Para saber mais, seria preciso conduzir pesquisa específica sobre o assunto, com levantamento de fontes primárias. No entanto, temos boas razões para crer que a consulta era bastante simplificada, compatível com o atendimento homeopático massificado. Consideremos o número de receitas aviadas em 1905 pela FEB: 149.589, ou seja, mais de 400 por dia ou quase 470, se descontarmos os domingos do ano.[152] Também sabemos que esse "avultado serviço [...] esteve a cargo dos seguintes médiuns", ao que se segue uma lista com apenas seis nomes.[153] Isso significa que, em média, cada médium teria de emitir 66 receitas, trabalhando todos os dias do ano, ou 78, contando uma jornada de seis dias por semana (uma produção enorme e, além disso, completamente incompatível com um atendimento individualizado).

O médium receitista foi, contudo, ativamente combatido pelas autoridades do governo, em boa medida por pressão da comunidade médica, sob o argumento de que a prática configurava exercício irregular de medicina. Em 1942, sob pressão – que aumentou consideravelmente na Era Vargas –, a FEB deixa de apoiar oficialmente essa figura[154] e, com isso, a aliança entre espiritismo e homeopatia perde um dos seus mais importantes suportes institucionais.

Ainda hoje, a homeopatia permanece muito presente no imaginário dos seguidores de Kardec, e a aliança entre eles e os adeptos de Hahnemann

---

152 Cf. Federação Espírita Brasileira, 1906 p.91. O responsável pelos dados sugere descontar os 52 domingos do ano, chegando à média de 470 receitas por dia em 1905. Note que esse número se refere ao total de receitas de médiuns receitistas da FEB aviadas em 1905, que não é a mesma coisa do que o total de prescrições gratuitamente aviadas por meio da "carteira homeopática" da FEB, nesse mesmo ano (168.550 prescrições, como vimos na nota anterior). A diferença estava clara para o relator da FEB, mas se tornou nebulosa para quem se debruça sobre o relatório um século depois. Pelo contexto, parece que o primeiro número correspondia apenas às prescrições oriundas das consultas realizadas na própria FEB, mas a farmácia também podia aviar gratuitamente receitas obtidas fora da federação.

153 Cf. Federação Espírita Brasileira, 1906, p.91.

154 Cf. Giumbelli, 1997, p.261.

mantém um pouco de seu antigo vigor. Nada simboliza isso melhor do que o presidente da Associação Médica Espírita ser um médico homeopata (gestões de 2019-2021 e 2021-2023). Apesar disso, a aliança não dá tantos frutos quanto deu nas primeiras décadas após a fundação da FEB. No começo do século XX, a homeopatia espírita era uma das principais correntes da homeopatia, rivalizando com a homeopatia positiva; atualmente, corresponde a uma corrente minoritária.

A aproximação entre homeopatia e espiritismo no Brasil já foi tema de várias publicações da sociologia e da história das religiões, e costuma ser explicada sobretudo por sua afinidade simbólica. Fiore, por exemplo, identifica elementos comuns ao arcabouço conceitual do espiritismo e da homeopatia, e conclui que a fusão de ambas seria "quase natural", posto que "nasceram como instituição dentro do mesmo universo simbólico".[155] Há um exagero nessa afirmação, uma vez que a aproximação entre as doutrinas exige boa dose de transigência doutrinária de ambas as partes.

Apesar disso, a afinidade é indiscutível. Em particular, o imaginário místico-esotérico fornece uma saída para remendar uma das principais fragilidades da doutrina homeopática: o fato de que os preparados homeopáticos são, em geral, idênticos entre si, sendo impossível distinguir, por exemplo, *Aurum metallicum* 30 CH e *Arnica montana* 10 CH. Se comprarmos um frasco de cada em uma farmácia homeopática, colocarmos os glóbulos em novos frascos, sem rótulo, e em seguida pedirmos a um farmacêutico para dizer qual é qual, ele só acertará por sorte. Não há análise química capaz de distingui-los, como bem sabem os próprios homeopatas, desde Hahnemann.

Isso deixa de ser um problema quando a questão é enquadrada com base no imaginário místico-esotérico. Embora não haja distinção "material" entre esses preparados, nada nos impede de imaginar que haveria uma diferença "imaterial" ou "espiritual" entre eles. Essa solução, ainda que objetivamente insatisfatória, é inteiramente coerente com o imaginário místico-esotérico, o que a torna sedutora para quem já está inclinado a acreditar em entidades e forças espirituais. A doutrina kardecista é, nesse sentido, só uma encarnação específica do imaginário místico-esotérico, com uma diferença importante: no caso do kardecismo, a afinidade simbólica é particularmente reforçada

---

155 Fiore, 2015, p.189.

sobretudo pelo fato de que o próprio Allan Kardec chancelou a homeopatia, ao citar Hahnemann em seus textos.

Isso posto, cabe ressaltar que a aliança entre homeopatia e espiritismo não é baseada apenas em afinidades simbólicas. Ela também possui uma base material. Já vimos que, ao menos entre 1890 e 1930, muitas farmácias homeopáticas foram criadas e mantidas por centros espíritas, de modo que a aliança com o espiritismo contribuiu de maneira muito concreta para a manutenção da infraestrutura sem a qual as ideias homeopáticas não poderiam ganhar vida.

A aliança também foi vantajosa para as lideranças religiosas da FEB. A oferta de um serviço próprio de atenção à saúde é uma estratégia poderosa, e muito antiga, de recrutamento de clientela religiosa, particularmente promissora em um contexto no qual os serviços de saúde não são acessíveis para boa parte da população. A homeopatia tem a vantagem de ser especialmente barata, ainda mais quando o prescritor é um terapeuta leigo, além de o custo de produção dos preparados homeopáticos ser baixo.

Nesse ponto, o destino da homeopatia espírita foi muito diferente do da homeopatia positiva. Enquanto esta foi, na prática, quase inteiramente esquecida, ou então reinterpretada por historiadores e sociólogos como uma espécie de excentricidade, como um acidente histórico, a homeopatia espírita seguiu existindo, e foi encarada com muito mais naturalidade por essa mesma literatura – não obstante, como vimos, na prática, o atendimento prestado pelo médium receitista não seguir de perto o roteiro de diagnóstico de Hahnemann, sendo em muitos casos, inclusive, como se depreende da evidência histórica disponível, pouco individualizado.

Ambas, em todo caso, são parte da história da homeopatia, e, apesar das diversas diferenças doutrinárias e das querelas entre médiuns e médicos homeopatas, elas têm vários pontos de contato: as duas confluem na farmácia homeopática, envolvem a referência inescapável à obra de Hahnemann (complementada ora pela referência a Comte, ora a Kardec), e tiveram médicos formados em escolas militares como personagens-chave para sua difusão, por exemplo, Licinio Cardoso e Bezerra de Menezes.

A presença da doutrina homeopática no imaginário dos militares brasileiros é um tema pouco explorado pela literatura secundária, mas evidente ao longo de quase toda a história da homeopatia, com repercussões importantes para nós. O principal evento que define a conjuntura institucional do médico homeopata na atualidade, a publicação da Resolução n.1.000 do Conselho Federal de Medicina (CFM), assinada em 4 de junho de 1980, que reconhece a homeopatia como especialidade médica, é uma conquista dos generais da homeopatia, para usar a expressão de Luz.[156]

Um dos mais destacados generais da homeopatia foi Alberto Soares de Meirelles (1904-1990), neto de Saturnino.[157] Como observa Luz, a atuação dos generais da homeopatia começa a dar frutos logo no começo da ditadura.[158] Já em 1965, o Decreto n.57.477, assinado por Castelo Branco, altera a regulamentação de farmácias e laboratórios homeopáticos, abrindo caminho para a profissionalização dos farmacêuticos que trabalham com homeopatia e determinando a elaboração de publicação oficial para normatizar a produção dos preparados homeopáticos (inexistente nessa época, no Brasil). A primeira edição da *Farmacopeia homeopática brasileira* foi publicada pela Anvisa em 1977, e atualmente vigora sua terceira edição.

Mais adiante, examinaremos em maior detalhe as implicações da Resolução n.1.000 do CFM. Por enquanto, cabe apenas ressaltar que a conquista, resultante do *lobby* dos generais da homeopatia, é a realização mais bem acabada do projeto ensaiado por Duque-Estrada, e representa um gesto oficial de reconhecimento da maior associação médica do país, responsável por regulamentar a profissão.

Com esse gesto, a homeopatia passa a ser vista como "coisa de médico", isto é, como uma atividade que deve ser desempenhada por esse profissional, que desfruta de enorme prestígio nas sociedades modernas. O gesto, por fim, consagra um novo período de florescimento da homeopatia, iniciado nos anos 1970.

Apesar da importância da atuação dos generais da homeopatia, seu ressurgimento não se deve apenas a eles. Nos anos 1970, a homeopatia obteve não só o reconhecimento de gabinete, como tornou-se objeto do interesse de uma parcela considerável de jovens universitários da área médica, sob

---

156 Cf. Luz, 1996, p.290. O termo se refere aos médicos homeopatas com patente de general que estiveram à frente do IHB, sobretudo durante a ditadura militar.

157 Como essa parte da história foi contada muitas páginas atrás, convém, neste rodapé, lembrar que Joaquim Soares de Meirelles, o pai de Saturnino – o bisavô, portanto, de Alberto –, foi um dos fundadores da Academia Imperial de Medicina, além de médico do imperador e cirurgião-mor do Corpo de Saúde da Armada.

158 Cf. Luz, 1996, p.369.

impulso do movimento contracultural e da crítica a certos aspectos da prática médica.

Luz destaca que, nos anos 1970, muitos estudantes de medicina se interessaram pela homeopatia, então concebida na chave da medicina alternativa;[159] alternativa, é claro, diante da medicina convencional, que era tida, por seu turno, como cada vez mais padronizada, técnica e impessoal, cada vez mais desconectada dos reais anseios e preocupações dos pacientes. No final dos anos 1970, grupos formados por esses jovens estudantes atingiriam o seu auge, com a organização dos Encontros Nacionais de Estudantes Interessados em Homeopatia, que chegaram a reunir quase mil participantes de várias partes do país.[160]

Também no esteio da crítica à medicina convencional, mas fora do âmbito da medicina acadêmica – ou melhor, dos centros oficiais de formação na área de saúde, que envolvem médicos, farmacêuticos e outros profissionais afins –, emerge aos poucos o sucessor do médium receitista: o terapeuta holístico prescritor de homeopatia. O terapeuta holístico domina diversas técnicas alternativas, umas mais próximas da homeopatia (como os florais de Bach e a medicina antroposófica), outras mais distantes (como a cromoterapia, o *reiki*, a "medicina quântica"). Se a prática do médium receitista era indissociável do espiritismo – pois dependia da crença de que o receitista se comunicava com o espírito dos homeopatas mortos –, o terapeuta holístico se apropria da herança místico-esotérica sem se vincular, necessariamente, a uma religião específica.

Como veremos na seção "Homeopatia como profissão e recurso", nem todo terapeuta holístico é homeopata leigo; na verdade, a maioria dos terapeutas holísticos não prescreve homeopatia, por causa, justamente, dos obstáculos impostos pelas associações de médicos homeopatas. Apesar disso, parte considerável dos prescritores de homeopatia sem formação em medicina se enquadra na categoria. Ela nos interessa na medida em que acolhe os

---

159 Cf. ibid., p.300.
160 Segundo Luz (1996, p.300-301), que se baseia em pesquisa primária dos documentos produzidos pelos organizadores desses encontros. Esse número representa um grau de engajamento excepcional para os padrões da homeopatia. Para dar uma ideia disso, basta mencionar que o 70º Congresso da Liga Medicorum Homoeopathica Internationalis, que ocorreu em 2015, no Rio de Janeiro, contou com cerca de quinhentos participantes, vários deles estrangeiros, como averiguamos *in loco*.

praticantes da doutrina que, mesmo compartilhando das mesmas críticas à medicina convencional que mobilizaram os estudantes universitários na década de 1970, não usufruíram das conquistas simbólicas provenientes da Resolução n.1.000 do CFM.

Os impactos do reconhecimento da homeopatia como especialidade médica foram consideráveis, e cumpre encerrar esta reconstrução da história inacabada da homeopatia no Brasil com um balanço.

Se, de um lado, essa conquista simbólica representou um gesto de acolhimento das elites médicas, de outro, exigiu dos homeopatas um esforço considerável para reestruturar o ensino na área, visando adequar os cursos de especialização ao nível exigido nas demais especialidades. Com isso, surgiram projetos distintos para padronizar seu ensino, induzindo a um acirramento das divisões entre os vários círculos de homeopatas,[161] e por fim consolidando São Paulo, cujas escolas se mostraram mais fortes, como o principal centro aglutinador da homeopatia no país.[162] É verdade que o IHB, ainda sediado no Rio de Janeiro, segue importante, mas não desfruta do mesmo prestígio institucional que, atualmente, tem a Associação Médica Homeopática Brasileira (AMHB), sediada em São Paulo. A AMHB, vinculada à Associação Médica Brasileira (AMB), é a entidade responsável por realizar o exame que confere o título de especialista em homeopatia a médicos formados.

O acolhimento simbólico do Conselho Federal de Medicina também permitiu que a corrente cientificista da homeopatia ganhasse força, graças a uma maior abertura para a pesquisa sobre o "fenômeno homeopático" no circuito universitário nacional.[163] Tal abertura, claro, não se deu sem resistências; a partir dos anos 1980, foram apresentados, nesse circuito, diversos estudos que tratavam o fenômeno de uma perspectiva crítica, como era o caso do trabalho de Novaes. A pesquisa de Luz também remonta ao período, e representa uma nova estratégia de legitimação da homeopatia no mundo acadêmico – que envolve, dessa vez, uma aliança com as humanidades e se traduz em uma nova inflexão doutrinária da

---

161 Cf. Luz, 1996, p.308-309.
162 Segundo Luz (1996, p.309), nesse período, o "papel histórico institucional do IHB" foi "posto em questão" com a consolidação de polos institucionais em outras localidades do país, como no Paraná e, sobretudo, em São Paulo.
163 Cf. ibid., p.310 et seq.

homeopatia: o surgimento de uma corrente que se contrapõe à cientificista (chamaremos de culturalista).

Por fim, o reconhecimento da homeopatia como especialidade médica abre caminho para a elaboração de estratégias mais articuladas para inclui-la no sistema público de saúde. A mais ousada se consolida em 2006, quando foi aprovada a Política Nacional de Práticas Integrativas e Complementares (PNPIC), que tem como carro-chefe a homeopatia e a acupuntura, dessa vez concebidas não mais na chave da medicina alternativa, e sim como práticas "integrativas e complementares". Mas aqui já chegamos ao momento presente, e este, cabe deixar para tratar nas seções seguintes.

***

Reconstruímos, nesta seção, de maneira um pouco mais concreta, a história da aclimatação da homeopatia no Brasil. Vimos que essa é uma história marcada por uma série de reviravoltas, por uma sucessão de conquistas institucionais de pouco fôlego e por resistências externas e cismas internos. O detalhamento dessas reviravoltas é importante para deixar claro que a aclimatação da homeopatia no país se deu em múltiplas frentes, em meio a objeções e alianças procedentes de vários estratos sociais, o que exigiu flexibilidade e transigência da doutrina, motivando sua diversificação, suas metamorfoses. Igualmente importante é não deixar que o essencial se perca nos detalhes, e, por essa razão, a seguir, apresentaremos um resumo, ainda mais sintético, para amarrar a discussão sobre a história da homeopatia no Brasil.

2.2.5. Resumo

A homeopatia chega ao Brasil na década de 1840, trazida por um pequeno contingente de médicos europeus. O início de sua aclimatação é marcada por uma estratégia agressiva de propaganda, fazendo que a doutrina logo se torne o centro de polêmicas em jornais de grande circulação no país e adquira, assim, grande visibilidade para a clientela letrada, sobretudo na capital do Império. Ao mesmo tempo, é disseminada no interior pela figura do homeopata viajante, cuja atividade só foi possível graças às alianças conquistadas por um núcleo pioneiro de homeopatas junto a profissionais do mercado editorial (que viabilizaram os guias homeopáticos para leigos) e da farmácia (com os primeiros laboratórios de homeopatia, que confeccionaram as boticas portáteis); à dificuldade estrutural de acesso a assistência médica profissional por parte da população mais pobre; e, a nos fiarmos na hipótese aventada por alguns autores, à afinidade entre a mentalidade místico-esotérica de parte da população e certos componentes da doutrina homeopática.

Além disso, especialmente na capital do Império, o atendimento prestado à população pelas enfermarias homeopáticas durante as epidemias de febre amarela e cólera, em meados do século XIX, também contribui de forma decisiva para consolidar a homeopatia no imaginário dos estratos mais pobres da sociedade, atingidos de maneira mais dura pelas doenças.

Aos poucos, emergem e se consolidam as primeiras associações de homeopatas, que desempenham papel decisivo no enraizamento da comunidade homeopática entre as elites médicas. Trata-se de um enraizamento sempre tumultuado, que envolveu, por um lado, resistências de boa parte da elite médica e, por outro, o conflito entre os médicos homeopatas e os terapeutas leigos – e que, por fim, daria seus frutos mais vistosos durante as décadas de 1910 e 1920, no auge da homeopatia positiva, para em seguida mirrar.

A partir daí, o Rio de Janeiro pouco a pouco deixa de ser o principal centro de difusão da doutrina homeopática, e outros lugares passam a ganhar destaque, sobretudo a região Sul e o estado de São Paulo, onde, atualmente, estão situadas as mais importantes associações e centros de ensino de homeopatia do país. Em muitos casos, como no Paraná, a fixação institucional, que marca a penetração da homeopatia na elite médica, foi precedida pela infiltração da doutrina nas camadas populares, mediada, desde a última década do século XIX, pela aliança com o kardecismo, que se materializou na figura do médium receitista (que receitava, entre outras coisas, homeopatia).

Na segunda metade do século XX, a homeopatia, aos poucos, ganha espaço em outras partes do país, mas sem a força que teve no Rio de Janeiro, nas décadas de 1910 e 1920. A presença, de longa data, da homeopatia no imaginário dos militares brasileiros – que acompanhou toda a história da homeopatia no país, desde que conseguiu se infiltrar no seio das elites médicas – facilita as conquistas institucionais que a homeopatia obtém na ditadura militar, das quais a mais decisiva foi seu reconhecimento como especialidade médica pelo CFM, em 1980. Tal reconhecimento exige intensa mobilização dos homeopatas para reorganizar o ensino na área, com o objetivo de padronizá-lo e elevar seu nível. Paralelamente à atuação dos generais da homeopatia, ainda nos anos 1970, ganha força nos círculos universitários o movimento contracultural, que permite oxigenar a doutrina, atraindo um numeroso contingente de estudantes da área da saúde.

Atualmente, parte considerável dos médicos e farmacêuticos homeopatas em atividade se formou nessa geração, influenciada pela crítica à especialização excessiva da medicina, pelo ideal de uma medicina mais atenta às condições de vida e expectativas individuais do paciente, e por certa abertura às terapias alternativas e complementares. O movimento contracultural não se restringe aos círculos acadêmicos. Nesse contexto, emerge o sucessor do médium receitista, o terapeuta holístico, que às vezes oferece a seus clientes atendimento homeopático junto de diversos outros serviços alternativos que não obtiveram o mesmo grau de reconhecimento institucional obtido pela homeopatia, como o *reiki*, a cromoterapia e os florais de Bach.

Finalmente, em boa parte como resposta à necessidade de elevar o nível do ensino acadêmico da homeopatia – por causa de seu reconhecimento como especialidade médica –, ganha força no circuito universitário uma nova geração de homeopatas com pretensões científicas. Desenham-se, com isso, as duas correntes de homeopatas que atualmente dominam o cenário nacional, a culturalista e a cientificista, como podemos constatar nas revistas de homeopatia que circulam no país.

2.3. Homeopatia como profissão e recurso

Ao longo de nossas incursões na história da homeopatia, com frequência foram mencionados indivíduos que contribuíram para a sobrevida da doutrina (Hahnemann, Vicente Martins e Licinio Cardoso, por exemplo). Em outros momentos, foram mencionados alguns tipos sociais, tais como homeopata viajante, médico homeopata, médium receitista, e algumas camadas da clientela da homeopatia. Tais personagens são, na verdade, generalizações que ajudam a entender como uma pluralidade de indivíduos com em comum tipicamente participa da cultura homeopática. Nesta seção, exploraremos em maior detalhe esses tipos, tal como podem ser encontrados atualmente no Brasil.

A cultura homeopática não é apenas um conjunto de ideias e práticas terapêuticas. Ela também é um negócio, e, como tal, tem uma dimensão econômica própria, que envolve a prestação e o consumo de diversos serviços. Para sustentar seu negócio em uma sociedade altamente complexa como a nossa, a doutrina homeopática precisa se desdobrar e ceder aos imperativos da diferenciação funcional e da especialização. A sua segmentação mais elementar se dá entre os prestadores e consumidores desses serviços, ou seja, os indivíduos que fazem da homeopatia sua *profissão* e os que se valem dela como *recurso* terapêutico. O exame dos diferentes personagens que contribuem para animar as ideias de Hahnemann será pautada por esse eixo básico de diferenciação. Veremos primeiro os vários tipos de profissionais que trabalham com homeopatia, e a seguir a composição da clientela, com o objetivo de mapear, também sob esse aspecto, a diversidade da cultura homeopática.

A nossa proposta é caracterizar melhor esses vários tipos sociais, e o papel de cada um na manutenção da corrente cultural criada ao redor das ideias de Hahnemann; compreender, na medida do possível, os planos e objetivos que orientam sua conduta, no que diz respeito aos contextos de ação e interação relevantes para o tema sob estudo; identificar o que os motiva a ignorar o fato de que os preparados homeopáticos não funcionam; e examinar o conjunto de expectativas sociais que recaem sobre cada um, em função de seu maior ou menor engajamento na cultura homeopática.

2.3.1. O médico homeopata e o perfil do especialista em homeopatia

O médico homeopata é um dos responsáveis diretos por prestar o atendimento à clientela da homeopatia, essencial para a vitalidade da doutrina. Ele não é o único a exercer a função, mas é quem o faz com maior grau de reconhecimento social e amparo institucional.

Por conta do prestígio de que desfruta a profissão médica nas sociedades modernas, muitos médicos homeopatas também desempenham um papel de destaque na circulação da doutrina (outras das funções essenciais à sua sobrevivência como corrente cultural), tanto externa quanto internamente.

A circulação externa da doutrina, vale lembrar, envolve a conexão dos círculos de homeopatas com a sociedade ao redor. Ela abrange a captação de clientela, sem a qual a cultura homeopática não teria substrato econômico, e a validação da doutrina pelas instituições médicas e políticas, cuja autoridade pode tanto facilitar quanto dificultar a atividade dos homeopatas. O prestígio especial de que o médico homeopata desfruta por sua formação em medicina faz dele quase um "porta-voz oficial" da doutrina, alçando-o a seu principal agente de circulação externa. Assim, quando um jornalista se propõe apresentar "o lado da homeopatia" em uma matéria sobre o assunto, em geral recorre ao médico homeopata. Também por isso, as "grandes figuras" que se destacam na história da homeopatia no país são, com poucas exceções, médicos homeopatas.[164]

A circulação interna, por sua vez, diz respeito à difusão da doutrina aos já iniciados, e engloba tanto a troca de ideias entre pares (horizontal) quanto o ensino da doutrina (vertical, no sentido de que as ideias partem de homeopatas estabelecidos e chegam aos estudantes de homeopatia). Também aqui a figura do médico homeopata se destaca. Os cursos de especialização em homeopatia, oferecidos por médicos e para médicos, são os que têm o maior prestígio na área. Sua posição de destaque também se faz notar nos ambientes frequentados por profissionais das diversas áreas que trabalham com homeopatia (como congressos). Um episódio relativamente recente ilustra o ponto: o atrito entre médicos e farmacêuticos gerado por causa das Resoluções n.585 e n.586, do Conselho Federal de Farmácia (CFF), publicadas em 29 de agosto de 2013, que dispõem sobre as atribuições do farmacêutico, visando regulamentar o que pode ou não ser prescrito por esse profissional. O CFM reagiu a tais resoluções, julgando que atribuíam ao farmacêutico competências que deveriam ser prerrogativas do médico; e o atrito repercutiu nos círculos de homeopatas. Diante do posicionamento favorável dos farmacêuticos homeopatas a tais resoluções, a AMHB excluiu a categoria das edições posteriores do tradicional Congresso Brasileiro de Homeopatia, organizado pela associação, em uma clara demonstração de força. O atrito não esfriou logo; a lista de palestrantes convidados da 33ª edição desse congresso, ocorrida em setembro de 2016, elencou 38 palestrantes brasileiros,

---

164 Neste ponto, não devemos esquecer que os tipos sociais de que nos valemos para discutir a diversidade da cultura homeopática podem, na prática, convergir na mesma pessoa: nada impede que um médico homeopata seja também médium receitista – como Bezerra de Menezes –, embora, em geral, o médium receitista seja um terapeuta leigo.

nenhum deles farmacêutico (31 médicos, 5 dentistas, 1 veterinário e 1 biólogo). Em resposta, os farmacêuticos organizaram, no ano seguinte, o 11º Congresso de Farmácia Homeopática, cujo tema – "Diferentes profissionais, uma só homeopatia" – é uma resposta à postura, tida como excludente, da associação médica.

Dado esse panorama, não surpreende que o médico homeopata seja a figura sobre a qual temos informações mais fartas e de melhor qualidade, e cuja atuação profissional está mais claramente estruturada e regulamentada. Esse último ponto é digno de nota, dado que algumas dessas normas têm papel importante na interação entre o médico homeopata e seu paciente, cujas implicações discutiremos mais adiante. Por ora, vamos nos limitar a uma caracterização mais precisa do perfil dos médicos homeopatas.

Antes de tudo, precisamos delimitar com mais exatidão o profissional sobre o qual dispomos de informações exatas. Ele não é qualquer médico homeopata, e sim o *médico especialista em homeopatia*, isto é, o médico registrado no CFM e que detém o título de "especialista em homeopatia". Essa categoria só passa a existir depois da publicação da Resolução n.1.000 do CFM. Antes dela, já havia médicos diplomados que trabalhavam com homeopatia, e é a tal categoria que me refiro ao falar em "médicos homeopatas". Há, na prática, médicos que atuam como homeopatas – a prescrevem e se apoiam nas ideias de Hahnemann – mesmo sem possuir o título de especialista; ou seja, médicos homeopatas que não são especialistas em homeopatia. Isso posto, o CFM só autoriza um médico a divulgar sua atuação em dada especialidade médica se tiver o título de especialista na área, emitido pela associação médica correspondente (no caso da homeopatia, a AMHB). Isso significa que, se um médico ou médica estiver listado como "homeopata" no guia de um convênio, ou caso se identifique como "médico homeopata" na placa do consultório, espera-se que detenha o título de especialista.

Atualmente, há duas vias legítimas para a obtenção do título: por meio da residência médica em homeopatia ou realizando o exame de título, que é anual. Esta segunda via é, de longe, a mais comum.[165] Tem como requisito, além de graduação em medicina e registro no CFM, a realização de um curso

---

165 Entre 2012 e 2019, apenas trinta médicos, em todo o território nacional, iniciaram o curso de residência médica em homeopatia (Scheffer et al., 2020, p.129). Isso corresponde a pouco mais de 1% dos especialistas em homeopatia com registro ativo no CFM, em 2020.

de especialização de dois anos, oferecido por uma das entidades reconhecidas pela AMHB. Em entrevista conduzida com um representante da AMHB, soubemos que há médicos que fizeram o curso de especialização em homeopatia, mas não realizaram o exame, de modo que ficam privados do título. É razoável supor que ao menos alguns deles trabalhem com homeopatia, ou pelo menos que tenham receitado homeopatia em alguma ocasião. Esse número, porém, não é conhecido; mas disso se conclui que há mais médicos homeopatas do que especialistas em homeopatia (no sentido estrito do termo).

O perfil dos especialistas, por sua vez, pode ser traçado de forma bastante precisa a partir dos registros do CFM, por isso vamos nos concentrar neles. Devemos ter em vista tal diferença, mas cabe notar que não há nenhum motivo específico para supor que o perfil dos médicos homeopatas difere de maneira substantiva do dos especialistas em homeopatia. Ao contrário, as características e tendências demográficas observadas a partir dos dados disponíveis sobre especialistas em homeopatia estão, em geral, de acordo com o relato dos próprios homeopatas, que constituem essa população e dão vida a essas tendências.

Para discutir algumas das características mais evidentes da população dos especialistas em homeopatia, apoio-me na pesquisa *Demografia médica no Brasil*, coordenada por Mário Scheffer, professor do Departamento de Medicina Preventiva da Faculdade de Medicina da Universidade de São Paulo (USP). A pesquisa se baseia em dados colhidos dos Conselhos Regionais de Medicina, que são integrados ao CFM, e das sociedades de especialistas vinculadas à AMB.[166] Tomamos como principal referência a edição de 2015, que era a mais atual quando conduzimos a pesquisa; no entanto, ao revisar este trabalho, também foram consultadas as edições de 2018 e 2020, já que a pesquisa é atualizada regularmente. Fazendo a comparação entre todas as edições, adiantamos que as características e tendências observadas em 2015 se mantiveram as mesmas.

Comecemos elencando alguns aspectos dos especialistas em homeopatia, em especial, os que os distinguem dos demais especialistas.[167] Foram identificadas cinco características diferenciadoras em 2015, a saber:

---

166 Cf. Scheffer et al., 2015, p.16.
167 Para realizar as comparações, foram considerados os dados apresentados no "Atlas de especialidades" (Scheffer et al., 2015, p.177 et seq). Alguns dos números aqui apresentados não aparecem na *Demografia médica no Brasil*, mas foram calculados com base nele.

1. *Pouco mais da metade dos homeopatas eram mulheres (53,2%).*[168] Deve-se ter em mente que, em âmbito nacional, há mais médicos do que médicas – em 2015, elas correspondiam a 41,9% –, mas a tendência é de feminização da população médica brasileira.[169] Apenas 10 das 53 especialidades então reconhecidas pelo CFM tinham a proporção de mulheres maior do que a homeopatia. A proporção de mulheres está aumentando tanto entre homeopatas quanto entre médicos em geral: em 2020, quando 46,6% dos médicos formados eram mulheres, elas correspondiam a 55,7% dos especialistas em homeopatia.[170]

2. *A média de idade dos médicos homeopatas era de 57,6 anos, a segunda maior entre os especialistas, com o menor desvio padrão (8,7 anos).* Nada menos do que 85% dos homeopatas tinham mais de 50 anos nesse período.[171] A idade média elevada, somada ao baixo desvio padrão (que implica que a idade dos homeopatas foge menos da média do que as demais especialidades), torna-se ainda mais significativa, considerando que a homeopatia é uma especialidade de acesso direto – diferente de muitas outras, não tem uma especialidade básica como requisito – e que predomina a tendência geral de juvenescimento dos médicos no país.[172] Nas edições seguintes da *Demografia médica*, a homeopatia se torna a especialidade com maior média de idade. Isso vale já para a edição de 2018, e a tendência se consolida em 2020 (nesse ano, a média de idade do médico homeopata é de 61,5 anos).[173]

---

168 Não se trata exatamente do número de médicos, e sim do *número de registros de médicos considerados ativos*. Como um mesmo profissional pode ter registro em mais de um Conselho Regional de Medicina, a quantidade de registros é sempre maior do que a de médicos (cf. Scheffer et al., 2015, p.20). Para fins de comparação utilizamos o dado de registros de médicos, pois é ele que encontramos no "Atlas de especialidades" dessa edição do estudo.
169 Esse valor também se refere ao número de registros de médicos.
170 Cf. Scheffer et al., 2020, p.41, 70. Esses dados se referem ao número de médicos (indivíduos), não de registros de médicos, de modo que não é estritamente correto compará-los diretamente com o número anterior. Em todo o caso, a tendência de feminização é clara por ambas as métricas.
171 Cf. id., 2015, p.228.
172 Isto é, a média de idade do médico brasileiro está baixando (cf. id., 2015, p.43). Em 2020, a tendência continuava a mesma (id., 2020, p.46).
173 Id., 2020, p.72.

3. *O especialista em homeopatia tem maior tempo de formação, dentre as 53 especialidades consideradas, sendo que, em média, seu tempo de formado é de 35,9 anos, com desvio padrão de 18 anos.* Isso significa, em linha com o dado anterior, que, em média, o homeopata concluiu a graduação em medicina e obteve registro junto do Conselho Regional de Medicina por volta de 1980.
4. *A homeopatia era, entre as especialidades consideradas, a mais concentrada na região Sudeste, com 67,8% dos especialistas.*[174] É de conhecimento geral que a distribuição dos médicos pelo país é desigual, sendo que há uma concentração de médicos no Sudeste superior à média da população: em 2015, 55,4% dos médicos estavam no Sudeste, que concentra cerca de 42% da população do país.[175] Em números absolutos, em 2015, 1.760 dos 2.595 registros de médicos homeopatas eram do Sudeste,[176] dos quais 807 estavam no estado de São Paulo e 423, na região metropolitana.[177] Havia também um número considerável de homeopatas na região Sul: 425 no total, correspondendo a 16,4% dos homeopatas (a região concentrava 15% dos registros de médicos e 14,4% da população). Só no Sul, há mais homeopatas do que no Norte (28), Nordeste (195) e Centro-Oeste (187) juntos (410). Os especialistas em homeopatia estão, portanto, distribuídos pelo território nacional segundo um padrão ainda mais desigual do que a média nacional.
5. *A proporção de homeopatas que é multiespecialista está acima da média, isto é, um grande número de homeopatas tem pelo menos mais uma especialidade, além da homeopatia.* Para fins de comparação, em 2014, apenas 28% do total dos especialistas tinham duas ou mais especialidades[178] e, embora não tenhamos a proporção exata dos

---

174 Cf. id., 2015, p.228. Em 2020 (p.72), o número se manteve praticamente estável (67,4%).
175 Com base nos dados do Censo 2010 (Brasil, 2010).
176 O número absoluto de homeopatas por região pode ser achado em Scheffer et al. (2015, p.228).
177 As informações sobre homeopatas no estado de São Paulo não constam da publicação de referência; foram extraídas do Portal da Demografia Médica, mantido pela mesma equipe que elaborou a *Demografia médica no Brasil*). Disponível em: https://observatorio.cfm.org.br/demografia/. Acesso em: jun. 2024.
178 Com base em Scheffer et al. (2015, p.21).

especialistas em homeopatia, os dados da *Demografia médica* permitem concluir que ela é bem maior que esse número.[179]

Além dessas cinco características peculiares da população dos especialistas em homeopatia, que saltam à vista quando comparada às outras especialidades reconhecidas pelo CFM, destacamos, ainda, as seguintes informações, de ordem mais geral:

1. Em 2020, 2.603 médicos especialistas em homeopatia tinham seu registro ativo junto do CFM, o que representa 0,6% do total de médicos ativos no mesmo período. Em 2015, o número de médicos era 2.474.[180]
2. Em 2015, dentre os homeopatas com, pelo menos, uma segunda especialidade, as três mais comuns eram: pediatria (490), medicina do trabalho (215) e acupuntura (189). A mesma ordem relativa se manteve em 2020, ainda que os números absolutos tenham aumentado.[181] A afinidade entre homeopatia e pediatria é antiga, e não é de surpreender, dada a grande quantidade de pediatras (em 2015, já eram mais de 34 mil). Isso explica por que se, de um lado, parte considerável dos homeopatas eram pediatras (18,88%), a parcela de médicos com título nessas duas especialidades sobre o total de pediatras é bem menor (1,41%). A situação é parecida no caso dos

---

179 Pode-se chegar a essa conclusão, mas não à proporção exata, porque, na seção "Atlas de especialidades" dedicada à homeopatia (Scheffer et al., 2015, p.228-229), estão listados os "outros títulos dos especialistas em homeopatia", informando, linha a linha, o número de registros de médicos que têm, além do título de especialista em homeopatia, o título de cada uma das demais 52 especialidades. Somando os valores de todas essas especialidades, chegamos a um total de 1.850 registros de médicos, dos 2.595 de especialistas em homeopatia, o que daria uma proporção da ordem de 71%. No entanto, essa soma não informa a proporção correta de homeopatas com mais de um título, pois um médico que tenha três títulos de especialista, por exemplo, é contado duas vezes. Apesar disso, é seguro dizer que a proporção de homeopatas multiespecialistas é maior do que a média, pois é relativamente raro um médico possuir mais de dois títulos. No mais, mesmo no cenário hipotético, pouco realista, em que todos os especialistas em homeopatia teriam três títulos, a proporção ainda seria de 35% (superior à média nacional de 28%).
180 Números calculados a partir de Scheffer et al. (2020, p.252-253; 2015, p.228-229). Esse dado corresponde ao total de registros de médicos com título de especialista em homeopatia, em âmbito nacional (2.736 em 2020; 2.595 em 2015), menos o total de registros duplicados (133 em 2020; 121 em 2015).
181 Cf. Scheffer et al., 2020, p.252-253. A pediatria ainda lidera (somando 541 registros de médicos com título nas duas especialidades), seguida pela medicina do trabalho (283) e acupuntura (238).

multiespecialistas em medicina do trabalho e homeopatia – 8,29% do total de homeopatas são médicos do trabalho, e 1,61% sobre o total de especialistas em medicina do trabalho), mas diferente no caso da acupuntura, em que observamos um interesse de mão dupla (7,28% sobre o total de homeopatas, e 5,29% sobre o total de acupunturistas, em 2015). Nesse ponto, é preciso levar em conta o total de especialistas em cada caso: em 2015, havia mais de 13 mil médicos do trabalho e pouco mais de 3 mil acupunturistas. Também cabe considerar que estamos falando de médicos que, em algum momento, obtiveram os dois títulos, o que não significa que, na prática, exerçam as duas especialidades. Há casos de migração de especialidade, em que o médico abandona uma em favor da outra; esse fator pode pesar mais em alguns desses casos do que em outros. A informação de que grande contingente de homeopatas também tem título em medicina do trabalho soou como uma surpresa para o membro da diretoria da AMHB que entrevistamos – ao passo que a proximidade com a acupuntura e a pediatria foi recebida com mais naturalidade, como algo evidente –, sugerindo que pode ser mais incomum encontrar homeopatas que, de fato, exerçam as especialidades de homeopata e médico do trabalho. Porém, com base nos dados da *Demografia médica*, não é possível tirar qualquer conclusão mais segura.

Esses dados, vistos em conjunto, permitem constatar algumas tendências gerais, três das quais consideramos mais evidentes: (1) o *envelhecimento* da população dos especialistas em homeopatia, que tem correlação com a falta de interesse de jovens médicos em se formar na área e vai na contramão da tendência geral de juvenescimento da população médica; (2) a *concentração* elevada dos profissionais, especialmente no Sudeste; e (3) o *caráter suplementar* da formação na especialidade, indicado pelo número elevado de homeopatas multiespecialistas. A seguir, analisaremos cada uma dessas tendências, que contribuem para montar o perfil do médico homeopata e aponta para o que motiva (ou não) um médico em formação a aderir à doutrina.

O envelhecimento da população de médicos homeopatas é fato bem conhecido por parte da comunidade homeopática, ao menos entre os que conhecem bem a especialidade. Para entender melhor essa tendência, lembremos que, em média, os especialistas em homeopatia se registraram no

Conselho Regional de Medicina por volta de 1980. Essa foi a época em que a homeopatia foi reconhecida como especialidade médica pelo CFM.[182] Isso sugere que houve um pico de interesse na doutrina, pelos estudantes de medicina, nos anos 1970 e 1980, seguido de queda acentuada. Essa circunstância é, em geral, reconhecida pelos próprios homeopatas e por outros profissionais que atuam na área.

Eis como um membro da diretoria da AMHB descreveu a circunstância, em entrevista realizada para a pesquisa deste trabalho: "Houve um grande *boom* da homeopatia na década de 1970, e aí houve um grande número de homeopatas na década de 1970 até a década de 1980"; em seguida, o entrevistado reconhece que o interesse diminuiu nas duas décadas seguintes. Em linha com isso, em 2010, outra homeopata importante, que então integrava a diretoria da AMHB, afirma, em texto sobre a formação na especialidade publicado na *Revista de Homeopatia*, que a primeira década do século XXI teria sido "pautada pelo desaquecimento na procura pela formação médica em homeopatia".[183]

É comum encontrar, entre os homeopatas, quem esteja disposto a enxergar que essa tendência estaria em processo de reversão. De acordo com o entrevistado, após a tendência de queda nas décadas de 1990 e 2000, o número de interessados estaria "começando a aumentar um pouquinho". Os dados da *Demografia médica*, porém, não permitem chegar a essa conclusão.

Para averiguar a questão, contatamos a secretaria da AMHB para informar o número de médicos inscritos para o exame de título de especialista em homeopatia, entre os anos 2014 e 2016. Segundo essas informações, em 2014 só 19 médicos fizeram o exame, dos quais 14 foram aprovados; em 2015, foram 31 inscritos e 28 aprovados; e, em 2016, novamente apenas 19 médicos se inscreveram, com 16 aprovados. Não obtivemos o número exato de inscritos para os anos anteriores,[184] mas a tendência de queda foi reconhecida pela secretaria, quando questionada sobre isso; segundo informado nessa ocasião pela secretaria, no passado o número de médicos inscritos chegou a cem em um único ano.

---

182 Devemos levar em conta que a média diz respeito ao tempo de formação quando os dados foram extraídos, portanto, em 2015.
183 Cf. Estrêla, 2010, p.47. Para outro exemplo, cf. Solon, 2002; p.48.
184 O que me foi comunicado é que, no momento da solicitação, a secretaria não dispunha de um registro sistemático e de fácil acesso dessa informação.

Essa informação é consistente com o trabalho de Sandra Abrahão Chaim Salles, médica homeopata que desenvolveu pesquisa detalhada do perfil do médico homeopata na Faculdade de Saúde Pública da USP. Segundo Salles, em 1994 o número de inscritos foi de 56; em 1999, 95.[185] Com base nesses dados, Salles diagnostica, em seu trabalho, um aumento no interesse em homeopatia nos anos 1990, uma tendência de reaquecimento. No entanto, como vimos, esse mesmo diagnóstico em geral não é compartilhado por outros homeopatas. A conclusão de Salles se baseia no aumento de inscritos para a prova entre 1994 e 1999, mas tal aumento não se sustenta nos anos seguintes. Trata-se aí, ao que tudo indica, de médicos que já atuavam como homeopatas há alguma tempo, e que só foram buscar o título nessa época. Cabe observar que o exame de título só começou a ser realizado em 1990; na década de 1980, ou seja, após o reconhecimento do CFM, mas antes da exigência do exame, o título era concedido mediante simples comprovação de curso em especialização em homeopatia, atualmente pré-requisito para a prova. É provável que, até então, o título fosse uma formalidade, com pouco valor prático, e que a organização e divulgação do exame contribuiu para lhe dar mais peso.

Por fim, convém observar que a tendência de queda a partir dos anos 1990 é consistente com os dados de uma pesquisa que traçou o perfil dos médicos do Brasil, publicada no final da década de 1990, em que se nota aumento progressivo do interesse nessa especialidade no período que vai dos anos 1950 a 1980, com queda brusca nos anos 1990.[186]

Desde a década de 1990, jovens médicos têm sido cada vez menos atraídos pela homeopatia. O que explica essa tendência, e o que ela nos diz sobre o perfil do médico homeopata?

Os próprios homeopatas propõem uma explicação, que também sinaliza um gargalo para o projeto de reconhecimento da doutrina pela comunidade médica: afinal, de que adianta o reconhecimento formal, se, na prática, a especialidade não desperta interesse entre os estudantes de medicina?

---

185 Cf. Salles, 2001, p.2. A autora, que tinha fácil acesso à secretaria da AHMB/APH, provavelmente obteve a informação das associações, embora não tenha explicitado a fonte no texto consultado.
186 Cf. Machado, 1997, p.137. Na década de 1950, a homeopatia foi a 32º especialidade mais procurada pelos médicos; nos anos 1960, a 23ª; nos anos 1970, a 19ª; e, nos anos 1980, chega ao 14º lugar; já nos anos 1990 foi a 27ª especialidade mais procurada.

A explicação mais sofisticada, entre as oferecidas pelos homeopatas, consiste em associá-la à reestruturação dos serviços de saúde verificadas no período, em particular à consolidação dos planos de saúde como intermediários entre o prestador de serviço (no caso, o homeopata) e o consumidor (paciente).[187] A expansão dos planos de saúde teria esvaziado os consultórios particulares com atuação mais autônoma ou liberal, um dos nichos em que os homeopatas teriam se adaptado melhor. De forma parecida, alguns homeopatas propõem que a massificação dos serviços de saúde no período favoreceu a implantação de um atendimento pouco compatível com o prestado pelo homeopata. Em parte, por favorecer as consultas rápidas e tornar mais vantajoso para o médico atender o maior número de pacientes no menor tempo possível; ao passo que a consulta homeopática é, em geral, mais longa. E, em parte, porque a reestruturação dos serviços de saúde no país teria valorizado os procedimentos feitos fora do consultório, como exames laboratoriais; e uma vez que a consulta com o homeopata não depende de exames e de procedimentos tecnológicos, a especialidade se tornou menos atraente para os médicos em formação. Soa, cada vez mais, como algo ultrapassado ou fora de moda. Para o gosto das novas gerações, o futuro da medicina parece estar na tecnologia médica, e a atividade do homeopata em seu consultório é, em geral, alheia aos desenvolvimentos tecnológicos; seu forte é o trato com o paciente.

A explicação não parece estar incorreta, embora não conte a história toda. Vamos começar pelos elementos que a corroboram. Em *survey*[188] de 1995, 79,9% dos homeopatas entrevistados declararam se identificar com a prática médica liberal, ficando em primeiro lugar nesse quesito.[189] De acordo com essa mesma pesquisa, havia nesse quesito só uma especialidade que superava

---

187 Os homeopatas citados nas notas anteriores apresentam esse mesmo diagnóstico geral, ainda que cada um o desdobre à sua maneira. O diagnóstico mais completo encontra-se em Solon (2002). É nesse material, e nas entrevistas realizadas para a pesquisa deste trabalho, que nos baseamos para reconstruir, a seguir, a explicação dada pelos homeopatas para o envelhecimento de seus profissionais.

188 *Survey* é uma modalidade de pesquisa quantitativa, muito usada nas ciências sociais para levantar a percepção de grande número de indivíduos. Ela consiste na aplicação de questionário a uma amostra da população, no caso, de médicos brasileiros.

189 Caracterizada, entre outros aspectos, pela valorização da relação direta, sem intermediários, entre cliente e prestador de serviço, no caso, entre paciente e médico (cf. Machado, 1997, p.209-212).

a homeopatia.[190] Portanto, temos bons motivos para acreditar que, ao menos naquele contexto, a proporção de homeopatas que se identificavam com os valores da medicina liberal clássica era maior do que a média dos médicos. A expansão dos planos de saúde representou um golpe duro contra as aspirações dos médicos que se identificavam com esses valores, de modo que faz sentido concluir que tenha afetado em especial os homeopatas. Para contextualizar, cabe notar que a expansão dos planos de saúde privados ganha força na década de 1980, quando verificamos, de acordo com a literatura especializada:

> uma importante intensificação da comercialização de planos individuais, a decisiva entrada de grandes seguradoras no ramo saúde, adesão de novos estratos de trabalhadores, particularmente, funcionários públicos da administração direta, autarquias e fundações à assistência médica supletiva e uma inequívoca vinculação da assistência privada ao financiamento da assistência médica suplementar.[191]

Na mesma linha, a socióloga Maria Helena Machado, vinculada à Fundação Oswaldo Cruz (Fiocruz), observa, em obra de referência sobre o perfil dos médicos brasileiros publicada no final da década de 1990, que os "anos [19]80 caracterizaram-se pela divisão do mercado de trabalho [...] e pela crescente expansão dos planos privados de assistência que, através do credenciamento de profissionais, representou para os médicos a perda de sua prática liberal".[192] Como havia uma identificação especial entre os homeopatas e os ideais da medicina liberal, parece correto que, como afirmam os homeopatas, a expansão dos planos de saúde contribuiu para o declínio do interesse na doutrina, ao menos entre médicos em vias de formação.

Além disso, não há dúvida de que a atividade clínica do homeopata não acompanha os avanços na tecnologia médica. Faz pouco sentido para o homeopata pedir exames complementares, pois são dispensáveis para o roteiro de diagnóstico próprio da doutrina, como veremos em detalhe mais

---

190 A sexologia, que desde então deixou de constar do rol de especialidades reconhecidas pelo CFM.
191 Bahia, 2001, p.332.
192 Machado, 1997, p.12.

adiante. Em linha com isso, há, na literatura, um trabalho que analisou as fichas de uma amostra de 94 pacientes que receberam atendimento homeopático em uma Unidade Básica de Saúde (UBS), as quais apresentavam, entre outras informações, a frequência com a qual a consulta homeopática resultava no pedido de exames complementares. Esses 94 pacientes geraram um total de 532 consultas; em só 17 delas (3,2%) foram pedidos exames complementares, a maioria simples (como hemogramas e exames parasitológicos de fezes e urina).[193] A amostra é pequena, mas não se trata de demonstrar o ponto por A + B, e sim de ilustrá-lo, já que a maior parte dos homeopatas reconhece que isso, de fato, acontece.

Também cabe mencionar que, como já vimos, Hahnemann não só rejeitou os recursos terapêuticos que se revelaram ineficazes (como o uso indiscriminado de sangrias e eméticos), como, além disso, não deu importância à fisiologia experimental para a prática médica. Esse padrão se repete na história da homeopatia. O homeopata mais influente depois de Hahnemann, James T. Kent (1849-1916), foi um crítico ferrenho das teorias microbianas, bem na época em que elas davam mais frutos.[194] A pouca importância conferida aos exames realizados fora do consultório é apenas outra encarnação da mesma tendência – explicada, no frigir dos ovos, pelo fato de que o roteiro de diagnóstico próprio da homeopatia *depende* da referência a alguma *materia medica* homeopática, escrita em um contexto em que tais exames não existiam.

Temos, portanto, razões para crer que a explicação dos homeopatas para o declínio no interesse da especialidade está no caminho certo. Mas ela não esgota a questão e, com efeito, se baseia em um pressuposto questionável, a saber: sem os obstáculos colocados pela reestruturação dos serviços de saúde no país, a homeopatia atrairia, como que de forma natural, mais médicos. O crescimento do interesse em homeopatia nas décadas de 1970 e 1980 é considerado – sem que haja boas razões para tal – a tendência basilar sufocada pelas forças históricas mencionadas. A trajetória da homeopatia no Brasil e no mundo é, contudo, repleta de altos e baixos,[195] o que sugere que não devemos aceitar esse pressuposto sem analisá-lo. Antes, é mais provável

---

193 Cf. Moreira Neto, 1999, p.78-79.
194 Cf. Kent, 1919, p.58-59. A obra de Kent faz parte das mais divulgadas entre homeopatas.
195 Cf. Luz, 1996, p.268-271, 209-292.

que a intensificação do interesse na área, entre 1970 e 1980, seja a exceção, e não a regra. Como vimos, foi em 1980 que a comunidade homeopática obteve sua maior conquista no nosso país, após intenso *lobby* realizado nos anos 1970, sobretudo pelos generais da homeopatia. Nesse período, também vimos como o movimento contracultural – que, na medicina, envolvia a crítica ao caráter cada vez mais técnico e impessoal do cuidado à saúde – contribuiu para atrair os estudantes para formas alternativas de medicina, como a homeopatia. Considerada dessa perspectiva, a tendência ao envelhecimento da população dos homeopatas pode ser interpretada na chave da regressão à média; entre médicos diplomados, tudo indica que a onda homeopática simplesmente passou, que ela saiu de moda.

Consideremos agora a segunda tendência que identificamos com base nos dados da *Demografia médica*: a alta concentração dos homeopatas no Sudeste. A mesma tendência se comprovou no microcosmo do 70º Congresso da Liga Medicorum Homoeopathica Internationalis, realizado em 2015, no Brasil. No congresso, 19 das 26 apresentações de brasileiros a que assistimos (cerca de 73%) foram feitas por homeopatas do Sudeste. Além disso, a AMHB é, para todos os efeitos, um desdobramento da Associação Paulista de Homeopatia (APH). Não apenas a AMHB é sediada na APH, compartilhando sua infraestrutura e secretaria, como os indivíduos que dirigem as duas associações são, em geral, os mesmos. Na época em que esta pesquisa foi realizada, o presidente da AMHB era vice-presidente da APH, e o então presidente da APH fora o tesoureiro na gestão anterior da AMHB.

Diferentemente do envelhecimento da população dos médicos homeopatas, sua concentração regional não chegou a ser problematizada no universo documental investigado para este trabalho. Isso não quer dizer que os homeopatas não considerem isso um problema, mesmo porque o enfoque aqui foi, sobretudo, na homeopatia paulista. No entanto, o fato de não figurar como tema nos periódicos analisados sugere que a questão não está no radar dos homeopatas mais influentes. Em entrevista com um membro da diretoria da AMHB, ao instá-lo a explicar a concentração dos homeopatas no Sudeste, o entrevistado respondeu: "porque a maioria dos médicos está no Sudeste". Mas a questão é que a homeopatia é justamente a especialidade *mais concentrada* no Sudeste, de modo que sua situação não pode ser explicada só em função das tendências gerais de distribuição regional dos médicos no país. A ausência de explicação elaborada para esse fenômeno é por si só significativa, na medida em que contrasta com a situação das outras duas tendências observadas, mais discutidas entre homeopatas.

Para entender melhor a concentração regional dos homeopatas, precisamos ter em mente a tendência de envelhecimento da população dos médicos homeopatas. Como a média de idade dos especialistas em homeopatia é particularmente alta, é de se esperar uma diferença em termos de concentração regional, já que a maior parte dos especialistas em homeopatia com registro ativo é de uma época em que ela era ainda maior do que é atualmente.

Para elucidar a questão, podemos nos apoiar no trabalho de Salles sobre o perfil do médico homeopata, baseado em *survey* aplicada aos participantes do 24º Congresso Brasileiro de Homeopatia (de 1998); por opção metodológica da autora, a pesquisa se limitou a médicos que completaram sua formação na especialidade entre 1988 e 1998, de modo a retratar uma geração mais jovem do que a média.[196] Esse levantamento aponta que, dos médicos com esse perfil, 51% trabalham no Sudeste, 21% no Sul, 12% no Nordeste, 3,6% no Norte, 6,4% no Centro-Oeste e Distrito Federal e 6% não responderam à questão.[197] Essa distribuição está bem mais próxima da média nacional, ponderando que, por se basear em *survey* aplicada em congresso realizado no Sul do país, a amostra provavelmente sobrerrepresenta a região. Por isso, a despeito das limitações da amostra, é razoável concluir que a concentração grande no Sudeste é uma característica das gerações mais velhas de homeopatas (como vimos, 85% dos homeopatas tinham mais que 50 anos, em 2015).

Isso posto, o membro entrevistado da diretoria da AMHB afirmou conhecer muitos médicos que vieram de outras regiões, em especial do Norte e do Nordeste, mas que acabaram se estabelecendo no Sudeste. Essa observação, embora não tenha o peso de uma análise estatística, dá uma pista para entender melhor a concentração regional dos homeopatas: algo atrai os profissionais de fora para se estabelecerem na região.

O maior diferencial do Sudeste em relação a outras regiões é a presença de centros de formação tradicionais na área e, assim, a existência de uma comunidade de homeopatas maior e mais bem consolidada. Em 2017, o portal da

---

196 Cf. Salles, 2001, p.29. A média de idade dos entrevistados era de 40,4 anos. Para atender a questão que estava sendo investigada, Salles optou por se limitar a médicos que concluíram o curso de especialização em homeopatia entre 1988 e 1998.
197 Cf. ibid., p.29.

AMHB listava dezenove entidades que ofereciam cursos de especialização de homeopatia para médicos (pré-requisito para realizar o exame de título). Só quatro estavam fora do eixo Sul-Sudeste, localizadas em: Bahia, Pernambuco, Distrito Federal e Mato Grosso do Sul. Esse é o mesmo número de escolas que encontramos no Sul: 2 no Paraná, 1 no Rio Grande do Sul e 1 em Santa Catarina. As demais estão em: Minas Gerais (2), Rio de Janeiro (4) e São Paulo (5). Além disso, os homeopatas entrevistados afirmaram que os cursos mais tradicionais eram oferecidos pela APH, na capital paulista; pelo IHB, no Rio de Janeiro; e pelo Instituto Homeopático François Lamasson, em Ribeirão Preto (SP).

Ao contrário de outras especialidades médicas, a atividade clínica do homeopata exige muito pouco em termos de infraestrutura. Para obter o diagnóstico homeopático e tratar um paciente com os recursos próprios da doutrina, o homeopata não precisa de uma rede de profissionais tão ampla quanto precisa o médico convencional; ele só depende de farmacêuticos homeopatas.[198] Essa é uma característica que, a princípio, facilitaria uma distribuição mais equilibrada dos homeopatas pelo território nacional, o que, contudo, não se verifica. A questão é que a homeopatia permanece especialmente dependente de outro suporte: o apoio social, um conjunto de pessoas que compartilhem suas crenças.

A validação social é importante em qualquer situação, mas, considerando a fragilidade especial das ideias dos homeopatas, ela ganha uma importância especial. Vista por esse prisma, a concentração regional dos homeopatas mantém clara correlação com os centros de formação na área, com a preexistência de uma comunidade de homeopatas ativos, que interagem entre si e conseguem manter instituições dedicadas à circulação interna da doutrina.

A terceira e última tendência que identificamos com base na *Demografia médica* é o caráter *suplementar* da formação na especialidade. Os dados mostram que os homeopatas são multiespecialistas em uma proporção maior do que a média dos médicos (uma característica notável, já que a especialidade não possui outras como pré-requisito). O que isso sugere é que alguns

---

198 Um cardiologista, por exemplo, depende de uma rede de exames laboratoriais, sem a qual seu diagnóstico será bastante limitado. Vale lembrar que, na origem, a homeopatia nem sequer dependia de algo externo a ela; Hahnemann era médico e farmacêutico, concentrando em si todas as competências que ele dizia serem necessárias para promover o "restabelecimento rápido, ameno e duradouro da saúde" (Hahnemann, 1810, p.4, §2).

médicos buscam a homeopatia para complementar sua atividade clínica, como uma segunda especialidade, conforme observado pelo membro da diretoria da AHMB entrevistado. Sabemos que também há ocorrências de abandono da especialidade, mas não é possível, com base apenas na *Demografia médica* de 2015, saber se o médico com mais de um título de especialista de fato exerce, atualmente, mais de uma especialidade.

Nos casos em que isso não se verifica, o que temos é mais um passo da redução da homeopatia a uma técnica terapêutica, ao lado de outras técnicas. Ela é frequentemente buscada pelo médico que busca ampliar a clientela potencial de sua clínica, ou prover um serviço mais fácil de conciliar com seus próprios valores e ideais. Isso ajuda a entender por que tantos homeopatas são também pediatras, ou acupunturistas.

A relação com a acupuntura é mais evidente. Assim como a homeopatia, a acupuntura é enquadrada no rol das terapias complementares e alternativas, de modo que tanto o consumidor quanto o médico homeopata dispostos a tentar uma especialidade, amiúde também estão dispostos a tentar a outra. A lógica é, no fundo, a mesma que opera no caso do terapeuta holístico, ou, antes, do médium receitista. Com a diferença de que a homeopatia e a acupuntura são, desde 1980, tidas como "coisa de médico", desfrutando de um reconhecimento por parte da comunidade médica que não se verifica nas práticas oferecidas por terapeutas leigos.

Quanto à pediatria, ela é a especialidade na qual se sente o risco iatrogênico de maneira mais enfática. Não só pelo responsável pela criança, como também pelos próprios médicos, sobretudo os mais críticos à medicalização excessiva. Isso fica claro na fala de alguns homeopatas entrevistados por Salles. Um deles relata, por exemplo, que pediatras convencionais às vezes encaminham o paciente ao homeopata por entender que "não dá para ficar dando antibiótico" para uma criança "de quarenta em quarenta dias".[199]

Outro fator que contribui para tornar a especialidade atraente para alguns médicos, que parece ter um apelo especial para pediatras, é a identificação da doutrina com o ideal da medicina integral. A homeopatia é vista como uma especialidade particular, capaz de englobar outras especialidades e, por isso, de promover um atendimento mais completo para o paciente. Outra entrevista cedida a Salles ilustra bem o ponto:

---

199 Cf. Salles, 2001, p.37A.

aí eu comecei a ver a pessoa humana. Não era mais um número, uma criança que passava lá, que eu fazia mecanicamente a consulta de início ao fim, receitava, tchauzinho e eu não me importava se ela dormia, se ela brigava em casa, se ela era mal amada, etc etc. Naquele tempo isto nem me passava na cabeça, quer dizer eu não tinha também como poder ajudar. E quando eu comecei a estudar homeopatia eu percebi que podia trabalhar esta parte humana, com o medicamento da homeopatia eu podia mudar o relacionamento da criança com os pais, com os familiares, etc. [...] Se a criança tem um distúrbio de comportamento, hoje em dia eu resolvo a maioria dos casos com remédio de homeopatia. Raramente eu mando para um psiquiatra ou para um psicólogo.[200]

O atendimento homeopático, por envolver uma consulta mais atenta às demandas do paciente, contribui para o médico não precisar encaminhar a criança para outros especialistas, fazendo que o homeopata absorva, de maneira informal, as atribuições de outros profissionais. Diga-se que, caso a consulta com um especialista seja necessária, a conduta pode ser prejudicial para o paciente. Por outro lado, ela satisfaz uma demanda concreta de muitos pais, que com frequência preferem um médico que conheça bem a criança e consiga ganhar a sua confiança a levá-la a vários especialistas diferentes, ou medicá-la com psicotrópicos.

Não é preciso dizer que há soluções melhores para satisfazer a mesma demanda; pode cumprir esse papel, por exemplo, a figura do médico da família. Afinal, a solução que o homeopata oferece ainda passa pela prescrição de um placebo; e, como vemos, a pediatra em questão atribui capacidades extraordinárias aos preparados homeopáticos. Não há como dourar a pílula: é uma fantasia crer que distúrbios comportamentais e problemas complexos de relacionamento com os pais e a família, como os descritos pela pediatra entrevistada por Salles, possam ser resolvidos com o símile homeopático.

Apesar disso, o atendimento cuidadoso, muitas vezes de fato prestado pelo homeopata, pode bastar para que ele conquiste a confiança não só da criança, como do responsável por ela. O simples fato de o pediatra assumir a responsabilidade pelo cuidado das várias dimensões da saúde do paciente (inclusive a psicológica), em vez de delegar parte desse cuidado a uma pluralidade de outros especialistas que sequer conversam uns com

---

200 Ibid., p.23-24A.

os outros – isso, por si só, já contribui para cimentar o vínculo de confiança entre o homeopata e o paciente (ou seu responsável), tornando o atendimento homeopático mais pessoal e "integral".

Por fim, se queremos entender o caráter suplementar da homeopatia, devemos, além disso, considerar a relativa facilidade de obtenção do título nessa especialidade, quando comparada às demais. Eis como o ponto foi formulado por um médico homeopata que entrevistamos:

> Normalmente você faz uma especialidade, digamos, clínica médica, ou pediatria, e aí chega um tempo que resolve aprender a homeopatia para ampliar a possibilidade de uso terapêutico. A homeopatia, na maioria desses casos, é [uma] segunda especialidade. O curso [de especialização em homeopatia] não é um curso que demanda uma carga horária tão grande, como [é] uma residência médica, uma especialidade como pediatria, que são três anos – a homeopatia é mais tranquilo [para se] fazer uma especialização. E tem outro aspecto: você não precisa sair da sua área totalmente. Pode se manter na sua área [de especialidade] e aprender a terapêutica homeopática.[201]

A relativa facilidade de aquisição do título é mais um dos fatores que atraíram médicos em formação para a especialidade. Esse e outros atrativos, contudo, não impediram que o interesse na especialidade diminuísse depois dos anos 1980, de modo que até mesmo o caráter suplementar da formação em homeopatia está à sombra da tendência do envelhecimento dos médicos homeopatas. Como consequência disso, o que se anuncia é um novo período de enfraquecimento institucional dessa figura que, atualmente, ainda tem papel central na reprodução da cultura homeopática.

Esse diagnóstico foi formulado de modo enfático por um membro da diretoria da Associação Brasileira de Farmacêuticos Homeopatas (ABFH) que entrevistamos, com a diferença de que se trata de um olhar "externo", isto é, da perspectiva de um indivíduo diferentemente situado na cultura homeopática:

---

201 Entrevista de um membro da diretoria do AHMB cedida este trabalho. A passagem está reproduzida com intervenções mínimas [sempre entre colchetes] e alguns cortes em relação ao texto transcrito da entrevista. Os cortes visam eliminar elementos de oralidade (p. ex., frases inacabadas) e repetições desnecessárias, e as intervenções indicadas [entre colchetes], explicitar o que está implícito, sem prejuízo ao conteúdo comunicado pelo entrevistado.

Os médicos [homeopatas] estão se aposentando ou morrendo – aí não tem sentido. Eu costumo dizer que a gente está passando por um período no qual os médicos estão abandonando a homeopatia, e quem vai sustentar a homeopatia são os farmacêuticos ou os leigos – leigos como o Monteiro Lobato, que cuidava das pessoas, e o movimento todo de formação de leigos homeopatas, que tem gente muito legal, muito séria. Claro que tem, como brincam alguns, manicure homeopática – pessoas sem a menor formação em área de saúde. Mas tem gente muito legal, como tem em outros países também.[202]

Diante da falta de interesse da nova geração de médicos na especialidade, da perda de espaço da doutrina entre as elites médicas, a tendência é que os terapeutas leigos ganhem mais espaço. Vale dizer que os cursos de homeopatia para não médicos, por mais que sejam ativamente combatidos pela AMHB, seguem existindo.

Os médicos homeopatas não são, claro, espectadores passivos dessa história. Ao contrário, esforçam-se para atrair as novas gerações. Além das propostas de reforma curricular,[203] há, até onde se pode ver, duas linhas de ação que se destacam, e é nelas que os médicos homeopatas apostam para que a doutrina siga sendo considerada "coisa de médico" no país.

A primeira é a aposta na persuasão da comunidade acadêmica do valor científico da homeopatia. Até hoje, isso divide os homeopatas – e seus simpatizantes – já que parte da categoria considera, a princípio, impossível demonstrar o valor terapêutico da homeopatia a partir da "racionalidade biomédica", indo em linha com o que afirma Luz. Em sua variante mais radical, essa posição, contudo, é insustentável para qualquer *médico* homeopata interessado em se fixar no circuito universitário.

No ambiente acadêmico, ele não está rodeado só de indivíduos que compartilham sua crença a respeito da eficácia da homeopatia, como ocorre ao frequentar cursos de homeopatia para médicos ou ao participar de

---

202 Entrevista de um membro da diretoria da ABFH cedida a este trabalho. Monteiro Lobato (1882-1948), de fato, praticou homeopatia; e não foi a única personalidade notável a fazê-lo.
203 As reformas curriculares em homeopatia incluem redução da carga horária dos cursos de especialização, que já exigiam pouco do médico formado, em comparação com as demais especialidades. Tal redução é discutida, por exemplo, em Estrêla (2010). Parece seguro supor que essa reforma pontual não fará muita diferença na prática, pois não atinge o cerne do problema.

congressos da área. Quando dois médicos homeopatas conversam entre si, eles "já sabem" que a homeopatia funciona. Ou, para afirmar o mesmo, mas sem aspas: ambos compartilham a crença de que os preparados homeopáticos, se prescritos e feitos de acordo com as regras da homeopatia, produzem, em seus pacientes, efeitos terapêuticos específicos. Mas, fora de sua bolha, eles *precisam* – pois são cobrados – falar a língua da medicina convencional, tentar provar o valor da homeopatia por critérios aceitos pela comunidade acadêmica. A ideia de que a doutrina homeopática só pode ser entendida "em seus próprios termos", de que seria impossível comprová-la cientificamente, está em rota direta de colisão com essa demanda prática, com a expectativa imposta aos homeopatas pela comunidade acadêmica.

Daí que a versão radical da tese de que a homeopatia só pode ser entendida "em seus próprios termos" seja defendida, atualmente, sobretudo por simpatizantes da homeopatia com formação nas ciências humanas, como Luz ou Fiore. Há, é claro, quem defenda tese semelhante por outros caminhos, como o fez Bezerra de Menezes, o mais notável dos médiuns receitistas e opositor da corrente mais cientificista no seio do espiritismo,[204] com a diferença de que ele não estava sujeito à pressão de ter de responder à medicina acadêmica. Luz e Fiore são cientistas sociais e, portanto, dialogam o tempo todo com outros cientistas sociais; para eles, faz sentido amparar sua crítica à "racionalidade biomédica" em conceitos em voga na sociologia e em citações de intelectuais consagrados nas humanidades. Esse é um ambiente bem diferente do de Bezerra de Menezes, para quem fazia mais sentido enquadrar a questão como iluminação espiritual, relacioná-la às ideias de Kardec; era isso que seu público esperava dele.

A mesma lógica ajuda a entender a concomitante proliferação de pesquisas que visam demonstrar, quando não a eficácia clínica da homeopatia, possíveis efeitos dos preparados homeopáticos (isso será discutido em detalhe na sessão em que examinaremos os periódicos de homeopatia nacionais). Por enquanto, basta observar que a "via cientificista" deve ser considerada como um gesto encontrado pelos homeopatas para se agarrar ao espaço que obtiveram dentro das universidades, possível graças ao reconhecimento da doutrina como especialidade pelo CFM; um gesto que, porém, divide os

---

204 Cf. Damazio, 1994, p.119.

próprios homeopatas, e que é, de antemão, limitado em seu alcance, já que estão tentando provar algo que, afinal, não pode ser provado.

A segunda linha de ação, por meio da qual os médicos homeopatas visam assegurar sua permanência no seio da medicina acadêmica, é a movimentação para incluir a homeopatia no SUS. A aprovação, ocorrida em 2006, da Política Nacional de Práticas Integrativas e Complementares (PNPIC) foi o resultado mais notável desses esforços.[205] A implementação desse plano exige, na prática, a interlocução com uma camada específica da sociedade, a figura do *gestor público*, que precisa ser convencido do valor da doutrina pelos homeopatas, tal como o tabelião e o coronel da história de Machado de Assis.

Na prática, vemos que a validação científica da homeopatia adquire, nesses casos, um caráter acessório. Ela é, com efeito, só um dos fatores que o gestor considera para decidir se a homeopatia deve ser incluída nos serviços públicos de saúde; segundo Salles, baseado em uma série de entrevistas com gestores de saúde simpáticos à homeopatia, a validação científica é um fator muitas vezes de menor importância.[206]

Nesse sentido, cumpre destacar que, entre os gestores entrevistados por Salles,[207] há uma clara tendência de se tomar o reconhecimento da homeopatia pelo CFM como motivo suficiente para acolher a doutrina nos serviços públicos de saúde. Os gestores entrevistados, em geral, "ressaltam que não lhes cabe julgar o mérito dessa especialidade, pois [consideram que] se é reconhecida pelo CFM a população deveria ter acesso a ela".[208] Vemos aqui como as expectativas criadas por diferentes profissionais em torno da divisão social do trabalho intelectual servem para racionalizar as atitudes individuais sobre a doutrina: os gestores tomam como resolvida a questão

---

205 É claro que o plano foi viabilizado pela mobilização dos próprios homeopatas (cf. Estrêla, 2006).
206 Salles (2008a) entrevistou gestores públicos, médicos e docentes envolvidos mais diretamente com a homeopatia (listados, de acordo com sua atividade de referência, na p.55-57). Seu objetivo era entender melhor a visão que os não homeopatas que trabalhavam com homeopatas e, de alguma forma, apoiavam sua implementação do SUS tinham de seus colegas. Para a nossa discussão, interessa sobretudo a visão dos gestores (ibid., p.102-153).
207 Como a autora enfatiza (cf. Salles, 2008a, p.104), gestores que trabalham em locais onde foram implantados serviços de homeopatia. A ideia não era produzir um levantamento da opinião dos gestores públicos em geral sobre a homeopatia, mas daqueles que já tinham algum contato com ela. Esse recorte também é, para os nossos fins, suficiente.
208 Salles, 2008a, p.108.

da homeopatia, confiando na decisão de uma instituição dotada de maior autoridade para tal. Com efeito, cabe ao CFM regulamentar o exercício da profissão médica, o que inclui se posicionar sobre o que é, e o que não é medicina. Ainda que o CFM não seja um órgão realmente científico, seria de se esperar que suas decisões tivessem embasamento técnico-científico, o que, na prática, nem sempre acontece.

Além do reconhecimento formal, também parece ser importante, do ponto de vista do gestor público, que o homeopata consiga atender demandas específicas dos pacientes. O paciente espera e cobra do gestor, além da prescrição de um medicamento eficaz, um atendimento individualizado e acolhedor, que muitos médicos na prática ficam devendo. Nas palavras de Salles:

> O acolhimento oferecido pelo médico homeopata, mediante a escuta ampliada e o exame clínico, em um tempo de consulta alargado, é visto como o grande diferencial de qualidade desta prática, e os efeitos deste procedimento seriam: a possibilidade de um cuidado mais integral; a segurança nas condutas, pois são embasadas na clínica; a relação de confiança dos pacientes com seus médicos; a atitude mais participativa dos pacientes no seu processo de tratamento.[209]

Esse é, justamente, o algo-além-da-homeopatia que os homeopatas oferecem para compensar a ineficácia clínica de suas prescrições e que adquire importância especial não só para a clientela, mas também para quem é responsável, de alguma forma, por canalizar a vontade da clientela (no caso dos pacientes do SUS, o gestor público). Deve-se a isso ao menos parte do poder de barganha que permite aos homeopatas implementar a doutrina no sistema público de saúde.

Diante da ineficácia farmacológica da homeopatia, podemos dizer que os homeopatas se especializaram em prestar um atendimento mais atento ao paciente, em cultivar as *competências comunicativas* da atividade médica. A seguir, ao examinar a relação médico-paciente no consultório homeopático, voltaremos a esse ponto. Aqui, basta ressaltar que tais competências envolvem conversar mais com o paciente, escutar com mais atenção o que

---

209 Ibid., p.114-115.

ele tem a dizer e atendê-lo por mais tempo – coisas que nem todos os médicos fazem, mas que contribuem para que os pacientes saiam do consultório satisfeitos com o cuidado recebido.

E eis o ponto: um paciente que se sente satisfeito não baterá na porta do gestor para reclamar do atendimento. Nas palavras de um dos gestores entrevistados por Salles: "Eu trabalhava muito com porta aberta e problemas não resolvidos, para que me trouxessem para serem resolvidos. E eu nunca recebia gente que veio reclamar por causa da homeopatia, enquanto, nos outros, havia com uma frequência razoável".[210]

Uma das razões pelas quais alguns gestores públicos, na prática, ignoram que os preparados homeopáticos não passam de placebos, é por reconhecer que muitos dos médicos homeopatas, graças ao cultivo de suas competências comunicativas, inspiram uma confiança especial nos pacientes.

O vínculo de confiança pode até se romper em algumas ocasiões, como tende a ocorrer, principalmente, se a recomendação do homeopata causar problemas para o paciente (decorrentes, por exemplo, do agravamento de uma doença não tratada, ou da frustração com uma promessa de cura que não se realiza). Mas isso não acontece sempre; e, mesmo quando acontece, a relação de causa e efeito nem sempre é evidente para o paciente, que pode se convencer, ou ser convencido, de que o homeopata fez o seu melhor, e que o problema se agravou apesar de suas recomendações, e não por causa delas.

Da mesma forma, muitos pacientes melhoram após se consultar com um homeopata, ainda que não por causa do preparado homeopático (assim como melhoravam depois de passar por sangrias, e assim como a maior parte dos pacientes com Covid-19 melhorou após tomar cloroquina). Embora nada diga sobre a eficácia do tratamento, a vivência da melhora basta para que, em boa parte dos casos, não se quebre o vínculo de confiança conquistado pelo homeopata no trato com o paciente. Basta para que a homeopatia forme e retenha uma clientela.

O ponto é que a estratégia de implantação da homeopatia nos serviços públicos de saúde – que depende da persuasão do gestor público – envolve ressaltar o momento de interação do homeopata com o paciente, ressaltar a ideia da homeopatia como "medicina do sujeito". Com isso, na prática, a questão da eficácia farmacológica da homeopatia tende a ficar em segundo

---

210 Ibid., p.113-114.

plano. Por outro lado, como veremos mais adiante, o que se passa no âmbito do consultório acaba sendo negligenciado, quando o que está em jogo é a tentativa de demonstração do valor da homeopatia pela via cientificista – tarefa cada vez mais absorvida não pelos médicos homeopatas, e sim por outros profissionais que trabalham com homeopatia, sobretudo com formação em outros ramos da área da saúde.

Esse é o mundo da homeopatia testada em camundongos de laboratório e usada para engorda animal, a face da doutrina que muitos sociólogos e historiadores têm dificuldade de encarar, por não corresponder à ideia, bem mais palatável, da "medicina do sujeito". Ambas, contudo, são parte da cultura homeopática, que só é adequadamente compreendida se atentamos para a combinação dessas duas linhas diferentes de ação.

***

Vimos como as duas principais linhas de ação, com as quais os homeopatas, atualmente, reagem ao declínio do interesse na homeopatia no âmbito da medicina, respondem a dois conjuntos diferentes de expectativas que recaem sobre eles sempre que está em jogo o cultivo da doutrina fora dos ambientes mais propícios a isso, fora da "bolha" homeopática. Trata-se de duas estratégias que envolvem certa transigência doutrinária, certo afastamento das ideias de Hahnemann – em especial, da ideia de que a homeopatia seria a "única e verdadeira" arte de curar. Nenhuma dessas estratégias é, na prática, tão fiel ao homeopata alemão quanto se apresenta: tanto os cientificistas que visam inserir a homeopatia no circuito universitário brasileiro, quanto os médicos que visam inseri-la nos serviços públicos de saúde tendem a promover o uso eclético da homeopatia, tido por aberrante pelo próprio Hahnemann.[211] Como a esta altura sabemos, essa sempre foi a condição básica da aceitação da homeopatia no seio da elite médica, como já estava prenunciado na avaliação que Hufeland faz da doutrina, em seu contexto de origem.

Não obstante, em um aparente paradoxo, ambas as estratégias permanecem fiéis a Hahnemann, pois é essa transigência doutrinária que, na prática,

---

211 A rejeição da postura ortodoxa pelos gestores públicos foi discutida por Salles (2008a, p.14-18), que deixa claro que a aceitação da homeopatia nos serviços públicos de saúde está, também nos dias atuais, na prática condicionada ao seu uso eclético ou heterodoxo.

permite aos homeopatas dar vida às ideias que, de fato, *distinguem* a sua atividade como homeopata. Graças a tais traições, a doutrina subsiste como atividade médica, isto é, como prática terapêutica pertencente ao rol de atividades reconhecidas, em nossa sociedade, como "coisa de médico". Assim, esses atos de transigência doutrinária, de variação controlada da doutrina, são um preço pequeno a pagar quando o que está em jogo é a sobrevivência do que há de mais distintivo nela. Sua relação com a situação básica em que se encontra todo homeopata, e que ilustramos por meio da figura do Dr. Leão, é clara: os dois atos de transgressão que acabamos de examinar se manifestam assim que os homeopatas precisam responder aos questionamentos colocados ora por sua clientela (e por gestores ocupados em canalizar sua vontade), ora por possíveis aliados atuantes no sistema universitário brasileiro.

2.3.2. O farmacêutico homeopata

O profissional com maior prestígio da cultura homeopática é o médico, mas isso não quer dizer ele seja o mais importante para a preservação dessa cultura. Tão importante quanto ele é o farmacêutico homeopata.

Como é sabido, o criador da homeopatia concentrava em si ambas as funções – aliás, também desempenhava papel central na divulgação da doutrina, de modo que concentrava as três atividades essenciais à cultura homeopática. Hahnemann atendia pacientes em seu consultório, preparava e vendia o "remédio" entregue ao fim da consulta, divulgava sua doutrina em jornais, panfletos e livros, e a ensinava a seus discípulos. Uma vez postas em circulação, porém, suas ideias ganhavam vida própria e, para que elas persistissem no mundo depois da morte de seu criador, seus discípulos cederam ao imperativo da especialização funcional. Assim, desde a morte de Hahnemann, o farmacêutico e o médico homeopatas se tornaram profissões diferentes.

Como todo processo de diferenciação funcional, esse também deu margem a todo tipo de tensão. Não havia conflito social possível entre o médico e o farmacêutico quando os dois coincidiam numa só pessoa, mas a coisa muda de figura tão logo essas duas funções passam a ser exercidas por pessoas distintas, cada uma com suas próprias convicções e sujeita a um conjunto específico de expectativas sociais (o paciente não espera, do homeopata que o atende como médico, o mesmo que espera do farmacêutico).

Além disso, assim que a atuação de quem prepara homeopatia é desligada da de quem a prescreve, e que diferentes prescritores entram em competição uns com os outros, o farmacêutico é alçado a uma posição especial; todos os prescritores passam a depender dele, ao passo que ele não depende de nenhum tipo *específico* de prescritor (ainda que dependa de *algum* prescritor). Daí que a farmácia homeopática seja o ponto para onde converge toda a cultura homeopática, na qual todas as suas diferenças encontram abrigo.

O paciente pode escolher ser tratado por um médico, por um terapeuta leigo ou por conta própria, mas, em todo o caso, precisa ir a uma farmácia homeopática para adquirir o preparado. Embora, em tese, só um conjunto restrito de profissionais tenha, no Brasil, autorização formal para prescrever homeopatia – médicos e dentistas podem, em tese, prescrevê-la a seres humanos, e veterinários e agrônomos, para uso em animais e plantas –, na prática, há farmácias que aviam prescrições feitas por leigos, ou de veterinários para uso humano. E não é só: as farmácias homeopáticas também aviam preparações similares à homeopatia, mas que não são "coisa de médico", como os florais de Bach e os preparados da antroposofia (ambos inspirados na homeopatia).

É claro que o prestígio associado à figura do médico torna as prescrições mais valiosas até para o farmacêutico. Mas sua relativa independência em relação ao médico lança luz sobre a postura mencionada anteriormente, quando um farmacêutico especula que a salvação da doutrina, diante da tendência de desaparecimento do médico homeopata, possa vir dos homeopatas leigos.[212]

No entanto, apesar de também interagir com o paciente, o farmacêutico não tem uma relação tão estreita com ele como tem o médico ou o homeopata leigo. Por conta disso, o aspecto técnico e impessoal da doutrina aparece mais nitidamente na atividade do farmacêutico homeopata do que na do médico. O médico e o terapeuta, ao atender o paciente, *tem em mente* um procedimento puramente técnico – o roteiro de diagnóstico peculiar à homeopatia –, que é realizado apenas mentalmente *enquanto* atende o paciente, e, portanto, no curso da interação médico-paciente. A atuação do farmacêutico, por sua vez, divide-se em dois momentos claramente distintos: o aspecto técnico e impessoal de sua atividade é realizado de maneira solitária no laboratório

---

212 Cf. citação referente à nota de rodapé 202.

em que o preparado é produzido; e o aspecto mais humano e pessoal de sua atividade se dá no atendimento de balcão.

O correlato espacial da condição do farmacêutico é a separação entre os ambientes de preparação da homeopatia (laboratório) e de venda de produtos (loja de remédios, a drogaria). Nas farmácias de homeopatia mais tradicionais, é comum que esses ambientes ocupem salas diferentes da mesma edificação, sob a supervisão de um único farmacêutico. Em alguns casos, o laboratório é separado da loja só por uma janela de vidro, de modo que o cliente pode espiar o que está acontecendo "lá dentro", o que costuma ser feito com o objetivo de reforçar o vínculo de confiança entre o prestador de serviço e o cliente. Essa é uma lógica comum a vários outros estabelecimentos comerciais, mas relativamente rara em farmácias convencionais.

Em outros casos, porém, há uma diferenciação ainda mais completa desses dois serviços (e mais próxima do que encontramos nas farmácias convencionais). É o caso dos grandes laboratórios de homeopatia, que põem seus produtos à venda não só nas farmácias homeopáticas, como também em drogarias convencionais. Dos laboratórios brasileiros, talvez o mais conhecido seja o Almeida Prado, que comercializa nas drogarias convencionais apenas uma parcela de seus produtos, alguns deles com substâncias em doses ponderais, ou seja, que não são homeopatia "pura".

Mais adiante, voltaremos a esses grandes laboratórios, ainda que apenas de passagem. Por enquanto, o que interessa é destacar que mesmo o farmacêutico homeopata que atua mais próximo da clientela ainda guarda uma distância considerável do paciente. Para o farmacêutico, a dimensão puramente técnica da cultura homeopática, com a qual os sociólogos que examinaram a doutrina até aqui pouco se preocuparam,[213] adquire maior importância.

Atualmente, a homeopatia também é reconhecida como especialidade pelo Conselho Federal de Farmácia, ainda que o título de especialista tenha menos importância no caso dos farmacêuticos do que no dos médicos, nem sequer sendo obrigatório para o exercício de responsabilidade técnica em farmácias ou laboratórios homeopáticos. Para ser mais exato, em tese, nenhuma farmácia ou laboratório homeopático pode atuar sem ao menos um farmacêutico autorizado pelo Conselho Regional de Farmácia de sua circunscrição a exercer cargo de responsabilidade técnica em farmácia homeopática.

---

213 Novaes (1989), mais uma vez, é uma exceção digna de nota.

Porém, de acordo com a Resolução n.576, de 28 de junho de 2013, se por um lado o título de especialista em homeopatia habilita um farmacêutico a exercer a responsabilidade técnica na área, por outro lado, a mesma habilitação também pode ser obtida por qualquer farmacêutico que, mesmo sem o título, comprove ter feito disciplina de homeopatia na graduação (com carga horária mínima de sessenta horas) e estágio de 120 horas em alguma instituição reconhecida. O título se torna, com isso, uma formalidade.

Como adiantamos antes, nos últimos anos presenciamos movimentações com a finalidade de reestruturar o papel do farmacêutico na sociedade brasileira, visando ampliar a área de atuação desse profissional na assistência à saúde. Essa movimentação resultou nas Resoluções n.585 e n.586, do CFF, de 29 de agosto de 2013, e na Lei n.13.021, sancionada em 8 de agosto de 2014. As resoluções tratam das atribuições do farmacêutico, visando normatizar a consulta e a prescrição feita por esse profissional, e estipulando os cenários em que ele tem autorização para prescrever por conta própria (sem depender da receita médica), e em quais isso é vedado. Já a Lei n.13.021 dispõe, entre outras coisas, sobre o *status* das farmácias, classificando-as como estabelecimentos de assistência à saúde. A consequência prática dessas determinações é ampliar o rol de serviços que pode ser oferecido pelo farmacêutico.

Como vimos antes, nada disso foi bem recebido pelas associações médicas, gerando tensão entre médicos e farmacêuticos, inclusive entre homeopatas. A isso, cabe agora acrescentar que, em linha com a tendência mencionada, o CFF publicou a Resolução n.635, de 14 de dezembro de 2016, em que dispõe especificamente sobre as atribuições do farmacêutico homeopata, e reforça a tendência de ampliar a área de atuação para esse profissional. A resolução é explícita em autorizar o farmacêutico a "realizar o manejo de problemas de saúde autolimitados".[214] Isso implica autorizar, nesses cenários, o farmacêutico a vender preparados homeopáticos sem prescrição médica.

Essas diretrizes logo foram assimiladas pela Associação Brasileira de Farmacêuticos Homeopatas (ABFH). A prova de 2017 para obtenção de título de especialista em farmácia homeopática, organizada por essa associação, trazia em seu programa um tópico sobre a "atenção farmacêutica

---

214 Brasil, 2016, p.139.

homeopática", em que são listadas várias substâncias comuns do arsenal homeopático consideradas adequadas para tratar casos autolimitados. Com isso, a atividade do farmacêutico absorveu algumas funções do médico, ainda que somente em casos simples, que não exigiriam, conforme o entendimento dos homeopatas, seguir passo a passo o roteiro de diagnóstico peculiar à doutrina. Este ainda permanece como prerrogativa do médico homeopata.

Em tese, tais desenvolvimentos podem contribuir para o fortalecimento da clientela que trata a si mesma com homeopatia e que, via de regra, já o faz para manejar, acima de tudo, doenças passageiras ou sintomas pontuais (como dores de cabeça, insônia etc.). Esse sempre correspondeu a um contingente importante, mas difícil de dimensionar, da clientela da homeopatia. Porém, com o fortalecimento da figura do médico homeopata, consagrado pela Resolução n.1.000 do CFM, a "automedicação" com homeopatia passou a ser um problema, pois o paciente que se trata sozinho com homeopatia não vai ao médico homeopata. Uma vez que a homeopatia tem atraído poucos jovens médicos, as resoluções do CFF representam um verdadeiro alívio para o farmacêutico homeopata, mesmo que o preço seja acirrar a tensão entre esses dois profissionais.

Apesar de o acirramento entre os círculos de médicos e farmacêuticos homeopatas ser realidade, é preciso ponderar que essas determinações são muito recentes, e que o efeito prático das normas não pode, ainda, ser considerado garantido.

2.3.3. O homeopata leigo

Como uma espécie de sombra da figura do médico homeopata, temos o homeopata leigo, que também presta atendimento homeopático a seus pacientes, mas sem dispor do prestígio e reconhecimento oficial do médico. Por isso, o homeopata leigo é uma figura mais proteiforme, cuja área de atuação não é bem regulamentada no nosso país, nem corresponde a uma só profissão bem delineada, no que o difere tanto do médico homeopata quanto do farmacêutico.

O reconhecimento da homeopatia como especialidade médica é uma peculiaridade do cenário brasileiro, e tem como resultado a restrição da margem de atuação do homeopata leigo, imposta, em boa medida, pela atuação das associações de médicos homeopatas. No Reino Unido, por exemplo, homeopatas leigos atuam com menos restrições, ainda que o façam sem o prestígio dos médicos homeopatas.[215] Também há ali médicos homeopatas, como Peter Fisher (1950-1918), que foi médico da família real britânica e o homeopata mais influente de sua geração. Mesmo assim, por lá a homeopatia não é considerada "coisa de médico". Recentemente, em 2017, o Serviço Nacional de saúde do Reino Unido, o NHS, decidiu não mais cobrir o tratamento com homeopatia, por conta da ausência de evidências de sua eficácia. Na página oficial do NHS, lemos que "não há regulação jurídica dos praticantes de homeopatia no Reino Unido", e que "qualquer um pode atuar como homeopata, mesmo sem ter quaisquer qualificações ou experiência" –[216] o que dá uma ideia do pouco prestígio oficial de que a doutrina desfruta.

Na maior parte do mundo, a homeopatia não é considerada "coisa de médico", não desfruta do reconhecimento oficial e das mesmas prerrogativas de que desfruta por aqui. No Brasil, a AMHB estipula, com base em uma interpretação do artigo 13 da Lei n.5.991, de 17 de dezembro de 1973, que apenas médicos e dentistas podem prescrever homeopatia a seres humanos, embora haja leigos que também o façam.[217] Ou seja, no Brasil, só alguns profissionais (médicos, dentistas e veterinários) estão, a princípio, habilitados a prescrever homeopatia de maneira regular.

A contrapartida disso é que, no Brasil, há poucos homeopatas leigos em posição de destaque nos círculos homeopáticos, ao passo que alguns dos promotores da doutrina com maior projeção no cenário global são homeopatas leigos. Esse é o caso, por exemplo, do norte-americano Dana Ullman e do grego George Vithoulkas, para mencionar apenas dois dos mais influentes na comunidade homeopática internacional.[218]

O que temos é um leque de alternativas que permite ao homeopata leigo atuar de maneira um pouco mais formal, isto é, dentro de algum marco

---

215 Para uma breve descrição dos vários marcos legais em que a atividade do homeopata se encaixa em diferentes nações, cf. Ernst, 2016, p.17-20.
216 *Homeopathy*, 2024.
217 Confira, por exemplo, a nota oficial emitida pela AHMB (2019). Embora a normatização seja contestada por farmacêuticos homeopatas, estes costumam reconhecer que a prescrição vinda do leigo é irregular. Sobre o assunto, ver citação relacionada à nota de rodapé 243.
218 Dana Ullman, por exemplo, não possui o título de *medical doctor*, e se identifica como *homeopathic practitioner*.

regulatório mínimo. Atualmente, a mais comum delas é a ocupação de terapeuta holístico, que consta da Classificação Brasileira de Ocupações (CBO), sob o número 3221-25.

A categoria terapeuta holístico é, na verdade, um termo guarda-chuva, que abrange quatro profissionais diferentes, definidos de maneira vaga: homeopata (não médico), naturopata, terapeuta alternativo, terapeuta naturalista. Se afirmo que a menção da CBO é o que há de mais próximo de uma categoria "oficial" para enquadrar a atuação do homeopata leigo, é porque é a ela que a maioria dos cursos de homeopatia voltados a não médicos remete seus alunos. Esse é o caso do curso "ciência da homeopatia", oferecido pela Homeobrás, com apoio da Associação Nacional dos Terapeutas Holísticos e Energéticos (Atenemg). Esse curso é oferecido e anunciado em todo o território nacional; caso o leitor circule no metrô de São Paulo, é possível que já tenha visto um de seus anúncios. Ele conta com um corpo docente de 49 professores, de acordo com a página oficial da Homeobrás.[219] Outro exemplo, porém de menor porte, é o curso da Academia Brasileira de Homeopatia Contemporânea (Abrahcon).

O membro da diretoria da AMHB que entrevistei classificou tais iniciativas como "cursos oportunistas". Ele questiona:

> Sabe o que acontece com essas pessoas que fazem esses cursos? Terminam o curso, gastam dinheiro, compram um monte de livros – [porque as escolas] empurram um monte de material didático que a pessoa tem que comprar –, passam não sei quanto tempo fazendo curso. E depois sabe o que acontece? Eles não conseguem praticar. Imagina: você vai levar o seu filho a um terapeuta [leigo]? Não vai. Vai procurar um médico. Então a gente tem uma luta contra esses cursos que estão formando pessoas leigas, porque a gente acha que estão enganando as pessoas.

Apesar de constar na CBO, a profissão de terapeuta holístico não é, atualmente, bem regulamentada. Quem está disposto a fazer um desses cursos terá de atuar de modo mais ou menos informal, e verá suas credenciais questionadas a todo momento. Basta mencionar que, no portal da

---

219 Informação obtida no site da Homeobrás. Disponível em https://homeopatias.com/corpo-docente/. Acesso em: abr. 2021.

Homeobrás, por exemplo, há várias páginas dedicadas a convencer os alunos potenciais de que o curso oferecido tem bases legais e habilita o formado a atuar como terapeuta holístico.

Trata-se de uma reação às ações movidas pela AMHB para fechar cursos como esse – a mais recente atualização do conflito centenário entre médicos homeopatas e praticantes leigos, cujo primeiro ato, no cenário nacional, foi a disputa entre o grupo de Mure (que formava leigos) e o de Duque-Estrada (que representava os médicos homeopatas) na década de 1840. A diferença é que, naquela época, a área de atuação dos praticantes leigos era maior, já que não havia ainda um monopólio real do exercício da medicina por parte dos médicos diplomados.

O monopólio foi conquistado pelos médicos, mas isso fez pouca diferença para a homeopatia até o momento que os médicos homeopatas, que há muito reivindicavam ser a homeopatia "coisa de médico", tiveram sua reivindicação atendida pelo CFM. Nesse contexto, a atividade do homeopata leigo se torna uma ameaça não só à autoridade do médico homeopata, e sim à do médico em geral; e este, é claro, espera de seu par, do médico homeopata, que seja a linha de frente no combate a essa ameaça.

Em termos práticos, essa luta resulta na criação de um obstáculo enorme à atuação do homeopata leigo, a tal ponto que, apesar da categoria da CBO criada para incluir esse profissional (entre outros) acaba muitas vezes por não o contemplar, agregando cada vez mais apenas os profissionais cuja atividade não é tida como "coisa de médico". É o caso de terapeutas que trabalham com *reiki*, florais de Bach etc.

Sobre esse ponto, cabe mencionar que distintas associações reivindicam a CBO 3221-25, e nem todas são próximas da homeopatia, como é o caso da Atenemg e da Abrahcon. Consideremos a Associação Brasileira dos Terapeutas Holísticos (Abrath). Uma consulta em sua base de filiados, que em 2017 eram mais de 2.500, mostra que só uma fração se apresenta como homeopata; em uma busca aleatória em cem registros de filiados, só quatro anunciavam atuar como homeopata. Mais comuns são as práticas que não têm o reconhecimento "oficial" da comunidade médica, como o *reiki*.

De resto, muitas associações de terapeutas holísticos são frágeis – surgem aqui e ali, mas não duram muito –, e desfrutam de pouco alcance e prestígio institucional, ainda que possam ter algum enraizamento local, dependendo do caso. Por conta disso, é difícil dimensionar o fenômeno de maneira adequada. Do ponto de vista da formação desses profissionais, foram identificados tanto terapeutas leigos que trabalham com homeopatia e têm formação em áreas adjacentes à medicina – em particular fisioterapia, odontologia e enfermagem –, quanto aqueles sem formação na área de saúde, cujo contato com a profissão é, às vezes, mediado pela afiliação religiosa e, em especial, pela adesão ao imaginário místico-esotérico.

Como veremos na última seção deste capítulo, o imaginário místico--esotérico desempenha um papel de destaque também para os consumidores de homeopatia.

No caso dos praticantes que atuam nas áreas adjacentes à medicina, vemos, atualmente, esses profissionais tentarem obter o reconhecimento da doutrina junto de suas respectivas associações profissionais. O Conselho Federal de Odontologia publicou a Resolução n.160, de 2 de outubro de 2015, que reconhece a homeopatia como "especialidade odontológica". Com isso, os profissionais da área que já trabalhavam com homeopatia passam a dispor de uma nova categoria oficial para enquadrar sua atuação, conseguindo se desvencilhar da classificação precária do terapeuta holístico e obtendo autorização para atuar como prescritor.[220] Diga-se que os dentistas homeopatas há algum tempo desfrutavam de mais espaço e reconhecimento nos círculos oficiais de homeopatia, contribuindo com publicações na área e frequentando os congressos de homeopatia.

Alguns dos professores dos cursos de homeopatia para leigos também tinham certo grau de reconhecimento nos círculos oficiais de homeopatia, a despeito das disputas entre médicos e terapeutas leigos. Dentre eles, encontramos os praticantes da chamada terapia Cease, método desenvolvido pelo homeopata holandês Tinus Smith[221] e aplicado, no Brasil, por um núcleo pequeno de pessoas, algumas das quais com formação em medicina.[222]

---

220 Ainda hoje, há, entre os homeopatas filiados à Abrath, alguns com formação na área de odontologia, o que indica que essa era uma opção para alguns desses profissionais.

221 Smith, falecido em 2010, obteve o título de médico tardiamente; antes disso, já atuava, em seu país, como homeopata leigo.

222 Para não expor os indivíduos, apenas mencionamos que há uma associação internacional de homeopatas responsável por organizar cursos rápidos com o objetivo de habilitar pessoas a exercer a terapia Cease, mesmo que essa certificação não seja reconhecida pela comunidade médica em geral. A página oficial dessa associação traz o perfil dos profissionais habilitados por esse curso, na qual foram identificados quatro brasileiros (dois médicos e dois praticantes leigos).

O método é voltado ao tratamento de pacientes com autismo, e a homeopatia serviria, nesses casos, para "desintoxicar" o corpo do paciente de substâncias que supostamente causariam o autismo, mitigando seus efeitos e, assim, promovendo a qualidade de vida do paciente. Esses homeopatas, que atuam na linha de frente do movimento antivacinação, alegam que as vacinas modernas seriam uma das substâncias causadoras do autismo.

Apesar de não haver comprovações de que as vacinas causam autismo, isso não impediu o movimento antivacinação de ganhar força nos últimos anos. Nos círculos de homeopatas, a questão é objeto de controvérsia; pode-se dizer que há uma afinidade entre o movimento antivacinação e a vertente ortodoxa da homeopatia, que, em geral, aceita apenas os profiláticos homeopáticos, e não as vacinas convencionais. Tal afinidade, contudo, costuma ser mantida em xeque entre os médicos homeopatas, sobretudo entre os mais próximos do setor público. Em boa medida, por razões práticas: é preciso ceder à pressão de gestores públicos e médicos convencionais, que são em geral unânimes no apoio ao calendário oficial de vacinação.

Há, porém, médicos homeopatas que apoiam o movimento antivacinação, o que é ilustrado pela presença de médicos homeopatas habilitados a pôr em prática o método Cease. A diferença é que, no caso dos praticantes leigos, a pressão vinda de gestores públicos e médicos convencionais não se faz sentir de maneira tão direta. Em outras palavras, o praticante leigo tem menos a perder ao desafiar mais abertamente o consenso médico. Por isso, sua oposição ao calendário oficial de vacinação tende a assumir uma forma mais radical, mais explícita, mais pública.

2.3.4. As carreiras secundárias: homeopatia sem sujeito

Atualmente, a homeopatia é aplicada por diversos profissionais a pacientes não humanos, como animais e plantas. Nesses casos, observamos a diferenciação entre o paciente e o cliente do homeopata.

Em se tratando de veterinário e agrônomo homeopatas, já não é mais o próprio paciente quem eles têm de convencer do valor do tratamento. Essa peculiaridade é reveladora, pois permite examinar sob um novo ângulo as duas faces da doutrina: a "técnico-doutrinária", voltada, nesse caso, ao manejo de uma série de patologias animais e vegetais, que são o paciente de tais homeopatas; e a sua face mais "humana", direcionada à satisfação das expectativas do *cliente*.

Um volume considerável da pesquisa com pretensões científicas levada a cabo pelos homeopatas – em que sua face técnico-científica é mais evidente – envolve sua aplicação em plantas e animais.

Para tratarmos do assunto, adiantamos alguns achados da análise que fizemos das principais revistas de homeopatia do país (serão apresentados em detalhe em outra seção): dos 278 artigos publicados no período analisado, 32 relatam experimentos com animais, 10 dos quais visando a aplicação veterinária; outros 13 envolvem experimentos botânicos em agronomia. Trata-se de um volume similar ao de artigos que relatam experimentos na clínica médica: a mesma amostra traz 10 trabalhos classificados como ensaios clínicos e 12 experimentos patogenéticos.[223] Assim, se, em geral, os médicos homeopatas são as figuras com maior prestígio social no seu meio, nos periódicos de homeopatia esse protagonismo é dividido com profissionais de outras áreas. A ciência homeopática é produzida, em boa medida, por profissionais das carreiras secundárias, cuja atuação como homeopata não é essencial à permanência da doutrina.

Esse tipo de pesquisa costuma ser bem recebida pelos profissionais homeopáticos, e amiúde envolve a colaboração de farmacêuticos e médicos – o que é natural, uma vez que fornecem munição para rebater os críticos da homeopatia. Um dos argumentos comuns utilizados por homeopatas para provar o valor da doutrina é: se há pesquisas que mostram a eficácia da homeopatia em animais e plantas, ela seria mais do que um placebo.

Esse argumento esbarra em uma série de dificuldades. Em primeiro lugar, ao contrário do que muitos homeopatas alegam, é possível induzir uma resposta placebo mesmo em animais.[224] Em segundo, os críticos da doutrina não se resumem a afirmar que a homeopatia "funciona como placebo", mas também que o tratamento homeopático não é responsável pelas melhoras clínicas atribuídas a ele, sendo as melhoras, em geral, resultantes do curso natural da doença ou de outros tratamentos usados concomitantemente à

---

223 Sendo dois destes, de fato, patogenesias de plantas, isto é, pesquisas que visam determinar quais seriam os "efeitos" de certas substâncias do arsenal homeopático quando aplicadas a plantas saudáveis, não a pessoas saudáveis. Para mais detalhes, ver Tabela 2.2, p.328 deste livro.

224 Cf. Benedetti, 2014, p.56-58.

homeopatia. Em terceiro lugar, a força do argumento é diretamente proporcional à qualidade dos experimentos, os quais se mostram, em geral, bastante frágeis, se analisados de perto.

Os exemplos são muitos. Em um trabalho publicado em uma revista de homeopatia, os autores concluem que o tratamento homeopático explica a melhora no quadro de mastite bovina (verificada com base em um teste padrão para diagnosticar a mastite subclínica). Porém, a leitura do artigo revela que o experimento não contou sequer com grupo de controle[225] o que, por si só, torna a conclusão dos autores difícil de sustentar. E mesmo os poucos experimentos que se valeram de grupos de controle revelam ter outros problemas.

Consideremos, por exemplo, um artigo que avalia o possível efeito de um bioterápico no manejo dos carrapatos bovinos em um rebanho de vacas leiteiras.[226] Nele, falta uma discussão sobre as possíveis variáveis de confusão, como é de se esperar em um experimento feito em ambiente não controlado, com animais que, além de homeopatia, receberam tratamento concomitante com pesticidas convencionais (como relatado no artigo).

É possível encontrar, mesmo nos círculos de homeopatas, quem concorde com a afirmação de que há problemas nesses experimentos. Em 2015, foi publicada a primeira revisão sistemática de literatura sobre o uso veterinário da homeopatia que conclui:

> A metanálise prove evidência muito limitada de que a intervenção clínica em animais usando medicamentos homeopáticos é distinguível da intervenção correspondente usando placebos. O baixo número e qualidade dos ensaios impedem uma conclusão mais decisiva.[227]

Tal revisão, publicada no periódico *Homeopathy* (o mais importante na área e que por muitos anos foi publicado pelo selo da Elsevier), foi conduzida por uma equipe simpática à homeopatia, especializada em produzir metanálises homeopáticas, várias delas de qualidade questionável. Mesmo com o viés favorável, os autores apontam para a fragilidade dos experimentos

---

225 Cf. Martins et al., 2007.
226 Gazim et al., 2010.
227 Mathie; Clausen, 2015.

disponíveis na literatura, o que mostra que há, mesmo entre os simpatizantes da doutrina, quem concorde que não temos boas razões para acreditar que a homeopatia aplicada em animais funcione. Assim como no caso dos médicos, também no de veterinários e agrônomos a crença na eficácia da homeopatia é, na prática, amparada pela experiência acumulada desses profissionais.

Dado o recorte sociológico deste trabalho, é significativo notar que boa parte desses experimentos envolva a aplicação de homeopatia com o objetivo de aumentar a produtividade pecuária ou agrônoma. Em alguns desses estudos, esse objetivo não é explicitamente formulado, mas é possível inferir que é isso que está em jogo. Esse é o caso de experimentos para avaliar o potencial do uso de homeopatia (e de isopatia e bioterápicos) no manejo de patologias bem conhecidas pelo produtor rural, que prejudicam a engorda ou a produtividade do animal ou da colheita. Por exemplo: mastite bovina (que afeta a qualidade do leite produzido pelas vacas afetadas), diarreia suína (que dificulta a engorda dos porcos), pinta-preta no tomate (doença causada por um fungo, que afeta a qualidade do fruto). Também há diversos outros experimentos desenhados explicitamente com o objetivo de avaliar o possível impacto da homeopatia na engorda animal ou na taxa de crescimento de uma planta, sem que isso implique combater uma doença específica.

Não há, em casos assim, nada que se aproxime do ideal de uma "medicina do sujeito". O objetivo da homeopatia é, nesses casos, tornar o empreendimento do dono dos animais ou do agricultor mais rentável. Não se combate a mastite bovina para que as vacas sejam mais felizes, e sim para que produzam mais leite; tampouco se promove a engorda de porcos em prol da saúde dos suínos.

Como corolário disso, a homeopatia aplicada nesses contextos tende a se afastar do ideal da individualização, a não respeitar a lei da cura pelo semelhante e até mesmo a fugir do arsenal típico da homeopatia. Em um dos experimentos mencionados,[228] foi aplicado um bioterápico à base de carrapato para o manejo da infestação de carrapatos; o roteiro de diagnóstico peculiar da homeopatia, bem como o princípio da semelhança, foi dispensado. Mas, mesmo nos casos em que a substância testada faz parte do arsenal

---

228 Cf. Gazim et al., 2010.

clássico da homeopatia, raramente a escolha é feita dentro dos cânones da doutrina (nem pode ser, como veremos).

Por exemplo, em um artigo dedicado ao uso de homeopatia no cultivo de alface,[229] os autores justificam a escolha do carvão vegetal preparado homeopaticamente com base na constatação de que a substância, em doses ponderais, já era usada por agricultores, sem que tal escolha seja justificada nos termos da homeopatia. É difícil imaginar como o roteiro diagnóstico usual de homeopatia se aplicaria a um caso como esse, já que os procedimentos homeopáticos são centrado na anamnese e exigem comparar o relato do paciente com o texto de Hahnemann. Além disso, a obra hahnemanniana descreve o efeito de substâncias em pacientes humanos, não em plantas e animais. O que resta da homeopatia, em casos assim, é a farmacotécnica, pois todas as substâncias são submetidas a ela.

Se o ideal da individualização desaparece da perspectiva do *paciente* (no caso, vacas, mudas de alface etc.), ele reaparece do ponto de vista do *cliente* (proprietário das vacas, agricultor etc.). Há produtores rurais que preferem a adoção de técnicas de manejo de pragas consideradas menos tóxicas e mais "naturais" do que pesticidas e medicamentos veterinários usuais; a homeopatia é vendida, justamente, como algo "natural".

Por "natural", entende-se qualquer técnica de manejo de pragas menos industrializada e artificial. "Natural" é, aqui, o oposto de "artificial", "industrializado", "sintético" (é preciso manter os termos entre aspas porque se trata de noções usadas no senso comum, com contornos bastante vagos). Essa associação está muito bem sedimentada na imaginação do consumidor de homeopatia. Em linha com isso, os profissionais dessas áreas têm de responder a uma expectativa similar a que recai sobre o médico homeopata, na medida em que também o paciente humano espera do homeopata um recurso terapêutico desprovido de risco iatrogênico; e, para muita gente, o que é natural é tido como mais seguro e saudável.

Se, em geral, a homeopatia aplicada a esses domínios tende a se distanciar da aplicada a pacientes humanos, por não depender do roteiro de diagnóstico que lhe é peculiar,[230] há pelo menos um cenário em que essa distância é ven-

---

229 Rossi et al., 2006.
230 O roteiro tem um apelo especial nos casos em que o paciente é também cliente (como veremos na seção "A clientela").

cida: aquele em que o paciente é um *animal de estimação*. O paciente é, nesse caso, submetido ao tratamento homeopático completo, o que inclui a aplicação do roteiro de diagnóstico, o uso da *materia medica* homeopática e, em algumas ocasiões, a referência à teoria dos miasmas crônicos de Hahnemann.

Para exemplificar, consideremos o relato clínico publicado em uma revista de homeopatia,[231] em que dois homeopatas narram o tratamento de uma cadela com um tumor vaginal benigno. Os autores relatam que a cadela foi levada ao consultório por causa de hemorragia vaginal, e que ela já fora tratada tanto com homeopatia como com meios convencionais, sem sucesso; o artigo detalha o tratamento homeopático até então recebido, mas não o convencional,[232] e apresenta as rubricas associadas aos sintomas manifestos, bem ao estilo de Hahnemann e Kent. O diagnóstico é apresentado em seis dimensões distintas:

> 1) Clínico: tumor vaginal e síndrome de Wobbler; 2) Prognóstico clínico dinâmico: causador de lesões severas/incurável; 3) Fatores biopatográficos: doenças anteriores, histerectomia e vacinações; 4) Biotipológico: misto de constituição fosfórica e carbônica. 5) Temperamental: atrabiliático; 6) Diatésico: sicose.[233]

Não é importante decifrar o jargão usado pelos autores, e sim observar que ele envolve uma costura de ideias que circulam apenas entre homeopatas e ideias que circulam também entre veterinários convencionais. Os três primeiros itens seguem um pouco mais de perto o padrão convencional, ainda que seja notável a caracterização da vacinação como "fator biopatográfico", isto é, como parte do histórico de doenças dessa paciente (a cadela), como um fator possivelmente relevante para a sua patologia. O diagnóstico da dimensão "temperamental" é uma incursão da teoria dos humores na homeopatia: "atrabiliático" se refere à bile negra, um dos quatro humores básicos estipulados pela antiga teoria humoral, já fora de moda na época de Hahnemann. Os outros dois itens são peculiares ao imaginário homeopático: o "misto de constituição fosfórica e carbônica" sinaliza as substâncias

---

231 Cf. Ferreira; Pinto, 2008.
232 Cf. ibid., p.153.
233 Cf. ibid., p.154.

do arsenal homeopático adequadas a esse caso, e "diatésico" é outro nome para "miasmático".[234]

A cadela de estimação foi tratada de maneira bem diferente dos animais de produção. Não havia, no experimento com vacas leiteiras, prescrição individualizada; o mesmo preparado homeopático foi dado a todas as vacas, para tratá-las de mastite. Já a cadela, a cada consulta, recebia um preparado diferente à medida que os sintomas mudavam (exatamente como ocorre com pacientes humanos). É claro que o veterinário homeopata responde, em primeiro lugar, às expectativas do cliente – acima das do paciente –, que é quem deseja que seu animal de estimação receba o mesmo tratamento atencioso, "holístico" e isento de efeitos colaterais que o médico homeopata dispensa a pacientes humanos. Ainda assim, o que temos nesses casos é uma fachada de individualização: para chegar ao símile considerado correto, que captaria a totalidade sintomática do paciente não humano, o homeopata não tem alternativa senão comparar os sintomas do animal ou da planta com o texto de Hahnemann, que registra apenas os efeitos presumidos das substâncias em *pessoas* saudáveis. Isso exige uma boa dose de imaginação dos veterinários homeopatas.[235]

As dificuldades envolvidas na aplicação da homeopatia a pacientes não humanos são reconhecidas pelos homeopatas que atuam nessas áreas, e alguns até propõem remediá-las. Nos últimos anos, por exemplo, alguns homeopatas brasileiros começaram a testar substâncias específicas, preparadas homeopaticamente, em plantas saudáveis, aplicando aos vegetais o mesmo procedimento que Hahnemann aplicava às pessoas. A ideia é abrir caminho para uma *materia medica* inteiramente dedicada a pacientes do reino vegetal.[236]

Porém, essas são iniciativas isoladas, como o teste de uma substância (o boro) testada em uma só planta (tomateiro); na prática, atualmente os homeopatas não têm os recursos estipulados pela própria doutrina para

---

234 Para ser um pouco mais preciso, atualmente, muitos homeopatas empregam o termo "diátese", e seus derivados, para se referir à teoria miasmática de Hahnemann. A cadela foi diagnosticada com sicose, um dos três miasmas crônicos que Hahnemann alega ter descoberto, como vimos no primeiro capítulo.
235 E já dá uma ideia da imensa margem de arbitrariedades que ocorre ao se aplicar o roteiro de diagnóstico peculiar à homeopatia, que discutiremos em outra seção.
236 Cf. Carneiro et al, 2011.

aplicá-la a pacientes não humanos. Entretanto, nada disso impede que muitos deles manifestem satisfação com a eficácia da homeopatia em plantas e animais – mesmo quando aplicada em flagrante desacordo com o cânone da própria doutrina, os seus praticantes garantem que ela funciona. Isso revela que, na prática, o "sujeito" da "medicina do sujeito" nem sempre é o paciente, o doente e sua respectiva "totalidade sintomática"; e sim, em última análise, o cliente, que, este sim, invariavelmente recebe uma atenção customizada do prescritor.

As duas faces da doutrina homeopática aparecem aí conjugadas de forma *sui generis*. A consequência mais concreta disso é a desarticulação quase completa entre, de um lado, o que podemos chamar de *competências instrumentais* do homeopata e, de outro, suas *competências comunicativas*. Considerando que não temos boas razões para crer que os preparados homeopáticos funcionam, a sobrevivência da doutrina se torna especialmente dependente do exercício hábil das competências comunicativas do homeopata – mas como, nos casos sob análise, temos a disjunção radical entre as figuras do paciente e do cliente, torna-se inviável fundir o exercício das competências comunicativas e técnicas em um mesmo ato clínico, como ainda é possível no curso do diagnóstico homeopático com o paciente.

Devemos ter em vista que a aplicação da homeopatia em áreas como a veterinária e a agronomia tem alcance limitado, e que, atualmente, não é possível dimensioná-lo com precisão. Um dos poucos trabalhos disponíveis na literatura que ajuda a dimensioná-lo é o de Clarice Oliveira, formada em medicina veterinária, que, em sua dissertação de mestrado, identifica, no Brasil, em 2015, vinte instituições de ensino superior (IES) que oferecem atividades ligadas à homeopatia veterinária.[237] Para dar uma ideia da dimensão disso, a autora menciona que, nesse mesmo período, estavam registradas, no Ministério da Educação (MEC), 254 IES que ofereciam o curso de medicina veterinária, 190 das quais com regularidade. Oliveira enviou um questionário a todas essas IES, para averiguar a oferta de atividades relacionadas à homeopatia veterinária, e obteve um total de 99 respostas, sendo que as vinte identificadas pertencem a esse subuniverso.[238]

---

237 Cf. Oliveira, 2016, p.86.
238 Cf. ibid., p.75.

Esse levantamento empírico é acompanhado por uma discussão teórica em que fica claro que a autora está engajada na promoção da homeopatia. Sua pesquisa faz referência ao trabalho de Luz e recorre a teóricos das ciências sociais, como o sociólogo Pierre Bourdieu (1930-2002) e o filósofo Michel Foucault (1926-1984),[239] bem como à ideia da construção social da realidade.[240] Também aqui, a ideia serve de instrumento de salvação da doutrina, ao ser empregada para tentar rebater, de maneira indireta, a objeção costumeira de que os preparados homeopáticos são inertes. Tal objeção é, na visão da autora, um reflexo da posição de autoridade da "racionalidade científica moderna", que teria sido bem-sucedida em se impor à "racionalidade homeopática", ou pelo menos em limitá-la em alguma medida.[241] O instrumento de salvação da doutrina concebido por Luz, e que vimos anteriormente, é aqui mobilizado por um praticante da doutrina.

Isso posto, embora a homeopatia não tenha muito espaço nas carreiras secundárias – pois, como sugere o trabalho de Oliveira, há pouco interesse na homeopatia entre os veterinários –, boa parte da pesquisa em homeopatia, ou melhor, dos experimentos que buscam demonstrar o seu valor terapêutico, é produzida por esses profissionais dessas carreiras. Isso revela não só a maior importância que a dimensão técnica da doutrina tem para esses profissionais, como também o descompasso entre a pesquisa e a atividade clínica do homeopata. Diante da dificuldade dos médicos homeopatas em demonstrar, para outros médicos, a eficácia clínica da homeopatia seguindo parâmetros científicos, o que se vê é a abertura para que outros profissionais se ocupem dessa tarefa.

Essa situação ajuda a entender a emergência desse que é, talvez, o último e mais recente personagem envolvido profissionalmente com a cultura homeopática: o pesquisador puro em homeopatia. Este é, em geral, um professor universitário que não *pratica* a doutrina (ao menos não oficialmente) e cuja formação se dá em áreas alheias à medicina, como biologia, física e química.

---

239 Isso chama especial atenção, considerando que se trata de dissertação na área de epidemiologia experimental aplicada à zoonoses.
240 A ideia é apresentada de forma pasteurizada, sem referência a Berger e Luckmann (1966), que criaram o termo.
241 Cf. Oliveira, 2016, p.15-16.

Também nesses casos, há um descolamento quase completo da farmacotécnica homeopática em relação ao resto da doutrina. O símbolo mais enfático desse descolamento é que, na maior parte dos trabalhos publicados por esse tipo de profissional, a preparação homeopática costuma ser chamada por outro nome, que não traz menção direta à doutrina: ultradiluição. Uma substância ultradiluída, na prática, nada mais é senão uma substância submetida à farmacotécnica homeopática (seria homeopática caso fosse empregada segundo o princípio da semelhança). Nesse sentido, as preparações homeopáticas são concebidas como uma modalidade de ultradiluição, distinta de outras modalidades apenas em função de seu uso.

As implicações disso serão examinadas em maior detalhe mais adiante. Por ora, basta enfatizar que, se de um lado a *aplicação* da doutrina nos âmbitos da veterinária e da agronomia não é essencial à sua sobrevivência – sendo, por esse viés, uma prática acessória –, de outro, os homeopatas dessas áreas ainda assim prestam uma contribuição valiosa para a propagação da homeopatia, ao absorver algumas funções de circulação da doutrina. O surgimento do pesquisador puro, por sua vez, representa a consumação dessa tendência à especialização funcional no âmbito da cultura homeopática. Se o essencial na homeopatia é o atendimento ao paciente e a sua farmacotécnica, só é possível concluir que o pesquisador puro de homeopatia, que não faz nem uma coisa, nem outra, é puro acessório. Mas mesmo o acessório, o adorno, o enfeite têm seu papel na conservação de formas sociais estabelecidas e, não raro, contribui para a modificação delas. O espaço que veterinários, agrônomos e pesquisadores puros ganharam nos periódicos e congressos de homeopatia deixa isso claro; quando médicos e farmacêuticos homeopatas querem provar o valor da doutrina diante da opinião pública, não há divergência doutrinária que os impeça de ostentar os trabalhos realizados por outros homeopatas.

Assim, o dossiê "Evidências científicas da homeopatia", publicado em 2017 pela *Revista de Homeopatia*, traz artigos de revisão de literatura sobre os efeitos dos preparados homeopáticos (das ultradiluições, como os autores preferem) em plantas e *in vitro*.[242] A homeopatia sem sujeito é acolhida pelos

---

242 Cf. Evidências..., 2017. Vários problemas identificados nos estudos do dossiê foram, mais tarde, discutidos no Contradossiê (2020), publicado pelo Instituto Questão de Ciência.

mesmos médicos homeopatas, que, em outras ocasiões, repetem o bordão de que a homeopatia é a medicina que trata o doente, não a doença.

***

Com isso, construímos um panorama dos vários tipos sociais mais ativamente engajados na produção da cultura homeopática. Para todos eles, ignorar o fato de que a homeopatia não funciona é uma questão de princípio, ou, para ser mais exato: todos esses profissionais têm motivo para ignorar esse fato em particular. Sua identidade profissional depende disso.

No entanto, cabe deixar claro que o envolvimento que está em jogo é – ao menos em uma parte considerável dos casos – muito mais do que utilitário. Não se trata apenas de que, ao reconhecer a ineficácia da homeopatia, essas pessoas perderiam o ganha-pão. Especialmente no caso dos médicos e farmacêuticos homeopatas, não há dúvida que muitos poderiam pagar as contas sem atuar como homeopatas, mas escolhem fazê-lo. Vários estão convencidos de que são capazes de oferecer a outras pessoas (sua clientela) algo muito valioso, uma dádiva que o paciente não receberia de nenhum outro profissional da saúde. Vários se enxergam como uma "pessoa homeopática" (expressão ouvida mais de uma vez ao longo da pesquisa, que indica quanto importante é a doutrina para a *identidade* de muitos profissionais da área).

Para uma pessoa homeopática, os glóbulos homeopáticos são a manifestação mais palpável dessa dádiva. Assim, não é de espantar que várias dessas pessoas invistam tanto tempo e energia anímica para garantir que o paciente a receba "sem erro". Isso evidencia não apenas uma crença genuína na homeopatia, mas até mesmo uma identificação com ela que vai muito além de seu valor utilitário, e envolve, muitas vezes, sacrifícios pessoais e empenho de tempo sem garantias de retorno.

Não faltam exemplos. A elaboração e atualização do *Repertório de homeopatia*, ferramenta indispensável para o homeopata prescrever de forma "correta", é um trabalho monumental, em geral feito por médicos homeopatas. O mesmo pode ser dito das farmacopeias homeopáticas, em geral feitas por farmacêuticos. Para contemplar os demais profissionais da área, reproduzimos a seguinte história, obtida em entrevista com um membro da diretoria da ABFH, que relata um esforço colaborativo envolvendo não só o farmacêutico, como também o homeopata leigo e o veterinário que trabalha com homeopatia. O relato começa com "uma moça que era [...] leiga, uma pessoa com história – [...] já com 50 e poucos anos –, com uma vida toda cheia de experiências". Vejamos como a história se desenrola:[243]

> [Aquela homeopata leiga] um dia encasquetou com um coral, que se chama coral-cérebro [que tem esse nome porque sua forma lembra um cérebro], e quis fazer medicamento homeopático dele, seguindo ideias do Scholten, ou de Paracelso, se você quiser olhar mais atrás. Ela foi estudar biologia, para chegar mais perto da área da saúde, [foi] fazer o curso de homeopatia de leigos, e hoje está fazendo veterinária também, para poder ser uma prescritora mais legítima. Ela fez de tudo, tirou carteirinha de mergulhadora, conseguiu licença para mergulhar em Abrolhos, para coletar o coral; trouxe o coral aqui, a gente fez a trituração, e agora tem gente experimentando. [A ideia é testá-la no tratamento de] doenças degenerativas, neurodegenerativas, [nas quais] o cérebro vai mineralizando, endurecendo. Então ela está testando para isso.

E a história logo se desdobra em outra:

> A gente fez um grupo de medicamentos, que não é a nossa intenção ["dos homeopatas"; o que está implícito é que tais medicamentos não são algo propriamente homeopático]; são os chamados organoterápicos. Isso veio dos franceses. Então é o quê? [A ideia básica é:] você tem problema no baço, então toma baço dinamizado [isto é, preparado pela farmacotécnica homeopática]; baço normal, não baço doente. Eu tinha dificuldade com isso [isto é, de obter esse tipo de matéria-prima], e [havia] médico querendo [por exemplo] hipotálamo [dinamizado]. Chegou um momento [em] que consegui, com um veterinário homeopata. A gente foi num abatedouro, compramos um carneiro, que foi abatido – e ele [o veterinário homeopata] me ajudou, separou 70 partes desse carneiro.

Essas histórias ilustram o investimento pessoal de muitos homeopatas, com o intuito de garantir que o paciente receba o símile considerado "correto". O fato de que, ao fim e ao cabo, torna-se impossível distinguir o

---

243 Os cortes da entrevista têm o objetivo de eliminar observações menos relevantes para a história e certos elementos de oralidade. As intervenções, assinaladas entre colchetes, visam apenas explicitar o que estava implícito na fala, sem fazer qualquer alteração de significado.

preparado homeopático feito à base de baço de carneiro, ou a base de coral-cérebro, do preparado a base de sal de cozinha não impede o homeopata de buscar a substância original. Ele faz questão de que a dádiva que ele – e somente ele – oferece ao paciente seja autêntica, mesmo que isso exija transpor obstáculos, custosos ou desagradáveis. Além disso, a busca por um novo remédio que cure um mal incurável – como o caso das doenças degenerativas – é, ela mesma, uma aventura, capaz de conferir sentido e peso à existência da pessoa, mesmo quando, ao fim e ao cabo, não se chega aos resultados almejados. Estamos habituados a ouvir aventuras intelectuais que acabam com um "final feliz" – histórias de cientistas obstinados, que se mantiveram firmes em suas convicções mesmo sendo perseguidos e ridicularizados pelos "sábios" de seu tempo, até fazerem uma descoberta que mudaria o mundo. Mas essas histórias com "final feliz", por mais sedutoras que sejam, são a exceção; a maioria das aventuras intelectuais leva a becos sem saída e são simplesmente esquecidas, por não serem consideradas histórias que vale a pena contar. Porém, para quem *vive* uma aventura dessas, o risco do fracasso não é motivo para deixar de se arriscar; ao contrário, em uma lógica que só parece paradoxal, quanto maior o risco, mais extraordinária a aventura. Pode ser que aquela homeopata leiga não tenha encontrado a cura para as doenças degenerativas no cérebro, mas a busca pela cura a levou a estudar biologia, a fazer cursos, a mergulhar em Abrolhos; mudou a vida dela, a levou a lugares novos e desconhecidos.

Ao mesmo tempo, os homeopatas sabem que oferecem algo além da homeopatia, da dádiva material que prescrevem ao paciente, algo que eles, em geral, idealizam na chave do atendimento individualizado e atencioso, do "enfoque no doente". Essa idealização esbarra em duas dificuldades: primeiro, no fato de que uma boa parte dos homeopatas não a seguem à risca; segundo, no fato de que não é, afinal, preciso ser homeopata para prestar um atendimento individualizado e atencioso, essa não é uma dádiva que só os homeopatas podem oferecer.

Em todo caso, a dádiva oferecida pelos homeopatas é, na prática, aceita por diversas pessoas. A clientela da doutrina forma o último elo da cultura homeopática, e é a ela que voltaremos nossa atenção na seção seguinte.

2.3.5. A clientela

A consolidação do substrato econômico, sem o qual não existiria a rede de profissionais homeopáticos, depende do recrutamento de uma clientela para a homeopatia. Vimos como os homeopatas recrutaram sua clientela ao longo do tempo; falta explorar a complexidade de motivações que contribuem para que ela mantenha o seu apelo no presente.

É instrutivo, neste ponto, retomar a observação de que a clientela da homeopatia não corresponde, necessariamente, ao conjunto dos pacientes dos homeopatas. Acabamos de ver alguns ramos em que o paciente não é o cliente. Algo similar ocorre em alguns casos da homeopatia aplicada a seres humanos.

Esse já era o caso dos escravos que, na década de 1840, receberam tratamento homeopático financiado por um "seguro saúde" vendido a seus proprietários. Do ponto de vista formal, sua situação é análoga à do paciente pediátrico.[244] A criança tratada com homeopatia não escolhe o tratamento, nem está em condições de oferecer a esperada compensação material aos profissionais que o oferecem. Quem o faz é seu responsável legal. Nesses casos, as expectativas do paciente não são as únicas que o homeopata tem de considerar, também é preciso levar em conta as do cliente.

Diante disso, colocamos algumas questões. O que essa fatia da clientela dos homeopatas, composta pelos responsáveis legais dos pacientes pediátricos, espera do serviço que esse profissional oferece? O que a motiva a buscar esse serviço?

Para dimensionar adequadamente a questão, devemos lembrar que a pediatria é uma das especialidades que, atualmente, tem maior afinidade com a homeopatia. Como vimos na seção deste capítulo, "O médico homeopata...", quase um em cada cinco especialistas em homeopatia são também especialistas em pediatria. Algo similar é observado na ponta da demanda, como constatamos ao nos debruçar em trabalhos que traçam o perfil de pacientes tratados com homeopatia.

---

244 Evidente que, do ponto de vista moral, a situação é completamente diferente. No caso do paciente pediátrico, a princípio, o forte vínculo afetivo que conecta o paciente a seu responsável legal faz convergir o interesse de ambos, ao passo que, no caso do escravo, não há, em geral, esse vínculo, nem essa convergência de interesses, mas sim uma relação de exploração.

Um estudo traçou o perfil de pacientes pediátricos atendidos no ambulatório do Instituto de Cultura Homeopática e Escola de Homeopatia (Iceh), durante 25 meses, entre 2002 e 2004.[245] Nesse período, foram atendidos 911 indivíduos, dos quais 206 foram classificados como pacientes pediátricos (22,61% do total).[246] Algo parecido foi verificado em outro estudo de clientela, com amostra bem menor: de 94 pacientes que se consultaram com um homeopata em uma Unidade Básica de Saúde (UBS) na cidade de São Paulo, 29 tinham até 10 anos.[247] Por fim, cumpre mencionar que é similar o cenário desenhado pelos dados de produção ambulatorial do Datasus, em que se pese as inconsistências da base de dados. Os números mostram que, só em 2016, foram aprovadas 206.231 consultas com médicos homeopatas no território nacional pelo SUS; delas, 49.997 foram realizadas com pacientes de até 9 anos (24,2% daquele total), e 62.659, com pacientes de até 14 anos (30,4%).[248] Colocando em perspectiva a informação sobre a produção ambulatorial, cumpre considerar que, em 2016, atendiam no SUS entre 188 e 205 "médicos homeopatas".[249]

Esses dados mostram que a afinidade entre pediatria e homeopatia também é visível na ponta da demanda – fato que os homeopatas conhecem bem. Isso já permite dimensionar as questões colocadas anteriormente. Para

---

245 Cf. Ferreira; Chagas; Vannucchi (2007). O Iceh é um ambulatório privado, mas que oferecia atendimento gratuito, por estar vinculado à instituição de ensino que leva o mesmo nome.
246 Cf. ibid., p.9, tabela 2).
247 Cf. Moreira Neto, 1999, p.41. A pesquisa foi realizada com os dados da UBS Centro de Saúde Escola Geraldo Paula Souza. A amostra corresponde a uma fatia considerável do total de pacientes atendidos na UBS, que, no período de pouco mais de dois anos, entre 1994 e 1996, atendeu 165 pacientes.
248 Resultados extraídos por meio da ferramenta Tabnet do Datasus, no começo de 2017 (dados de produção ambulatorial do SUS no Brasil). Os números se refrem à variável "quantidade aprovada por ano de atendimento segundo faixa etária", com os recortes: "subgrupo de procedimento 301 (consultas/atendimentos/acompanhamentos)": "Profissional – CBO 06148/ Médico Homeopata; 225195/Médico Homeopata e 223135/Médico Homeopata". O ano de referência é 2016. Devemos ter em conta que os problemas de consistência da base de dados fazem que seja necessário não tomar esses números pelo valor apresentado. Eles servem, porém, para dimensionar, aproximadamente, a importância relativa do atendimento pediátrico para a homeopatia.
249 O número é registrado mensalmente e, por isso, flutua ao longo do ano. Os dados foram extraídos da Tabnet, com base em informações do Cadastro Nacional de Estabelecimentos de Saúde, e se referem à quantidade de profissionais (conforme a CBO de 2002) que prestam serviço para o SUS, por ano e mês de competência.

respondê-las, precisamos entender melhor em que circunstâncias essa fatia da clientela recorre ao homeopata.

Para avançar nesse ponto, podemos nos apoiar em dados comparativos do perfil do paciente pediátrico em homeopatia com o do paciente pediátrico convencional, números que serão examinados, dessa vez, sob a luz da distinção entre paciente e cliente. Vejamos o que um dos trabalhos mencionados nos traz:

> Quanto aos diagnósticos clínicos, constatou-se prevalência dos distúrbios respiratórios, sendo, em sua maioria, doenças crônicas, assim como as outras causas mais frequentes de consulta (constipação intestinal, dermatite atópica, enurese, distúrbios do comportamento e do sono). Isso poderia sugerir que *a homeopatia é procurada para a solução de casos crônicos, nos quais outros tratamentos foram previamente tentados.* Essa possibilidade concorda com a idade mais tardia de início do tratamento homeopático, em relação ao convencional, detectada em nosso estudo.[250]

Isso não é novidade para os homeopatas, que sabem que sua clientela potencial é, em grande medida, formada por indivíduos de alguma forma "desiludidos" com a medicina convencional. O responsável por uma criança com uma doença crônica já tem familiaridade com o arsenal convencional; consultou outros especialistas e o problema persistiu; muitas vezes, também conhece, por experiência própria, os riscos associados a esses medicamentos, o que o motiva a buscar outros tratamento livres de risco iatrogênico. Em algum momento, alguém sugere levar a criança a um homeopata, e ele resolve tentar, nem que apenas para ver no que dá.

Em muitos casos, a insatisfação com o tratamento convencional está relacionada à medicalização. Todo medicamento farmacologicamente ativo pode produzir efeitos colaterais indesejados, e o receio de que o remédio seja pior do que a doença torna a promessa da homeopatia sedutora.

A vontade de se resguardar do risco iatrogênico é um denominador comum de toda a clientela da homeopatia, não só dos responsáveis por uma criança que sofre de doença crônica. Mas o intenso vínculo afetivo dos pais com seus filhos pode conferir à percepção do risco iatrogênico um peso ainda

---

250 Cf. Ferreira; Chagas; Vannucchi, 2007, p.8, grifo nosso.

maior. Parte do apelo que a homeopatia tem para essa fatia de clientela está na promessa, não de todo equivocada, de que a homeopatia é isenta de efeitos colaterais graves – algo abertamente explorado por quem promove a doutrina.

Não devemos ignorar que, se em muitos casos o risco iatrogênico é real, em diversos outros ele ganha, na imaginação do paciente (ou de seus responsáveis), uma dimensão exagerada. Uma analogia ajuda a entender o mecanismo psicológico envolvido nesse tipo de extrapolação. Sabemos que a chance de morrer em uma viagem de avião é muito pequena, e que mais gente morre em acidentes de trânsito do que em acidentes aéreos, mas saber disso raramente serve de conforto para quem tem medo de viajar de avião. Muitos fatores contribuem para isso, dentre eles a circunstância de que somos criaturas que passam a maior parte do tempo em terra firme, a ponto de associarmos a ela uma série de metáforas ligada à ideia de segurança e estabilidade.

O fato de estarmos fora do nosso ambiente acaba pesando mais do que o conhecimento "frio" das probabilidades, que são, na prática, muitas vezes ignoradas. De forma análoga, por mais que saibamos, ao ler uma bula de um fármaco convencional qualquer, que os efeitos adversos mais graves são raros, a simples constatação de que são possíveis basta para mexer com a imaginação.

O movimento antivacinação representa talvez o caso mais extremo de exagero do risco iatrogênico. Há médicos e outros profissionais da saúde, entre eles homeopatas, que afirmam que as vacinas modernas causam autismo.[251] Atualmente, não temos razões para concordar com tais afirmações; mesmo assim, muitos responsáveis por crianças diagnosticadas com o transtorno do espectro autista acreditam nelas. Para eles, essas afirmações não são meras *descrições* sobre um estado de coisas, elas implicam uma *prescrição* de como agir para tentar mudar a condição que afeta seus filhos. A afirmação, a descrição da causa desse mal ("vacinas causam autismo"), esconde, nesses casos, uma promessa, uma receita de como se comportar; indica o que os

---

251 A ideia de que as vacinas causariam o autismo assume várias formas: por exemplo, há quem proponha uma relação entre certas vacinas (como a tríplice) e algumas formas de autismo, e há quem só formule a ideia de maneira genérica. Não precisamos aqui levar em conta essas diferenças, embora seja importante notar que elas existem.

pais deveriam fazer para evitar agravar o mal que desejam evitar. Por mais que, do ponto de vista objetivo, a descrição não seja satisfatória, e, em função disso, a promessa que ela implica não se cumpra, ainda assim, ela pode ser psicologicamente satisfatória. Na pior das hipóteses, a promessa fornece matéria para a formulação de planos concretos de intervenção; o simples ato de fazer planos pode ser reconfortante, ao menos a curto prazo.[252] Agir com base nesses planos se configura como uma forma de cuidado.

No caso dos homeopatas que oferecem seus serviços para essa fatia de clientela, o serviço inclui não só a dedicação de tempo e de um ouvido atento às preocupações dos pais, como também a entrega de um objeto palpável que, ao mesmo tempo que tem a forma de um remédio, não implica novo risco iatrogênico: os glóbulos homeopáticos.

Em casos assim, a prescrição homeopática é muitas vezes oferecida sob a promessa de que seria capaz de "desintoxicar" o paciente, como uma "antivacina" capaz de diminuir os efeitos adversos supostamente causado pelas vacinas, ou seja, como um recurso de controle do risco iatrogênico associado à medicação convencional. Ainda que não se trate de um risco real – e sim de um risco inflacionado pela imaginação –, a percepção do risco é fonte de desconforto, e a promessa homeopática pode ajudar a aplacar esse desconforto, pelo menos temporariamente.

Além disso, a consulta atenciosa do homeopata – seja médico ou terapeuta leigo – abre espaço para que o prestador de serviço dê conselhos práticos sobre como lidar com a condição de seus filhos,[253] satisfazendo, assim, certas expectativas da parte do responsável pelo paciente.

Até agora, prestamos atenção especial ao paciente pediátrico. Nesses casos, a dissociação entre cliente e paciente permite enxergar com mais clareza as estratégias de recrutamento da clientela homeopática e pôr em perspectiva a idealização de que o "enfoque no doente" distingue a homeopatia da medicina convencional. Mas é claro: a mesma lógica também se aplica nos casos em que o cliente é o paciente, em que os dois tipos coincidem na mesma pessoa.

---

252 A médio e longo prazo, o fracasso do plano pode cobrar um preço, com juros.
253 Conselhos amiúde construídos com base em experiência própria. Há casos de médicos e terapeutas homeopatas que decidiram se dedicar a cuidar desses pacientes por conviver com um indivíduo autista na família.

Tanto em um caso quanto no outro, o manejo das expectativas do cliente/paciente depende do cultivo das competências comunicativas do prestador de serviço. Elas, claro, não são exclusivas da homeopatia; fazem parte do estoque de conhecimento desde muito antes de Hahnemann. O fundo de verdade que há nessa idealização é que, na prática, os homeopatas exercem suas competências comunicativas com especial proficiência. Seu atendimento raramente é percebido pelo paciente como impessoal, ao contrário do que se verifica em muitos consultórios médicos convencionais.

Na seção "Duas visitas ao consultório homeopático", ao tratarmos da relação entre médicos e pacientes no consultório homeopático, examinaremos em detalhe a questão. Por ora, basta pontuar que há uma clientela potencial da homeopatia onde quer que a expectativa do paciente em ser "bem tratado" pelo médico não seja satisfeita.

Cabe ponderar que há todo um mundo de pessoas que estão mais ou menos insatisfeitas com a medicina convencional (em muitos casos pelas mesmas razões que identificamos até aqui, ou então por razões similares), e que mesmo assim não estão dispostas a experimentar a homeopatia. Seja por não a conhecer, seja porque a conhecem em alguma medida, mas estão convencidas de que ela não resolverá seus problemas. A insatisfação com certos aspectos da medicina convencional dá apenas um motivo para o cliente desiludido procurar alternativas; esse motivo terá mais peso para uns, e menos para outros. A insatisfação com a medicina não explica, isoladamente, o apelo da doutrina para os pacientes e seus responsáveis legais, apenas torna um pouco mais provável que tentem, em algum momento, consultar um homeopata. Ela responde, assim, pela formação de uma clientela *potencial* para o homeopata, que ainda precisa, para converter a clientela potencial em efetiva, conquistar os insatisfeitos.

Por fim, também é preciso observar que disposições individuais contribuem de modo decisivo tanto para a formação da clientela potencial quanto para sua consolidação. Neste livro, as que mais interessam são as disposições individuais mediadas por fatores sociais, ou seja, adquiridas via socialização, no sentido abrangente do termo.[254] Até onde conseguimos ver, pelo menos

---

254 Também é possível especular sobre disposições individuais inatas ou adquiridas, ao menos em parte, pela interação com elementos não sociais do ambiente (por exemplo, maior propensão a crer em explicações sobrenaturais ou maior aversão a riscos). No entanto, este trabalho não dispõe das ferramentas necessárias para tratar de forma qualificada essas disposições.

dois desses fatores merecem destaque: a própria validação social obtida pela homeopatia, e a adesão ao imaginário místico-esotérico.

A maioria da clientela da homeopatia sabe que sua doutrina é cercada de controvérsia. Parte dela inclusive conhece, em maior ou menor detalhe, os argumentos utilizados por seus críticos. Contudo, saber da existência de argumentos contrários à homeopatia não é o mesmo que acreditar que a homeopatia não funciona. Para isso, é preciso concordar com os argumentos. Gostamos de pensar que chegamos a uma conclusão sobre questões factuais após examinar com cuidado os fatos apresentados. Na prática, porém, raramente fazemos isso.

Não é temerário supor que a maioria dos leitores deste livro sabe que a Terra tem muito mais de 6 mil anos (a estimativa é da ordem de 4,5 bilhões). Apesar disso, poucos chegaram a investigar a fundo a questão, a avaliar, com o devido cuidado, o conjunto de fatos que fundamentam esse conhecimento. Assim, quando alguém como eu diz saber que a Terra tem cerca de 4,5 bilhões de anos, o que isso significa, no mais das vezes, é apenas que outra pessoa que investigou o assunto, e em cuja expertise confio, comunicou a mim, de maneira que considerei suficientemente convincente, que esse é o caso. Como a maioria das pessoas, só tenho conhecimento de segunda mão sobre o assunto. O que chamamos de "conhecimento" é, para todos os efeitos, uma crença (neste caso, uma crença verdadeira) assentada na confiança na palavra de outrem.

Não há nada de errado nisso. Ao contrário, a sociedade como a conhecemos seria, para todos os efeitos, impossível se só pudéssemos agir a partir do que sabemos em primeira mão. Adquirir conhecimento em primeira mão toma tempo, e não temos tanto tempo assim. Graças à divisão social do trabalho intelectual e à confiança na palavra dos outros, somos capazes de agir de maneira inteligente, mesmo sem dispor do tempo necessário à aquisição de conhecimentos de primeira mão. Assim como as heurísticas investigadas no âmbito das ciências cognitivas muitas vezes nos ajudam a tomar decisões em situações de incerteza,[255] assim também no caso da atribuição de confiança. Com a diferença de que esse atalho cognitivo é, por excelência, sociológico.

---

255 Há ampla literatura a respeito da psicologia cognitiva. Para uma apresentação geral da literatura, cf. Kahneman; Slovic; Tversky, 2001.

Atribuímos confiança o tempo todo, na maioria das vezes sem nos darmos conta disso. Pense na última cápsula de remédio que você tomou. Como sabe que a cápsula tinha, de fato, a quantidade de princípio ativo indicada no rótulo? Você abriu a cápsula, fez uma análise química do conteúdo e mediu o seu peso com uma balança de precisão? A não ser que seja uma pessoa realmente peculiar, não fez nada disso. Apenas confiou, automaticamente, no que estava escrito no rótulo. Você presume, além disso, que, se um laboratório farmacêutico começar a vender cápsulas sem princípio ativo, ele será, de alguma forma, punido; que o responsável pelo laboratório toma as medidas necessárias para garantir a qualidade de seu produto, do contrário colocaria em risco o próprio negócio; e talvez suponha que, em última análise, agências reguladoras, como a Anvisa, sirvam como uma garantia. Você também presume que as pessoas que trabalham nessas empresas e instituições dispõem de recursos e competências necessárias para garantir que o conteúdo das cápsulas seja o mesmo anunciado no rótulo do remédio; que elas dominam esse assunto que você não tem condições de saber em primeira mão. É nessas pessoas, nesses estranhos que provavelmente nunca viu ou verá, que você, afinal, deposita sua confiança a cada cápsula que ingere.

Se, por um lado, o atalho da confiança é, em muitos casos, verdadeiramente útil e, em tantos outros, indispensável, por outro lado dá margem a todo tipo de erro sistemático (como no caso das heurísticas discutidas pelas ciências cognitivas). Quando uma pessoa lê, no rótulo de um frasco com glóbulos homeopáticos, *"Arnica montana* 30 CH", ela pode presumir que esses glóbulos contêm traços de arnica (só não o presume quem sabem como eles são feitos, e compreendem as implicações da farmacotécnica homeopática). Se, além disso, a prescrição vem de um médico – um profissional sobre o qual recai a expectativa de saber se o tratamento prescrito é ou não eficaz –, temos ainda mais um sinal importante de que o produto comprado na farmácia tem efeitos terapêuticos, de que ele é, ao menos nesse sentido, exatamente tão efetivo quanto qualquer outro remédio.

O saldo dessa discussão, no que tem de mais relevante neste contexto, é: quando um grupo de pessoas, das quais esperamos que tenham feito o investimento cognitivo necessário à aquisição de conhecimento sobre algo, sinaliza aceitar determinado conjunto de ideias, estas adquirem um peso especial para nós, independentemente de serem ou não verdadeiras.

No caso da homeopatia no Brasil, a Resolução n.1.000 do CFM, graças a qual a doutrina obteve o *status* de especialidade médica, levou seu reconhecimento oficial ao ponto mais alto desde, pelo menos, a criação da Faculdade Hahnemanniana. Com uma diferença: ao contrário do que se deu no começo do século, o reconhecimento obtido junto do CFM mostrou, até aqui, um fôlego muito maior.[256]

É verdade que esse gesto oficial é de alcance limitado. Muitos médicos e outros profissionais da saúde se opõem à homeopatia, criticando-a não só em comunicações privadas,[257] mas também nos veículos de comunicação de massa. Ainda assim, podemos dizer que, atualmente, no Brasil, a homeopatia é, em geral, tida como "coisa de médico" e o gesto do CFM contribuiu, de mais de uma maneira, para cimentar essa percepção.

Do ponto de vista da clientela potencial da homeopatia – por exemplo, pais de uma criança que sofre com crises de asma que persistem, apesar do tratamento convencional –, são amiúde decisivos outros sinais que confirmam, mesmo que mais sutilmente, que a homeopatia é "coisa de médico". Ou, como um cliente uma vez disse – querendo comunicar a mesma coisa –, "não tem nada de magia". Sinalizam isso, por exemplo: a presença de uma lista de homeopatas no guia médico de um plano de saúde, bem como seu oferecimento na rede pública; um outro médico encaminhar um paciente ao homeopata;[258] e mesmo um bom consultório, de preferência amplo e bem localizado, com diplomas e quadros informativos na parede da sala de consulta e, na recepção, algumas pinturas ou até, quem sabe, algo um pouco menos usual, como um grande aquário.

Uma cliente, cujo filho sofria de asma, uma vez me chamou a atenção para o fato de que a médica homeopata que a atendeu "tinha um consultório

---

256 Para recapitular: a Faculdade Hahnemanniana foi criada em 1912, na esteira da Lei Rivadávia Corrêa; teve seus diplomas equiparados aos de outras faculdades de medicina em 1921; e ganha novo nome em 1924, tornando-se a Escola de Medicina e Cirurgia do Rio de Janeiro, sendo que, nesse período, já formava mais médicos convencionais do que homeopatas.

257 Por exemplo: mais de um médico com quem conversamos mostrou *memes*, satirizando a homeopatia, que circulam em grupos de WhatsApp.

258 Devemos a Salles um conjunto de entrevistas com médicos convencionais que trabalham em contato com homeopatas na rede pública e encaminham para eles alguns de seus pacientes (cf. Salles, 2008a, p.154-167). Menos do que as motivações desses médicos – objeto do trabalho de Salles –, o que nos interessa é destacar o simbolismo que o encaminhamento possui para a clientela potencial da homeopatia.

perto da Avenida Paulista".²⁵⁹ É claro que ninguém decide se consultar com o homeopata por causa disso; não é esse o ponto, e sim que isso reforça a mensagem de que "homeopatia é coisa de médico", ajudando a cimentá-la na imaginação coletiva.

O reconhecimento do CFM reforça e amplifica esses sinais: atualmente, os guias médicos são, via de regra, organizados por especialidade, sendo a homeopatia uma delas; toda a movimentação em torno de sua inclusão no SUS se ancora nessa validação, como vimos ao tratar da figura do gestor público; e o diploma na parede, com o título de especialista em homeopatia e o nome da Associação Médica Brasileira, só existe graças a ele.

E não é só que a clientela da homeopatia pensa que a homeopatia é "coisa de médico"; ela, de fato, tornou-se "coisa de médico". Ou seja, vivemos em uma sociedade na qual a atividade do homeopata é considerada uma forma regular de atuação desse tipo de profissional, o médico. Por isso, o cliente que pensa que a homeopatia é "coisa de médico" está correto, sendo que o que fundamenta sua crença é, nesse caso, a validação social que recai sobre a doutrina, as suas credenciais simbólicas. Isso, é claro, não nos autoriza a concluir que os preparados homeopáticos funcionam; não mais do que o fato de as sangrias terem sido o recurso terapêutico preferido pela maioria dos médicos alemães, do século XVIII e começo do XIX, nos autoriza a concluir que elas funcionavam. A questão é que, na prática, chegamos à maior parte das nossas conclusões no dia a dia não por meio de uma consideração direta dos fatos envolvidos, mas tomando o atalho da validação social. Portanto, não é de surpreender que muitas pessoas, com efeito, apoiem-se no fato de que a homeopatia se tornou "coisa de médico" para concluir que o preparado homeopático que consta na prescrição médica é um remédio como outro qualquer.

Em outras palavras, a validação social da doutrina dá peso à ideia de que os preparados homeopáticos funcionariam exatamente como os homeopatas

---

259 A homeopata que a atendeu era ortodoxa, e recomendou à cliente abandonar o tratamento convencional em favor do homeopático. A cliente confiou na palavra dessa especialista, e, após um período sem problemas, seu filho teve a pior crise de asma de sua vida, e foi parar no pronto socorro, onde recebeu o atendimento adequado. O episódio levou a mãe a desistir da homeopatia. Já o filho, que não tem nenhuma memória desse evento, desenvolveu uma curiosidade sobre o que levaria as pessoas a acreditar na homeopatia. Este livro é produto, ao menos em uma pequena parte, dessa curiosidade.

dizem que funcionam. Mesmo o cliente potencial que sabe um pouco sobre a controvérsia em torno da homeopatia *também sabe* que, o que quer que os homeopatas façam, fazem-no com o aval de outros médicos, para não mencionar o CFM. Isso se aplica, inclusive, ao paciente que decide ir a um homeopata para tirar uma conclusão "por experiência própria", em vez de se fiar na opinião de terceiros; ao paciente que valoriza o conhecimento em primeira mão e que acredita que suas conclusões são inteiramente suas.

A questão é que, mesmo nesse caso, o fato de a homeopatia gozar de maior reconhecimento, em comparação com outras formas complementares ou alternativas de medicina, não deixa de ter sua importância. O paciente "aberto à experimentação", que está convencido de que formará uma opinião com base na sua própria experiência, não tem tempo de experimentar pessoalmente todas as formas alternativas e complementares de medicina. Elas são muitas, e a homeopatia e a acupuntura já saem em vantagem quando o assunto é escolher quais experimentar, justamente por causa do aval do CFM, por serem tidas como "coisa de médico".

Ao lado disso, devemos considerar que, se para uma parte da clientela potencial da homeopatia, a ideia de que ela é "coisa de médico" – ou, alternativamente, de que ela "não tem nada de mágico" – aparece como um atrativo, para outra parte adquire, também por isso, conotações negativas. Esse é, justamente, o mundo das pessoas que buscam a homeopatia atraídos por sua afinidade com a religiosidade místico-esotérica.

Essa busca é orientada pela ideia de que o atendimento homeopático ainda abre espaço para uma dimensão da vida do paciente que ele valoriza, mas que foi proscrita dos consultórios convencionais: a dimensão espiritual. Em muitas culturas e ao longo de boa parte da história da humanidade, a pessoa responsável pela cura do corpo era responsável também pela cura ou salvação da alma. A cultura moderna, na qual o trato com a dimensão espiritual já não compete mais ao mesmo profissional que cuida da saúde, é nesse sentido a exceção, e não a regra.

O que está em jogo é um tipo de validação social, mas que, nesse caso, vem não dos círculos médicos, e sim, em primeiro lugar, dos círculos religiosos. Ou, para ser mais exato, considerando que ainda hoje há camadas de sobreposição entre ambos os círculos: trata-se de uma validação que, mesmo quando é transmitida ao paciente vinda da própria comunidade médica, é cultivada por médicos que também estão, em maior ou menor medida, enraizados em alguma comunidade religiosa (nesse sentido, estão comprometidos com a difícil tarefa de não deixar que a diferença funcional entre os domínios da saúde e da religião siga o seu curso). A emergência da homeopatia espírita, no começo do século XX, é a mais completa e bem-sucedida realização desse movimento de integração, no que diz respeito à história da homeopatia no Brasil.

Como mencionado em "Duas histórias da homeopatia no Brasil", se de um lado a aliança entre homeopatia e espiritismo não tem mais as proporções que teve no passado, de outro ainda dá frutos. Consideremos a pesquisa coordenada por Siqueira e Lima, sobre as chamadas "novas religiosidades", em estudo que se concentrou no Distrito Federal.[260] O trabalho envolveu a aplicação de questionários a uma amostra razoável de consumidores das chamadas práticas não convencionais, dentre elas, a homeopatia, que se mostrou a mais popular por uma margem considerável, sendo usada por 70% dos entrevistados.

Para demonstrar a centralidade da homeopatia nesse meio, a prática mais popular, depois dela, era o uso de florais por 53% dos entrevistados (historicamente, os florais nascem da homeopatia).[261] Não só a homeopatia é a prática alternativa mais comum (ao menos no Distrito Federal), como a segunda mais comum é sua descendente direta, ficando à frente da meditação, acupuntura, práticas corporais orientais e até práticas das quais a própria homeopatia descende ou que a precedem no tempo, como a fitoterapia (usada por menos de 40% dos entrevistados) e os chás curativos (por cerca de 35%). É importante chamar a atenção para o fato, que retomaremos no próximo capítulo, de que as práticas não convencionais mais populares são as que envolvem a *ingestão física, por via oral*, de algo concebido como um remédio.[262] Que, portanto, envolvem a prescrição de um objeto com forma similar ao medicamento convencional, mas que, ao contrário do medicamento convencional, é percebido como mais natural e livre de efeitos colaterais. O que está em jogo nesses casos nada mais é o do que o fetichismo do medicamento, em sua forma mais pura.

---

260 Cf. Siqueira; Lima, 2003.
261 Seu criador era um homeopata, que introduziu uma série de alterações na farmacotécnica homeopática – a ponto de descaracterizá-la – e deu o nome de florais.
262 Cf. Siqueira; Lima, 2003, p.132.

Se a homeopatia é a mais popular das práticas não convencionais, o espiritismo é a religião que mais atrai os usuários dessas práticas.[263] Diferente do que se deu na virada do século XIX para o XX, atualmente não temos apenas, nem principalmente, a "homeopatia espírita", isto é, sua aliança com essa religião. Antes, sua afinidade principal é com uma forma mais difusa e customizada de religiosidade ligada ao imaginário místico-esotérico, que agrega elementos de várias religiões.

É claro: o reconhecimento da homeopatia como especialidade médica e o impulso representado pela filiação à religiosidade místico-esotérica interessam, aqui, na medida em que contribuem para a tomada de decisão de indivíduos mais dispostos a buscar um homeopata, quando diante da necessidade de consultar um profissional para cuidar de sua saúde. Além desses fatores, certamente há outros com o mesmo efeito, mas a respeito do qual não dispomos, nesse momento, dos meios para discutir com maior propriedade. Esse é provavelmente o caso, por exemplo, do ambiente familiar, já que é de se esperar que indivíduos criados em uma família que usa homeopatia há mais de uma geração (ou, de maneira mais decisiva, em uma família com pessoas que trabalham com homeopatia) estejam mais dispostos a, pelo menos, experimentá-la.

* * *

Desde a apresentação de um pequeno conjunto de personagens fictícios – Dr. Leão, coronel e tabelião –, que ajudou a orientar a incursão na história da doutrina, até aqui percorremos um caminho bastante longo, no curso do qual encontramos uma vasta constelação de tipos que, cada um a seu modo, contribui para a permanência da doutrina neste mundo, ou, para ser mais preciso, no Brasil de ontem e hoje. Os indivíduos que encarnam tais tipos vêm de lugares distintos e têm planos diferentes, e às vezes conflitantes. Não obstante, o nexo formado entre eles, quando se encontram, é sempre armado com base em um mesmo conjunto ideias, concebidas há mais de dois séculos pela imaginação de certo médico alemão, e cuja manifestação mais própria são a farmacotécnica e a *materia medica* homeopáticas.

---

263 Cf. ibid., p.142, tabela 21.

No entanto, não basta apontar para esse complexo de motivações individuais. Há algo além delas, que contribui, por assim dizer, para aumentar a chance de os vários personagens aqui discutidos se encontrarem e até mesmo ganhem forma, e algo essencial para a compreensão da vitalidade das ideias de Hahnemann. Algo, para ser mais exato, que se verifica apenas *quando* esses personagens se encontram, e no curso da interação que se estabelece entre eles.

Falta, portanto, contar uma parte importante da história. Cabe então perguntar: o que se passa quando esses personagens se encontram e interagem? Que dinâmicas se formam entre eles, que ajudam a entender melhor esse resultado?

É disso que trataremos a seguir.

2.4. A vida social da doutrina homeopática

Os personagens apresentados anteriormente interagem de várias maneiras, e a intuição central que orienta este capítulo é que precisamos levar em conta essas interações para compreender melhor a vitalidade das ideias de Hahnemann.

A discussão será limitada a dois tipos de relação entre os personagens: a que se dá entre o paciente e o médico homeopata; e um tipo especial de relação entre os profissionais que trabalham na área, a saber, os conflitos doutrinários que dividem os próprios homeopatas.

Isso não esgota a questão. Uma reconstrução mais completa ainda exigiria:

- Frequentar diversas escolas de homeopatia, que formam médicos, farmacêuticos e praticantes leigos.
- Examinar mais de perto as alianças entre homeopatas e espíritas, homeopatas e militares, e homeopatas e gestores públicos (as discussões, neste livro, basearam-se apenas na literatura secundária).
- Investigar as relações entre homeopatas e médicos convencionais, nos ambientes em que convivem (como faculdades de medicina e centros de saúde, públicos e privados).
- Fazer um levantamento amplo das controvérsias entre homeopatas e seus críticos na esfera pública, tal como registradas em grandes veículos de comunicação de massa.

- Mapear as controvérsias legais entre médicos homeopatas e homeopatas leigos.
- Conduzir um levantamento amplo da opinião da clientela da homeopatia, tanto de teor quantitativo quanto qualitativo, incluindo a percepção de pacientes com diferentes graus de engajamento com a doutrina: pacientes "fiéis", ocasionais e os que desistiram de se tratar com homeopatia.

Sobrevoamos por todos esses tópicos, mas em nenhum nos aprofundamos com base em pesquisa documental própria, como faremos a seguir. Tal pesquisa envolveu um levantamento sistemático dos artigos publicados nas principais revistas de homeopatia brasileiras, no começo dos anos 2000; entrevistas com diferentes profissionais que trabalham com homeopatia; e a participação, como ouvinte, no 70º Congresso da Liga Medicorum Homoeopathica Internationalis. A discussão a seguir foi baseada no material colhido por esses meios, o que permitiu caracterizar relações entre médico e paciente e entre círculos diferentes de homeopatas. Embora incompleta, a análise indica o caminho de investigações mais detalhadas sobre a interação entre os personagens que injetam vida nas ideias de Hahnemann.

Comecemos visitando, sem pressa, o consultório do médico homeopata, para examinar de perto a relação entre esse profissional e o seu paciente.

2.4.1. Duas visitas ao consultório homeopático

A farmácia e o consultório são os espaços por excelência da atividade homeopática. É para esses locais que converge toda a cultura homeopática; é neles que os indivíduos realmente se tornam homeopatas, fazem o que se espera desse profissional. Por mais importantes que sejam as associações e, acima de tudo, os centros de ensino de homeopatia, ambos existem para viabilizar as atividades conduzidas na farmácia e no consultório homeopático – de modo que tais instituições são em última análise apenas um elo em uma cadeia de fins culmina nas atividades realizadas nesses dois ambientes.

Nesta seção, faremos uma visita demorada ao consultório homeopático, que é, desses dois ambientes, o mais rico para a análise sociológica, pois a atividade que ali se realiza é centrada em uma relação social, na interação entre duas pessoas (médico e paciente). Os eventos que se passam na farmácia homeopática são igualmente importantes para a doutrina; e claro que, ali, também temos relações sociais: entre o paciente que busca o "remédio" homeopático e o farmacêutico ou auxiliar de farmácia, que o prepara; e entre os funcionários da farmácia. No entanto, a doutrina homeopática importa menos para tais relações. Onde a cultura homeopática realmente floresce, dentro das farmácias, é para lá do balcão: no laboratório onde a homeopatia é preparada. E o que se faz ali de distintamente homeopático – a atividade de fato orientada pela doutrina – não é uma relação entre pessoas, e sim uma relação puramente instrumental, isto é, entre pessoas e coisas. Por isso, faz mais sentido, em um trabalho com ênfase sociológica, passar mais tempo dentro do consultório – o que não nos impede, é claro, de fazer uma visita rápida às farmácias de homeopatia. Vamos nos concentrar, para ser mais exato, na parte das farmácias frequentada pela clientela.[264]

No Brasil, normalmente a homeopatia é preparada em farmácias de manipulação equipadas com laboratório próprio. Elas não são, em geral, meros pontos de venda de medicamentos, como é a típica drogaria. As farmácias que manipulam homeopatia, via de regra, também manipulam outras substâncias, podendo produzir fármacos convencionais e preparações típicas de outras práticas complementares e alternativas de medicina. Destas, duas das mais populares são os florais de Bach e os medicamentos antroposóficos.

Ambos descendem da homeopatia. Os florais de Bach foram criados por um médico inglês com formação em homeopatia, e são preparados de maneira similar; as principais diferenças estão no arsenal utilizado (no caso dos florais, limitado a extratos vegetais), e os princípios segundo os quais são prescritos. Algo similar pode ser dito sobre os preparados antroposóficos. Eis as diferenças mais importantes:[265] no caso da antroposofia, a tintura-mãe é preparada por um método diferente do descrito por Hahnemann; as preparações são, via de regra, menos diluídas; e, em vez de serem sucussionadas (agitadas de cima para baixo e com um "baque"), são agitadas de maneira

---

264 Para uma descrição das atividades conduzidas no laboratório das farmácias homeopáticas, confira o apêndice deste livro.
265 Segundo um membro da diretoria da ABFH, que tem bastante experiência no assunto.

mais suave, sem o "baque" e de forma a desenhar no ar a lemniscata.[266] São mudanças cosméticas, que visam aclimatar a farmacotécnica homeopática ao imaginário da antroposofia, sem modificá-la no que tem de mais problemático.

Em muitos casos, as farmácias de homeopatia oferecem, além de medicamentos e pseudomedicamentos, alimentos e suplementos naturais. Tais produtos podem, atualmente, ser encontrados com facilidade em lojas especializadas e supermercados, sobretudo situados em capitais e bairros da elite econômica. Mas nem sempre foi assim. Um membro da diretoria da ABFH afirmou, em entrevista, que as farmácias homeopáticas já trabalhavam com a venda de produtos naturais mesmo quando esse mercado ainda era mais restrito: "numa época em que tais alimentos não estavam presentes em outros lugares".

Vemos aí como, pela via do consumo, a homeopatia se aproxima do ideal de um estilo de vida mais "natural" – nesse contexto, por meio da rejeição de produtos industrializados e padronizados –, indicando que seu consumidor também costuma preferir produtos naturais. Podemos dizer que, nas prateleiras das farmácias homeopáticas, acha-se materializada a afinidade ideal entre a homeopatia e a contracultura, que desempenhou papel crucial no crescimento da doutrina no país, sobretudo a partir dos anos 1970.

Em trabalho sobre o "charme" dos medicamentos modernos, os antropólogos Sjaak van der Geest, da Universidade de Amsterdã, e Susan Whyte, da Universidade de Copenhague, notam que parte desse "charme", e, portanto, também de seu apelo comercial, está ligado ao fato de que eles são, em geral, associados, por metonímia, a "centros de produção tecnologicamente sofisticados".[267]

Mas tal associação tem um preço: a mesma imagem que, para uns, atrai e inspira confiança, para outros – e em muitos casos para a mesma pessoa, em momentos diferentes –, suscita desconfiança e, então, pode atuar como fator de repulsão. O caráter padronizado e impessoal dos símbolos da ciência e da tecnologia sinaliza falta de conexão com a natureza, e mesmo com certos valores pessoais, em particular os de ordem espiritual e religiosa. Para muitas

---

266 Símbolo com a forma de "oito deitado", comumente associado ao infinito e que, no contexto particular da antroposofia, remete a um tipo de equilíbrio.
267 Geest; Whyte, 1989, p.346.

pessoas, a ciência é "fria", e o cientista, "arrogante' (para mencionar tropos empregados com frequência em filmes, seriados e outros produtos da indústria de entretenimento). Além disso, a ostentação da tecnologia comunica que há muito dinheiro envolvido na produção do medicamento, o que, para alguns, torna a empreitada mais suspeita.

Daí vem o apelo oposto das farmácias homeopáticas, que operam de forma mais artesanal e realçam a conexão com o ideal de uma vida mais natural, menos estandardizada, mais atenta a valores pessoais "esquecidos" pelo entusiasta da ciência e tecnologia. Essa não deixa de ser uma estratégia de propaganda, pois não apenas a farmácia que atua de forma artesanal também vende produtos e movimenta capital (embora, é verdade, muito menos do que os grandes laboratórios), como emprega várias práticas padronizadas e altamente impessoais (a farmacotécnica homeopática é, afinal, uma técnica). A diferença é que a imagem projetada pelas farmácias homeopáticas mais tradicionais recalca esse aspecto da empreitada, para não afastar seu consumidor.

É importante ressaltar que as farmácias homeopáticas brasileiras conservaram, muito mais do que em outros países, o modelo mais artesanal na produção de homeopatia, que rejeita a diferenciação entre o local de fabricação do medicamento (laboratório) e o seu ponto de venda (drogaria), e tende a trazer em seu catálogo não só preparados homeopáticos, mas também diversos outros produtos naturais e alternativos. Temos no Brasil, é verdade, laboratórios homeopáticos em que há essa separação. O mais conhecido talvez seja o laboratório Almeida Prado, que comercializa tanto produtos homeopáticos, como não homeopáticos. Mas não há nada que se compare aos grandes laboratórios internacionais; por exemplo, a empresa francesa Boiron, em 2016, declarou, em relatório financeiro oficial, ter faturado cerca de 614 milhões de euros em vendas, com lucro operacional de 129 milhões, além de contar com a força de trabalho de 3.708 pessoas, quase todas com contratos permanentes.[268]

Para dar uma ideia da dificuldade que os grandes laboratórios de homeopatia encontraram para se estabelecer no Brasil, basta mencionar

---

[268] Todos os anos, desde 2007, a empresa disponibiliza para o público seu balanço financeiro, a fim de atrair investidores e prestar contas a acionistas (Boiron é uma empresa de capital aberto). Os relatórios estão disponíveis na página oficial da empresa; as informações aqui reproduzidas referem-se ao ano de 2016 (Boiron, 2016, p.24, 64).

que a Boiron – presente em cerca de cinquenta países – só passou a atuar em território nacional a partir de 2005, e ainda comercializa apenas 13 dos 800 produtos da marca.[269] Tais produtos são vendidos não só em farmácias homeopáticas, mas também em algumas redes convencionais, ou seja, a empresa segue um modelo de produção de homeopatia capaz de capitalizar em cima do fetiche tecnológico, que, como propõem Geest e Whyte, faz parte do "charme" dos fármacos modernos.

Mesmo a homeopatia feita de forma mais "artesanal" não deixa de capitalizar com o fetiche tecnológico, ainda que de maneira mais sutil, uma vez que o preparado homeopático é concebido como uma espécie de remédio, cuja forma é similar a dos fármacos convencionais. Além disso, diante da necessidade de diversificar a produção, laboratórios que trabalham com homeopatia vendem preparações "híbridas" (primas distantes da *dyniotherapia autohemica* de Licinio Cardoso, mas produzidas de modo a capitalizar com o fetiche do comprimido, e não com o da injeção). Trata-se de preparações em que substâncias do arsenal homeopático, submetidas à farmacotécnica que lhe é característica, são vendidas no mesmo comprimido que traz algum fármaco convencional, em doses ponderais. Esse é o caso do Complexo Senna, um dos carros-chefes do laboratório Almeida Prado, indicado pela empresa como auxiliar no tratamento de constipação intestinal. Ele contém, além de três substâncias preparadas homeopaticamente (duas na potência 1 CH e uma na potência 1 DH, em que a substância original ainda está presente), um laxante popular em doses ponderais, não preparado homeopaticamente: o picossulfato de sódio.

A infiltração tímida da homeopatia industrializada no mercado nacional está, é claro, em franco contraste com o ideal do atendimento customizado, que faz parte do apelo da doutrina no país desde a geração formada sob influência da contracultura. Daí que essa estratégia tenha vingado pouco por aqui. Não devemos, contudo, perder de vista que a simples existência

---

269 Como constava na página oficial da filial brasileira, consultada em outubro de 2017, e novamente em junho de 2021. Mesmo com o arsenal limitado, que não dialoga bem com a prática de consultório do homeopata, a Boiron declarou ter obtido no Brasil, em 2016, um faturamento de 3,1 milhões de euros (Boiron, 2016, p.22). Vale lembrar que faturamento é o total obtido com as vendas da empresa, e não o lucro declarado. Esse valor representa só 0,5% do faturamento total da Boiron, mas vem crescendo, como consta nos relatórios financeiros disponíveis na página da empresa. Disponível em: https://www.boironfinance.fr/en/. Acesso em: 30 jun. 2024.

de uma indústria homeopática forte em alguns países, principalmente na Europa, mostra o caráter altamente contingente da associação da homeopatia ao ideal da "medicina do sujeito" – e quão precária é, afinal, a ideia de que o "universo simbólico" da cultura homeopática seria essencialmente distinto do da medicina convencional. Até mesmo as farmácias de homeopatia mais tradicionais, que operam de maneira tão artesanal quanto possível, têm em suas prateleiras não só produtos naturais, mas também alguns fabricados de forma impessoal e massificada pelos grandes laboratórios homeopáticos. E mesmo o farmacêutico que não considera os produtos da Boiron como homeopatia "de verdade" acaba fazendo negócio com a multinacional francesa, para não arriscar perder clientela – como relata um membro da diretoria ABFH:

> É claro que nós, farmacêuticos homeopatas, vemos muito mal essa entrada das indústrias [...]. Eu, por mim, nem gostaria de revender. Revendo porque tem médico que prescreve, em conjunto com outros medicamentos; e, como outras farmácias revendem, acaba que temos de ter esses medicamentos.

O imperativo de revender os preparados industrializados responde à expectativa de parte da clientela (similar à expectativa de que encontrará produtos naturais) e ao fato de que esses produtos são indicados por médicos homeopatas, em geral junto de indicações que exigem manipulação e confecção mais artesanal. Dessa maneira, mesmo as farmácias mais artesanais não conseguem resistir completamente ao charme do multimilionário laboratório francês.

* * *

Neste trabalho, porém, o enfoque não são as farmácias homeopáticas, e sim o ambiente a que os pacientes vão, antes de ir à farmácia. Visitaremos o consultório de dois homeopatas, para examinar como a doutrina homeopática se manifesta na interação médico-paciente – como, de um lado, ela predefine essa interação e como, de outro, no curso da própria interação, surgem obstáculos que exigem certo grau de redefinição da doutrina, certo esforço adaptativo, que contribui para converter a clientela potencial da homeopatia em clientela efetiva. Na prática, esse esforço adaptativo se traduz na oferta daquele algo-além-da-homeopatia que o homeopata tipicamente oferece a seu paciente junto da prescrição homeopática e que contribui para ambos racionalizarem as deficiências da doutrina.

As nossas "visitas" serão informadas por relatos da atividade clínica feitos pelos próprios homeopatas – relatos que serão, claro, considerados em chave crítica, ou seja, partindo da perspectiva do médico homeopata, mas buscando transcendê-la. Nossa primeira visita mostra uma consulta-modelo, baseada em relato clínico utilizado na parte dissertativa de um exame para obtenção de título de especialista em homeopatia e, mais tarde, publicado em um livro preparatório para a prova, que contém questões de exames passados respondidas e comentadas. Trata-se de relato um pouco datado – a prova era de 1991, e se refere a uma consulta da década de 1970 –, mas isso não será problema, pois também veremos um relato mais recente. Esse relato tem a vantagem de ter sido usado para testar os conhecimentos de homeopatas ainda em atividade e publicado em um livro com o selo da AMHB, o que lhe confere o *status* mais "oficial" possível. Ele também é bastante completo, pois apresenta todos os passos do roteiro de diagnóstico distintamente homeopático.

Por outro lado, é um relato altamente idealizado. As operações mentais que o homeopata nele descreve não são sempre seguidas à risca, passo a passo, em todas as consultas com pacientes reais. Mas não se trata de uma idealização qualquer, e sim de uma idealização que serve de norma para a conduta do médico homeopata, que ensina os aspirantes a homeopata *como devem se portar* no consultório, se desejam ter suas aspirações reconhecidas pelos profissionais já titulados.

Se, de um lado, a análise não deve perder de vista esse tipo de idealização, tampouco deve se limitar a ela. Ela pode ser aquela projetada pelos homeopatas de maior prestígio no contexto atual, mas a influência deles, embora relativamente maior que a de outros, não é absoluta, mesmo nos círculos de médicos homeopatas (sendo ainda menor entre praticantes leigos). Para remediar as distorções que decorrem disso, vamos combinar duas estratégias analíticas diferentes: ao comentar a primeira visita ao consultório de um homeopata, apontaremos alguns dos "desvios" mais comuns em relação ao que é normatizado, com base no conhecimento obtido durante esta pesquisa; além disso, faremos uma segunda visita ao consultório homeopático, dessa vez por meio de um relato publicado em uma revista de homeopatia, selecionado com o objetivo de cobrir algumas variações que julgamos mais significativas em relação à primeira consulta-modelo.

Optamos por nos basear em casos muito bem documentados e acessíveis para qualquer leitor. Isso, por um lado, direciona a atenção ao consultório do médico homeopata, mas tem a desvantagem de não capturar bem a atuação do praticante leigo – cujas atividades, em geral, não estão bem documentadas, por causa ou do limbo legal que caracteriza sua atuação, ou da circunstância de que os veículos de divulgação dos relatos de conduta clínica do homeopata são as revistas dos *médicos* homeopatas, que não têm interesse em documentar as atividades de sua contraparte leiga. Não há revistas para homeopatas leigos publicarem seus relatos clínicos, nem provas oficiais, elaboradas para que eles tenham reconhecimento oficial. O que há de mais concreto, no caso dos praticantes leigos, são os cursos voltados a esse público, mas que costumam ser muito diferentes entre si; o sociólogo interessado em conhecer melhor a atividade do homeopata leigo teria de frequentar vários deles, o que foge à proposta deste trabalho. Por outro lado, ater-se a casos bem documentados e públicos tem a singela vantagem de conferir maior ancoragem empírica ao trabalho e permitir ao leitor – e mesmo aos críticos deste trabalho – ir à fonte original e checar se os fatos aqui relatados são verdadeiros.

Feitos tais esclarecimentos metodológicos, vamos ao primeiro relato clínico.

Começaremos pela história clínica da paciente, narrada em detalhe no enunciado da questão usada no exame da AMHB, para avaliar o conhecimento dos aspirantes a homeopata. A citação é longa, mas é importante reproduzi-la e considerá-la na íntegra, para que fique bem claro a que, exatamente, os homeopatas se referem ao falar em "totalidade sintomática". Adicionamos à citação algumas notas de rodapé, que não constam do original, mas que ajudam o leitor leigo, sem conhecimento do jargão médico e homeopático, a se aproximar do conteúdo do texto.[270]

---

[270] Ao contrário do leitor deste livro, espera-se, do candidato que faz o exame de obtenção de título de especialista em homeopatia, conhecimento dos termos médicos. É pré-requisito para a realização da prova que o candidato seja médico formado, isto é, seja graduado em medicina, tenha cursado uma especialização em homeopatia.

Esta paciente consultou em 20.06.74, aos 29 anos, com diagnóstico principal de amigdalite crônica e diagnósticos secundários de cefaleia crônica, obstipação e erupções acneias. *Lachesis trigonocephalus* foi prescrito em C 30, doses diárias repetidas durante 3 semanas.[271] O resultado foi ótimo.

Paciente voltou à consulta em 30.07.79, isto é, após 5 anos, bastante amargurada. Tendo casado, há alguns meses, vem passando por sequência de decepções em relação ao sexo, bem como situações de ordem material e financeira; viu-se obrigada a viver com os sogros; tudo isto a deixou profundamente desiludida. Sente-se vítima, prejudicada em seu amor-próprio. Sofre e chora em silêncio, sem se queixar. Tornou-se calada, rancorosa e reprova a si mesma; insegura e revoltada pelas contínuas repreensões vindas do marido. Apresenta frustração sexual e frigidez; grande secura vaginal; mastalgia no pré-menstruo.[272] Cauterizou ferida no colo uterino há 2 meses. Sente dor ao longo da faringe, com alguns meses de duração – sua principal queixa atual que motivou a presente consulta; essa dor se acentua em crises esporádicas, ora com sensação de espinha cravada, ora de corpo estranho ou tampão – que não melhora ao deglutir. Sente vertigens ao levantar da cama. Frequentes dores ao longo da região dorsolombar, que somente melhora deitando no chão, boca seca com sede frequente de grandes quantidades de água. Aversão ao pão. Desejo de alimentos salgados. Não tolera o sol, o qual chega a provocar dor de cabeça com sensação de marteladas no cérebro. Ambiente frio e clima frio lhe fazem muito bem.

Ao exame da orofaringe, cavum hiperemiado, amígdalas hipertrofiadas, com evidente processo inflamatório, porém sem focos supurativos evidentes. [273] Língua grande e mapeada, com indulto branco.[274] Ausência de nódulos mamários. Face oleosa com manchas difusas de aspecto terroso; sem atividade

---

271 *Lachesis trigonocephalus* é veneno de surucucu, preparado homeopaticamente e prescrito à paciente na "potência" 30 CH (ou C30, na notação usada no exame). Isso significa que o veneno de surucucu foi trinta vezes diluído em solução hidroalcóolica na proporção de 1 por 100, e agitado entre uma diluição e outra.
272 Mastalgia significa dor nos seios, que, no caso em questão, se manifesta no período pré-menstrual.
273 O exame de orofaringe é a inspeção visual da garganta, realizada pelo médico no consultório. Nesse caso, o médico notou que a garganta da paciente estava inflamada (a parte superior da faringe, ou cavum, estava com hiperemia, isto é, com maior afluxo de sangue que o normal, e as amígdalas, inchadas, sem que se tratasse de inflamação grave, pois não havia formação de pus (ou supuração).
274 Língua mapeada, ou língua geográfica, é uma condição inflamatória caracterizada pela presença de manchas na língua, de tamanho e forma variável.

acneica. Abdome sem anormalidades. Exame ginecológico (relatório recente de especialista) normal.[275]

O primeiro parágrafo do relato é dedicado a um breve resumo do histórico das consultas anteriores da paciente; o segundo, às informações obtidas na consulta atual durante a anamnese; e o terceiro, às observações resultantes do exame físico. A maior extensão do segundo parágrafo dá ideia da importância dos resultados obtidos pela anamnese, dos sintomas tais como relatados pelo paciente – em contraste com os resultados obtidos por meio do exame clínico, que nesse caso é o convencional. Nesse relato clínico, o parágrafo que descreve os resultados da anamnese conta com cerca de quatro vezes mais palavras do que o dedicado ao exame físico (207 palavras em um caso; 49, no outro). Com base nos vários relatos clínicos disponíveis nas revistas de homeopatia consultadas, podemos dizer com segurança que essa preponderância é a regra no roteiro de diagnóstico homeopático; mas que se trata de uma regra às vezes violada, e de forma sistemática, por alguns homeopatas que defendem uma maior valorização do exame clínico. Devemos ter em vista que se trata de um roteiro de diagnóstico conduzido por um homeopata com formação em medicina, ou seja, que recebeu treinamento formal para conduzir o exame clínico de maneira convencional (e o faz no consultório, como o relato deixa claro).

É preciso aqui dar um passo para trás, a fim de compreender melhor a anamnese homeopática, o evento descrito em maior detalhe nessa passagem. Sem dúvida, a consulta longa e atenciosa é uma das marcas do atendimento homeopático "ideal", um de seus traços típicos, ainda que não distintivos. O homeopata típico ouve, com muita atenção, o que o paciente diz, reservando grande parte da consulta à atividade de escuta; o homeopata só a direciona de maneira sutil, a tal ponto que o sociólogo que caia de paraquedas na sala, sem saber do que se trata, poderia imaginar estar diante de uma entrevista não estruturada, conduzida por um colega com formação em métodos qualitativos de pesquisa. Para o leitor que não é sociólogo, cabe esclarecer que em uma entrevista não estruturada, no contexto da pesquisa sociológica, o pesquisador deixa o entrevistado falar mais livremente, em vez de elaborar perguntas com antecedência e aplicá-las em uma ordem predefinida. Esse

---

275 Rezende; Ribeiro Filho; Pustiglione, 1999, p.88.

tipo de entrevista, frequentemente mais longa e que pode se estender por vários encontros, é útil para vários fins. Contribui, para mencionar um único exemplo relevante nesse contexto, para que o entrevistado se sinta mais à vontade e passe a confiar no entrevistador, a ponto de compartilhar informações que, de outra forma, não compartilharia.

A conduta do homeopata no consultório é similar, ao menos para o observador externo. Nas palavras de um homeopata eminente, que ocupou por vários anos a presidência da AMHB:

> Durante a anamnese, o profissional deverá procurar ter um registro fiel do caso, elaborando as perguntas sempre de forma geral, ampla e indireta, *de maneira que o enfermo manifeste com toda a liberdade e autenticidade o que mais lhe perturba*.[276]

O sociólogo atento, contudo, em algum momento entenderá que essa "entrevista não estruturada" é bem diferente a da sociologia.[277] O que pode escapar a princípio ao observador externo é que essa escuta atenciosa, aberta e pouco dirigida das queixas do paciente tem um caráter instrumental, é um procedimento técnico orientado a um objetivo determinado: chegar à prescrição homeopática, à "receita" que o paciente leva consigo do consultório até a farmácia homeopática. A interação entre o homeopata e o paciente é, desde o começo, orientada para encontrar, no arsenal homeopático, a substância considerada adequada para aquele momento. Escutar com atenção o paciente, portanto, é para o homeopata um meio para se chegar a esse fim – um fim muito diferente do visado pelo sociólogo, ao conduzir uma entrevista não estruturada.

Isso significa, por outro lado, que a situação inicial em que se encontram o homeopata e o paciente não é, no que tem de essencial, diferente da situação em que se encontram um médico convencional e seu paciente. Nos dois casos, há desconhecimento de ambas as partes, ainda que em relação a um conjunto diferente de fatos. O médico, ao encontrar o paciente, ignora uma

---

276 Ribeiro Filho, 2010, p.XL, grifo nosso.
277 Apesar disso, a semelhança superficial de conduta é um dos ingredientes que facilitam a aproximação do homeopata com o sociólogo e o historiador. A mesma questão será retomada, por outro ângulo, na seção seguinte.

série de informações relevantes de seu estado de saúde, que só serão conhecidas após a anamnese e realização dos exames (que, via de regra, desempenham um papel mais destacado no atendimento médico convencional). Já o paciente, se optou por buscar os serviços oferecidos por outra pessoa – um profissional em tese mais bem qualificado do que ele em questões médicas –, reconhece não dispor dos meios necessários para definir, sozinho, a melhor conduta terapêutica a seguir.

Tanto na consulta convencional como na homeopática, o médico se porta de maneira a buscar obter, no trato subsequente com o paciente, o conhecimento necessário para chegar a um diagnóstico e definir a conduta terapêutica considerada adequada. A partir daí começam as diferenças e, então, é preciso tentar entender o que se passa na cabeça do homeopata, quais são as operações mentais que ali transcorrem, para compreender por que a interação entre homeopata e paciente assume a forma particular do roteiro de diagnóstico homeopático, com sua ênfase na anamnese.

Vimos, no capítulo sobre a origem da homeopatia, o problema da confiança excessiva na anamnese, quando o objetivo é definir um bom diagnóstico; nenhum de nós é capaz de dizer tudo o que se passa em nosso corpo. O paciente ignora uma parte considerável do que ocorre em seu próprio organismo, por isso, não há bons motivos para presumir que a "imagem verdadeira" da doença pode ser revelada pela fala do paciente – como, não obstante, presume o homeopata, ao seguir Hahnemann.

Tanto o homeopata como o médico convencional não têm escolha senão tomar como ponto de partida para o diagnóstico *partes* da condição do paciente, que ele pode acessar por meio de várias técnicas. A anamnese é uma delas, a mais antiga, ao lado do exame visual a olho nu. O desenvolvimento do microscópio e de instrumentos, como estetoscópio, máquina de raio-x, ultrassom e aparelhos de ressonância magnética, permitiu acessar outras partes do corpo humano, e, com isso, também outros aspectos da condição do paciente, inacessíveis por meio das técnicas mais antigas.

O médico, convencional ou homeopata, sintetiza as informações parciais obtidas pelas diferentes técnicas que utiliza para acessar a condição de saúde do paciente e com isso chegar a um diagnóstico, que em seguida baliza a escolha da conduta terapêutica. Nem o médico convencional nem o homeopata chega a uma "imagem total" da doença do paciente; o diagnóstico exige, em ambos os casos, ignorar uma série de coisas, ainda que se busque, ao menos idealmente, chegar a uma síntese que leve em consideração o máximo de fatores considerados *relevantes* para o diagnóstico. Para nós, o que interessa é identificar o que se perde com a síntese operada no diagnóstico homeopático.

Dito isso, podemos seguir em frente. O homeopata idealiza a escuta cuidadosa e pouco direcionada das queixas do paciente como primeiro passo de uma operação – realizada dentro da cabeça do médico – que desemboca na indicação homeopática. Voltando ao relato citado, o que temos ali é, em suma, um retrato da primeira fase dessa operação mental, em que podemos contemplar o que o homeopata "extrai" da interação com o paciente, para chegar à conduta terapêutica, o que ele considera relevante para o diagnóstico.

O conjunto das impressões obtidas pelo homeopata ao interagir com o paciente, a que nesse caso tivemos acesso pelo relato clínico, é o material que serve de base para se chegar ao que os homeopatas chamam de "totalidade sintomática" (termo que também aparece nesse relato clínico). Trata-se, em linguagem menos hermética, do conjunto das queixas registradas que a paciente expõe para o médico no curso da anamnese, somadas às alterações da constituição física que o médico detectou durante o exame visual, conduzido na clínica. É importante ressaltar que, assim como um cardiologista não costuma examinar a rótula de seus pacientes – como em geral o faz um ortopedista –, tampouco o faz o homeopata. O exame médico obedece a critérios de seleção e relevância, que variam conforme a especialidade e, até, de médico para médico. No caso em questão, típico do atendimento homeopático, o critério é claro: o médico inspeciona as partes mais diretamente ligadas às queixas da paciente. A queixa principal, que motivou a consulta, é uma dor de garganta persistente? O homeopata conduz o exame de orofaringe. Ela relata dor nos seios, antes da menstruação? O homeopata verifica se há nódulos mamários. Fala de frigidez e secura vaginal? O homeopata confere o relatório ginecológico que a paciente trouxe consigo.

Com isso, o homeopata obtém uma primeira formalização da condição de saúde da paciente, que será sucessivamente elaborada até assumir uma forma compatível com o *materia medica* homeopática. Como alguns homeopatas chegaram a reconhecer, tal processo – distintivo do roteiro de diagnóstico homeopático – envolve alto grau de arbitrariedade:

Diante de um mesmo paciente, dificilmente dois homeopatas concordem a respeito do medicamento a ser prescrito. Esse é um fato conhecido pela quase totalidade dos homeopatas, embora tenha sido pouco abordado na literatura.[278]

Apesar da grande margem para arbitrariedade, o processo é regido por uma lógica simples e intuitiva. Isso é condição indispensável de sua comunicabilidade; é o que permite o aprendizado do roteiro de diagnóstico. Sem essa característica, os homeopatas estabelecidos não teriam como ensinar a doutrina aos aspirantes a homeopata, o que comprometeria sua circulação interna.

Para entendermos um pouco melhor esses procedimentos, vamos analisar a resposta a uma pergunta do exame formulada com base no relato médico anterior, tal como aparece no caderno de resposta da obra de referência.[279]

A resposta é dividida em quatro partes, que podemos interpretar como sendo quatro passos do procedimento mental que se passa na cabeça do homeopata. No primeiro, arrola-se a "totalidade sintomática característica" da paciente; no segundo, essa "totalidade sintomática" é traduzida para a chamada linguagem repertorial (a linguagem encontrada nas obras de referência do cânone homeopático); no terceiro, é feita a escolha do símile homeopático; e, no quarto e último passo, a prescrição é racionalizada e a conduta clínica, definida. Todas essas etapas tomam como ponto de partida as impressões obtidas pelo homeopata no trato com o paciente, que são, com frequência, registradas na ficha do paciente, para que o médico não as esqueça em caso de retorno.

Não custa enfatizar que esse é o processo ideal, em que se chega da consulta à prescrição sem pular nenhum passo. Na prática, muitas vezes, acontece algo bem mais intuitivo, e também com maior margem para improvisos e arbitrariedades. Podemos propor uma analogia a essa situação: assim como um matemático experiente, ao resolver uma equação, é capaz pular um ou dois passos da demonstração, enquanto um menos experiente tem de realizar todas as etapas, também um homeopata mais experiente é capaz de conduzir a formalização de maneira mais intuitiva. A diferença é que, no caso do roteiro de diagnóstico homeopático, embora segui-lo à risca reduza

---

278 Priven; Jurj, 2009, p.9.
279 A questão, cuja resposta examinaremos, é: "Elabore a prescrição completa (em 20.07.79) justificando essa CONDUTA TERAPÊUTICA" (cf. Rezende; Ribeiro Filho; Pustiglione, 1999, p.88; destaque do original).

a margem para arbitrariedades, ela permanece grande (como veremos a seguir), e, nesse ponto, a analogia com a matemática deixa de ser válida. Devemos ter em vista que a presença da margem ampla para improvisos e arbitrariedades é essencial para azeitar a racionalização psicológica de situações nas quais a prescrição homeopática não é seguida de melhora clínica.[280]

Para nós, em todo o caso, é importante fazer o caminho mais longo, não pular nenhum passo – e, em uma prova de exame de título de especialista em homeopatia, cobra-se do aspirante o domínio de todas as etapas. Eis o que os elaboradores da prova consideram um bom exemplo do primeiro passo (a listagem da "totalidade sintomática" peculiar ao paciente):

TOTALIDADE SINTOMÁTICA CARACTERÍSTICA:
- *Transtornos por mortificação*
- *Sensação de tampão, engolindo não melhora*
- *Aversão a pão*
- *Desejo de alimentos salgados*
- *Dor nas costas, melh. ao deitar sobre algo duro.*[281]

Nesse momento, o homeopata extrai, do relato completo da paciente, uma lista mais restrita de sintomas, aqueles que julga os mais característicos dessa paciente. É claro que homeopatas, com frequência, divergem entre si quando o assunto é eleger qual dos sintomas é mais ou menos "característico" de certo paciente. Vemos que, nesse caso, não são incluídos na lista nenhum dos sintomas obtidos no exame visual, o que significa que eles não foram considerados tão importantes assim para o diagnóstico. Vemos ainda que a eleição desses sintomas é em tudo alheia à estrutura de relevância que emerge das queixas da própria paciente; os sintomas que o homeopata considera os mais relevantes não são os mesmos dos da própria paciente, até onde podemos inferir com base no relato.[282] A paciente, como vimos, fora motivada a buscar o homeopata por conta de uma dor recorrente na garganta.

---

280 Já as que são seguidas de melhora clínica são mais fáceis de racionalizar e dispensam tal recurso. Elas são, na maioria dos casos, logo interpretadas como intervenções terapêuticas bem-sucedidas. No primeiro parágrafo do relato clínico sob análise, vemos um exemplo disso.
281 Rezende; Ribeiro Filho; Pustiglione, 1999, p.90; grifo do original.
282 "Estrutura de relevância" é uma expressão do sociólogo austríaco Alfred Schütz (1899-1959), que usamos como um dos marcos teóricos deste trabalho, e cujas ideias também inspiraram o

Além disso, o primeiro sintoma mencionado ("transtornos por mortificação") sequer aparece, com essas palavras, no relato. Chega-se a ele graças a um lance interpretativo obscuro para alguém que não esteja familiarizado com o jargão homeopático. Para compreender como o homeopata chega a esse sintoma, precisamos saber que tal expressão é empregada, entre seus pares, para se referir à sensação de desilusão profunda, de amor-próprio ferido (ou "prejudicado", nos termos do relato), que a paciente mencionara na anamnese.[283] Tal sensação pode, decerto, ser muito importante para a paciente, mas a ideia de que ela seria um sintoma-chave do diagnóstico, sendo a causa mais provável do quadro sintomático como um todo, e de que seria tratável por meio de um preparado homeopático específico e bem selecionado – defendida pelos homeopatas que elaboraram a prova –, não vêm da paciente, mas sim da doutrina. É uma injunção do sistema de crenças que orienta a conduta do homeopata.

De qualquer forma, é compreensível que esse "sintoma" – se é que podemos chamá-lo assim – seja característico da situação de vida mais geral da paciente; também é razoável presumir que, mesmo que não estivesse relacionada com a dor de garganta crônica que a motivou a buscar o homeopata, tenha a ver com algumas das outras queixas a que ela efetivamente deu voz no consultório.[284] Não seria de se espantar que a paciente tenha procurado o homeopata, ao menos em parte, também com o intuito de dar vazão às queixas que a incomodavam; ao incluir esse sintoma entre os "mais característicos" do quadro da paciente, o sociólogo inclinado a, de algum jeito, contribuir para a racionalização das deficiências da doutrina homeopática poderia dizer que o homeopata almejava estabelecer uma conexão empática com a paciente, incorporando a estrutura de relevância dela à sua própria.

---

desenvolvimento de metodologias de pesquisa qualitativa em sociologia, que envolvem uso de entrevistas não estruturadas.

283 O lance interpretativo é explicitado na resposta à segunda questão do relato, a qual pede ao candidato que "identifique a eventual causalidade no caso clínico descrito" (Rezende; Ribeiro Filho; Pustiglione, 1999, p.88). A resposta sugerida é: "causa mais provável do quadro clínico é o desapontamento que a paciente vem passando e sensação de 'amor próprio' ferido (honra ferida, humilhação, mortificação)" (ibid., p.89).

284 Crises de choro, insegurança diante das reprimendas do marido, frustração sexual, falta de lubrificação vaginal; faz todo sentido presumir que essas queixas estejam ligadas à "desilusão profunda" da paciente com o seu casamento. O que é questionável é se elas podem ser adequadamente tratadas com o "símile" homeopático.

Mas esse não é o caso, o que fica claro assim que consideramos os demais sintomas que o homeopata destaca, que incluem a aversão a pão e o desejo por alimentos salgados. O que leva o homeopata a conferir importância a tais "sintomas" – a eleger esses, e não outros, como cruciais para a definição da conduta terapêutica – é, de um lado, a ideia da busca pela "totalidade sintomática", e, de outro, o fato de que esse é o tipo de "sintoma" mencionado nas obras de referência usadas para se chegar à prescrição. O fantasma de Hahnemann orienta, também nesse ponto, a conduta terapêutica do homeopata contemporâneo. É, no fundo, somente porque ele registrou, em alguma parte de sua *materia medica*, "aversão a pão" como sintoma provocado pela ingestão de certa substância do arsenal homeopático, que os homeopatas atualmente interpretam esse tipo de sensação como um "sintoma".

A confiança dogmática no texto de Hahnemann – e, em especial, na *materia medica* – é aqui, de novo, decisiva. Menos do que considerar inusitada a aversão a pão como sintoma patológico, reveladora de um "desequilíbrio da força vital" (para usar os termos do homeopata alemão), o que mais interessa, nesse contexto, é que o homeopata considerou esse "sintoma" *especialmente* importante para o tratamento dessa paciente. Isso mostra a enorme assimetria entre a estrutura de relevância do homeopata e a do paciente. O gestor público, e mesmo o sociólogo, que acreditam que "tratar o paciente como todo" implica, para o homeopata, apenas ouvi-lo com atenção e tratá-lo com respeito, imagina errado; não é só isso. Essa atitude também envolve todo um conjunto de injunções doutrinárias específicas, como a presunção de que "aversão a pão", e outros "sintomas" indexados na *materia medica* homeopática, é sinal patológico que precisa ser considerado para a definição da conduta terapêutica, podendo ser a chave para a cura dos males que afligem a paciente.

A eleição dos sintomas característicos da paciente é só um dos passos de uma operação mental que resultará na identificação da paciente, em seu estado atual, a um dos itens da *materia medica* homeopática. O passo seguinte é um esforço de tradução do conjunto de sintomas relatados pela paciente e eleitos como relevantes pelo homeopata para o que se costuma chamar de linguagem repertorial. Eis como esse passo aparece no texto em discussão:

Resultado de Repertorização
Sintomas

01. MENTAL – CHORO, humor choroso – sozinho, quando
02. MENTAL – CONFIANÇA EM SI MESMO, falta de
03. MENTAL – RANCOROSO, malévolo, vingativo
04. MENTAL – REPROVA, si mesmo
05. MENTAL – TRANSTORNOS POR – decepção, desapontamento
06. MENTAL – TRANSTORNOS POR – mortificação
07. VERTIGEM – ERGUENDO-SE – cama, ao da
08. BOCA – SECURA – sede, com
09. GARGANTA – ESTRANHO, sensação de corpo – engolindo – não melh.
10. GARGANTA – GRUMO, tampão etc.; sensação de – engolir, ao – não melh., por
11. ESTÔMAGO – SEDE – grandes quantidades para – frequentemente, e
12. ALIMENTÍCIOS – PÃO – aversão
13. ALIMENTÍCIOS – SAL – desejo
14. GENITAIS FEMININOS – COITO – aversão ao
15. GENITAIS FEMININOS – DESEJO SEXUAL – ausência de
16. GENITAIS FEMININOS – SECURA – Vagina, da
17. PEITO – DOR – Mamas – menstruação – antes
18. COSTAS – DOR – deitar – duro melh., sobre algo
19. GENERALIDADES – FRIO – em geral – melh.
20. GENERALIDADES – SOL, por exposição ao.[285]

Após essa longa lista, é apresentada uma tabela com a chamada análise repertorial. Antes de a analisarmos, cumpre esclarecer o que é a lista de vinte itens que acabamos de ver.

Cada item traduz alguma informação obtida durante a consulta clínica. Nesse caso, todos os vinte sintomas traduzidos em linguagem repertorial se referem a impressões obtidas via anamnese. Uma vez que a lista é usada para definir a melhor conduta terapêutica (a escolha do símile homeopático), podemos dizer que, se o homeopata não tivesse conduzido os exames que relata ter conduzido na clínica, o resultado seria o mesmo. Quanto mais o homeopata formaliza o estado de saúde da paciente com base nas instruções

---
285 Rezende; Ribeiro Filho; Pustiglione, 1999, p.90, destaques do original.

distintivas da doutrina criada por Hahnemann, tanto mais irrelevante se tornam as competências instrumentais que adquiriu em sua formação como médico, o conhecimento especializado que justifica seu registro no CFM e que lhe permite assumir, de forma legítima, o papel de médico.

Não devemos, claro, ignorar que outros homeopatas chegariam, em função de sua inclinação doutrinária, a uma repertorização diferente – talvez valorizando mais o exame clínico; produzindo, quem sabe, uma lista maior ou menor de sintomas; ou então conferindo maior ou menor ênfase aos sintomas mentais. De qualquer maneira, o conhecimento médico convencional não passaria de coadjuvante. Por outro lado, nada a princípio impede que um médico homeopata prescreva ou recomende (quer junto da homeopatia, quer no lugar dela), remédios ou tratamentos não homeopáticos (veremos um exemplo na segunda consulta). Muitos homeopatas de fato encaminham pacientes a outros especialistas quando julgam necessário – caso, digamos, o homeopata detectasse um nódulo nos seios da paciente ao examiná-la, é provável que a encaminhasse a um oncologista. Só que, nessas situações, não estaria seguindo as instruções *distintivas* da homeopatia, e sim acionando conhecimentos adquiridos em sua formação convencional. Estaria atuando como o médico que, de fato, também é, e não mais apenas como homeopata.

A forma de rubrica assumida por cada um dos vinte sintomas que compõem a lista é a encontrada nos *repertórios homeopáticos* – obras de referência derivadas, em tese, de alguma *materia medica* homeopática. Tais repertórios são organizados de forma similar a dicionários, para facilitar o processo de repertorização. Com eles, o homeopata pode partir de um sintoma relatado pela paciente, ou extraído da observação clínica – aversão a pão, por exemplo –, para encontrar, de acordo com o cânone homeopático, as substâncias que causariam esse sintoma, se administradas em uma pessoa saudável. Esse "dado" é crucial para a aplicação do princípio da semelhança; sem ele, o homeopata não tem como chegar à indicação, ou seja, não tem como exercer as competências instrumentais que aprende *especificamente* nas escolas de homeopatia e que *distinguem* o homeopata do médico convencional.

Os mais completos repertórios de homeopatia são grandes obras de referência, nas quais é possível localizar a descrição detalhada de sintomas, como é o caso de uma dor nas costas que melhora quando deitamos em algo duro (item 18 da lista anterior). Esse tipo de detalhe – uma dor de que melhora *ao deitar* – é o que os homeopatas chamam de modalização. A modalização é uma das estratégias de detalhamento que orientam o "olhar clínico" do homeopata, em sua busca pelo símile homeopático correto. Outra dessas estratégias é a tendência a interpretar praticamente qualquer sensação como um "sintoma" (de sonhos a galos na testa, como vimos anteriormente). As duas estratégias estão relacionadas uma a outra: quanto mais "sintomas", e quanto mais "modalizados", mais perto o homeopata chegaria a uma "imagem total" da doença.

O resultado é que até "aversão a pão" se torna um sintoma. Repertórios homeopáticos ainda indicam as diferentes substâncias do arsenal homeopático que causariam aversão a distintos tipos de pães, como a pão de centeio, pão preto, pão com manteiga e pães em geral, mas durante a gestação.[286]

Ao fim e ao cabo, porém, jamais se alcança a totalidade prometida. Sempre é possível obter mais detalhes; falta detalhar a aversão a pão com margarina, pão com requeijão, pão industrializado etc. – que não constam nos repertórios homeopáticos por não fazerem parte da dieta habitual dos alemães da virada do século XVIII para o XIX. Esses sintomas são, em sua maioria, os que Hahnemann registrou, e mesmo sua poderosa imaginação não é páreo para a realidade. Assim, não só a promessa da visão da totalidade é frustrada, como, na busca por ela, o homeopata perde de vista o que é relevante para a paciente, que não procurou o homeopata para "tratar" a aversão a pão – mas que, por imposição da doutrina, saiu do consultório com uma prescrição que promete curá-la, inclusive, desse "sintoma".

Mesmo assim, vemos que o homeopata precisou fazer um pequeno salto interpretativo, ao traduzir o "chão", tal como aparece na fala da paciente, por "algo duro". Nesse relato clínico, não temos saltos interpretativos grandes ou forçados.[287] Porém, não é sempre que o homeopata encontra a tradução adequada no texto de Hahnemann, e, nesses casos, ou o homeopata simplesmente ignora o "sintoma", ou, para incluí-lo no diagnóstico, recorre a associações forçadas e herméticas.[288]

---

286 Cf. Ribeiro Filho, 2010, p.745e.
287 Não seria de se esperar que esse fosse o caso, uma vez que o relato clínico apresentado é o mais idealizado possível, escolhido sob medida para o exame de obtenção de título de especialista – e, para esse fim, não seria uma boa escolha selecionar um caso cheio de interpretações, já que dariam maior margem para contestação do resultado da prova.
288 Há diversos exemplos nos relatos clínicos nos congressos de homeopatia ou expostos na literatura homeopática, alguns dos quais veremos mais adiante.

A implicação mais importante para este trabalho é que essa exigência formal da doutrina acaba por nivelar o conhecimento fisiológico mobilizado pelo homeopata àquele de que dispunha Hahnemann há duzentos anos. Isso porque a linguagem repertorial, mesmo com as sucessivas ampliações feitas desde sua publicação, permanece restrita a "sintomas" verbalizados pelo paciente ou verificados pelo homeopata, durante a inspeção visual conduzida no próprio consultório. O homeopata pode até consultar um hemograma ou uma ressonância magnética, mas esses exames raramente contribuem para a prescrição homeopática, pois as informações obtidas por esses meios, inacessíveis para Hahnemann, só admitem tradução forçada para a linguagem repertorial. Dessa forma, a tendência é ignorá-las.

Isso demonstra a fragilidade da idealização, segundo a qual o homeopata teria acesso a uma "visão total" do paciente. Na lista com os vinte itens, a paciente é reduzida a um conjunto de sintomas – ora da mente, ora da cabeça, ora do estômago, ora dos genitais – escolhido não porque é relevante para a compreensão de seu estado de saúde, mas porque correspondem a "sintomas" já registrados como tais nos livros canônicos da doutrina. Também aqui o indivíduo é repartido pela cognição; e tem de ser, porque é assim que funciona a cognição humana. O conhecimento humano pode ser sintético, mas seu ponto de partida é sempre uma parte, é um fragmento do real; e o seu ponto de chegada – a síntese – é, na melhor das hipóteses, uma outra parte, que inclui, articula e compreende outras menores. A síntese obtida no diagnóstico homeopático exige deixar de lado partes do corpo a que atualmente temos acesso, graças às técnicas de diagnóstico desenvolvidas ao longo dos últimos dois séculos, que não são poucas. Ao ignorá-las e se aferrar às partes passíveis de serem verbalizadas pelo paciente e visualizadas a olho nu pelo médico, a síntese operada pelo homeopata contemporâneo acaba comunicando o desconhecimento de Hahnemann sobre o funcionamento interno do corpo.

O desconhecimento comunicado não é exatamente o desconhecimento *subjetivo* do homeopata. Na medida em que ele é capaz, por exemplo, de ler um hemograma, tais informações não são algo que o homeopata de fato ignora. Nesse sentido, ele conhece bem muito o que Hahnemann não conhecia, e se recusava a conhecer. No entanto, na medida em que esse conhecimento não faz diferença para a conduta clínica do homeopata, ele, na prática, age *como se o ignorasse*. A operação mental que leva à prescrição homeopática garante isso; comunica e reproduz, de maneira indireta, o desconhecimento de Hahnemann sobre a fisiologia humana.

O corolário disso é que a interação entre o homeopata e o paciente se configura de tal maneira que o médico, ao seguir a doutrina, não vê nenhum motivo para examinar partes do corpo do paciente que, atualmente, temos condições de conhecer, e que podem ser decisivas para uma compreensão mais adequada, e mais completa – mais "total" –, do estado de saúde de uma pessoa. Daí que o homeopata raramente peça exames complementares, como aliás está documentado nos poucos trabalhos que se debruçaram sobre a questão.

A comunicação do desconhecimento, resultante da aplicação do roteiro de diagnóstico homeopático, tem um efeito secundário importante: ela motiva o homeopata a ouvir com atenção o paciente, a olhar nos seus olhos, em vez de olhar para o resultado de um exame de laboratório. Como o paciente espera do médico, com razão, que ele "olhe nos seus olhos", que escute com atenção o que tem a dizer – então tal deficiência se converte em vantagem adaptativa, ao menos em um contexto em que *outros* médicos não satisfazem essa expectativa. Torna-se, enfim, um fator de atração para o paciente insatisfeito com o atendimento recebido por um médico convencional. Com isso, o custo cognitivo é compensado pela maior satisfação das expectativas do paciente quanto ao desempenho das *competências comunicativas* do médico, por vezes frustrada no atendimento convencional. Tudo de que o homeopata precisa é que *alguns* médicos "não olhem nos olhos" de *alguns* pacientes, pois isso basta para formar um nicho de insatisfeitos, alguns dos quais podem recorrer à homeopatia, e serem, então, cativados pelo desempenho mais proficiente das competências comunicativas do homeopata.

Vale lembrar que a insatisfação do paciente é um problema da maior importância para o gestor público, que é encarregado de receber e lidar com as reclamações dos pacientes insatisfeitos com o serviço prestado pelo médico. Por isso, é fácil para o gestor ignorar que "tratar o paciente como um todo" significa, entre outras coisas, considerar a aversão a pão um sintoma patológico importante – quer dizer, isso é fácil ignorar contanto que o homeopata seja atencioso no trato com o paciente e escute com atenção suas queixas.

Esse "algo-além-da-homeopatia" constitui o cerne no apelo que a atenção homeopática adquire para o paciente. Mas o homeopata não concebe as coisas dessa forma; na cabeça dele, a seleção correta do símile homeopático adquire enorme importância. Sua conduta no consultório é, desde o começo, orientada para essa finalidade, ainda que essa teleologia seja com frequência opaca para o paciente, e também para médicos não homeopatas, gestores públicos e sociólogos simpáticos à homeopatia. Consideremos, pois, o próximo passo que conduz à seleção do símile homeopático – retornando à perspectiva do médico, para entender melhor como ele chega à indicação "correta", a partir da lista dos sintomas traduzidos no jargão de Hahnemann.

Munido do rol de vinte "sintomas" traduzidos em linhagem repertorial, o próximo passo é consultar um repertório homeopático que dará a pista para identificar qual substância deve ser empregada nesse caso. É nesse momento que entra a lei da semelhança: a substância escolhida deve ser capaz de provocar, em um indivíduo saudável, um conjunto de sintomas o mais semelhante possível com os incluídos na lista.

Há mais de uma maneira de conduzir esse processo. Muitos homeopatas escolhem uma substância de modo intuitivo, "de cabeça". Vamos considerar a via mais formal para eleger uma substância, que envolve a montagem de uma tabela como a Tabela 2.1.[289]

Para ler essa tabela, que qualquer homeopata é capaz de interpretar rapidamente e com grande desenvoltura, precisamos não perder de vista duas coisas. Primeiro, os números de 1 a 20, indicados na linha de cabeçalho, correspondem aos sintomas da lista anterior. Segundo, a primeira coluna apresenta substâncias do arsenal homeopático, em forma abreviada e ordenadas de maneira específica, relacionada ao conteúdo da segunda e da terceira colunas (como veremos mais adiante).

No que diz respeito à primeira coluna, não precisamos saber o que significa cada uma das abreviações, mas desdobraremos algumas, para fins de ilustração: "nat-m" refere-se ao *Natrum muriaticum*, vulgo sal de cozinha; "sulph" refere-se ao *sulphur*, ou enxofre; e "bell", à *belladonna*, ou beladona (planta tóxica, usada desde a Antiguidade como remédio, via de regra em pequenas doses ou processada, para minimizar seus efeitos nocivos). O que temos aí são exemplos do arsenal clássico da homeopatia, usado desde Hahnemann.

---

289 Cf. Rezende; Ribeiro Filho; Pustiglione, 1999, p.91. Reproduzimos o conteúdo integral da tabela, inclusive no que diz respeitos às abreviações e pontuação usadas, mas alteramos a formatação. Variações desse tipo de tabela podem ser achadas em diversos relatos clínicos de homeopatas.

Tabela 2.1. Repertorização homeopática

282 Medic	Cb	Pt	1	2	3	4	5	6	7	8	9	10	11	12	13	14	15	16	17	18	19	20
nat-m	18	46	2	2	3	2	3	3	3	3		2	2	3	3	3		3		3	2	3
lach	13	25		1	2	1	2	2	1	2	3	3		2		2			1	3	1	3
lyc	13	24	2	2	2	1	3	3	1	1				2		2	2	2		1	2	3
sulph	12	17	1	1	1	1		2	2	1				2	1	1	2	1		1	2	1
puls	11	21		2	1	2	3	2	1				2	2				1	1		1	3	3
sep	11	19			1		1	1	2	2	2	2		2		3		2		2	1	
nux-v	10	20	1	1	3	3	2	2	3					2					1		1	2
op	10	16	1	1	1	2	2	2	2	1					1	1					2	2
ign	10	15	1	1	1	2	3	3	2					1		1					1	1
bell	9	15		1	2			1	2	1		2	2					2		1	1	3
caust	9	13	1	1	1		1	1	1	1					2	2	3				1	
cocc	9	11	1	1	1		1	1	3	1					1						1	1
bry	8	17		2	1			2	2	3			3								2	2
phos	8	16		1	1				3	2				2	3	2					2	
ph-ac	8	15			2	1	3	3	2					2		1					1	

Atualmente, os homeopatas dispõem de programas de computador que montam automaticamente esse tipo de tabela, após o *input* das rubricas que traduzem para a linguagem repertorial os sintomas selecionados. Esses programas são oferecidos para homeopatas em formação, e são fonte de renda para um pequeno número de profissionais que trabalham com homeopatia. Em todo caso, o mesmo resultado pode ser obtido preenchendo manualmente a tabela, com a vantagem de, nesse caso, enxergarmos todos os passos do processo.[290]

Para fazer a repertorização sem auxílio de *software*, o homeopata precisa ter à mão o seu repertório homeopático.[291] Com ele, o preenchimento da tabela é feito em sentido vertical, coluna a coluna, contemplando todos os sintomas detectados. Da lista anterior, tomemos como exemplo "aversão a pão", o 12º sintoma. Como vimos, a tradução desse "sintoma" para a linguagem repertorial é "ALIMENTÍCIOS – PÃO – aversão", e são esses termos que localizaremos no repertório homeopático.

Ao localizar esses termos no repertório, encontramos uma lista das substâncias do arsenal homeopático (registradas, via de regra, em forma abreviada, embora isso dependa do manual usado). Essas são, segundo o cânone da doutrina, as substâncias que causariam esse sintoma se administradas em pessoas saudáveis. Eis o que encontramos ao buscar essa entrada em um repertório:

Pão [...].
→ **aversão**: agar. aphis. bac10. calc. cassia-se. chen-a. **CHIN. con.** corn. cur. *cycl.* elaps. ferra-ar. gaert. hipp. hydr. ign. kali-a. ***kali-c.*** kali-p. kali-s. ***lach.*** lact. lil-t. ***lyc. mag-c.*** manc. mang. meny. **NAT-M. *nat-p. nat-s. nit-ac.*** nux-m. ***nux-v.*** ol-an. par. ***ph-ac. phos. puls. rhus-t. sep. sulph.*** syc. tarent.[292]

Estão aí listadas 45 substâncias diferentes, todas abreviadas de acordo com o esquema usado por esse repertório em particular. O homeopata é capaz de

---

290 Há mais de uma maneira de montar e usar essa tabela, seja de forma manual seja com o auxílio do computador. Para uma descrição didática de três dessas modalidades, cf. Ribeiro Filho (2010, p.XLI-XLII). Dado o escopo deste livro, não é preciso detalhar essas variações, bastando deixar registrado que existem e que, não raro, levam a resultados discrepantes.
291 No caso de uma tabela montada com auxílio de *software*, o conteúdo do repertório faz parte do programa.
292 Ribeiro Filho, 2010, p.745, grifo do original (foram omitidas as referências bibliográficas contidas na passagem).

reconhecer boa parte delas, se não todas, só de bater o olho, mas o repertório possui, é claro, uma seção dedicada a desdobrar as abreviações.

Usamos como referência a edição de 2010 do *Repertório de homeopatia*, de Ariovaldo Ribeiro Filho, presidente da AMHB entre 2012 e 2017. O conteúdo desse repertório é em grande parte reciclado de outros, de modo que não há problema em citá-lo como apoio para ilustrar a elaboração da tabela anterior, embora ela tenha sido publicada na década de 1990. Para dissipar qualquer dúvida, observamos que é possível preencher sem erros a coluna 12 (tirada de uma prova de 1991) só com base na entrada do repertório de 2010, mantendo as linhas da tabela. Por exemplo: não consta do rol de substâncias que causariam "aversão a pão", na citação acima, a beladona (que, nesse repertório, é abreviada como "bell."). Consoante a isso, a célula correspondente a essa substância está vazia na tabela de repertorização.

Isso não é coincidência. O repertório utilizado é o que há de mais próximo de um repertório oficial da AMHB, a associação responsável por elaborar a prova em questão. Outros repertórios podem, é claro, levar a resultados diferentes.

Na tabela 2.1, as células preenchidas trazem os valores 1, 2 ou 3. A razão disso é que muitos repertórios homeopáticos se valem de algum sistema de pontuação que informa, *grosso modo*, o quão "confiável" é a associação entre um sintoma e a substância correspondente da *materia medica*, segundo o cânone da doutrina. O autor dessa edição do *Repertório de Homeopatia* sintetiza tal sistema de pontuação nestes termos: "Em geral, os medicamentos com patogenesia melhor estudada e mais antiga tendem a ter uma melhor pontuação".[293] As patogenesias mais bem "estudadas e mais antigas" são, na prática, as feitas por Hahnemann; por isso, podemos dizer que tal sistema de pontuação formaliza, e até mesmo quantifica, a confiança que os homeopatas atribuem à palavra do criador da homeopatia.

Nos últimos dois séculos, diferentes sistemas de pontuação foram inventados. O que é usado nesse caso é a ponderação em três graus, consagrada por Kent e especialmente popular entre os homeopatas brasileiros.[294] Voltando à tabela, o que vemos, percorrendo a coluna da aversão a pão (coluna 12), é

---

293 Ibid., p.XLIV. Para uma definição mais detalhada, cf. Ribeiro Filho (2010, p.XXIX).
294 Só para lembrar, Kent foi um homeopata norte-americano, e é tido por muitos como o mais influente homeopata depois de Hahnemann.

que dez das quinze substâncias listadas estão associadas a tal "sintoma", mas que, das dez células preenchidas, oito trazem o valor 1, como é o caso da que corresponde ao enxofre (*sulphur*). Já o sal de cozinha (*Natrum muriaticum*) tem o valor máximo 3. Isso significa que, segundo o cânone homeopático, a relação causal entre a substância *Natrum muriaticum* e o sintoma "aversão a pão" estaria estabelecida em bases mais sólidas.

Podemos extrair essa informação do *Repertório de homeopatia*. Na entrada citada, a maioria das abreviações estão grafadas com letra normal, sem destaque, o que significa que têm valor 1; algumas estão em letras minúsculas, com destaque em itálico e negrito, como **sulph**. (*sulphur*, enxofre), indicando o valor 2; e duas delas, as abreviaturas de *cinchona* e *Natrum muriaticum*, estão grafadas em maiúsculo e negrito, o que informa que seu valor é 3.[295]

Isso permite compreender a segunda e a terceira colunas da tabela, decisivas para a prescrição homeopática, e que são preenchidas depois de todas as outras. Na segunda coluna (Cb, abreviação de cobertura), está indicado o número de sintomas que seriam, de acordo com o repertório utilizado, cobertos pela substância indicada em cada linha. Esse número corresponde à *quantidade de células não vazias de cada linha*, contabilizada a partir da quarta coluna. Portanto, 18 dos 20 "sintomas" identificados pelo homeopata seriam cobertos pelo *Natrum muriaticum*, de acordo com o *Repertório homeopático* consultado; ao passo que só 9 "sintomas" seriam cobertos pela *belladonna*. A terceira coluna (Pt) indica a pontuação dessas substâncias, obtida pela soma *dos valores dispostos na respectiva linha* (contando a partir da quarta coluna). A pontuação, ao contrário da cobertura, leva em conta o sistema de ponderação em três graus.

A substância com maior cobertura e pontuação é considerada capaz de produzir o quadro sintomático "mais similar" ao do paciente – sendo que, nesse caso, a repertorização conduz à indicação do *Natrum muriaticum*, ou sal de cozinha. Completa-se, com isso, o processo de equivalência da condição de saúde da paciente a um dos itens do arsenal homeopático. De acordo com a doutrina, tal substância, se submetida à farmacotécnica homeopática, deve curar o complexo de sintomas verificados na consulta. Ou, como lemos na resposta oficial fornecida à primeira questão cobrada pelos examinadores da prova ("O que deve ser curado nesta paciente?"): *"nesta paciente,*

---

295 Essa chave de leitura é explicitada em Ribeiro Filho (2010, p.XLVI).

devemos curar a causa fundamental, ou seja, o miasma crônico, representado pela totalidade característica dos sintomas".²⁹⁶

Em seguida, o homeopata deve consultar o capítulo referente ao *Natrum muriaticum* em alguma *materia medica* homeopática, para confirmar o resultado da repertorização. Nesse caso, a consulta confirma a indicação – segundo os examinadores da prova –, sendo o sal de cozinha prescrito na "potência" 200 CH, e dispensado na forma de glóbulos, que devem ser tomados em dose única (cinco glóbulos de uma vez) pela manhã, em jejum.²⁹⁷ Nessa diluição extrema, não há mais traço do sal de cozinha na solução homeopática impregnada nos glóbulos de açúcar; a farmacotécnica homeopática se encarrega de garantir que o produto final que chega ao paciente seja inócuo, mesmo nos casos em que a substância prescrita é mais nociva que uma pitada de sal. Além disso, a recomendação da dose única significa que o paciente deve ingerir os cinco glóbulos uma só vez, ao menos até a próxima consulta, e, segundo a doutrina, isso bastaria para eliminar os sintomas relatados pela paciente, caso a prescrição esteja correta.

Essas recomendações não são unanimidade entre homeopatas. Muitos prescrevem várias doses diárias. Diluições tão extremas também não são a regra. Cada homeopata personaliza suas recomendações segundo suas predileções doutrinárias, conferindo ao tratamento um colorido pessoal, e, assim, ampliando ainda mais a margem de arbitrariedade da operação. Uma margem ampla para improviso – que permanece grande mesmo nos casos em que o diagnóstico é conduzido da maneira mais formalizada possível – é essencial, pois é nela que o homeopata se apoia para modificar a prescrição, como sói acontecer, caso o paciente volte ao consultório.

Para ilustrar o ponto, consideremos como o homeopata justifica a conduta clínica adotada, chegando, assim, ao último passo do roteiro de interação com o paciente:

> A paciente necessita ser medicada pois apresenta-se enferma, com sua força vital em desequilíbrio e trata-se também da manifestação da doença crônica

---

296 Rezende; Ribeiro Filho; Pustiglione, 1999, p.89. A noção de miasma aparece só de passagem, em registro mais vago do que vimos ao nos debruçar sobre o texto de Hahnemann. Não temos aqui um diagnóstico miasmático propriamente dito, que envolveria nomear o miasma crônico.

297 Essas recomendações se encontram em Rezende; Ribeiro Filho; Pustiglione (1999, p.91).

através de sintomas idiossincráticos. Prescrito medicamento *Natrum muriaticum* por cobrir melhor a totalidade sintomática característica (agudo e crônico) e, após exame de Matéria Médica, confirmou-se ser este o medicamento mais apropriado para esta paciente. Ele foi prescrito em dose única, para que se possa acompanhar o caso sem interferências medicamentosas. É importante manter o contato regular com a paciente, com o intuito de averiguar o movimento de ação do medicamento.[298]

Nessa citação, há vários itens do repertório conceitual próprio dos homeopatas, como as noções de força vital e doença crônica,[299] usadas para "amarrar" a ideia de que tal conjunto sintomático representa uma doença. No entanto, o que mais interessa para nós é a recomendação que finaliza a passagem, em que duas coisas ficam subentendidas: a "ação do medicamento" seria imediatamente observável por meio do "contato regular com o paciente" (isto é, toma-se como dado que a melhora dos sintomas indica ação terapêutica); e, afinal, se reconhece a possibilidade de que o cloreto de sódio preparado à moda de Hahnemann não cure o complexo de sintomas identificados na consulta.

Caso, após tomar corretamente a prescrição indicada, a paciente continue sofrendo com o tratamento que recebe do marido; continue sem vontade de comer pão; caso persista a dor de garganta que a motivou a procurar o homeopata, etc. – então ele terá de rever a prescrição. Talvez ele não tenha eleito os sintomas corretos, ao definir a "totalidade sintomática característica" dessa paciente. Talvez tenha incluído sintomas demais, ou de menos, na lista de rubricas buscadas no repertório homeopático. Talvez devesse ter dado maior atenção ao sintoma da garganta (afinal, um dos dois únicos sintomas que o *Natrum muriaticum* não cobria era o do item 9, "Sensação de corpo estranho na garganta, que não melhora ao engolir"). Ou talvez a potência esteja errada.

Ao passar ao próximo caso, veremos em maior detalhe o que acontece quando o paciente retorna. Para isso, precisamos considerar um relato que não se limita a uma só consulta. Vamos visitar outro homeopata, mas, antes,

---

298 Ibid., p.92.
299 Nesse caso em particular, por "doença crônica", subentende-se a noção de miasma, explicitada, ainda que em um registro vago, na resposta à primeira questão ligada a esse relato, como vimos anteriormente.

vamos aproveitar a discussão desse primeiro caso para ampliar o foco de mira para além dele, alcançando situações em que a prescrição homeopática já não depende da interação do homeopata com o paciente.

O consultório não deixa de ser o espaço, por excelência, do atendimento homeopático, o ambiente mais adequado para a realização de uma das funções essenciais à persistência da cultura homeopática. Mas não é só nele que essa função é exercida. O que leva o paciente a procurar o homeopata é a expectativa de que esse especialista[300] tem algo a oferecer que ele, o paciente, deseja, mas é incapaz de obter por si só. Mas esse não é o único cenário possível. Muitos pacientes dispensam a consulta com o homeopata, assumindo ele mesmo o papel de prescritor.

O autoatendimento com homeopatia pode assumir várias formas, dependendo do grau de familiaridade com o processo homeopático ou das inclinações doutrinárias do paciente. Mesmo quem possui grande familiaridade com todo o processo – como a maioria dos médicos homeopatas – nem sempre segue todos os passos do roteiro de diagnóstico. Para muitos, a formalização excessiva, e ainda mais o uso de *software*, torna o diagnóstico mecânico e impessoal – algo que não combina com a imagem que eles mesmos projetam da doutrina, e que projetam não só para o público, mas também para si. Afinal, como vimos, muitos médicos escolhem a homeopatia por causa da insatisfação com o caráter impessoal do atendimento convencional e por estarem convencidos de que a homeopatia seria diferente.

Na prática, não há dúvida de que grande parte das indicações realizadas, mesmo no consultório médico, são feitas de forma intuitiva e informal. Há homeopatas que batem o olho em um sintoma, como "aversão a pão", e *já sabem* que é fortemente associado, no cânone homeopático, ao *Natrum muriaticum*. Essa substância fica na cabeça do homeopata, que, para se convencer de que esse é o símile certo, precisa apenas identificar, no paciente, outros sintomas associados a ela em alguma *materia medica* homeopática – o que é muito fácil, pois, em tais obras, centenas, e às vezes milhares, de "sintomas" estão associados a algumas das substâncias clássicas do arsenal homeopático, como é o caso do sal de cozinha.

---

300 Nesse caso, a palavra "especialista" tem o sentido mais geral de indivíduo especializado em fazer algo, e não a acepção de um médico detentor do título de especialista em homeopatia.

A questão é que o diagnóstico intuitivo funciona melhor se a quantidade de sintomas-chave for menor. No limite, quando só há um sintoma, chegamos às situações, muito comuns no caso da automedicação com homeopatia, em que o doente vai à "farmacinha homeopática" que tem em casa à procura de uma homeopatia "para dor de cabeça"; ou, estando resfriado, toma glóbulos de *Oscillococcinum*, o preparado "para estados gripais", produzido pela Boiron.[301] Por esse ângulo, a homeopatia não implica uma "racionalidade" essencialmente diferente a da convencional. A lógica é a mesma utilizada na automedicação com um antigripal ou analgésico qualquer, com a diferença importante de que os medicamentos convencionais em geral contêm, ou devem conter, pelo menos um princípio ativo.

A diferença entre a operação intuitiva realizada pelo paciente que se automedica com homeopatia e a operação mais "completa", prestada pelo especialista no consultório, é por excelência quantitativa. A principal variável é o *número* de sintomas levados em conta em cada caso. A operação intuitiva dispensa até a *pretensão* de obter a totalidade sintomática, mas convém lembrar que essa pretensão tampouco é satisfeita pelo homeopata profissional. Mesmo com todo o aparato de formalização que tem à disposição e sabe manejar como poucos, o que ele faz, na prática, é eleger uma dúzia de sintomas, dar isso o nome de "totalidade" e escolher a indicação que acredita ser a mais adequada.

Da perspectiva do paciente, tanto faz (em termos de resultados terapêuticos) se a prescrição é obtida a partir de um, dois, três ou cinquenta sintomas, pois, até que seja demonstrado o contrário, podemos dizer que tanto o *Natrum muriaticum* 200 CH quanto o *Oscillococcinum* 200 K são placebos. Para o paciente que se automedica com o *Oscillococcinum* há uma clara vantagem em se ater ao mínimo de sintomas para se chegar a uma indicação. No entanto, a situação muda quando vista pela perspectiva do homeopata profissional, pois o que motiva o paciente a buscá-lo é a expectativa de que o profissional é capaz de fazer algo que o próprio paciente não está capacitado a fazer por conta própria. É daí que surgem as críticas de tantos *médicos* homeopatas não só à tendência à "automedicação" com homeopatia, como aos grandes laboratórios que, apesar dessas críticas, vendem preparados

---

301 Esses preparados homeopáticos são vendidos com essa inscrição na embalagem ("estados gripais").

como o *Oscillococcinum*, sem os quais o paciente não poderia tratar a si mesmo com homeopatia. Daí também a importância que esse barroco aparato de formalização adquire para o médico homeopata: *saber manuseá-lo é o que o distingue do paciente ao atuar como homeopata, e também o que o distingue, em tese, de outros praticantes que atuam como homeopatas, mas não seriam homeopatas "de verdade"*, como os médiuns receitistas e outros prescritores leigos. Saber manusear o intrincado aparato de diagnóstico – apresentado em detalhe em nossa primeira visita ao consultório homeopático – exige uma *expertise* particular. E também envolve todo um processo de aprendizado, de aquisição de conhecimento, ainda que não se trate do conhecimento de fatos sobre a realidade, e sim do conhecimento, propriamente literário, do conteúdo das obras de referência consagradas como canônicas pela comunidade homeopática.

O mesmo cenário pode ser detectado na controvérsia entre Duque-Estrada e Mure, no início da aclimatação da homeopatia no Brasil. Enquanto Mure ensinava leigos a usar homeopatia, Duque-Estrada criticava essa atitude, sob a alegação de que o aprendiz leigo "não sabia o que estava fazendo". O médico homeopata Licinio Cardoso referia-se em registro semelhante aos *médiuns* receitistas. A atribuição de ignorância não é de todo descabida, mas não se trata da ignorância de habilidades médicas que podem, de fato, fazer diferença para a saúde do paciente, e sim do desconhecimento dos procedimentos de formalização próprios da doutrina, das *competências instrumentais que distinguem o homeopata do não homeopata*.

Esse desconhecimento só é um problema quando o que está em jogo é a preservação da autoridade médica reivindicada pelo homeopata. Quando o que está em jogo é a saúde do paciente, a situação é diferente: até que se demonstre o contrário, o paciente nada tem a ganhar com o exercício mais ou menos proficiente das competências instrumentais específicas da doutrina. Não há diferença entre o sal de cozinha agitado e diluído duzentas vezes pelo método centesimal de Hahnemann e a mistura de coração com fígado de pato agitada e diluída duzentas vezes pelo método de Korsakov; no final, ambos são glóbulos de açúcar com as mesmas propriedades físico-químicas, com a diferença de que lemos, no primeiro rótulo, "*Natrum muriaticum* 200 CH", e no segundo "*Oscillococcinum* 200 K", e de que um foi preparado em uma farmácia mais artesanal, e o outro, em um grande e moderno laboratório homeopático.

Já a validade objetiva do conhecimento faz aqui toda diferença, sobretudo em casos de condutas terapêuticas complexas, nos quais erros e omissões podem ter consequências graves para a saúde do paciente. Consideremos um paciente que trata um tumor maligno em algum órgão interno e que começa a quimioterapia; por si só, o paciente não tem como saber se o tratamento está produzindo o resultado desejado (no caso, a remissão do tumor). Para saber esse tipo de coisa, ele *depende* de exames de imagem e de um profissional capaz não só de interpretá-los corretamente, como também de orientá-lo sobre qual é a melhor conduta terapêutica a seguir, dentre as opções a que tem acesso. Uma vez que médicos e outros profissionais de saúde de fato dominem as competências instrumentais que deles se espera, e que estas permitam chegar a conclusões mais acertadas e, sempre que possível, informar corretamente a conduta clínica mais adequada, é possível dizer que sua posição como autoridade médica em relação ao paciente é justificada.[302] O conhecimento médico serve de esteio para tal autoridade, mas apenas na medida em que seja conhecimento de fato, quer dizer, que tenha validade objetiva.

A situação é diferente quando falta esse esteio, como no caso da homeopatia. Até que se demonstre o contrário, a crença na eficácia de um preparado homeopático não encontra ancoragem na realidade e, por isso, precisa se apoiar ou em seu suporte psicológico imediato ou em seu suporte social. No primeiro caso, temos o fetichismo da forma do medicamento, que orienta a conduta de quem trata a si mesmo com homeopatia. No segundo, temos o fetichismo da autoridade médica, que orienta o paciente que se consulta com o médico homeopata.

Ao mesmo tempo, como vimos em detalhe ao visitar o consultório homeopático, a dinâmica da consulta põe em relevo o *sintoma tal como é percebido e verbalizado pelo doente*, uma vez que é dessa forma que a maioria dos sintomas abarcados pela *materia medica* homeopática estão registrados na obra. Isso, somado ao tempo longo de consulta, confere um apelo especial à experiência de se consultar com o homeopata: a sensação de acolhimento

---

302 O que não justifica a extrapolação dessa autoridade *para além* do conjunto específico das questões médicas. Sabemos que, na prática, médicos, assim como outros profissionais, às vezes extrapolam sua autoridade legítima; mas esse é outro problema, que não impacta nesta discussão.

que o paciente espera da figura do médico, que é alguém que está lá, de certa forma, para cuidar dele. É essa expectativa que acaba frustrada quando, após aguardar por longo tempo na sala de espera de uma clínica, o paciente é atendido em poucos minutos por um médico que parece mais preocupado em cumprir a meta de atendimentos do dia do que em escutar as suas queixas. Por mais que seja um erro caracterizar a consulta atenciosa como um traço *distintivo* da homeopatia,[303] os homeopatas são mesmo especialistas na satisfação desse tipo de demanda. Essas são as competências comunicativas da atividade médica, para distingui-las de suas competências instrumentais.

O cultivo das competências comunicativas pelo homeopata é uma resposta adaptativa diante de cenários de insatisfação. O que a doutrina criada por Hahnemann tem de específico, ajudando a explicar seu apelo especial, é só a estipulação do tempo longo de consulta, que *cria a oportunidade para que o homeopata passe mais tempo com o paciente* e, dessa forma, aprenda a tratá-lo como ele espera, com toda a razão, ser tratado.

Gostaríamos de desdobrar, antes da nossa próxima visita ao homeopata, um último ponto. O mesmo o paciente que trata a si mesmo com homeopatia, e que, nesse sentido, não depende do especialista, ainda assim não passa sem uma versão, por mais simplificada que seja, do repertório ou da *materia medica* homeopática (era isso que Mure, por exemplo, oferecia com seus guias para leigos). Para o especialista, contudo, é preciso uma versão mais sofisticada, pois se ele não puder convencer o paciente, e também a si mesmo, de que sabe coisas que só um especialista pode saber, ele não terá como sustentar a posição de autoridade que reivindica ao cobrar pela consulta.

Como vimos, a *materia medica* e os repertórios homeopáticos para médicos são obras ricas em detalhes e repletas de códigos, que só podem ser decifrados pelos iniciados na doutrina. Seu conteúdo pode ser aprendido, dominado e posto à prova, mas não é fácil dominá-lo, pois, embora a lógica dos códigos seja relativamente simples, eles são muitos, e com muitas variações. Dominá-los exige uma aplicação intelectual comparável à de dominar um idioma. Por isso, não é raro que o avanço no aprendizado dessa linguagem seja acompanhado de um sentimento lúdico de satisfação; decifrar esses códigos é como cumprir a missão de um jogo. Estamos convencidos

---

303 Não só porque a consulta convencional também pode ter um atendimento satisfatório, como também porque nem sempre a consulta homeopática segue o roteiro ideal.

de que aí reside, ao menos, uma parte do apelo intelectual da doutrina para muitas pessoas.

A centralidade dessas publicações deve ter ficado clara no relato de caso examinado. Mesmo o homeopata que chega ao símile "de cabeça", ele só o faz depois de internalizar grande parte do conteúdo dessas obras, o que exigiu estudá-las e habituar-se a tal gênero literário. Sem elas, a homeopatia desapareceria. Isso posto, chamamos a atenção para o fato que tais obras não se fazem sozinhas, mas por indivíduos. A implicação disso é que a escrita dessas obras é uma importante fonte de prestígio *dentro dos círculos de homeopatas*.

Os repertórios mais completos são obras monumentais, volumosas, cuja confecção exigiu grande empenho de tempo e trabalho mental. Do ponto de vista psicológico, esse investimento mostra a crença genuína na homeopatia; sem ela, é difícil imaginar o que levaria alguém a investir tanto de si em uma tarefa de tanta demanda. Do ponto de vista sociológico, produzir um repertório amplo e fácil de utilizar, um livro que se torna referência no gênero, é um feito que permite a um homeopata destacar-se entre seus pares (o que se explica pela centralidade que ocupa para a prática da doutrina); seu nome será conhecido por toda a comunidade homeopática, e ele conquistará o máximo do reconhecimento de seus pares (uma das mais ubíquas aspirações humanas).

É assim desde o tempo de Hahnemann, que continua sendo a referência maior dos repertórios. Os primeiros deles foram feitos por seus discípulos diretos, quando ele ainda vivia, e seus nomes são até hoje conhecidos nos círculos de homeopatas. Vários homeopatas influentes se empenharam na publicação e atualização dos repertórios. No Brasil, há o colossal *Repertório de homeopatia* (usado como referência para esta pesquisa), várias cópias do qual constam do acervo da biblioteca da Faculdade de Medicina da USP. Com 1.900 páginas e abrangendo o impressionante arsenal de 1.773 substâncias, o *Repertório de homeopatia* reúne o conteúdo integral de vários repertórios antigos, como o de Kent, e os amplia, incluindo também alguns resultados de patogenesias realizadas por homeopatas brasileiros.[304] Quem o

---

304 Incluindo, entre outras, as patogenesias da pirita dourada – publicada como artigo em Rosenbaum et al., (2003) – e da mama-cadela, planta do cerrado brasileiro – publicada na forma de livro (cf. Marim, 1998).

assina é um dos homeopatas com maior prestígio no país, atestado por sua posição na AMHB e na APH.

***

Nossa primeira visita ao consultório homeopático teve algumas limitações. Uma das mais importantes é que houve apenas uma consulta; o que, se de um lado permitiu compreender em detalhe o processo mental que orienta a conduta do homeopata ao interagir com o paciente, não nos diz muito sobre o que acontece quando a primeira consulta frustra as expectativas de ambos, ou seja, quando não se observa qualquer melhora clínica após a prescrição homeopática inicial. Partindo do pressuposto de que os preparados homeopáticos são farmacologicamente inertes, é de se esperar que tal frustação ocorra com frequência, e é essencial, para o homeopata, saber manejá-la. Sem esse manejo de expectativas, torna-se cada vez mais difícil, tanto da perspectiva do paciente quanto da do homeopata, ignorar que a homeopatia não funciona. Para entender melhor como se dá esse manejo, vamos considerar um relato que envolve sucessivos encontros entre o homeopata e o paciente.

O relato que nos ajudará a examinar a questão também permitirá entrever algumas modulações possíveis em relação ao roteiro de diagnóstico idealizado que vimos anteriormente. Ele se destaca do relato anterior – e também da regra, em se tratando da consulta homeopática – por incluir, ao menos no começo, o resultado de exames laboratoriais e por dialogar mais com a medicina convencional. Além disso, a médica homeopata que conduziu a consulta procura ativamente explorar variações do roteiro de diagnóstico: ela faz um uso menos mecânico da repertorização computadorizada e, aliás, emprega outro *software*; prescreve "potências" ainda mais extremas e doses múltiplas (em vez da dose única); demonstra preferência por substâncias marginais do arsenal homeopático; e valoriza mais os sintomas físicos do que os mentais, abrindo um pouco mais de espaço – ainda assim pequeno – para incorporar técnicas modernas de diagnóstico no roteiro homeopático. Essas não são as únicas variações possíveis do modelo idealizado que verificamos há pouco; mas o nosso propósito não é ser exaustivo, e sim passar uma ideia do tipo de variação possível ao mergulhar na cultura homeopática, e compreender como elas compensam o custo cognitivo associado à persistência da crença na homeopatia.

Não repetiremos o passo a passo da repertorização, mas, ainda assim, iniciaremos reproduzindo o relato clínico completo, para destacar o que, disso tudo, se prova decisivo para a seleção do medicamento no curso das sucessivas consultas. A citação a seguir inclui falas da paciente, destacadas em itálico. Assim como no caso anterior, foram acrescentadas notas de rodapé para elucidar algumas partes. Também foram incluídos alguns números, entre colchetes, seguidos de notas de rodapé. A numeração corresponde à da tabela com a primeira análise repertorial produzida pela autora (que optamos por não reproduzir). Nas notas que se ligam a cada um desses números, reproduzimos a rubrica tal como encontrada nessa tabela, e na ordem em que estão reproduzidas no artigo de que foram tiradas o relato; elas estão em inglês e foram assim mantidas no rodapé, pois a homeopata empregou um *software* de repertorização desenvolvido nesse idioma.[305] Façamos, pois, nossa segunda visita ao homeopata, começando pela extensa avaliação clínica inicial oferecida pela autora:

Paciente de sexo feminino, consultou inicialmente em fevereiro de 2006, na época, com 73 anos de idade, com queixas de cãibra e dores das pernas secundários a artrose, que haviam começado 15 anos antes. Casada, com 6 filhos, havia trabalhado em serviços gerais, mas naquele momento, realizava tarefas do lar. Convivia com o marido, diabético e com insuficiência renal crônica, um filho solteiro e um neto com cardiopatia e asma. Cuidava sozinha da casa, além de acompanhar o marido e o neto em seus tratamentos.

Na época, acompanhada por médicos cardiologista, vascular e urologista, já havia realizado tratamento com acupuntura. Estava medicada com Venalot® (cumarina, troxerrutina) para varizes, celecoxib[e] que alivia as dores,[306] amlodipina para a hipertensão arterial e diuréticos – furosemide ou Moduretic® (amilorida e hidroclorotiazida) – para o edema das pernas.

---

305 O leitor interessado em visualizar a tabela elaborada pela autora pode consultar o artigo original, publicado *on-line* (cf. Mansour, 2009, p.32-33). A numeração que incluímos no relato será útil para a interpretação da tabela. O programa de computador usado nesse caso tem um nome sugestivo: *Synthesis* (versão 8.0, para a primeira consulta, e 9.1, para a segunda). O *Synthesis* também opera com o sistema de três graus consagrado por Kent, agora expressos em forma cromática, e não numérica (o azul mais escuro, que vemos em algumas das células dessas tabelas, correspondem ao grau 3 da tabela que vimos em nossa primeira consulta com o homeopata, ao passo que o azul mais claro, ao grau 1).
306 No caso, as dores da artrite, para a qual o celecoxibe costuma ser indicado.

Na consulta, referiu:
- *Sinto a sola dos pés adormecida, mais a noite e quando carrego peso. Parece inchar [6[307]], queima e dá agulhada [9[308]], como se tivesse cacos de vidro [8;[309] 7].*[310]
- *Cãibras no pé, perna e dedos dos pés [5[311]].*
- *Dói o punho direito, parece que está soltando.*

Outros sintomas:
- Digestão difícil, com gosto amargo na boca e *empachamento*.
- Constipação intestinal; evacuações a cada 5 ou 7 dias, com muito esforço; fezes ressecadas em bolas e muitos gases.
- Desejo de doces, mas que afetam o estômago.
- Tontura leve com zumbido.
- Sono insuficiente: *"durmo pouco, não sei se de preocupação com o marido, e às vezes acordo como se levasse um susto".*

A anamnese revelou ainda mais dados:
- *Infância difícil, com muito trabalho para ajudar o pai, porque éramos 18 filhos (ela era a 6ª). O choro já secou [3[312]], acho que a gente leva muita pancada, senti amargura e muito sofrimento [1; 2[313]], parece que acaba a alegria do mundo, vai ficando tudo muito apertado. A gente vai guardando e parece que o coração aperta [4[314]] e dá uma tremida. Tem hora que é melhor fugir que atrapalhar, mas lembrança ruim eu tento esquecer.*
- *Meu marido depende de mim para tudo, há um ano faz diálise 3 vezes por semana.*

---

307 O relato de inchaço das solas do pé é traduzido na rubrica: "EXTREMITIES – SWELLING – Foot – Sole".
308 "EXTREMITIES – PAIN – burning – Foot – Sole – walking – while".
309 "EXTREMITIES – PAIN – tearing – Foot – Sole".
310 Esse parágrafo inteiro, em que a paciente descreve de várias maneiras as dores na sola dos seus pés depois de passar o dia carregando peso, é resumido na rubrica: "EXTREMITIES – PAIN – Foot – stepping".
311 "EXTREMITIES – CRAMPS – Toes". Embora a paciente fale em cãibras no pé, na perna e nos dedos do pé, só a última é considerada importante pela homeopata, a ponto de contar para fins de repertorização.
312 "MIND – WEEPING – cannot weep, though sad".
313 "MIND – GRIEF"; "MIND – AILMENTS FROM – grief". Essas rubricas, geralmente traduzidas como "pesar" nas versões brasileiras, são bem genéricas, há mais de uma passagem que levou a elas; para nós, é suficiente apontar uma.
314 "CHEST – OPRESSION – Heart".

Entre os antecedentes mencionou cistite, 1 ou 2 episódios por ano, durante os últimos 3 anos. Há 1 ano começou a apresentar hematuria, sendo realizada cirurgia por laser *"para uma verruga"*. Referiu ter sido realizada perineoplastia por *"bexiga caída"*, e após o laser voltou a incontinência urinaria, *"quando sinto vontade de urinar, tenho que sair correndo"*.
- Teve coqueluche, sarampo e varicela.
- Pericardite 10 anos antes, de etiologia desconhecida.
- Uma irmã com câncer de mama e um irmão com acidente vascular cerebral pós-trauma.

Os dados positivos ao exame físico incluíam:
- PA: 110/80 mmHg; Peso: 67,300 k; Estatura: 1,56 m.
- Tireoide discretamente aumentada, com superfície irregular;
- Varizes nos membros inferiores (4+);
- Dermatite ocre nos tornozelos;
- Alterações tróficas (3+) em todas as unhas de ambos os pés [11[315]] e o polegar da mão direita [10[316]].

Os diagnósticos clínicos foram:
- Artrose grave;
- Varizes de membros inferiores;
- Hematuria a esclarecer;[317] incontinência urinaria;
- Hipertensão arterial compensada;
- Constipação intestinal; gastrite medicamentosa;
- Bócio, a esclarecer.

Os exames laboratoriais, nessa ocasião, indicaram:
- Ultrassom de tireoide: textura heterogênea com cistos anecóicos; valor normal dos hormônios.
- Ultrassom e Ressonância magnética dos rins normais.
- Tomografia computadorizada de abdome e pelve: divertículos intestinais.

---

315 "EXTREMITIES – NAILS; complaints of – thick nails – Toenails".
316 "EXTREMITIES – NAILS; complaints of – thick nails – Fingernails".
317 A hematuria é caracterizada pela presença acima do normal de glóbulos vermelhos na urina; logo adiante, a autora deixa claro que o diagnóstico de hematuria foi obtido por meio de exame laboratorial – resultado que ela traduz em linguagem repertorial, como veremos.

- Ecocardiografia: insuficiência mitral mínima. Eletrocardiograma normal para a idade
- Hematuria [12; 13³¹⁸].³¹⁹

Vemos que nove dos treze sintomas selecionados para a primeira repertorização têm por base a anamnese; os outros quatro foram obtidos por meio de exame físico, sendo dois deles confirmados por exame laboratorial.³²⁰ Embora o peso relativo dos sintomas verificados por meio da anamnese permaneça maior, a homeopata que fez a análise presta mais atenção aos exames físicos e incorpora técnica modernas de diagnóstico ao processo de seleção do símile homeopático, embora de maneira bastante limitada. O único exame incluído na repertorização é, por coincidência, o mais fácil de traduzir para a linguagem repertorial, já que sangue na urina é, muitas vezes, um sintoma macroscópico, desses que Hahnemann estava em condições de incluir na sua *materia medica*. Já o homeopata que queira traduzir as informações do ultrassom da tireoide da paciente teria de ser bem mais criativo se quisesse interpretá-los como sintoma; assim, a tendência é ignorá-los, como na prática fez a homeopata. Ela também ignora, para fins de repertorização, várias informações obtidas na anamnese, que outro homeopata poderia interpretar como sintoma: cãibras no pé e na perna, dor no punho direito, constipação intestinal e aspecto das fezes, tontura com zumbido, desejo de doces, falta de sono, dermatite nos tornozelos e varizes na perna.

Com base na seleção de sintomas considerados relevantes – no caso, os traduzidos em treze rubricas –, chega-se à indicação do grafite, prescrito nas diluições 30 CH e 200 CH, em dose única. Nesse caso, e em outros que encontramos ao longo desta pesquisa, a repertorização mecânica não

---

318 "URINE – BLOODY" e "BLADDER – HEMORRHAGE".
319 Mansour, 2009, p.31-32.
320 Que correspondem a um único sintoma, a hematuria, traduzida em duas rubricas diferentes. A opção em traduzir o mesmo sintoma em mais de uma rubrica provavelmente tem o intuito de minimizar os "erros de tradução" do sintoma para a linguagem repertorial. Fica subentendido que a hematuria pode ser traduzida de duas formas diferentes, ambas corretas, porém, cada rubrica corresponde a duas entradas distintas no repertório homeopático. Ou seja, segundo o repertório consultado pela homeopata, as substâncias que causariam "urina com sangue" nem sempre são as mesmas que causam "hemorragia na bexiga", o que revela, mais uma vez, não só a inconsistência da *materia medica* homeopática, como também a margem para arbitrariedades característica do roteiro de diagnóstico peculiar à homeopatia.

permitiu destacar uma única substância do arsenal homeopático, pois várias apresentaram cobertura e pontuação semelhante; ao passo que, na nossa primeira visita ao consultório homeopático, o cloreto de sódio ganhou por grande margem das outras substâncias do arsenal homeopático, nos dois quesitos. A tabela apresentada pela autora do artigo mostra que sete substâncias diferentes cobriam o maior número de sintomas (sete dos treze sintomas selecionados pela homeopata). Em termos de pontuação, o grafite (ou *graphites*, como preferem os homeopatas) ficou atrás de quatro daquelas sete substâncias: *Pulsatilla nigricans* (feito à base de uma flor de mesmo nome), *Arsenicum album* (arsênio), *Calcarea carbonica* (carbonato de cálcio) e *phosphorus* (fósforo).

Eis como a homeopata racionaliza a escolha do grafite: "Dos medicamentos possíveis, foi escolhido *Graphites* [...], porque cobria o pesar e os sintomas das extremidades, embora não correspondesse aos sintomas urinários".[321] Assim, na etapa da indicação homeopática, até a hematúria foi deixada de lado (o que, mais tarde, diante de um quadro clínico que não evoluía como esperado, seria identificado como um erro).

A consulta que culmina nessa prescrição é datada de fevereiro de 2006, mas o resultado não é satisfatório. Nas palavras da autora: "Esse medicamento [o grafite] não induziu qualquer tipo de melhora".[322] Em junho de 2006 – quatro meses após a primeira consulta –, é feita a reavaliação do caso, com a inclusão de dois novos sintomas trazidos pela paciente no retorno.[323] Os novos sintomas motivam a homeopata a alterar a prescrição, indicando, dessa vez, o *Arsenicum album*, a princípio na "potência" 200 CH, substância que, como vimos, tivera maior pontuação que o grafite na consulta inicial. Ao contrário do grafite, o arsênio cobre a hematúria; a médica homeopata dá a entender que os dois novos "sintomas" incluídos na repertorização teriam evidenciado que o arsênio seria uma escolha mais adequada.

A paciente retorna para a terceira consulta dois meses depois da segunda, com melhora de alguns sintomas e agravamento de outros – quadro que, a

---

321 Mansour, 2009, p.33.
322 Ibid.
323 Ambos obtidos via anamnese, e que aparecem, no artigo, descritos desta forma: "a paciente referiu que as dores da artrose melhoravam caminhando rápido, além de uma sensação, ao ingerir alimento, como se 'estivesse colado (desde o esôfago), e fosse abrindo, doendo e ardendo'" (Mansour, 2009, p.33).

princípio, a homeopata interpreta como positivo e esperado, de modo que prescreve uma nova dose de arsênio, mas agora na "potência" 500 CH.[324]

Oito meses depois, em abril de 2007, a paciente apresenta uma piora no quadro geral. Na quarta consulta, ela recebe uma nova prescrição de arsênio, agora na "potência" 1.000 CH, extrema até mesmo para os padrões da homeopatia.[325] Passados mais três meses, em novo retorno, a homeopata constata que o quadro ainda não evoluiu da forma como esperava, e decide reavaliar o caso desde o início. A essa altura, já transcorrera um ano e meio desde a primeira consulta.

A reavaliação resulta em novo exercício de repertorização, dessa vez com exclusão dos sintomas mentais e acréscimo de novas rubricas, referidas a alguns dos sintomas da artrose e do trato urinário da paciente.[326] A exclusão dos sintomas mentais é racionalizada com um argumento peculiar, que revela uma crítica – é verdade que tímida – ao cânone homeopático. A médica observa que os sintomas mentais aparecem com pouca frequência nas substâncias do arsenal homeopático menos estudadas, justamente por terem sido menos estudadas.[327]

O raciocínio subjacente, apesar de não ser explicitado, é mais ou menos o seguinte. Como é sabido entre os homeopatas, o arsenal homeopático conjuga um número extraordinário de substâncias (há 1.773 substâncias listadas no *Repertório de homeopatia*, de Ariovaldo Ribeiro Filho). O membro da diretoria da ABFH que entrevistamos trabalha, na rede de farmácias que administra, com um arsenal ainda maior, com mais de 4 mil substâncias diferentes.

Apesar disso, a grande maioria delas é prescrita só muito raramente, como notamos ao examinar os vários relatos publicados nas revistas de homeopatia, e também nas entrevistas realizadas com membros da diretoria da AMHB e da ABFH. De acordo com um membro da AMHB, os médicos homeopatas não usariam, na prática, "mais do que 200" delas, sendo que a maior parte das mais usadas "veio desde a época do início da homeopatia".[328]

---

324 Cf. ibid., p.33.
325 Cf. ibid., p.33.
326 Cf. ibid., p.34. São eleitos, agora, doze sintomas: 5 ligados a dor nos pés (desses, 4 se referem especificamente à dor *na sola* dos pés), 4 às cãibras e 3 à hematúria.
327 Cf. ibid., p.31.
328 Os trechos entre aspas foram mencionados pelo entrevistado.

Essas são, em geral, também as substâncias mais estudadas pelos homeopatas, e por isso, via de regra, a quantidade de sintomas associada a elas é também maior. Como os próprios homeopatas reconhecem, a repertorização mecânica, feita com auxílio de *software*, também tende a favorecê-las. Por serem muito usadas, costumam ser chamadas pelos homeopatas de policrestos. Já as substâncias prescritas mais raramente, que em geral têm um número menor de sintomas registrados nos textos do cânone homeopático, são apelidadas de medicamentos pequenos, ou menores.

Isso posto, a ideia da médica homeopata, cujo relato acabamos de ver, é que é possível que a sintomatologia dos "medicamentos pequenos" seja menor só porque eles não foram tão bem estudados como os policrestos, isto é, só porque não foram realizadas tantas e tão completas patogenesias com eles, como o foram com os policrestos. Assim, vários dos sintomas que tais substâncias causariam, quando administradas em pessoas saudáveis, ainda estariam por ser descobertos pelos homeopatas. Com base nesse argumento – válido do ponto de vista de sua forma lógica –, a homeopata decide fazer uma nova repertorização, dessa vez excluindo os sintomas mentais, que já estariam bem representados nos policrestos, mas que ela suspeita não estarem (ainda) bem representados nos "medicamentos pequenos".

Trata-se de um exercício genuíno de crítica ao cânone, e uma tentativa, ainda que pontual, de compensar um viés sistemático do roteiro de diagnóstico homeopático. Se encarada de forma plenamente consequente, tal crítica expõe a fragilidade do conteúdo da *materia medica* homeopática. No entanto, a homeopata não encara a crítica com tudo o que ela implica; seu ferrão é, desde o início, neutralizado pela aceitação tácita da "verdade" do conteúdo da *materia medica* homeopática e pela replicação dos mesmos erros de atribuição causal em que, afinal, Hahnemann já incorria há duzentos anos. A crítica não é, para falar por exemplos, que Hahnemann, ou outro homeopata depois dele, poderia estar errado ao propor que o grafite causaria o sintoma traduzido na rubrica "pesar",[329] mas que, talvez, os medicamentos menores *também* provocassem "pesar" se administrados em

---

329 No original: "MIND – grief". Como vemos na tabela de repertorização apresentada pela autora (cf. Mansour, 2009, p.33), 25 das 30 substâncias do arsenal homeopático inicialmente pesquisadas produziriam esse sintoma em pessoas saudáveis. No caso específico do grafite, o valor de confiabilidade seria de dois pontos, segundo o repertório e o sistema de pontuação usados pela autora. Esse é um dos sintomas mentais excluídos pela homeopata para chegar à

pessoas saudáveis. O que, seguindo esse raciocínio, Hahnemann decerto descobriria, se tivesse tido mais tempo para pesquisar as substâncias menores.

Quase dois séculos após sua morte, o espírito de Hahnemann ainda exerce um domínio formidável sobre a imaginação dos homeopatas, o que se explica pela centralidade de sua obra para a cultura homeopática. Como a referência última da atividade é o texto fundador da doutrina, encarar diretamente sua fragilidade exigiria abandonar não só a homeopatia, como também cortar os vínculos com as pessoas que dão vida a ela. Do ponto de vista psicológico, o abandono da doutrina implica que todo o tempo e trabalho intelectual empenhado no domínio dessa linguagem não será recompensado como se esperava; do ponto de vista social, implica o distanciamento em relação à comunidade formada ao redor da doutrina, que pode incluir pessoas do convívio íntimo do homeopata. Até onde é possível ver, é daí que emana o poder do espírito objetivo de Hahnemann, que lhe permite, mesmo do túmulo, frear as críticas mais duras à sua doutrina (ao menos no círculo de seus seguidores).

Voltemos, porém, ao mundo dos vivos. Após excluir os sintomas "confundidores" – com base no raciocínio utilizado –, a homeopata faz uma nova repertorização, que resulta na terceira indicação: *Berberis vulgaris*, um dos "medicamentos pequenos", de início prescrito na potência 30 CH, para ser administrado em gotas, com frequência diária.[330] Três meses depois, o quadro geral da paciente evolui positivamente; então, no próximo retorno, a homeopata restringe o uso da substância, orientando a paciente a usá-la "apenas no caso de retornos dos sintomas principais".

A paciente retorna dez meses depois, em junho de 2008 (vale lembrar que a consulta inicial se deu em fevereiro de 2006). Dessa vez, apresenta melhora geral em quase todos os sintomas, e, além disso, está com uma atitude especialmente "positiva". Nas palavras da própria paciente:

> Quanto ao seu estado de ânimo, expressou: *"Penso 'quem te viu, quem te vê'... corri tanto... é difícil, mas tem que aceitar as dores, o trabalho e esperar as coisas*

---

nova repertorização (cf. as tabelas em Mansour, 2009, p.34), razão pela qual escolhemos esse exemplo.

330 *Berberis vulgaris* é uma planta, sendo mais conhecida pelo nome uva-espim.

boas que vêm... que a família seja feliz e que eu consiga fazer as minhas coisas até Deus me chamar. Quero ser uma pessoa mais alegre".[331]

O único sintoma importante que restou, a nos fiar na descrição fornecida pela autora do artigo, é a dor na coluna (na época, a paciente tinha 75 anos). Para aliviar esse sintoma, sem recorrer a anti-inflamatórios (que a paciente preferia evitar), a homeopata inquiriu o ortopedista com quem a paciente se consultava, e ambos concordaram em recomendar a ela o uso de um colete ortopédico, também com resultados positivos.[332]

A descrição acaba por aí, e não teria como avançar, pois a última consulta relatada é de abril de 2009, ano em que o artigo foi publicado. O critério que orientou a avaliação da homeopata a respeito do quão adequada seria, em cada caso, sua prescrição, é tão velho como a própria medicina: tentativa e erro. Eis como tal critério foi articulado:

- A princípio, o quadro da paciente não evolui como esperado após a indicação do grafite; então, *por isso*, a homeopata avalia que tal indicação não seria adequada, tentando, no lugar do grafite, o arsênio.
- Após a nova indicação, o quadro inicial apresenta algumas melhoras, mas volta a regredir nas consultas seguintes, e a homeopata conclui, *por isso*, que o arsênio tampouco era uma escolha adequada, problema que ela busca resolver, primeiro, alterando a "potência" do arsênio e, em seguida, depois de sucessivas frustrações, prescrevendo, em vez dele, a *Berberis vulgaris*;
- Por fim, quase três anos depois da consulta inicial, a paciente retorna, agora com um quadro geral muito melhor do que o da primeira consulta, de modo que a homeopata conclui, *por isso*, ter descoberto a indicação correta.

Vejamos como a própria homeopata registra esse último passo, para deixar claro que não imputamos uma noção de causalidade alheia à mobilizada pela autora:

---

331 Mansour, 2009, p.34.
332 Cf. ibid., p.34-35. Essa recomendação se deu em uma consulta posterior, ocorrida em abril de 2009, quase um ano depois da consulta anterior, e mais de três anos após a consulta inicial.

O tratamento com *Berberis vulgaris* – escolhido por semelhança com os sintomas locais – induziu não só a melhora clínica, mas despertou também o desejo de ser alegre apesar das circunstâncias difíceis de vida da paciente.[333]

A indicação "correta" não teria apenas melhorado a situação clínica da paciente; teria, além disso, despertado a sua felicidade. A complexa teia de fatores que, no curso dos três anos de tratamento, interferiu na constituição física e mental da paciente, é aqui sumariamente ignorada, na medida em que se imagina que o fator decisivo para a melhora de sua saúde e até para a sua *felicidade* foi a intervenção homeopática.

Isso tudo dependeria, na imaginação de muitos homeopatas, do exercício proficiente das competências técnicas que o distinguem de outros profissionais. Com isso, passamos da ilusão da onisciência – vinda da ideia de que o homeopata é capaz de ter "uma visão total" de seu paciente – para a ilusão da onipotência, escancarada na obra de Hahnemann,[334] e com a qual, ainda hoje, os homeopatas amiúde flertam.

Com certeza a maioria dos homeopatas concordaria com a afirmação de que a homeopatia "tem limites", embora também haja declarações em contrário, o que vale especialmente em relação a Hahnemann. Ainda assim, é essa ilusão que orienta o homeopata a imaginar que até mesmo a felicidade de seus pacientes depende de sua capacidade de "achar o símile certo". Não se trata de um caso isolado, de uma peculiaridade dessa homeopata, e sim de uma tendência própria à doutrina, que se manifesta na crença declarada por vários homeopatas de que, no momento que acharem o símile homeopático certo, resolverão a vida do paciente.[335]

A ilusão de onipotência, presente na ideia de que mesmo a felicidade do paciente depende do exercício proficiente das competências técnicas do homeopata, integra o amplo repertório de idealizações de que ele se vale para resolver a tensão estabelecida sempre que ele, afinal, cogita a possibilidade de que tais competências técnicas, adquiridas com investimento de tanto tempo, não tenham cabimento. Essa tensão não se manifesta apenas quando o homeopata é alvo de críticas de terceiros, pois estas podem ser

---

333 Ibid., p.35.
334 Ver citação vinculada à nota de rodapé 147, do Capítulo 1.
335 Esse tipo de conclusão não é um caso isolado; já vimos (cf. a citação vinculada à nota 200) e veremos outros exemplos adiante.

racionalizadas mais facilmente por meio da conjuração de que não passam de opiniões desinformadas ou então mal-intencionadas, movidas, talvez, por interesses escusos (por exemplo, os da indústria farmacêutica). Essa tensão se manifesta, de maneira ainda mais aguda, nos momentos em que, *apesar de fazer "tudo certo", consulta após consulta*, o quadro clínico de seu paciente não evolui como desejado.

Por isso a figura do Dr. Leão – apresentada por Machado de Assis como um interesseiro – serve só para fornecer um parâmetro inicial para a compreensão da *situação* do homeopata, e não para a compreensão de suas motivações. A questão é que ele não precisa ter algo a dizer só para os coronéis e tabeliões deste mundo; não é só a eles que têm de responder. Em muitas situações, observamos uma preocupação genuína com a saúde do paciente, o que só é possível conciliar com o apego à doutrina recorrendo a mecanismos de racionalização – ideias, fantasias e narrativas que são, com frequência, compartilhadas nos círculos de homeopatas e cultivadas nos ambientes que eles frequentam – talhados para lidar com os casos em que a saúde do paciente não evolui como esperado.

Em alguns desses casos – como no que acabamos de ver –, há uma reviravolta, que dá a oportunidade de o homeopata encontrar o paradigma[336] perfeito para encarar esse tipo de situação, sem abandonar as competências instrumentais que o distinguem enquanto homeopata: *se este ou aquele paciente não melhora, só pode ser porque o símile "certo" ainda não foi encontrado; quando o for, o resultado será tão fantástico como no caso daquela paciente, que, graças à intervenção homeopática bem feita, não só experimentou uma melhora de seus sintomas físicos (como um médico qualquer talvez conseguisse fazer, se usasse analgésicos o bastante), como ainda achou o que todo mundo procura: a felicidade.*

O critério utilizado pela autora para chegar à sua conclusão não é, também nesse caso, alheio à medicina convencional, mesmo atualmente. A maioria dos pacientes psiquiátricos sabe que o critério de tentativa e erro é, em muitos casos, decisivo para ajustar a dosagem dos psicotrópicos, e é esse critério que informa a fantasia da autora no caso analisado. Não se trata, mais uma vez, de um "universo simbólico" *essencialmente* distinto da

---

336 O termo "paradigma" é aqui usado na sua acepção comum, sem as conotações que lhe seriam atribuídas com sua alçada ao *status* de conceito no âmbito da filosofia da ciência, após Kuhn.

medicina convencional; como, aliás, também é evidenciado pela colaboração com um ortopedista, que permitiu chegar a uma solução mecanicista para um dos problemas que afligiam a paciente, o único que não fora "resolvido" pela intervenção homeopática: a recomendação do colete ortopédico para a dor de coluna.

No caso de vários psicotrópicos, o ajuste fino da dosagem, realizado por tentativa e erro, é atualmente restrito – ao menos no cenário ideal – às substâncias que temos bons motivos para crer que influenciam o comportamento e o ânimo individuais (ou seja, cujo efeito psicotrópico está bem estabelecido na literatura médica, graças à realização de ensaios clínicos controlados e randomizados, e metanálises). Tal critério é, no caso ideal, *complementado* por outros, o que contribui para reduzir, tanto quanto possível, a arbitrariedade inerente ao critério. É isso que falta na homeopatia; seu critério de tentativa e erro é controlado *só* com base nas variações do estado de saúde do paciente, de modo que se conclui pela eficácia da substância no instante em que se verifica *qualquer* melhora clínica. Nesse instante, são satisfeitas as expectativas tanto do homeopata – que, então, interpreta a melhora como resultado do exercício proficiente das competências instrumentais adquiridas com a doutrina –, quanto as do paciente – em geral, menos interessado em saber o que produziu tal melhora, do que na melhora propriamente dita.

Consideremos, primeiro, a perspectiva do paciente. É preciso que fique claro que também aqui nada há de fundamentalmente diferente no paciente de homeopatia; assim como a maioria dos demais pacientes, que não se interessa em saber como, por exemplo, o ibuprofeno é feito, ou qual seu mecanismo de ação. O que querem é não sentir mais dor, e se entendem que o ibuprofeno tem esse efeito, isso muitas vezes basta para satisfazer suas pretensões de conhecimento. Nesses casos, ignora-se certos fatos passíveis de serem conhecidos (como é produzido o ibuprofeno e qual seu mecanismo de ação), porque *não se tem motivos específicos para conhecê-los*, o que faz todo sentido em uma sociedade altamente complexa como a nossa, em que nenhum de nós é capaz, como indivíduo, de saber tudo o que é sabido pela espécie humana. Nesse e em tantos outros casos, a divisão social do trabalho intelectual permite delegar determinado conhecimento a um especialista, a um profissional, no caso o médico, que é sobre quem recai a expectativa de dominar o conhecimento relativo à saúde e aos medicamentos.

O problema é que as expectativas podem ser frustradas pelo especialista, por causa de diversos motivos que, às vezes, escapam ao seu controle. Por exemplo: pode ser que médico e paciente estejam em um contexto no qual faltem certas técnicas de diagnóstico;[337] pode ser que o médico não converse com o paciente, ou não o examine com o cuidado que seria devido (por se distrair com questões de natureza pessoal ou por ter se comprometido a atender um grande número de pacientes); e pode ser que as expectativas do paciente não sejam realistas. Há doenças que não têm cura, e há males que afetam o paciente, mas que o médico não tem condições de remediar, pelo menos não no espaço privado do consultório – lembremos aqui da paciente que se sentia mal consigo mesma por causa da maneira como era tratada pelo marido que vimos em nossa primeira visita ao homeopata. Não há tratamento *médico* para esse mal; a solução desse problema não passa pelo consultório médico.

A despeito disso, uma vez que o paciente deposita certas expectativas sobre o médico – seja homeopata ou não –, este passa a ter um motivo bem definido para tomar providências a fim de evitar erros básicos de atribuição causal, para não sair achando que qualquer melhora é resultado de alguma intervenção terapêutica. Ao mesmo tempo, o homeopata tem um porquê muito específico para *não evitar* esse tipo de erro: evitá-lo põe em risco sua crença já consolidada na doutrina homeopática.

Entretanto, ter um motivo não basta. Lembremos que o homeopata, ainda mais por causa do caráter precário da doutrina que orienta sua conduta clínica, precisa sempre ter algo a dizer quando se encontra numa das situações em que a doutrina é posta em xeque (como ocorre diante da constatação de que o quadro do paciente não evolui após a intervenção homeopática). O homeopata precisa dispor de um conjunto de ideias, fantasias e narrativas que facilitem que o erro de atribuição causal passe batido, que azeitem a racionalização das deficiências da doutrina. É exatamente isso que encontra por toda a parte ao participar da cultura homeopática, do corpo de ideias desenvolvido pelos homeopatas que vieram antes dele, registrado no cânone da doutrina e ensinado nas várias escolas de homeopatia, e nas conversas com outros homeopatas. É aí, também, que entra a enorme margem de arbitrariedade do roteiro de seleção do símile homeopático; ela

---

337 Quer porque ainda não foram inventadas, quer porque foram, mas estão fora do alcance do paciente por razões logísticas ou socioeconômicas.

garante ao homeopata que sempre haverá um novo recurso à disposição em algum lugar da *materia medica* homeopática. Sempre haverá "sintomas" ainda não incluídos na repertorização antiga; sempre haverá outra maneira de traduzir um sintoma para a linguagem repertorial; a possibilidade de mudar a potência, a dosagem etc.

O mesmo cenário ajuda a entender a comunicação dos casos bem-sucedidos de cura, o que ocorre com frequência nas conversas entre homeopatas. Nesses casos, trata-se de um verdadeiro esforço coletivo, já que as histórias contadas por um homeopata contribuem para tornar mais verossímeis as "vividas" por outros. O relato de cura de nossa segunda visita ao consultório homeopático está longe de ser um caso isolado. Nas revistas de homeopatia que examinamos, temos 21 relatos de experiência clínica, que envolvem o tratamento de um paciente humano; em 20 desses casos, a evolução é relatada como positiva, e em todos eles, sem exceção, a evolução positiva é atribuída à intervenção homeopática.

Quem frequenta os círculos homeopáticos está familiarizado com essa narrativa, e mesmo o homeopata de carteirinha dificilmente nega que esse tipo de anedota é comunicada *no interior desses círculos* com grande facilidade e frequência, encontrando só muito raramente, nesse ambiente, o obstáculo da crítica.

Selecionamos alguns exemplos em que tais atribuições causais ou foram documentadas pelos próprios homeopatas, na revista *Cultura Homeopática*, ou colhidas por nós ao longo da pesquisa, a partir de suas falas públicas, apresentadas em congressos de homeopatia. Vejamos:

- Em um artigo, uma equipe de homeopatas apresenta o relato de caso de "um paciente portador de disidrose de 20 anos de evolução, com cura completa devida a tratamento homeopático",[338] no caso o *Natrium carbonicum* (carbonato de cálcio). No artigo, o sucesso é ilustrado por uma foto da sola dos pés do paciente, parte afetada pela disidrose, "antes e depois" do tratamento.
- Um artigo relata o caso de uma paciente de 79 anos com Doença de Alzheimer, cujo tratamento homeopático visava aliviar os sintomas do transtorno; a autora conclui que o preparado homeopático à base

---

338 Yoshihassu et al., 2004, p.87.

de veneno de tarântula permitiu à paciente alcançar "o final de sua vida em relativo conforto e paz".[339]

- Em outro relato, é apresentada uma paciente com enxaqueca crônica, que teria tido "melhora espetacular após a prescrição de *Silicea terra*"[340] (sílica). O autor afirma que a prescrição homeopática explica a melhora, declarando que, tendo a paciente servido "como seu próprio controle" (refere-se ao fato de que a sílica não foi a primeira substância do arsenal homeopático prescrita), seria possível descartar "a hipótese de que o medicamento homeopático tenha agido através de efeito-placebo".[341]

- Em outro artigo, duas homeopatas relatam o uso de homeopatia para complementar o atendimento de um paciente pediátrico internado com quadro grave de pneumonia. A criança recebeu o tratamento médico convencional, e as homeopatas eram parte da equipe que a atendeu. As autoras são, nesse caso, mais cuidadosas ao tratar do impacto presumido da intervenção homeopática, evitando falar *diretamente* em causalidade. Ainda assim, afirmam que a "melhora observada foi rápida e imediata, após administração da medicação homeopática".[342] Mais significativo que isso, porém, é a afirmação de que a melhora teria se dado de acordo com a chamada "Lei de Hering",[343] que estipula a ordem da cura homeopática. A ideia de que a melhora teria se dado de acordo com as leis da homeopatia permite concluir que, apesar da prudência na formulação, as autoras acreditam que a intervenção homeopática explica ao menos parte da melhora do quadro.

- Dois homeopatas argentinos,[344] em outro artigo, relatam o tratamento de uma "paciente de 86 anos [...] com extensa úlcera varicosa na perna com 15 meses de evolução, tratada exclusivamente com o

---

339 Sommer, 2008, p.69.
340 Tarcitano Filho, 2010, p.28.
341 Ibid.
342 Ferreira; Farias, 2010, p.44.
343 Ibid., p.45.
344 Os autores desse artigo são filhos desse que é talvez o mais famoso homeopata argentino, Francisco Xavier Eizayaga (1921-2001), cuja obra – por exemplo, *Tratado de medicina homeopática* e sua atualização do repertório de Kent – teve impacto significativo na formação dos homeopatas brasileiros da geração de 1970.

medicamento homeopático *Pulsatilla nigricans*". Eles afirmam que, com o tratamento homeopático, a paciente "melhorou rapidamente e [a] úlcera curou quase completamente em menos de 5 meses".[345]

- No 70º Congresso da LMHI, como comentado no Capítulo 1, presenciamos o relato de um homeopata do Instituto Mineiro de Homeopatia, que tratou um paciente que se dizia deprimido, sentia falta da mãe, que falecera, e apresentava tosse persistente. O homeopata prescreve pepino ultradiluído ao paciente, e avalia, ao fim do tratamento, que "as observações prognósticas curativas obtidas evidenciam a eficácia da aplicação clínica realizada".

- No mesmo congresso, um homeopata italiano relatou o caso de um paciente de 78 anos com gangrena em um dos pés. O paciente se recusou a amputação cirúrgica, recomendada por outro médico, e procurou o homeopata em busca de um tratamento mais natural e que não exigisse cirurgia. Foi tratado com homeopatia, até que, passado um tempo, a parte gangrenada do pé caiu, por causa de um trauma (o que pode acontecer em alguns casos), evitando que o paciente precisasse realizar a cirurgia que pretendia evitar. Eis o que o homeopata considerou como sinal do sucesso do tratamento: a parte gangrenada do pé do paciente caiu de forma "natural", sem cirurgia.

Em todos esses casos, o que está em jogo é a tendência, universalmente humana – e que, nesse sentido, também está longe de ser exclusiva da homeopatia –, em interpretar eventos que se sucedem na chave de causa e efeito. Esse salto da imaginação, que já discutimos ao tratar das ideias de Hahnemann, é, de um lado, o que permite alcançar, descobrir, vir a conhecer relações que, de outro modo, estaríamos condenados a ignorar; e, de outro, é fonte de todo tipo de erro sistemático, como os vieses estudados no âmbito das ciências cognitivas. O que interessa destacar é o esforço coletivo necessário para a construção dessas fantasias, ilustrado no ato de os homeopatas, constantemente, comunicarem entre si casos similares de quando veem, com os próprios olhos, um paciente de carne e osso melhorar após o tratamento com homeopatia. Nesse momento, histórias fantásticas, como as elencadas

---

345 Eizayaga; Eizayaga, 2013, p.1.

anteriormente, parecem se materializar. Todo homeopata tem pelo menos uma história para contar, que ele, às vezes, compartilha quando a doutrina é posta em xeque, sobretudo em comunicações pessoais, e a qual também recorre para apaziguar suas dúvidas quando sua própria experiência se encarrega de lançar suspeita sobre a doutrina.

No que diz especificamente respeito ao manejo das expectativas do paciente, nossa segunda visita ao consultório homeopático permite examinar em detalhe ainda outro mecanismo de racionalização, relacionado mais de perto ao desempenho das competências comunicativas do homeopata. Trata-se do estímulo à *sensação subjetiva de controle sobre a própria saúde*, que a homeopata busca imprimir em sua paciente, ao conceder a ela, depois de várias consultas, a opção de tomar o preparado homeopático quando julgar necessário.

Antes de voltar ao consultório homeopático, cabe elucidar mais um aspecto da doutrina. Trata-se da *dosagem*, foco de controvérsia entre homeopatas. "Dose", nesse caso, não se refere à "potência" da substância, e sim à quantidade de glóbulos ou gotas que deve ser administrada por vez e ao número de vezes que isso deve ser feito. Para entender por que isso é controverso entre homeopatas,[346] vale lembrar que o efeito de substâncias farmacologicamente ativas depende da dose. Simplificando um pouco, podemos dizer que a mesma substância pode ser inócua se administrada em dose pequena o bastante; ter efeito terapêutico, se a dose for adequada (o que depende de fatores individuais, como peso do paciente e sensibilidade à substância administrada); ou ter efeito tóxico, no caso de dosagem excessiva. A lógica dessas distinções, identificada já por Paracelso – conhecido médico e ocultista do século XVI –, vincula o efeito à quantidade da substância administrada. No entanto, isso não se aplica à homeopatia, pois só as "potências" mais baixas, via de regra não prescritas, contêm traços da substância inicial. Por conta disso, nesse caso, a dose é, no fundo, indiferente para o paciente; tanto faz, do ponto de vista farmacológico, tomar um, dois, dez ou cem glóbulos de *Arsenicum album* 30 CH, assim como tanto faz administrá--lo uma vez por semana, diariamente ou várias vezes ao dia.

---

346 Vale observar que, no artigo sob análise, a autora levanta essa questão, e dá a entender que a decisão em indicar doses múltiplas teria contribuído para o "sucesso" do tratamento, ainda que pondere, na passagem final do artigo, que seriam "necessários outros estudos para avaliar mais acuradamente esta experiência" (Mansour, 2009, p.35).

Isso, claro, do ponto de vista farmacológico. A frequência da dose pode se tornar relevante para o paciente, caso ele conceba o uso da homeopatia como um *ritual terapêutico* – o que, em alguns casos, também está associado a efeitos terapêuticos não específicos, como o próprio efeito placebo.[347] E, mesmo nas situações em que o preparado homeopático não produz uma resposta placebo, o ato de tomar o medicamento pode contribuir para a *sensação subjetiva de controle sobre a própria condição de saúde*. Nesse sentido, Geest e White notam que "um dos 'charmes' dos medicamentos é que permitem tratamento individual, diminuindo a dependência relativamente a praticantes biomédicos, mestres espirituais e parentes".[348] A isso cabe acrescentar que, no caso da homeopatia – por conta da ausência de princípio ativo –, esse "charme" se converte em puro fetiche da forma do medicamento.

O máximo de autonomia individual é obtido com a automedicação – e esse é o mundo das pessoas que têm, em casa, a própria "farmacinha homeopática". Vimos que parte importante da aclimatação da homeopatia no Brasil envolveu o incentivo a essa automedicação, com Mure e Vicente Martins desempenhando um papel central. Com a consolidação de associações de médicos homeopatas, por mais que estes tenham se beneficiado dos esforços iniciais, eles só podiam, no fim, se opor a essas práticas leigas, já que o grau máximo de autonomia individual dispensa a figura do médico homeopata. A despeito disso, o desejo do paciente de ter controle sobre a própria saúde permanece, e mesmo no contexto do consultório – no qual, de partida, o paciente abriu mão dessa autonomia, ao se consultar com um especialista para se tratar –, verificamos pequenos gestos em que o homeopata ensaia devolver ao paciente um pouco da sensação de controle sobre a própria saúde. É isso que está em jogo na ocasião em que a homeopata, após várias consultas, orienta a paciente a tomar as gotas de *Berberis vulgaris* quando julgar necessário. Nesses gestos, vemos o homeopata exercitando suas competências comunicativas, dissimuladas como competências instrumentais.

Apesar de esse gesto ser controlado, pois é necessário que o homeopata mantenha a sua posição de autoridade médica frente ao paciente, isso não impede de o paciente desfrutar a sensação subjetiva de autonomia – mesmo

---

347 Cf. Benedetti, 2014, p.34-41. O autor não aborda a homeopatia, mas trata do efeito placebo em geral.
348 Geest; Whyte, 1989, p.349.

porque, em última análise, o paciente que é seu próprio homeopata, que tem seus preparados em casa, não possui autonomia completa, pois depende de laboratórios que produzam e comercializem as homeopatias, e de especialistas em homeopatia que produzam manuais para leigos. Não podemos descartar que, em alguns casos, a sensação subjetiva de controle sobre a própria saúde contribua para a melhora de sua condição clínica, via efeito placebo; no entanto, a melhora clínica passível de ser atribuída ao placebo depende de diversos fatores – relacionados à peculiaridade de cada caso – e é, mesmo em situações mais favoráveis, bem limitada, de modo que não devemos exagerar sua importância. Mais importante é que, muitas vezes, há coisas que o paciente espera do médico *além* da melhora da condição clínica: e a sensação subjetiva de controle sobre a própria saúde é uma dessas coisas.

E é isso o que muitos homeopatas oferecem. Embora os preparados homeopáticos que o paciente obtém com a consulta não promovam, de fato, a melhora em sua saúde, eles servem de receptáculos em que o paciente pode projetar o desejo de controlar a própria saúde. No glóbulo homeopático, o paciente pode ver a materialização de sua esperança de cura, e, ainda que a promessa materializada nesse objeto jamais se cumpra, ela já serve de conforto, mesmo que apenas temporário.[349]

Isso é algo que Hahnemann, instivamente, sabia. Basta lembrar que ele próprio prescrevia glóbulos de lactose não impregnados por homeopatia, como aliás fazem alguns homeopatas ainda hoje.[350] Também aqui, o universo simbólico da homeopatia não é alheio ao da medicina convencional, pois, assim como o paciente de homeopatia projeta expectativas no preparado homeopático que compra do farmacêutico, o paciente convencional também o faz quando adquire ibuprofeno; o mecanismo psicológico é o mesmo. Sim, há uma diferença importante ligada às qualidades intrínsecas de cada um desses objetos vendidos como remédio.[351] No caso de um fármaco convencional, a repetição do ritual terapêutico é limitada pelo medicamento em si; o

---

349 Pois é provável que o desejo de controlar a própria saúde se manifeste novamente caso o quadro clínico não evolua positivamente.
350 Há exemplos atuais documentados, mas como se trata de prática flagrantemente antiética, não mencionaremos os casos especificamente.
351 A diferença não diz respeito à dimensão psicológica, e sim à capacidade de esta ou aquela substância alterar a condição clínica, que já não depende tanto das representações que dela temos aqui e agora.

paciente que usa ibuprofeno indiscriminadamente sofrerá com isso, e sofrerá ainda mais, dependendo do fármaco em questão. No entanto, isso não se aplica a placebos puros, como o são os glóbulos de açúcar de leite vendidos como medicamento homeopático. Nesse caso, o ritual pode ser repetido sem restrição adicional, segundo a vontade do paciente; tudo que os glóbulos deixarão em seu organismo é um gosto doce na boca, e por um curto período de tempo.

***

Nesta seção, tentamos mostrar como se dá a mediação entre a doutrina homeopática e a interação do médico homeopata com seu paciente. Vimos, em detalhe, como a homeopatia por um lado predefine a conduta dessa relação, abrindo espaço para que o homeopata exerça as competências instrumentais que o distinguem, e, por outro, como o curso da interação motiva uma série de esforços adaptativos, sendo o mais notável o cultivo das competências comunicativas do homeopata, com as quais ele consegue manter o vínculo com sua clientela.

Para fechar essa parte da discussão, gostaríamos de explorar mais um desdobramento, que permite pôr as duas visitas ao consultório homeopático sob nova perspectiva: a tendência, verificada sobretudo em homeopatas que trabalham em contato com médicos convencionais – como no sistema público de saúde –, em lidar preferencialmente com casos que não envolvam risco imediato de morte. Também aqui, estamos diante de um desses esforços adaptativos que facilitam a sobrevivência e a reprodução das ideias de Hahnemann.

A certa altura da *Origem das espécies*, Charles Darwin (1809-1882), na tentativa de adiantar-se a críticas à sua teoria da evolução por meio da seleção natural, chama a atenção para certos órgãos, "originalmente construídos para um propósito", que adquiriram nova função com o passar do tempo.[352] Uma das ilustrações que fornece é a da bexiga natatória, presente em diversos peixes ósseos, cuja função é auxiliar na flutuação do animal. Darwin

---

[352] O trecho entre parênteses é parafraseado de Darwin, 1859, p.190. Trata-se da seção intitulada *"Organs of extreme perfection and complication"*, do sexto capítulo da primeira edição da obra, publicado originalmente em 1859.

especulou que os pulmões dos vertebrados, cuja função é marcadamente diferente, teriam se originado de uma bexiga natatória primitiva, que, em algum momento da cadeia evolutiva dos animais aquáticos, deve ter exercido a dupla atividade de auxiliar na flutuação e promover a respiração.[353]

Há certa analogia entre a teoria da evolução e o que vemos no consultório homeopático: a compilação do maior número possível de sintomas, que a princípio servia a uma função técnica, ligada às competências instrumentais do homeopata, converte-se em uma vantagem potencial, em um ambiente com pacientes pouco satisfeitos com o atendimento rápido e impessoal dispensado por uma parcela dos concorrentes diretos dos homeopatas – os quais, para usufruir da vantagem, precisam cultivar suas competências comunicativas. Na homeopatia, a dupla função se mantém, ao menos no caso do médico homeopata, porque o exercício das competências instrumentais é ainda decisivo para sua identificação como autoridade médica, isto é, como alguém dotado de conhecimentos e habilidades especiais que o paciente não domina (a habilidade de achar o símile homeopático "adequado", que depende da aquisição de conhecimentos específicos, do domínio do jargão homeopático e do conteúdo da *materia medica* homeopática).

A vitalidade da cultura homeopática é marcada por esse duplo movimento, que, no ritual da consulta, se manifesta da seguinte forma: ao oferecer ao paciente, por meio do exercício de suas competências técnicas, a prescrição, o homeopata garante a produção de mais-homeopatia (promove, em outras palavras, a conservação da doutrina); e, ao oferecer junto disso, mas agora graças ao exercício proficiente de suas competências comunicativas, a atenção que o paciente espera de um médico, entrega algo-além-da--homeopatia, que transcende a doutrina e ajuda a compensar as deficiências intrínsecas a ela. Nesse ato – em que as competências comunicativas do homeopata estão dissimuladas em suas competências instrumentais –, a doutrina ganha sobrevida.

No entanto, essa estratégia de reprodução tem limites, e é um deles que discutiremos para concluir a seção. A estratégia só se converte em vantagem adaptativa em situações em que o paciente *pode arcar* com a substituição

---

353 Atualmente, há quem afirme que, ao contrário, a bexiga natatória é que teria se originado a partir de um pulmão primitivo (cf. Tatsumi et al., 2016), mas, para a nossa investigação, a sequência da evolução não faz diferença.

das competências instrumentais do médico pelas comunicativas. Esse nem sempre é o caso; há situações em que a substituição diretamente põe em risco a vida do paciente.

Por mais que os homeopatas possam acreditar, em seu íntimo, que o símile homeopático "certo" é eficaz para tratar qualquer tipo de doença – inclusive as agudas –, o que observamos é que, quanto mais integrada à medicina convencional, mais a atuação do homeopata tende a se restringir a casos que envolvem pouco risco imediato de morte. A tendência atual da homeopatia em se ater ao cuidado de condições que não envolvem risco imediato – aquelas em que se perde menos tratando alguém com um placebo e em que é mais fácil, para o homeopata, convencer a si e ao paciente de que o tratamento homeopático surtiu efeito – é bem conhecida nos círculos de homeopatas.

Esse quadro é pintado em cores vivas por Salles – ela mesma homeopata –, em seu trabalho sobre a presença da homeopatia no SUS. Ela afirma que os "homeopatas sabem das possibilidades de ação da homeopatia nos casos agudos" e que, diferentemente do que pensam os médicos convencionais, os medicamentos homeopáticos têm "a capacidade de uma ação imediata, capaz de promover melhoras rápidas em processos agudos".[354] A doutrina homeopática, de fato, não deixa dúvidas dessa capacidade, de modo que, caso se pautasse só pelo texto de Hahnemann, nenhum homeopata hesitaria em tratar pacientes com doenças agudas com homeopatia.

No entanto, hesitam. Salles completa a afirmação observando que, muitas vezes, os *próprios homeopatas*, "sentindo-se inseguros para lidar com esses quadros [agudos] apenas com homeopatia", recorrem aos recursos terapêuticos da medicina convencional. Algo similar se verifica quando a homeopatia é empregada ao lado de recursos terapêuticos convencionais, como no caso da criança internada com quadro grave de pneumonia ou no do uso de homeopatia com o objetivo de evitar "vacinoses", como dizem os homeopatas, ou seja, os efeitos colaterais (reais ou imaginários) das vacinas. E a mesma tendência é percebida na ponta da demanda: no cenário atual, as doenças crônicas são as que mais motivam a busca por um homeopata.

Para entender melhor o que está aí em jogo, cabe lembrar que, para elaborar planos ou projetos de ação, não temos outra escolha senão nos basear no que pensamos saber, mesmo quando não sabemos o que pensamos

---

354 Salles, 2008a, p.129.

saber. Se queremos compreender o curso das ações individuais e seu imbricamento na sociedade, precisamos fazer esse mapeamento, levando em conta o que os homeopatas *pensam que sabem*, mesmo nos casos em que suas ideias sejam equivocadas. Mas, como o curso efetivamente seguido pelas nossas ações raramente se conforma aos nossos planos, também fazemos bem em levar em conta, sempre que possível, o que os agentes ignoravam, ao planejar suas ações – mesmo porque nossos planos são muito mais maleáveis, mudam muito mais rapidamente, do que a realidade com a qual se defrontam, tendendo, por isso, a adaptar-se a ela *a médio e a longo prazo*. Não é à toa que, quanto mais integrada à medicina convencional, mais a homeopatia tende a ser prescrita ou em casos que envolvem pouco risco imediato de morte – como era o caso das duas pacientes que encontramos, ao visitar o consultório homeopático –, ou como mero coadjuvante ao tratamento convencional.

A situação, porém, nem sempre foi essa. Em sua origem, a homeopatia também foi muito usada em situações de epidemia. Vimos algo similar no Brasil, no século XIX, e ainda hoje há tentativas de aprovar a homeopatia como profilático para doenças epidêmicas. Homeopatas brasileiros reiteradamente tentam fazer seus produtos emplacarem como profiláticos contra a dengue, mas seus esforços tendem a ter alcance apenas local, encontrando resistência da comunidade médica.[355] Com a chegada da Covid-19, tampouco faltaram ofertas de preparados homeopáticos que prometiam tratar ou prevenir a doença; em alguns casos, bancados por autoridades políticas locais, como em Itajaí (SC), cujo prefeito era médico homeopata. Mas essas iniciativas são muito mais restritas se comparadas às que existiram nas epidemias do século XIX, quando eram instaladas enfermarias homeopáticas em hospitais convencionais (para não falar na criação de hospitais homeopáticos, que são mais comum em outros países). Além de maior infraestrutura, o atendimento homeopático em tempos de epidemia tinha demanda própria; os *pacientes* muitas vezes buscavam o homeopata em casos de epidemia e para tratar doenças agudas graves.

O que mudou desde então? Novaes já propôs uma resposta:

---

355 Para um exemplo, cf. Marino (2008). Marino (2014) também apresenta a proposta de um preparado homeopático para ser usado no controle da epidemia de ebola, que ganhou força em 2013, atingindo principalmente alguns países da costa ocidental da África.

O declínio da Homeopatia deve ser explicado tomando-se em consideração a eficácia de sua prática, em contrapartida com a eficácia de técnicas desenvolvidas pela chamada medicina oficial, entre elas, a "alopatia". O advento da soroterapia, da vacinação, dos antibióticos; o desenvolvimento da cirurgia, da química e farmacologia não podia deixar imune uma proposição doutrinária originária e componente de um saber anterior.[356]

Com o desenvolvimento de formas mais eficazes de controle epidemiológico, o apelo da homeopatia no tratamento de casos agudos e, em especial, dos que envolvem risco imediato de morte só sobreviveria na base do costume ou no apego dogmático à doutrina,[357] dissipando-se nas gerações seguintes, *sobretudo na ponta da demanda*.[358]

Como resultado, vemos que a homeopatia perde terreno na disputa com a medicina convencional, e se refugia no nicho de sua clientela original que tem mais a ganhar com o cultivo das competências comunicativas do homeopata – o doente crônico. Ao mesmo tempo, em um claro gesto de transigência doutrinária, um contingente considerável de homeopatas cede à pressão das sociedades médicas e passa a oferecer homeopatia sobretudo como um "remédio" que promete reduzir o risco iatrogênico associado à medicina convencional.

Esse é o caso não só de quem prescreve homeopatia para evitar a manifestação da "vacinose", como também de quem o faz sob a promessa de aliviar os efeitos colaterais associados à quimioterapia[359] ou acelerar o efeito de algum tratamento convencional.[360] Nos casos de uso coadjuvante de homeopatia, embora o risco de morte não seja, necessariamente, baixo, a combinação da homeopatia com os recursos da medicina convencional – aberrante para Hahnemann – garante que o paciente nada tem a perder, em

---

356 Novaes, 1989, p.289. Está claro que a "proposição doutrinária originária e componente de um saber anterior" a que Novaes se refere é a doutrina homeopática.
357 Esse apego só é robusto na comunidade homeopática, isto é, entre os profissionais que trabalham com homeopatia.
358 Para quem a doutrina em si não é tão importante.
359 O vice-presidente da LMHI, um homeopata indiano, relatou sua experiência ao tratar com homeopatia – como coadjuvante do tratamento convencional – um paciente oncológico. O relato foi apresentado no 70º Congresso LMHI.
360 Como no caso do paciente pediátrico internado com quadro grave de pneumonia (cf. Ferreira; Farias, 2010).

termos de saúde, ao receber o atendimento homeopático, abrindo espaço para que o homeopata exerça suas competências instrumentais e comunicativas, sem pôr a vida do paciente em risco. Ao menos não de modo direto, já que, por exemplo, no caso da prescrição de homeopatia para tratar "vacinoses", o que temos é uma mensagem ambígua do homeopata em relação às vacinas, que em muitos casos, em vez de combater, estimula a desinformação a respeito delas.

No "jogo de forças" entre homeopatas e médicos convencionais, a eficácia da homeopatia faz diferença *na seleção a médio e longo prazo das estratégias adotadas na sua "luta por legitimação"* – quer dizer, na disputa simbólica pela obtenção de prestígio público e reconhecimento oficial. Afinal, se os preparados homeopáticos funcionassem como os homeopatas creem que funcionam, eles teriam à disposição um recurso bem diferente do que de fato têm, para comprovar e difundir a homeopatia. Com isso, seria de se esperar, a médio e longo prazo, o prevalecimento de "estratégias de luta" compatíveis com os recursos mais limitados, mesmo ao preço da transigência doutrinária. E é exatamente isso o que acontece: os homeopatas podem até acreditar que a homeopatia funciona no tratamento de casos agudos, mas, como observa Salles, essa crença acaba por fazer pouca diferença, a ponto de um contingente considerável de homeopatas evitar colocá-la em prática.[361]

Esse resultado é inteiramente alheio à doutrina, que é, nesses casos, colocada em xeque pela pressão dos "inimigos da homeopatia" (para ecoar as palavras de Galhardo, em comentário sobre a concessão simbólica feita pelo IHB ao acatar o pedido de mudança de nome da Faculdade Hahnemanniana, na década de 1920). A implicação é que eventuais mudanças no ambiente político podem abrir espaço para um ressurgimento, ao menos pontual, do uso de preparados homeopáticos como profilático ou remédio para tratar doenças agudas, como ocorreu em alguns municípios brasileiros, durante a pandemia de Covid-19.

Em todo caso, a circunstância de que a homeopatia deixou de desempenhar o papel antes desempenhado no tratamento de doenças agudas graves sinaliza algo importante: se o médico homeopata, ao seguir o roteiro de diagnóstico criado por Hahnemann e apesar de saber uma série de coisas que o

---

361 Cf. Salles, 2008a, p.129.

criador da doutrina ignorava,³⁶² acaba agindo como se também ignorasse as mesmas coisas – então, por outro lado, ao evitar, ao menos no caso das doenças agudas, pôr em prática as ideias da doutrina, ele age como se não mais ignorasse que os glóbulos de açúcar que dispensa não passam de placebos.

2.4.2. Dissidência e solidariedade nas revistas de homeopatia

Na seção anterior, examinamos a interação entre o médico homeopata e seu paciente, caracterizada por uma assimetria de papéis. Agora, examinaremos uma das controvérsias que dividem os homeopatas, para tratar da relação entre diferentes círculos de profissionais que trabalham com a doutrina.

A discussão se apoia em pesquisa documental realizada junto das principais revistas de homeopatia com DNA nacional, no período de 2002 a 2015. São elas: *Revista de Homeopatia*, *Cultura Homeopática* e *International Journal of High Dilution Research* (IJHDR). No período indicado, foram publicados 278 artigos completos nessas revistas, os quais foram lidos, classificados e fichados de maneira sistemática como parte da pesquisa.³⁶³

O levantamento documental permitiu caracterizar não apenas as controvérsias internas aos círculos de homeopatas, como também algumas das principais estratégias de legitimação de que se servem para reter o reconhecimento institucional obtido no país com a Resolução n.1.000 do CFM. As duas coisas estão ligadas de perto uma à outra.

Os proponentes da doutrina consideram as intermináveis controvérsias estabelecidas dentro dos círculos de homeopatas como um dos maiores obstáculos à propagação da homeopatia. Acreditam que, se os homeopatas parassem, por um momento, de lutar entre si e se unissem para promover a doutrina, ela iria muito mais longe do que foi até aqui.

Mas o conflito, ao mesmo tempo que divide, vincula; ou, para ser mais exato, a divisão que se configura em uma situação de conflito é também uma forma de socialização, que enlaça, de maneira específica, diferentes

---

362 Ao longo de um curso de medicina, o homeopata contemporâneo aprende coisas sobre o funcionamento do corpo humano que Hahnemann jamais poderia imaginar.
363 A metodologia e os resultados do levantamento na tese em que se baseia este livro está disponível em Bárbara (2018, p.645-713).

indivíduos e grupos.[364] Assim, a imaginação sociológica permite intuir que as controvérsias que se instituem no interior dos círculos de homeopatas, para além de limitar o alcance da doutrina, estão relacionadas de maneira mais positiva à sua conservação – e sendo assim, no momento em que os homeopatas pararem de lutar entre si, algo indispensável à sobrevivência da doutrina se perderia.

Há, é claro, diversas controvérsias que se estabelecem entre homeopatas. Vimos algumas delas ao longo deste livro: a controvérsia entre unicistas e complexistas; entre apoiadores e críticos do calendário oficial de vacinação; entre médicos homeopatas e terapeutas leigos; entre médicos positivistas e médiuns receitistas; entre farmacêuticos tradicionais e grandes laboratórios homeopáticos; entre os veterinários que usam homeopatia individualizada e os que a aplicam a animais de produção; entre os que preferem altas diluições e os que optam pelas baixas etc. Em todos os casos, é possível intuir a dinâmica básica que discutiremos: as limitações intrínsecas à doutrina homeopática abrem espaço para todo tipo de cisma interno, em geral restrito a um aspecto bem delimitado da doutrina, que, à medida que é encampada por determinado círculo de homeopatas, permite cultivar novos instrumentos de salvação da homeopatia, novas ideias e racionalizações que, se, por um lado, divergem do cânone homeopático (do texto de Hahnemann), por outro são necessárias para que a doutrina se aclimate a diferentes ambientes sócio-históricos. Esse tipo de exploração, na maioria dos casos, ou malogra ou é bem-sucedida só à curto ou médio prazo. Basta mencionar a *dyniotherapia autohemica* de Licinio Cardoso, ou a ascensão e eventual esquecimento da homeopatia positivista e de sua contrapartida histórica, a homeopatia espírita. Mas, embora individualmente tais iniciativas tenham em geral vida curta, quando tomadas em conjunto respondem por uma parte considerável da atividade dos homeopatas.

Nesta seção, não reconstruiremos todas as controvérsias, e sim analisaremos em detalhe uma delas, bem documentada nas revistas que registram a vida intelectual da homeopatia. Ao folhear as revistas brasileiras de

---

364 O termo "socialização" é usado no sentido dado pelo sociólogo alemão Georg Simmel (1858-1918), isto é, como processo que resulta no surgimento de entidades sociais. Simmel (1992, p.284-382) dedica um capítulo de seu livro *Soziologie* para discutir o conflito como forma de socialização. A análise a seguir é inspirada pela sociologia simmeliana do conflito.

homeopatia, achamos registros só de uma parte da vida intelectual da doutrina, a cultivada por profissionais que trabalham com ela e estão inseridos no sistema universitário. Nessas revistas, não está bem representada a perspectiva do paciente da homeopatia; nem a dos profissionais que trabalham com homeopatia, mas não contribuem para tais veículos, quer por já estarem satisfeitos em praticá-la no consultório, quer por serem praticantes leigos e sem vínculo acadêmico. Apesar disso, há uma boa razão para analisar a contribuição intelectual dos profissionais que registraram suas ideias nesses periódicos: trata-se de homeopatas que estão em uma posição especialmente vantajosa para promover a doutrina na esfera pública, que podem influenciar a opinião e o poder públicos justamente por sua inserção acadêmica. Alguns, inclusive, publicaram textos em jornais de grande circulação, como a *Folha de S.Paulo* e o *Estado de S. Paulo*.

O principal ensejo para o acolhimento dos homeopatas nas universidades brasileiras é, mais uma vez, a Resolução n.1.000 do CFM. Se a homeopatia é classificada como especialidade médica, é de se esperar que os homeopatas consigam trabalhar onde também trabalham outros profissionais assim classificados – nas universidades. Por isso, devemos ter em vista que a literatura que examinaremos neste capítulo se volta ao público acadêmico. Os homeopatas também mobilizam outras ideias, distintas das que veremos, quando buscam convencer o cliente, ou o gestor público, do valor da doutrina; ideias adaptadas a tais públicos, algumas das quais já discutimos anteriormente, mas que serão mencionadas aqui só marginalmente.

A controvérsia que analisaremos se dá entre homeopatas *culturalistas* e *cientificistas* – termos que cunhei e que refletem duas importantes estratégias recentes de legitimação pública da doutrina no país, na esteira da Resolução n.1.000 do CFM, cada qual encampada por uma corrente doutrinária específica. Em resumo, a *corrente culturalista* é caracterizada, do ponto de vista doutrinário, pela instrumentalização dos referenciais teóricos das humanidades, e, do ponto de vista sociológico, pela busca de alianças com alguns intelectuais que dominam esses referenciais. A *corrente cientificista*, por sua vez, distingue-se da anterior por se esforçar em provar a validade da doutrina com base em critérios das ciências naturais e formando alianças com pesquisadores dessas áreas.

Há uma revista que, em sua breve história, concentrou essas duas tendências, uma em sucessão à outra. Ela nasce em 2002, sob o nome *Cultura*

Homeopática, resultado de uma iniciativa de um pequeno círculo de médicos homeopatas da Escola Paulista de Homeopatia (EPH), como era chamada na época.[365] A EPH estava localizada na Vila Clementino, nos arredores da Associação Paulista de Homeopatia (APH) e de outras instituições médicas. Estava. Atualmente, não existe mais, e a *Cultura Homeopática* passou a se chamar *International Journal of High Dilution Research* (IJHDR), revista ligada a um grupo internacional de pesquisa.

A mudança de nome simboliza uma guinada na linha editorial e no substrato social da revista. A *Cultura Homeopática* nasce como revista de divulgação da EPH, seus primeiros números têm menos de vinte páginas, recheadas de anúncios (a maioria de farmácias homeopáticas, que financiavam a revista). Seu primeiro editor-chefe foi Paulo Rosenbaum, médico homeopata dotado de certo prestígio dentro e fora dos círculos da homeopatia, e além disso um escritor erudito, versado em vários autores com os quais os intelectuais das ciências humanas estão familiarizados. Em 2005, Rosenbaum publicou um livro sobre a homeopatia pela Publifolha,[366] e segue escrevendo para jornais de grande circulação. No ano em que criou a revista, Rosenbaum começou o doutorado no Departamento de Medicina Preventiva da Faculdade de Medicina da USP, concluído em 2005, sob o título *Entre arte e ciência: fundamentos hermenêuticos da homeopatia como medicina do sujeito*.

A revista por ele criada passa a ter ISSN[367] e conselho editorial só a partir da quinta edição, publicada como volume especial, com mais de cem páginas e nove artigos originais. A partir daí, os anúncios perdem espaço; a revista passa a publicar artigos em inglês e a integrar um número crescente de homeopatas estrangeiros em sua comissão editorial, apresentando-se cada vez mais como periódico científico, em vez de revista de divulgação.

A partir do número 16, a *Cultura Homeopática* passa a publicar, com regularidade, resumos de trabalhos apresentados nos simpósios do Groupe

---

365 Anos depois, a EPH passou a ser o Instituto de Cultura Homeopática e Escola de Homeopatia (Iceh).
366 Cf. Rosenbaum, 2005a.
367 Sigla de International Standard Serial Number (número internacional padronizado de publicações seriadas). Trata-se de um código de oito dígitos usado para identificar publicações periódicas.

International de Recherche sur l'Infinitésimal[368] (Giri). Esse é um grupo de pesquisa fundado em 1985 por dois pesquisadores franceses interessados em homeopatia, e cujo comitê executivo conta com seis membros. Em 2017, três deles eram brasileiros; dois permaneceram até 2021. A parceria com o Giri anuncia a mudança na linha editorial que se consolidou no número 22 da revista, com a alteração de nome.

Com a mudança, a revista deixa de ter como editor-chefe um médico homeopata, alinhado à corrente culturalista, para dar lugar a Carlos Renato Zacharias, físico de formação vinculado à Faculdade de Engenharia da Universidade Estadual Paulista. Zacharias é um pesquisador puro de homeopatia, ou seja, desenvolve pesquisas sobre a área, sem praticá-la, e é alinhado ao que chamamos aqui de corrente cientificista. Ele era um dos membros da diretoria do Giri, ao assumir a *Cultura Homeopática*. Sob sua direção, a revista deixa de ser iniciativa de uma escola que ensina homeopatia "na prática" para se tornar projeto de um grupo multidisciplinar de pesquisa, ficando, portanto, sob controle de um círculo diferente de homeopatas. A partir daí, a IJHDR é indexada em várias bases de periódicos e passa a receber volume cada vez maior de contribuições internacionais, sobretudo da Índia, outro país onde a doutrina obteve algum reconhecimento institucional.

Essa mudança torna a *Cultura Homeopática*/IJHDR um ambiente privilegiado para investigar a dinâmica que marca a homeopatia desde sua origem e que é uma das chaves para compreender sua resiliência: o jogo entre se apresentar ou não como ciência. Mas isso que a torna interessante também a torna atípica: nem a EPH nem o Giri – instituições que estão por trás dessas revistas – são instituições consolidadas e "tradicionais" de homeopatia. Por isso, essas revistas, por si só, não bastam.

Por isso também incluímos na pesquisa a *Revista de Homeopatia*, vinculada à APH. Dada a proximidade entre a AMHB e a APH, essa publicação pode ser considerada o que há de mais próximo a uma revista oficial da mais prestigiosa associação de homeopatia do país. Sendo essa uma associação médica, é natural que a *Revista de Homeopatia* seja, acima de tudo, uma revista para médicos, disponibilizando menos espaço para outras áreas de aplicação da doutrina.

---

368 Em português: Grupo Internacional de Pesquisa sobre o Infinitesimal.

A história da revista é longa. A primeira edição, então sob o nome de *Revista da Associação Paulista de Homeopatia*, é de 1936, quando foi criada a APH. Desde pelo menos a década de 1980, conseguiu manter regularidade maior do que a antiga *Revista Homeopatia Brasileira* – a revista do IHB, mencionada na seção "Duas histórias da homeopatia no Brasil" – e, em 2017, chegou ao volume 80. O recorte desta pesquisa captura apenas uma parte muito pequena e recente da história da *Revista de Homeopatia*, cobrindo o mesmo período que vai do surgimento da *Cultura Homeopática* até sua metamorfose no IJHDR. A ideia foi fichar os artigos da *Revista de Homeopatia* para tomá-los contraponto aos veiculados na outra revista, com história mais curta e linha editorial menos estável e ortodoxa. Optou-se por esse recorte temporal porque cobre o período que vai da criação da revista *Cultura Homeopática* até o ano em que o IJHDR deixa de ter um brasileiro como editor-chefe.

Os próprios homeopatas, em geral, reconhecem que essas são as principais publicações de homeopatia atualmente no país, como pudemos confirmar nas entrevistas, realizadas durante a pesquisa, com membros da diretoria das mais reconhecidas associações brasileiras de médicos e farmacêuticos homeopatas (AMHB e ABFH).

* * *

Agora que sabemos um pouco da história das revistas de homeopatia em que está registrada a controvérsia entre culturalistas e cientificistas, vejamos como um homeopata alinhado à primeira corrente imagina a situação da doutrina:

> É mais do que evidente que temos duas grandes ações homeopáticas em curso: uma que baseia sua interlocução com o *hardcore* do pragmatismo biomédico, através de concessões epistemológicas exageradas, e a outra, que se move com lentidão, dispensa diálogos, e referencia sua posição no mundo como irretocável.[369]

---

369 Rosenbaum, 2002, p.5.

A passagem consta no editorial da primeira edição da *Cultura Homeopática*. O editor da revista delineia duas posições distintas da sua; optamos por designar sua posição como culturalista, por conta do nome da revista por ele fundada.

Em sua visão, as duas outras posições, delineadas na passagem, não levariam a homeopatia adiante. A primeira posição criticada corresponde à corrente cientificista; a segunda, à ortodoxa, que englobaria homeopatas contentes com sua atuação clínica e com a palavra de Hahnemann, e que, via de regra, não se engajam na reprodução da vida intelectual da doutrina. A posição culturalista, defendida pelo editor, é imaginada como uma terceira via, que evitaria o empedernimento da ortodoxia, sem precisar fazer as "concessões epistemológicas exageradas" feitas pelos cientificistas.

Cumpre observar desde já que há aí uma boa dose de idealização. Como se passa com todas as correntes de homeopatas, também os que se identificam com o culturalismo imaginam que a "verdadeira homeopatia" é a sua. Devemos ter isso em mente, pois a questão terá desdobramentos mais adiante. Por ora, o que interessa é destacar que, ao lado dessa idealização, desponta um diagnóstico de crise da homeopatia, e que, nesse contexto, a posição culturalista é concebida como a melhor saída possível para essa crise.

Está claro, pois, que a corrente culturalista é ela mesma uma dissidência, um cisma dentro da comunidade homeopática. Também está claro que os homeopatas que se identificam com essa posição rejeitam tanto a adesão cega à ortodoxia quanto a saída cientificista. Até aí, tudo que temos é uma caracterização negativa, uma ideia do que a corrente culturalista não é, ou melhor, do que não almeja ser. Mas o que ela é em termos positivos? Que saída é essa, para além do que podemos depreender da imagem da terceira via?

Para termos uma ideia de qual seria essa resposta, vejamos como o mesmo autor reapresenta sua posição em um dos momentos mais críticos da história recente da homeopatia, quando foi publicada uma metanálise no prestigioso periódico *The Lancet*, em 2005.[370] A metanálise, com resultado desfavorável para a homeopatia, foi acompanhada de um editorial, cujo título já diz tudo, "The End of Homoeopathy". O augúrio do fim da homeopatia – que repercutiu em veículos da imprensa ao redor do globo – foi interpretado pelos homeopatas como uma ameaça à doutrina, exigindo que eles se mobi-

---

370 Cf. Shang et al., 2005.

lizassem intensamente para rebatê-lo, ou seja, para provar diante do público o valor da doutrina, apesar das críticas contundentes vindas da comunidade científica internacional.

Exatamente nesse momento, o que vemos é a intensificação da controvérsia com a corrente cientificista. Consideremos o trecho a seguir, publicado em 2005, que apresenta uma articulação positiva do programa culturalista:

> Pesquisas de ensaio clínico com desenho epidemiológico para mensurar resolutividade clínica de patologias podem aferir corretamente [...] a eficácia da homeopatia?
>
> A resposta preliminar é: isoladamente não! Pesquisas de corte ou estudos populacionais dialogariam melhor com a episteme homeopática, mas é igualmente pouco provável que se possa custeá-las. As patogenesias – de relativo baixo custo – mostrariam que há reprodutibilidades possíveis, mas jamais poderiam avaliar a terapêutica. Resta-nos a associação de métodos como pesquisas em estudos maciços de Qualidade de Vida em Saúde (QSV), que permitem aferir individualmente o que um acompanhamento homeopático pode fazer no médio prazo, estudos fármaco-econômicos, análise do impacto sócio-ambiental, técnicas de psicometria e acompanhamento clínico individual prospectivo.
>
> A professora titular do Instituto de Medicina Social da UERJ, Madel Luz, vem colocando há muito que um modelo de pesquisa baseada no sujeito, nos moldes propostos pelas ciências humanas, e que implicasse num acompanhamento da trajetória deste, ainda estava por ser montado pelos homeopatas. Destarte, a solução já está em processo de maturação: ao usar procedimentos interpretativo-compreensivos, típicos das ciências humanas, tendo a linguagem como referência fundamental de avaliação, poder-se-á ajudar a validar o saber médico da homeopatia sem usar a referência nosográfica como norte absoluto de seu sucesso terapêutico. Além disso, segundo a hermenêutica, a linguagem pode ser tematizada como um mundo de signos cujo modelo foi fornecido pelo sucesso científico das linguagens simbólicas desenvolvidas pela matemática. Em nosso século o pensamento filosófico deu novos passos ao perceber que não é somente razão e pensamento que estão no centro da filosofia, mas a própria linguagem.
>
> O editorial do *The Lancet* decerto extrapolou, mas ele também pode ser visto dialeticamente como uma resposta aos que pregam uma estranha e contraditória hegemonia homeopática. A homeopatia deve se assumir como uma medicina em processo de transição, que busca outro tipo de precisão, outro tipo de

resolutividade, um outro gênero de efetividade. Do contrário, terão eterna razão aqueles que cobram dela a precisão exigida nos moldes das ciências naturais.

Agradeço assim ao *staff* científico do referido periódico por ter mostrado para nós, homeopatas, que a necessidade de união deveria superar definitivamente quaisquer rusgas teóricas, doutrinárias ou mesmo práticas que tenhamos. Mais um último motivo para que o dossiê *Lancet* seja reconhecido pelos serviços prestados está na indicação, involuntária, do tipo de caminho que deve trilhar a pesquisa homeopática se quer, efetivamente, chegar a algum lugar. Afirmar uma precisão não possuída, aspirar um controle que tenha correspondência no coeficiente empírico favorável para derrotar patologias pontuais é um enfoque risível.[371]

Nas páginas da *Cultura Homeopática*, vemos que a resposta culturalista à ameaça envolve a intensificação da polêmica interna, em especial com a corrente cientificista.[372] Se, no primeiro volume da revista, a posição cientificista é criticada de forma comedida – por seus exageros –, agora, no texto escrito em resposta ao *The Lancet*, é caracterizada pelo mesmo autor como um "enfoque risível" e castigada pela insistência em "afirmar uma precisão não possuída". A busca por legitimação da doutrina nos termos das ciências naturais estaria fadada ao fracasso. Em vez disso, a homeopatia devia se aproximar da matriz teórica das humanidades, em especial, as de base hermenêutica (ramo da filosofia dedicado à teoria da interpretação).

É nesse contexto que o autor menciona o trabalho de Madel Luz, evocando também sua tese da racionalidade homeopática – sendo que o autor prefere, em vez de falar em "racionalidade", usar o termo "episteme", tirado do filósofo francês Michel Foucault (1926-1984). Já vimos que essa tese não é defendida só em revistas de homeopatia; variantes dela aparecem em trabalhos de sociologia e história. E não é só. A expressão "racionalidade homeopática" também aparece no relatório da Política Nacional de Práticas

---

371 Rosenbaum, 2005a, p.5.
372 Na mesma passagem, o editor faz um elogio irônico ao *The Lancet*, que culmina num apelo à união dos homeopatas. Mas, como fica claro em seguida, essa não é uma união qualquer. Ela teria, antes, de se dar em torno do ideal culturalista, implicando, pois, o abandono da via cientificista. Tal apelo à união dos homeopatas é, portanto, um gesto retórico que não só é compatível com a intensificação da controvérsia interna à comunidade homeopática, como ainda dela se alimenta.

Integrativas e Complementares (PNPIC),[373] criada para promover a oferta dessas práticas no SUS, e que foi aprovada em 2006, um ano *depois* da publicação da metanálise no *The Lancet*.

Como argumentamos anteriormente, a tese da racionalidade homeopática é, na prática, usada como *instrumento de salvação da doutrina*, ou seja, como um recurso intelectual por meio do qual se busca, a um só tempo, defender a doutrina das críticas da comunidade científica e promover uma via específica de salvação dentre as ofertadas nos círculos de homeopatas, de maneira a disputar prestígio no interior desses grupos. Ela é usada, por um lado, para tentar convencer quem não é homeopata do valor da doutrina, mas, além disso, envolve uma tomada de posição dentro dos círculos de homeopatas, envolve discriminar a homeopatia "verdadeira" da "falsa".

O apelo da tese de Luz para os homeopatas que buscam convencer não homeopatas do valor da doutrina é claro: caso seja verdadeiro que a doutrina opera com base em uma "racionalidade" própria, críticas vindas da comunidade científica, como as do *The Lancet*, são inócuas. Como vimos, os homeopatas da linha culturalista de fato se valem dessa teoria para tentar convencer o público de não homeopatas da legitimidade da doutrina.

Homeopatas bem-sucedidos no convencimento desse público externo ganham prestígio no interior de sua própria comunidade; a não ser que uma liderança intelectual consiga se impor sobre as demais – o que não é o caso nos círculos de homeopatas no Brasil –, é de se esperar que a aquisição de prestígio por esse meio leve ao acirramento do conflito interno. Dois fatores são decisivos para esse resultado:

1. O imperativo de explorar novos horizontes conceituais (no caso, os referenciais das humanidades) para legitimar a doutrina diante do público externo, determinado pela ameaça do fim da homeopatia, exige engajar o maior número possível de adeptos *dentro* dos círculos de homeopatas. No entanto, essa exigência encontra oposição nas facções doutrinárias estabelecidas, ou que buscam se estabelecer por meio da exploração de outros horizontes conceituais. No caso, vemos que a promoção da estratégia culturalista envolve a *negação* da estratégia cientificista, além da crítica à ortodoxia – o que, é claro,

---

373 Cf. Ministério da Saúde, 2015, p.45. Para este trabalho, foi usada a versão de 2015, mas o termo já aparecia na edição original do relatório, de 2006.

gera atrito entre os homeopatas. O que está em jogo é a disputa interna dos círculos de homeopatas pela definição de qual homeopatia seria a "verdadeira" homeopatia.
2. A exploração do repertório conceitual, a princípio, alheio à doutrina (como certos conceitos desenvolvidos por sociólogos e historiadores), com o qual homeopatas da linha culturalista acreditam ser possível salvá-la, exige um grau considerável de empenho intelectual; isso também vale para homeopatas que optam pela outra via, a cientificista. A familiarização com a forma e o conteúdo próprios de uma dessas tradições intelectuais requer investimento de tempo e dedicação. O corolário disso é que a aproximação a qualquer uma dessas tradições dificulta o domínio da outra. Embora haja alguns homeopatas que tentem unir as duas correntes – indivíduos cuja contribuição para a vida intelectual da doutrina envolve propor uma *síntese* entre culturalismo e cientificismo[374] –, na maioria dos casos essa dificuldade se resolve por meio da familiarização com só uma dessas tradições intelectuais.

Esse segundo ponto tem um desdobramento importante. Uma vez familiarizado com um repertório conceitual, este se torna, ao menos para determinado subconjunto de homeopatas, algo além de um escudo retórico usado só em ocasiões excepcionais, influenciando como a doutrina é *imaginada* e *comunicada* pelos adeptos de determinada corrente e também como é *praticada* na clínica. Com isso, abre-se uma margem para desvios do cânone homeopático, que, se tomados individualmente, costumam ser de curto alcance, mas que, em conjunto, constituem uma parte importante da atividade efetivamente conduzida pelos homeopatas.

Vale mencionar que a tese da racionalidade homeopática é só um exemplo de uma tendência estilística geral, própria da corrente culturalista. Os textos alinhados a essa corrente, com frequência, trazem trechos que parecem extraídos de um trabalho defendido em algum departamento de ciências humanas, considerando só sua temática e padrão estilístico, ou seja, sem levar em conta sua qualidade – pois, com raras exceções, o uso dos referenciais das humanidades que encontramos nas revistas de

---

374 Mencionaremos alguns exemplos a seguir.

homeopatia é pouco criterioso, como se pode depreender das passagens citadas a seguir.

Selecionamos alguns trechos para ilustrar como diferentes homeopatas alinhados à corrente culturalista escrevem sobre alguns temas.

- Processos de atribuição de sentido:

Significação quer dizer "atribuição de sentido". Partindo do fato da comunicação intersubjetiva como elemento primário no relacionamento entre dois seres humanos – do qual a consulta homeopática é apenas uma modalidade –[,] entende-se que o que se opera numa entrevista clínica é um processo discursivo no qual ambos os componentes da dupla se vinculam através de signos.[375]

- Dialética:

Metodologicamente, trata-se de um trabalho teórico baseado na concepção dialética [...], que identifica como primordial no processo de construção do conhecimento a delimitação clara do campo de presença do sujeito à procura deste conhecimento, e a partir de sua experiência perceptiva, fenomenológica, ir construindo suas categorias, contradições e mediações.[376]

- Subjetividade e cuidado de si:

Foucault afirma que nesse contexto histórico particular, não somente a verdade devia modificar de alguma maneira o sujeito que a adquiria – no estilo da verdade-para-mim de Søren Kierkegaard – mas que uma modificação do sujeito era necessária para a própria aquisição da verdade. Isso acentua a antinomia entre a verdade puramente cognitiva – representada pela expressão grega *gnothi seauton* (conhece-te a ti mesmo) – e a verdade transformadora, *epimeleia heauton*, ocupação consigo mesmo, preocupação consigo mesmo, e ainda *cura sui* – cuidado de si mesmo.[377]

---

[375] Moraes, 2005, p.6-7.
[376] Triana, 2004, p.29. Nesse trecho, foi omitida uma referência à *As aventuras da dialética*, influente obra do filósofo francês Maurice Merleau-Ponty (1908-1961).
[377] Rosenbaum; Priven, 2006, p.8.

- O caráter histórico do conhecimento:

> Adota-se aqui o modelo interacionista ou ativista do conhecimento [...]: o médico homeopata é o sujeito do conhecimento; o doente, o objeto do conhecimento; a homeopatia, o produto do conhecimento. [...] O doente é, dialeticamente, o sujeito histórico de sua doença e, ao mesmo tempo, o objeto de conhecimento do médico homeopata. O médico homeopata é o sujeito de conhecimento de outro sujeito, o doente, contudo o homeopata é igualmente sujeito de seu próprio sofrimento. Na instabilidade dessas circunstâncias, a verdade será sempre relativa, misteriosamente arquivada nos processos naturais e sociais.[378]

- A relação entre forma e conteúdo na arte:

> Nessa fase, parece-me prudente ficarmos só com a fenomenologia da arte, deixando de lado o conteúdo. Procurando seguir ideias, como as de Lévi-Strauss, que aplica ao conjunto de fatos humanos de natureza simbólica o método estruturalista, que permite discernir formas invariáveis dentro de conteúdos variáveis.[379]

O levantamento documental realizado para esta pesquisa permitiria fornecer mais exemplos.[380] Mas isso basta para ilustrar o seguinte ponto: nessas revistas médicas, discute-se vários assuntos encontrados em publicações de filosofia, história, sociologia, teoria da comunicação, antropologia e estética, como o leitor familiarizado com as publicações dessas áreas reconhecerá rapidamente. Não seria, porém, de se esperar encontrar esses temas lendo artigos escritos por e voltados a profissionais da saúde, como se supõe ser o caso de uma revista de homeopatia.

Como algumas das citações permitem intuir, não se trata só de afinidades temáticas, mas da referência explícita a autores canônicos dessas áreas, como: os filósofos Heráclito (c. 500 a.C.), Aristóteles (384 a.C.-322 a.C.),

---

378 Solon, 2002, p.47.
379 Stiefelmann, 2011, p.46.
380 Convém observar que essas cinco passagens são de autores diferentes (uma delas é, aliás, assinada por dois autores), todos médicos homeopatas brasileiros. Essa seleção foi feita com o intuito de mostrar que não se trata do trabalho de uma só pessoa, mas de uma tendência disseminada nos próprios círculos de homeopatas brasileiros.

Immanuel Kant (1724-1804), Georg Wilhelm Friedrich Hegel (1770-1831), Karl Marx (1818-1883), Charles Sanders Peirce (1839-1914), Edmund Husserl (1859-1938), Ernst Cassirer (1874-1945), Gaston Bachelard (1884-1962), Max Horkheimer (1895-1973), Hans-Georg Gadamer (1900-2002), Theodor Adorno (1903-1969), Georges Canguilhem (1904-1995), Maurice Merleau-Ponty (1908-1961), Paul Ricœur (1913-2005), Søren Kierkegaard (1913-1955), Thomas Kuhn (1922-1996), Michel Foucault (1926-1984) e Jürgen Habermas (1929); os sociólogos e antropólogos Émile Durkheim (1858-1917), Max Weber (1864-1920), Claude Lévi-Strauss (1908-2009), Erving Goffman (1922-1982), Thomas Luckmann (1927-2016) e Peter Berger (1929-2017); o psicólogo Lev Vygotsky (1896-1934); os historiadores Aby Warburg (1866-1929) e Carlo Ginzburg (1939); e linguistas ou teóricos da comunicação como Ferdinand de Saussure (1857-1913), Roland Barthes (1915-1980) e Umberto Eco (1932-2016).[381]

Em termos de estilo, vemos que os homeopatas alinhados à corrente culturalista dão grande valor às *demonstrações de erudição* – ou seja, mostras de que leram e dominam autores dotados de ótima reputação intelectual e de que conseguem relacionar suas ideias às de Hahnemann. Isso não só aproxima tais trabalhos ao que se faz nas humanidades,[382] como ainda os afasta da corrente cientificista, cujo modelo de escrita são artigos científicos publicados nos periódicos das ciências naturais, que em geral não abrem espaço para demonstrações de erudição e têm estilo puramente técnico.

Para caracterizar melhor o ponto, podemos levar em conta o teor dos artigos publicados no período de referência, nas três revistas investigadas, conforme a classificação que elaboramos no levantamento sistemático. A Tabela 2.2 resume a classificação. Ela mostra que a *Cultura Homeopática* e a *Revista de Homeopatia* – revista cujo editor-chefe também é um médico homeopata – concentram mais exposições temáticas do que o IJHDR. Trata-se aí de textos dissertativos e argumentativos, mais compatíveis com demonstrações

---

381 A lista não é exaustiva, pois foi composta após encerrada a leitura sistemática dos artigos. Esses pensadores foram mencionados nos artigos que classificamos como alinhados à corrente culturalista, após uma releitura superficial, de sobrevoo desse subconjunto de artigos, prestando especial atenção à bibliografia.
382 Muitos artigos, teses e dissertações acadêmicas na área de humanas propõem comparar ideias entre diferentes autores; é o que fizemos neste trabalho, por exemplo, ao reconstruir a história da homeopatia em seu contexto de origem.

de erudição e exercícios exegéticos. Essas revistas, em especial a *Revista de Homeopatia*, também abrem mais espaço para relatos de experiência clínica, e várias das referências aos autores que mencionei são mobilizadas como parte desses relatos.

Tabela 2.2. Artigos por teor e revista publicada. Fonte: elaboração própria.[383]

Rubrica geral	Teor do artigo ou pesquisa	Número de artigos	CH 100% = 88 art.	IJHDR 100% = 100 art.	RH 100% = 90 art.	Total 100% = 278 art.
Teoria homeopática: diálogos com a literatura	Revisão bibliográfica (metodologia)	12	7%	5%	1%	4,3%
	Revisão bibliográfica (outros)	33	16%	8%	12%	11,9%
	Revisão bibliográfica (revisão sistemática)	5	1%	3%	1%	1,8%
	Exposição de projeto	18	6%	6%	8%	6,5%
	Exposição temática ou conceitual	48	22%	8%	23%	17,3%
Relatos e ensaios de conduta clínica	Relato de experiência clínica (um caso)	23	8%	2%	16%	8,3%
	Relato de experiência clínica (vários casos)	20	8%	4%	10%	7,2%
	Estudo clínico	10	0%	5%	6%	3,6%
Técnica homeopática aplicada fora da clínica	Pesquisa patogenética	12	3%	2%	8%	4,3%
	Experimento botânico	13	1%	10%	2%	4,7%
	Experimento farmacotécnico	4	3%	0%	1%	1,4%
	Experimento *in vitro*	13	1%	10%	2%	4,7%
	Análise físico-química	4	0%	4%	0%	1,4%
	Teste com animais	32	10%	23%	0%	11,5%
Pesquisa em aspectos não clínicos e não técnicos	Análise demográfica	4	2%	0%	2%	1,4%
	Pesquisa de percepção	17	8%	5%	6%	6,1%
	Pesquisa historiográfica	10	3%	5%	2%	3,6%

Nota: CH – *Cultura Homeopática*; IJHDR – *International Journal of High Dilution Research*; RH – *Revista de Homeopatia*.

---

383 Para mais detalhes sobre a metodologia adotada, cf. Bárbara (2018, p.645-673). Os percentuais apresentados na tabela são valores arredondados.

O programa culturalista não impacta apenas a forma como alguns homeopatas se comunicam uns com os outros; ele ainda tem desdobramentos clínicos, que chegam ao consultório. Entre outros identificados na pesquisa, estão: (1) a prescrição de homeopatia visando tratar "patologias sociais"; (2) o apoio em ideias tiradas da semiótica para revisar o roteiro de diagnóstico homeopático; e (3) a adaptação de questionários de qualidade de vida para fins de avaliação de sua eficácia terapêutica.

Já vimos que vários homeopatas atribuem poderes enormes à doutrina. Ao folhear as revistas, notamos que muitos acreditam que, se o homeopata indicar o símile certo ao paciente, será capaz de curar não só a sua saúde física e mental, como também remediar sua vida como um todo. Esse "todo" inclui, para alguns homeopatas, a dimensão social da vida. Esse é o mundo dos homeopatas que prescrevem beladona, mercúrio, veneno de surucucu e de tarântula, carbonato de cálcio, *nux-vomica*, fósforo, enxofre, potássio etc. – sempre preparados segundo a receita de Hahnemann –, com a promessa de que teriam o poder de tratar "patologias sociais", como predisposição ao crime,[384] abandono da família[385] ou o comprometimento das capacidades de interação de crianças neuroatípicas.[386]

Hahnemann já concebia a doutrina como uma medicina que ia além do plano fisiológico, mas a analogia com a patologia social lhe era estranha. Essa é uma inovação dos homeopatas da corrente culturalista. Eles partem da ideia de que "tornar as pessoas saudáveis" exige um esforço concomitante de tratar as "patologias sociais" que afetam a saúde física e mental das pessoas – ideia que, se reproduzida de maneira isolada e em chave genérica, faz todo o sentido. Sabemos bem, desde Durkheim, com seu trabalho sobre o suicídio, e desde Engels,[387] com sua obra sobre as condições da classe trabalhadora da Inglaterra, que certas "patologias sociais" impactam na saúde individual.

Porém, cultivada no solo da homeopatia, a ideia dá frutos que Durkheim e Engels jamais imaginaram – como a ideia de que o símile homeopático seria

---

384 Cf. Barollo et al., 2007.
385 Cf. Ikegami, 2005.
386 Cf. Solon, 2004. As substâncias do arsenal homeopático que mencionamos foram tiradas dos três artigos citados, e usadas com tal propósito.
387 Friedrich Engels (1820-1895), pensador alemão também conhecido pelos trabalhos que publicou em parceria com Marx.

um bom remédio para esses males. Os autores do primeiro artigo citado, por exemplo, partem da premissa de que se pode "considerar a predisposição ao crime como uma doença a ser tratada, à semelhança da predisposição, por exemplo, às amidalites recorrentes: trata-se com antibióticos (no caso dos crimes, com a prisão), mas em seguida vem outra crise (outro crime)".[388] A analogia entre o antibiótico e a prisão não aparece à toa, ambos seriam meros "paliativos", um para as doenças orgânicas, outro para as sociais – e a ideia de que o sistema prisional contemporâneo é profundamente disfuncional é bastante aceita no âmbito da sociologia, e por bons motivos.

Até aí, tudo bem. A questão é que, para os autores alinhados à corrente culturalista, a solução para esses problemas altamente complexos estaria na homeopatia. Na prática, isso significa prescrever, para uma criança com diagnóstico de hiperatividade que mora na periferia de uma cidade grande, veneno de tarântula agitado e diluído duzentas vezes na proporção de 1 para 100, porque a criança já teve pesadelos "de perseguição por fantasmas, pela morte, pelo lobisomem", sintoma que os autores consideram similar ao provocado pelo veneno de tarântula em pessoas saudáveis.[389] No final, os autores declaram o sucesso do tratamento com homeopatia:

> Nos casos homeopaticamente tratados, verificamos a possibilidade de interferir com sucesso na dinâmica vital e no comportamento de crianças e adolescentes em situação de violência, por meio do medicamento adequado a cada individualidade e totalidade sintomática, mesmo que as condições sócio-econômico-culturais em que vivem permaneçam inalteradas.[390]

Esse exercício de costura de conceitos das ciências humanas (a ideia de que tornar as pessoas saudáveis exige tratar patologias sociais) com ideias próprias da homeopatia é, em espírito, algo muito similar ao que vimos em Licinio Cardoso, com a diferença de que a referência não é mais o repertório do positivismo clássico.

O segundo exemplo envolve o uso da semiótica para fins de diagnóstico. Esse é o mundo dos homeopatas que, para chegar ao símile considerado

---

388 Cf. Barollo et al., 2007, p.6.
389 Cf. ibid., p.6.
390 Ibid., 2007, p.8-9.

adequado a um caso, levam em conta desenhos de seus pacientes[391] ou sua indumentária e ornamentos.[392]

Para ilustrar o ponto, comecemos pelo segundo artigo citado. Os autores partem de uma crítica à posição central que a anamnese recebe no roteiro de diagnóstico homeopático, a que dão o nome de "logocentrismo" (uma das acepções de *logos* é palavra ou discurso). Para chegar ao símile correto, sabemos que os homeopatas comparam os sintomas do paciente aos textos canônicos da homeopatia e que a maioria deles dá ênfase especial ao sintoma *tal como verbalizado* na anamnese. No entanto, os autores do artigo concebem isso como uma limitação, e se apoiam em ideias tiradas da semiótica para propor uma inovação: o homeopata deve aprender a interpretar signos *não verbais* de comunicação, por meio dos quais o paciente "diz" algo sobre o seu estado, sem usar as palavras, e usá-los na seleção do símile correto.

Para ilustrar a ideia em termos práticos, os autores convidam seus colegas homeopatas a responder à questão "o que as mãos, por exemplo, podem revelar?" e, então, reproduzem a fotografia de um par de mãos. São mãos femininas e têm aspecto inchado; estão ornadas com anéis dourados (uns com brilhantes, outros sem) em quase todos os dedos e com uma pulseira também dourada; as unhas estão pintadas com esmalte brilhante azul.[393] Em seguida, respondem à questão:

> Do ponto de vista mental: extravagância; desejo de usar joias; excentricidade; a paciente esbanja dinheiro e é ostentosa. A coerência mútua destes signos pode ser demonstrada através de uma análise repertorial.[394]

A "análise repertorial" é o passo do roteiro de diagnóstico homeopático no qual se traduz os sintomas obtidos na consulta para a linguagem repertorial. Nesse caso, a análise, que inclui, mas não se limita aos dois sintomas mencionados – extravagância e excentricidade –, mostraria que o símile correto para essa paciente seria a beladona. Em suma, o que os autores

---

391 Cf. Stiefelmann, 2011.
392 Cf. Priven; Jurj, 2009.
393 Cf. ibid., p.13.
394 Cf. ibid., p.13.

defendem é que as lições da semiótica ajudariam o homeopata a chegar a uma prescrição ainda mais adequada à individualidade do paciente.

Outro artigo traz uma proposta similar em espírito – identificar novos "sintomas" a partir da interpretação dos desenhos do paciente –, relatando uma série de quatro casos, todos de pacientes pediátricos, tratados pelo autor com ajuda desse "recurso diagnóstico". Basta aqui mencionar um desses casos.[395] O ponto de partida são alguns desenhos da paciente – uma menina –, reproduzidos no artigo. São autorretratos nos quais ela representa a si mesma usando salto alto. Isso é interpretado pelo autor como um "sintoma" e traduzido, em um lance interpretativo particularmente abstruso, para a rubrica "Visões de [...] gigantes e sonhos sendo perseguido por gigantes". Na *materia medica* consultada pelo homeopata, esse é um dos sintomas associados à beladona, prescrita à paciente.[396] O autor então expõe desenhos de uma segunda paciente, um feito antes e outro depois da administração da *belladonna* 200 CH, e conclui que, enquanto antes ela se desenhava de salto alto, depois do tratamento deixou de fazê-lo.[397] Isso mostraria, segundo o autor, a ação do medicamento. O padrão se repete em vários pacientes: após o uso da beladona, o autorretrato de cada um é diferente do produzido antes da prescrição – por exemplo, vários dos pacientes deixam de se retratar com salto alto.

Embora possa, a princípio, parecer contraintuitivo, a interlocução com a semiótica representa um ponto de aproximação entre o cientificismo e o culturalismo, ou melhor, uma variante do culturalismo, a qual um homeopata da corrente cientificista possui maior abertura, ainda que não, digamos, a ponto de recomendar a inclusão de um artigo como os anteriores – ambos publicados na *Revista de Homeopatia* – no dossiê *Evidências Científicas em Homeopatia*. Isso fará mais sentido ao examinarmos em detalhe, e em seus próprios termos, a cientificista – já que esta, até agora, foi considerada apenas da perspectiva de seus críticos, dentro dos círculos de homeopatas.

O terceiro e último desdobramento do programa culturalista que gostaríamos de apresentar mostra um gesto de aproximação bem mais fácil de

---

395 Cf. Stiefelmann, 2011, p.32-4.
396 Esse não foi o único "sintoma" considerado pelo autor. O artigo também mostra a tabela de repertorização completa.
397 Cf. Stiefelmann, 2011, p.34.

compreender para quem está fora da comunidade homeopática. Trata-se da ideia de adaptar questionários de qualidade de vida, como os elaborados e aplicados no âmbito da medicina convencional, para fins de avaliação da eficácia terapêutica da homeopatia.[398]

Não estamos mais no plano do atendimento ao paciente. O uso desses instrumentos já não faz tanta diferença para a relação com ele, como ocorria nos casos anteriores. O que temos, antes, é um esforço para definir melhor, e de forma um pouco mais palatável para a comunidade médica, em que sentido a indicação homeopática pode remediar não só a saúde do paciente, como além disso sua própria vida.

O objetivo dos questionários, criados e usados por médicos não homeopatas, é mensurar várias dimensões da qualidade de vida do paciente ligadas à saúde. Em um dos artigos que propõe adaptá-los à homeopatia,[399] toma-se como base o instrumento Functional Assessment of Chronic Illness Therapy (Facit). A literatura especializada define o Facit como uma "coleção de questionários de qualidade de vida relacionada à saúde, orientadas ao manejo de doenças crônicas".[400] Os questionários têm a finalidade de medir a qualidade de várias dimensões da vida do paciente: física, social, emocional etc. A proposta do médico homeopata que assina o artigo mencionado – Marcus Zulian Teixeira, professor da Faculdade de Medicina da USP e um dos mais eminentes defensores da doutrina na opinião pública – é avaliar a "evolução miasmática" do paciente de homeopatia a partir de um desses questionários, o Facit Sp-Ex, versão estendida ("Ex", *extended*) de um questionário dedicado a mensurar a qualidade de vida *espiritual* dos pacientes ("Sp", *spiritual*).

Encontramos um projeto similar em um artigo publicado na *Cultura Homeopática*,[401] com a diferença de que os autores propõem, em vez de usar um questionário já existente e adaptá-lo, criar um específico para a homeopatia, inspirado em um instrumento de medição da qualidade de vida endossado pela Organização Mundial de Saúde, o WHOQOL-100.

---

398 Para duas articulações diferentes da mesma ideia, as quais diferem por se basearem em distintos instrumentos de avaliação da qualidade de vida, cf. Rosenbaum e Priven (2005) e Teixeira (2002).
399 Teixeira, 2002.
400 Cf. Webster, Cella; Yost, 2003.
401 Cf. Rosenbaum; Priven, 2005.

Essa ferramenta é composta de questionários fechados, com perguntas formuladas em linguagem bem simples – por exemplo, "como está sua memória para fatos recentes?" ou "como avalia a relação com sua família, do ponto de vista emocional?" –, que, em geral, devem ser respondidas dentro de uma escala pré-definida (muito ruim, ruim, média, boa ou muito boa).

A ideia, em ambos os casos, é usar esses instrumentos para evidenciar a melhora na condição geral dos pacientes, comparando, *grosso modo*, a pontuação do paciente antes e depois do tratamento homeopático, para assim "demonstrar" o impacto da homeopatia em sua vida.[402] Aqui se estabelece uma diferença importante. Enquanto o culturalismo, nos dois casos anteriores, servia para racionalizar variações na aplicação clínica da doutrina estabelecida, neste outro caso o que temos é um ajuste de instrumento e de vocabulário, direcionado a satisfazer as expectativas de médicos não homeopatas, a tornar a doutrina mais palatável para quem não assume (como assumem os homeopatas), o valor terapêutico das substâncias de seu arsenal.

Ainda assim, esses três casos têm algum comum: são diferentes exercícios de *costura* entre ideias cultivadas no âmbito das humanidades e ideias cultivadas apenas nos círculos de homeopatas. Deve ficar claro que se, de um lado, os casos apresentados não representam a regra do atendimento homeopático, de outro, não podem ser considerados casos isolados. Dentre os artigos citados, temos alguns assinados por homeopatas com bastante prestígio em seu meio, porém o mais decisivo é que, embora seja pequeno o número de homeopatas que adere a determinada inflexão do culturalismo – por exemplo, tratar a predisposição ao crime com homeopatia, ou então levar em conta signos não verbais de comunicação para fins de prescrição –, há uma linha que conecta essas "particularidades" a uma só corrente: o programa culturalista. Tais "particularidades" são a consequência previsível da estratégia de buscar alianças com intelectuais das humanidades e explorar esse

---

[402] Os autores do artigo publicado na *Cultura Homeopática* deixam claro essa ideia ao afirmar que, "se a intervenção homeopática produzisse um efeito significativo na QVLS tal como aferida pelo WHOQOL, seria uma evidência indiscutível de sua efetividade" (Rosenbaum; Priven, 2005, p.20). QVLS significa "qualidade de vida ligada à saúde", e WHOQOL é a sigla do instrumento para avaliação de qualidade de vida (QoL em inglês) da Organização Mundial de Saúde (WHO). Teixeira (2002) propõe usar uma versão do Facit Sp-Ex em um estudo clínico mais amplo, que chegou a conduzir, visando identificar a eficácia e a efetividade da homeopatia no tratamento de pacientes com rinite alérgica.

repertório conceitual à procura de meios para blindar a doutrina das críticas da comunidade científica. O contato e a familiarização com as ideias gestadas nos círculos acadêmicos das ciências humanas fazem que seja só uma questão de tempo até que algum homeopata tome a iniciativa de usá-las em outros contextos de atuação, como na interação com os pacientes e na disputa, travada com outros homeopatas, pela definição de qual homeopatia seria a "verdadeira".

Até o momento, examinamos a corrente cientificista sobretudo da perspectiva que a opõe: como é imaginada pelos homeopatas de persuasão culturalista. Devemos agora retomar a controvérsia que envolve o cientificismo, vendo de que forma os autores alinhados a essa corrente a apresentam.

Comecemos por um elemento comum ao cientificismo e ao culturalismo: a crítica à ortodoxia. Vejamos como ela é formulada por Olney Fontes, farmacêutico homeopata e diretor da Faculdade de Ciências da Saúde da Universidade Metodista de Piracicaba (Unimep), que, depois da saída de Rosenbaum, assume provisoriamente – como editor convidado, enquanto a revista não encontra um definitivo – a *Cultura Homeopática*.

> enquanto o método experimental de Bernard foi se atualizando com o enorme progresso das ciências, os homeopatas – entendendo que sua prática continha princípios imutáveis –, não se preocuparam com as questões em jogo no domínio das ciências.[403]

Essa mesma ideia está presente no editorial da primeira edição da *Cultura Homeopática*, no qual havia uma crítica à corrente mais ortodoxa, "que se move com lentidão, dispensa diálogos, e referencia sua posição no mundo como irretocável". O médico e o farmacêutico concordam que a homeopatia precisa mudar, atualizar-se. Mas a diferença se revela assim que se pergunta: mas mudar como? Em que direção?

A atualização visada pelo programa culturalista envolve a aproximação com as humanidades e o concomitante distanciamento da ideia de que o valor terapêutico da homeopatia poderia ser aferido pelos meios usados para aquilatar a eficácia da medicina convencional. Esta última ideia está,

---

[403] Fontes, 2007, p.8. O autor se refere ao fisiologista francês Claude Bernard (1813-1878), um dos mais influentes cientistas de seu tempo.

por sua vez, no cerne da corrente cientificista. Vejamos como o editor convidado a formula:

> A ciência clássica vem cedendo espaços cada vez mais significativos à nova racionalidade científica e abrindo enormes lacunas por meio das quais a homeopatia poderá se beneficiar para seu desenvolvimento. Porém, antes, a homeopatia terá que se desvencilhar de conceitos e terminologias ancorados nos referenciais teóricos da medicina do século XIX.
>
> Nessa perspectiva, sem abrir mão de seus principais fundamentos, cabe à homeopatia dedicar-se cada vez mais à produção do conhecimento científico, à revisão de suas terminologias, à atualização de seus conceitos e à extinção de feudos do conhecimento homeopático, a fim de ser aceita no mundo acadêmico. Com isso, as agências de fomento e as Instituições de Ensino Superior poderão abrir mais francamente espaços formais para o ensino e o desenvolvimento da produção científica na área da homeopatia.[404]

Embora o autor mencione uma "racionalidade científica", mesmo termo usado por Luz, o sentido é outro, em um aspecto importante. Aqui desponta a ideia de que há *duas racionalidades científicas*: uma antiga, positivista, que seria, esta sim, incompatível com a homeopatia (ainda presente na "cultura biomédica", como diz o autor),[405] e outra nova, compatível com a homeopatia, e que, como lemos na citação, estaria ganhando cada vez mais espaço nos círculos científicos.

Essa nuance no uso do termo "autoriza", no viés do programa culturalista, o homeopata a explorar o horizonte conceitual das ciências naturais, a fazer experimentos nos moldes dos publicados em revistas de medicina, biologia e mesmo física e química. Ou seja, a linguagem dos culturalistas é usada para defender justamente aquilo que os culturalistas criticam. Diante disso, mesmo o gesto conciliador vindo do culturalismo, ao propor o uso de questionários de qualidade de vida para avaliar a efetividade da homeopatia sem fazer as "concessões epistemológicas exageradas" criticadas por

---

404 Ibid.
405 Fonte (2007, p.7) usa mesmo o termo "positivista". O que será que pensariam disso Joaquim Murtinho, Licinio Cardoso ou Nilo Cairo, homeopatas que buscaram fundamentar sua doutrina nas ideias do mais positivista dos positivistas?

Rosenbaum, mesmo isso é ainda pouco para um homeopata alinhado ao cientificismo. Não que ele rejeite o gesto. Antes, para ele, esse é só mais um recurso de um leque de métodos muito mais vasto, que o homeopata cientificista pretende explorar em toda sua amplitude. Isso inclui tanto ensaios clínicos controlados e randomizados quanto – e principalmente – experimentos com animais e *in vitro*. Em suma, exatamente o que, na prática, homeopatas alinhados à corrente culturalista consideram um beco sem saída para a doutrina.

Com isso, verificamos um distanciamento progressivo em relação ao que se passa no consultório, pois o substrato social da corrente culturalista são os círculos de *médicos* homeopatas, os indivíduos que estão em contato direto com o paciente. Para eles, como para o homeopata leigo – mais do que para o farmacêutico e outros profissionais que trabalham com homeopatia –, a aproximação com as ciências humanas faz mais sentido, já que a interação com o paciente é decisiva para o cumprimento de sua função para a reprodução das ideias de Hahnemann.

No entanto, a reprodução não depende só do que se passa na clínica. Além do atendimento ao paciente – que, no caso da homeopatia, sempre envolve alguma variação do roteiro de diagnóstico, dependente, por sua vez, de uma *materia medica* homeopática –, a cultura homeopática seria uma doutrina morta se sua farmacotécnica peculiar fosse deixada para trás. Para o farmacêutico e demais profissionais que injetam vida na doutrina, mas não atendem pacientes, a conservação da farmacotécnica salta para o primeiro plano. O que é importante ter em vista, dado o papel de destaque desses profissionais na corrente cientificista.

Nada simboliza isso melhor que a metamorfose da *Cultura Homeopática* no *International Journal of High Dilution Research* (IJHDR). A transformação envolve mudanças na composição editorial da revista, que deixa de ter como editor-chefe um médico homeopata, ligado a uma instituição local de ensino com clínica própria, para ser editada por um pesquisador "puro" de homeopatia (Carlos Renato Zacharias, que assume o lugar antes ocupado por Rosenbaum e depois, provisoriamente, por Fontes, e que pesquisa em laboratório as propriedades das ultradiluições). Trata-se aí, portanto, de profissionais que trabalham em diferentes círculos da comunidade dos homeopatas. Vejamos como o novo editor da revista delineia o programa cientificista, após diagnosticar a crise da homeopatia e a necessidade de aclimatá-la ao contexto atual, ecoando nesse ponto o panorama mencionado por Rosenbaum:

> Existem diferenças entre a arte e a ciência de curar. A arte é exercida amplamente nos consultórios, clínicas e hospitais. Mas o exercício da ciência exige outros tipos de raciocínios, vícios e metodologias, para os quais um homeopata tradicional não é treinado. Com isso, existe uma parte da comunidade científica aberta a pesquisar o fenômeno homeopático, porém, carente de informações sobre o mesmo.[406]

O autor aponta que o programa cientificista deve partir da separação analítica entre a "arte" e a "ciência" homeopáticas, sugerindo, apesar de não explicitamente, que a proposta da revista que substitui a *Cultura Homeopática* é dedicar-se à ciência. O novo editor recorre à mesma distinção – entre a ciência e a arte homeopáticas – usada por autores como Luz e Rosenbaum, só que, dessa vez, para defender um projeto diferente do encampado por esses autores. O título do texto, "Cultura em transição", de Zacharias, deixa claro o movimento de ruptura com a linha editorial anterior. Dois números depois, a transição se completa, com a mudança de nome da revista.

A abordagem visada pelo programa cientificista é multidisciplinar: abrange a medicina e até mesmo as ciências sociais, mas põe em primeiro plano a farmacologia, física, química e biologia, isto é, as ciências da natureza. É sobretudo a esse público que os homeopatas voltam os seus esforços de persuasão; para eles, a via de salvação da doutrina está na produção de evidências científicas "duras" de que a homeopatia funciona, o que implica, para falar por analogia, que a revista sai das mãos de um Hufeland e vai parar nas de um Reil.

A analogia pode ser desenvolvida em mais um ponto. Como vimos anteriormente, não há incompatibilidade de princípio entre a solução proposta por Hufeland e a por Reil para o problema da falta de fundamentos da medicina na virada do século XVIII para o XIX. Do ponto de vista lógico, uma complementa a outra; mesmo assim, na prática, essa complementaridade ideal assumiria a forma de uma competição. A relação entre culturalismo e cientificismo é semelhante: a complementaridade ideal se traduz em

---

406 Cf. Zacharias, 2007, p.4.

competição, como vimos no editorial da *Cultura Homeopática* que tratava do agouro anunciado pelo *The Lancet*, e como vemos agora, com a "colonização" da revista, que nasce sob a bandeira culturalista, mas vai parar nas mãos do programa concorrente. Ainda assim, mesmo essa complementariedade apenas ideal basta para conferir sentido às tentativas de síntese entre as duas correntes, levadas a cabo por alguns homeopatas, como é o caso, por exemplo de Marcus Zulian Teixeira, com contribuições que se encaixam em *ambas* as correntes.

A despeito das iniciativas de síntese, é nítida a diferença entre os artigos publicados sob a égide do programa culturalista e do programa cientificista. Na Tabela 2.2, mais da metade dos artigos publicados no IJHDR (53 de 100) reportam resultados experimentais. Na *Cultura Homeopática*, esses textos correspondem a 17 dos 88 artigos (pouco menos de 20%), sendo que três deles saíram nos números 20 e 21 (fase de transição da revista, que já contava com novo editor, mas ainda mantinha o nome anterior). Na *Revista de Homeopatia*, a proporção é ainda menor: só 12 dos 90 artigos (13%) publicados no período reportam resultados experimentais.

Outra maneira de identificar a diferença entre as publicações é contabilizar os artigos assinados por múltiplos autores, muito mais comum em publicações das ciências naturais do que nas de humanidades. Ao todo, 146 dos 278 artigos completos fichados (quase 53%) foram assinados por mais de um autor, e 113 (pouco mais de 41% sobre o total) por três ou mais autores. Há forte concentração desses artigos no IJHDR: 71% dos artigos publicados nessa revista (em um total de cem artigos) são assinados por mais de um autor, e 62%, por três ou mais; o percentual cai para 38% e 24% na *Revista de Homeopatia* (ou 34 e 22 artigos, num total de 90), e 47% e 33% na *Cultura Homeopática* (ou 41 e 29 artigos, num total de 88). Em vários casos, trata-se de equipes multidisciplinares, demonstrando outra tendência da produção científica atual, que os autores alinhados ao cientificismo tendem a emular com mais frequência.

Além disso, no lugar do culto à erudição, temos o culto ao número: mais importante do que demonstrar a capacidade de estabelecer relações entre as ideias de intelectuais de reputação consolidada – como as de Adorno e Horkheimer, Canguilhem, Foucault, Gadamer, Habermas, Lévi-Strauss, Saussure etc. – é dialogar com a literatura científica mais recente e mobilizar métodos de análise estatística e ferramentas de teste de hipóteses. Mesmo a grande autoridade intelectual da homeopatia, Hahnemann, é citado com menos frequência no IJHDR; seu nome aparece em 42% dos artigos ali publicados, subindo para 53% tanto na *Revista de Homeopatia*, quanto na *Cultura Homeopática*. Isso, por sinal, foi um resultado, ao menos em parte, de um esforço deliberado da comissão editorial do IJHDR, como informado pelo membro entrevistado dessa comissão:

> No começo da revista, todo mundo citava Hahnemann, e nós respondemos aos autores: não precisa citar, isso aqui é conhecido. Quem está nessa área, já sabe, então pode cortar. E era interessante, porque o pessoal tinha uma certa relutância em cortar o nome de Hahnemann. Mesmo sendo citações óbvias, que não era necessário citar, eles [reagiam à instrução de cortar a citação perguntando]: "mas posso publicar sem isso?". Claro que pode, qual é o problema? Então é um processo de doutrinação, vamos dizer, da comunidade que nós tivemos de fazer para tirar um pouco o nome dele, em alguns contextos.

Em suma, se para um homeopata da linha culturalista é crucial atentar ao que os filósofos, sociólogos, teóricos da comunicação etc. revelariam sobre o mundo à nossa volta – pois nisso poderia estar a chave para salvar a doutrina –, para um homeopata de persuasão cientificista, é preciso ter o olhar atento para o que se passa no ambiente controlado do laboratório, para o que valores-p, ratos Wistar e placas de Petri revelam.

Nada disso, claro, garante a qualidade dos trabalhos publicados sob a égide do cientificismo. Chamamos a atenção apenas para o teor, referenciais teóricos e estilo desses trabalhos, marcadamente diferentes dos publicados por autores alinhados ao programa culturalista (e que são o que mais interessa dado o recorte sociológico deste trabalho). O resultado em si é análogo ao que vemos na corrente culturalista: as referências a intelectuais canônicos das humanidades estão presentes, mas em geral são manejadas de modo questionável. Temos a forma, mas, via de regra, o conteúdo correspondente não é de qualidade. No que diz respeito aos artigos publicados sob o signo do cientificismo nas revistas analisadas, boa parte deles é de baixa qualidade metodológica. A razão pela qual tais artigos são publicados em revistas de homeopatia é porque tendem a ser rejeitados se submetidos a outros periódicos. Apesar disso, esses trabalhos encontram acolhida no sistema universitário brasileiro; os experimentos relatados são quase sempre conduzidos em programas de pós-graduação em áreas como veterinária e farmacologia. A precariedade de muitos experimentos evidencia que são trabalhos marginais, muitas vezes conduzidos com pouco financiamento, são iniciativas pouco institucionalizadas, acolhidas por um nicho restrito de pesquisadores dessas áreas. Ainda assim, estão inseridos no sistema universitário brasileiro.

Vamos voltar à mudança no título da revista, que deixa de ser *Cultura Homeopática* para se tornar *International Journal of High Dilution Research*. Não só o termo "cultura" é retirado, a revista também exclui "homeopatia" do nome. Isso não significa que a publicação deixa de ser sobre homeopatia – ela continua publicando artigos sobre a doutrina escritos por profissionais que trabalham com ela[407] –, mas sinaliza uma maior abertura para abordar as aplicações da farmacotécnica homeopática *fora da clínica médica*.

Do ponto de vista da doutrina, a corrente cientificista isola um dos princípios que distinguem a homeopatia (sua farmacotécnica), e não leva em conta o outro (a lei dos semelhantes). Isso abre espaço para o que chamamos de homeopatia sem sujeito. É essa abertura que permite que certos veterinários (em particular, os que aplicam homeopatia a animais de produção) e agrônomos se identifiquem como homeopatas. Esse é o mundo de quem usa homeopatia para fins de engorda de porcos[408] e galinhas,[409] ou para aumentar a taxa de crescimento de mudas de alface.[410]

A maioria dos experimentos divulgados nas revistas de homeopatia analisadas – e que estão concentrados, principalmente, no IJHDR – se encaixa nessa categoria, em que incluímos também ensaios pré-clínicos com camundongos. Por exemplo, consideremos um artigo que propõe avaliar o potencial da arnica preparada homeopaticamente para a recuperação de fraturas em camundongos.[411] A escolha dessa substância não se baseou no roteiro completo de diagnóstico da homeopatia (isso exigiria reconstruir o conjunto dos sintomas de cada camundongo), antes, baseou-se em um sintoma isolado (a pata quebrada), provocado pelos próprios pesquisadores. Em outro

---

407 No IJHDR, 42% dos artigos publicados ainda fazem menção explícita ao nome de Hahnemann. Se esse número, por um lado, ainda é relativamente baixo se comparado a outros periódicos de homeopatia, por outro não deixa dúvidas quanto ao fato de que o IJHDR é um periódico de homeopatia.
408 Cf. Coelho et al., 2014.
409 Cf. Lemos et al., 2011.
410 Cf. Rossi et al., 2006.
411 Cf. Alecu, 2007.

artigo – entre outros achados na pesquisa –, há o relato de um experimento *in vitro*.[412] No primeiro caso, há pacientes (camundongos), mas não um conjunto de sintomas, para não dizer que os pacientes, que têm suas patas quebradas para realização do experimento, não são tratados como se esperaria de uma "medicina do sujeito"; no segundo, não há nem paciente nem sintoma. Por isso, nos referimos a tais casos como "homeopatia sem sujeito".

O segundo caso, em particular, envolve a confecção de um bioterápico preparado com o patógeno responsável pela microplasmose aviária, doença respiratória que pode prejudicar o crescimento das aves e, assim, afetar negativamente os negócios dos avicultores. Segundo o relato do experimento, os pesquisadores não buscam avaliar a eficácia do bioterápico, e sim sua segurança; mas o que confere sentido ao artigo é a proposta de usar o preparado como um tipo de "vacina" a ser vendida para avicultores.

Trata-se de uma pseudovacina; as vacinas convencionais contêm um princípio ativo – patógeno atenuado, proteínas de sua membrana celular, RNA etc. –, detectável por meio de análise microbiológica. Esse não é o caso das "vacinas" homeopáticas, pois a diluição em série, própria da farmacotécnica homeopática, não deixa traço da substância original. Os próprios autores do artigo relatam que a análise das diluições homeopáticas demonstra não haver traços do patógeno;[413] mas eles não extraem daí um questionamento da doutrina, e sim a conclusão positiva de que, uma vez que o preparado não contém traços do patógeno, ele seria seguro para ser usado em aves. Embora tampouco afirmem *diretamente* que consideram a vacina eficaz – algo que os dados obtidos no experimento não os autorizam a afirmar –, os pesquisadores deixam isso subentendido em uma passagem do texto, em que evocam a autoridade de Hahnemann:

> Já Hahnemann havia afirmado que os medicamentos se tornam mais poderosos quando são diluídos e agitados, pois esse processo aumenta a eficácia do medicamento, embora do ponto de vista teórico as moléculas não estejam mais presentes.[414]

---

412 Cf. Lemos et al, 2011.
413 Cf. ibid., p.365-366.
414 Cf. ibid, p.366.

Esse é um truque antigo da cartilha da má ciência, no sentido visado pelo comunicador de ciência e médico britânico Ben Goldacre, ao discutir as alegações de efeitos milagrosos de certos cremes cosméticos.[415] Uma vez que não têm como sustentar uma alegação direta da eficácia do preparado homeopático, os autores do artigo deixam isso subentendido, e apresentam como conclusão principal uma afirmação verdadeira e que é considerada um resultado positivo (o preparado homeopático é seguro e não transmite o micróbio que visa combater). O exemplo fornecido por Goldacre pode parecer, a princípio, diferente, pois ele se refere não a artigos com pretensões científicas, mas a peças de propaganda de cosméticos; no entanto, por trás da fachada científica, é isso o que temos em boa parte dos artigos publicados nas revistas de homeopatia, sob o signo do cientificismo.

A maior parte dos desdobramentos práticos da corrente cientificista, dentre os registrados nas revistas de homeopatia, se atém ou ao âmbito da pesquisa ou ao âmbito do uso clínico em pacientes não humanos – o que está ligado à circunstância de que os principais representantes dessa corrente não são médicos, e sim farmacêuticos ou profissionais de carreiras secundárias da homeopatia.

Várias dessas substâncias testadas chegam ao mercado. Esse foi o caso do *coroninum* 30 CH, bioterápico à base de secreção e muco nasal de pessoas contaminadas com Covid-19, e que pode ser comprado em algumas farmácias homeopáticas. Embora esse preparado não seja endossado pela AMHB – que emitiu nota pública contrária a ele –, ele é iniciativa de homeopatas, em especial dos alinhados à corrente cientificista. Uma edição do IJHDR traz, inclusive, os resumos do encontro do Giri em 2020, realizado em parceria com a UFRJ, dedicado a discutir "as diferentes abordagens homeopáticas no tratamento de Covid-19, como o uso de nosódios (preparados a partir de partículas de vírus)".[416]

---

415 Nas palavras de Goldacre (2009, p.25):
"Se você olhar de perto para o rótulo ou o anúncio [do produto], muitas vezes descobrirá que foi alvo de um elaborado jogo semântico [...]: é raro encontrar uma alegação explícita de que passar determinado ingrediente mágico em seu rosto dará a você uma melhor aparência. A alegação diz respeito ao creme *como um todo*, e é verdade para o creme como um todo, afinal [...] qualquer hidratante [...] hidrata."

416 Holandino; Kokornaczyk, 2021, p.1.

Mesmo as críticas da AMHB ao *coroninum* 30 CH são, em boa medida, baseadas em razões doutrinárias: os bioterápicos não estão entre as soluções homeopáticas preferidas pelos *médicos* homeopatas, que em geral preferem substâncias do arsenal clássico de Hahnemann. Uma delas é a cânfora, que serviu de base para o preparado homeopático distribuído pela prefeitura de Itajaí (SC) no começo de 2020, e foi também recomendada pelo médico alemão durante a pandemia de cólera que atingiu a Europa na década de 1830.

A controvérsia entre culturalismo e cientificismo divide os homeopatas. Nem todo homeopata defende o uso de bioterápicos ou acredita que as ultradiluições funcionem se utilizadas sem levar em conta a lei dos semelhantes, como propõem os cientificistas. Mas só os homeopatas creem que ela funciona; a crença não é compartilhada pela comunidade científica, pelos não homeopatas.

Apesar disso, os resultados da maior parte dos experimentos realizados por homeopatas são positivos, no sentido de que os autores em geral os interpretam como sendo compatíveis com a hipótese de que a homeopatia teria alguma ação específica. Dos 13 experimentos *in vitro* publicados no período analisado, 10 trazem resultados positivos e 3, inconclusivos; e, dos 32 testes com animais, nada menos que 28 reportam resultados positivos, 3 relatam resultados negativos e 1 é inconclusivo.[417]

Para nós, mais do que apontar falhas nesses trabalhos, o que interessa é ressaltar que tais experimentos nada mais são do que variações controladas das ideias de Hahnemann, as quais se chega mantendo fixo um de seus componentes distintivos (a farmacotécnica homeopática), enquanto os demais são modificados caso a caso, não raro por meio da instrumentalização de itens do repertório científico convencional. Foi exatamente assim que, há cerca de um século, Licinio Cardoso chegara à sua *dyniotherapia autohemica*, que descartou o princípio da semelhança, mas manteve a farmacotécnica. Com isso, amplia-se o arsenal à disposição dos homeopatas, ao mesmo tempo em que se mantém intacto o que distingue a doutrina – um desvio em relação

---

417 Foram considerados os tipos de experimentos mencionados anteriormente. É possível acrescentar os experimentos botânicos (13 no total, com 10 resultados positivos, 2 negativos e 1 inconclusivo) e as análises físico-químicas (4 no total, sendo 3 com resultado positivo e 1 com resultado negativo).

ao cânone que é similar em espírito, mas diferente na forma, se comparado aos desvios que encontramos ao discutir o culturalismo aplicado à clínica.

A mesma ideia central orienta outro desdobramento da corrente cientificista, dessa vez capitaneada por um médico homeopata (trata-se de Teixeira, como vimos, um dos poucos homeopatas que se esforçam em tentar unir o programa culturalista e o cientificista): a ampliação do arsenal homeopático pela incorporação de fármacos modernos, submetidos à farmacotécnica homeopática e prescritos com base na lei da semelhança.[418] Trata-se de um projeto ambicioso, que visa a elaboração de uma nova *materia medica* e de um repertório homeopático, dela derivado, para ampliar consideravelmente o arsenal homeopático, com a inclusão de 1.251 fármacos modernos.

No universo documental consultado para este trabalho, não encontramos notícias de casos concretos em que o projeto foi levado a cabo, isto é, em que pacientes humanos foram tratados com drogas convencionais, diluídas e agitadas conforme a farmacotécnica homeopática e prescritas segundo o roteiro homeopático. Em todo o caso, esse é o projeto mais ambicioso para articular a medicina convencional à homeopatia desde Licinio Cardoso. O projeto de Teixeira possui tanto uma dimensão prática quanto uma teórica; visa não só incluir drogas convencionais no arsenal homeopático, como também "fundamentar" a própria doutrina na farmacologia moderna e, em especial, em um fenômeno conhecido na literatura como "efeito rebote" (mais ou menos como Licinio Cardoso havia buscado fundamentá-la no sistema de Comte).

"Efeito rebote" é um termo usado por médicos convencionais para descrever o agravamento de sintomas após a descontinuação do medicamento usado para tratá-lo; ele se refere a casos em que os sintomas antigos reincidem (por isso, "rebote"), às vezes com mais intensidade do que antes, diante da interrupção do uso de certos medicamentos. É o que se passa, por exemplo, quando paramos de tomar analgésicos para tratar uma enxaqueca, até então sob controle, só para, em seguida, a enxaqueca voltar ainda pior. Esse é um fenômeno conhecido não só da comunidade médica, como até mesmo no senso comum, e costuma ser explicado em termos de condicionamento do organismo.

Pois bem: Teixeira identifica o efeito rebote à discussão de Hahnemann sobre a "reação da força vital", que ele presume ser um conceito próprio da

---

418 Cf. Teixeira, 2011c.

homeopatia,[419] e, ao identificar esses dois conceitos, ao costurar as ideias de Hahnemann a uma mais aceita na medicina convencional, acredita ter encontrado um fundamento científico da homeopatia. Mas há dois problemas nisso. O primeiro é que o efeito rebote depende da dose que o paciente toma; a ideia de que uma substância sem princípio ativo produza efeito rebote não encontra respaldo na literatura científica no âmbito da farmacologia.[420] O segundo é que a identificação do conceito com as ideias de Hahnemann é desde o início um equívoco. Os autores da época de Hahnemann, e este inclusive, atribuíam ao termo "efeito de reação do organismo", ou da "força vital", um sentido bem mais amplo; o termo era usado para se referir ao momento de assimilação de uma substância qualquer pelo organismo, enquanto, atualmente, chamamos de efeito rebote *apenas um caso muito particular disso*. Por exemplo, alguém com alergia a amendoim manifesta, ao consumir esse alimento, um efeito de reação no sentido visado por Hahnemann, mas não um efeito rebote, no sentido que damos hoje ao termo, pois não se trata de um sintoma que volta após a descontinuação do uso de dada substância. É um erro categorial "fundamentar" uma ideia mais geral (de Hahnemann) em uma ideia mais específica (o efeito-rebote), como propõe Teixeira.

Isso posto, os principais frutos do cientificismo dizem respeito à produção literária, isto é, à publicação de um corpo de textos (artigos que emulam a literatura científica) com o intuito de provar o valor da doutrina para os círculos externos à comunidade homeopática. Mas como isso é algo que não pode ser provado, há um limite para essa estratégia. Daí haver tantos trabalhos de qualidade limitada que precisaram da criação de meios literários próprios para encontrar vazão.

O que mais chama atenção nesse contexto é a circunstância de que, ao menos no âmbito nacional, temos, na prática, um número muito pequeno de estudos realizados com pacientes, cujo objetivo é pôr à prova, da maneira

---

419 O que é incorreto. Como vimos anteriormente, na seção "A vitalidade da homeopatia, em suas dimensões ideal e prática", o termo *Gegenwirkung* já era usado por outros autores antes de Hahnemann, dentre eles Hufeland. Para a passagem em que Teixeira atribui a ideia à Hahnemann e identifica o efeito rebote à reação do organismo ou da força vital (ou ação secundária das drogas, termos que aparecem em Hahnemann com o mesmo sentido), cf. Teixeira (2011c, p.340-341).

420 Cf. Contradossiê..., 2020, p.39.

mais direta possível, a eficácia desse recurso terapêutico. Só 10 dos 278 artigos analisados traziam pesquisas nesse molde, que classificamos como "estudos clínicos";[421] só 2 deles foram realizados em condições minimamente controladas, e, destes, só 1 foi produzido por equipe brasileira.[422] Os demais artigos classificados sob a categoria envolvem estudos-piloto ou observacionais, feitos com seres humanos, mas em condições não controladas.[423]

Os estudos clínicos são o tipo de pesquisa que mais deveria interessar ao homeopata; isso, claro, caso os preparados homeopáticos fossem capazes de produzir efeitos terapêuticos específicos. Assim, podemos interpretar a proliferação de experimentos em áreas secundárias à medicina como um movimento evasivo, uma tentativa de validar as ideias de Hahnemann em áreas diferentes, menos saturadas do assunto do que a médica, e por isso mais abertas a prospectar tais teorias. Isso está em linha com a estratégia de mudança de nome da revista, discutida anteriormente; um termo como "ultradiluição" ainda não levanta tantas sobrancelhas quanto "homeopatia".[424] O que temos aí é a situação na qual os médicos homeopatas delegam a tarefa de provar "cientificamente" o valor da doutrina aos profissionais que exercem funções secundárias na preservação das ideias de Hahnemann, como os veterinários, agrônomos e pesquisadores "puros". Nessas ocasiões, a "homeopatia sem sujeito", amiúde criticada por médicos homeopatas, é acolhida de braços abertos, pois esses profissionais passam a responder a uma demanda imposta a todos os homeopatas; eles entregam algo que pode ser apresentado, para o público, como uma prova "científica" do valor da doutrina.

Esse é o momento para considerarmos o gesto de solidariedade oferecido no sentido oposto, ou seja, dos cientificistas para os culturalistas. Esse

---

421 Nessa categoria, estão artigos que reportavam estudos originais com seres humanos e cujo objetivo, declarado pelos autores, era avaliar se o tratamento homeopático funciona (seja como recurso terapêutico seja como profilaxia). Isso inclui não só ensaios clínicos controlados e randomizados, que são os mais adequados para essa finalidade, como também estudos piloto e observacionais com grande número de pacientes.

422 Cf. Furuta; Weckx; Figueiredo, 2007. Esse artigo foi republicado em 2017, também na *Revista de Homeopatia*, agora como parte do dossiê *Evidências científicas da homeopatia*.

423 É o caso de Marino (2008), que relata o uso de homeopatia no controle de uma epidemia de dengue no Rio de Janeiro.

424 Isso também vale para "bioterápico" em vez de "nosódio", que era usado por autores como Licinio Cardoso, para se referir ao que é basicamente a mesma coisa.

gesto está, de certa forma, prefigurado no próprio programa cientificista, na divisão entre a "arte" e a "ciência" homeopáticas, sugerindo que, em última análise, a tarefa da "ciência" homeopática é servir ao refinamento da "arte". Assim, a atividade dos homeopatas alinhados ao cientificismo se encaixa em uma posição intermediária de uma cadeia teleológica cujo ponto de chegada ainda é o atendimento ao paciente na clínica.

No entanto, na prática, o encaixe ideal está longe de ser harmonioso. Diferentes homeopatas especializados ora na "ciência" ora na "arte" da homeopatia precisam adaptar-se a suas respectivas situações, que diferem tanto no que diz respeito a alguns aspectos da atividade exercida por cada um, quanto no que diz respeito ao conjunto específico de expectativas que sobre eles recai. Com isso, surgem vários pontos de atrito: o homeopata da linha cientificista não pode aceitar relatos de caso cheios de referências eruditas, mas fora do padrão da literatura médica, ao passo que o homeopata culturalista não reconhece sua doutrina ao ler um artigo sobre o uso de bioterápicos para controlar uma infestação de carrapatos em vacas leiteiras. O atrito se transforma em uma disputa pela "verdadeira homeopatia". Em termos objetivos, nenhuma delas é a "verdadeira homeopatia" – ambas divergem, em algum ponto, do texto de Hahnemann. E, ao mesmo tempo, as duas são a "verdadeira homeopatia" – não só porque ambas correspondem ao que homeopatas de carne e osso efetivamente fazem, como também porque ambas contribuem para manter vivas as ideias de Hahnemann, ainda que cada círculo de homeopatas contribua para reproduzir só uma parte dessas ideias.

Diante disso, se há um gesto de solidariedade mais substantivo que parte dos homeopatas da linha cientificista, ele está, de um lado, na grande abertura para trabalhos de historiografia,[425] e, de outro, na valorização especial concedida à semiótica.

A semiótica, em particular, chega a ser considerada como uma possível solução diante da dificuldade em "provar", por meio de análises físico-químicas, que uma substância submetida à farmacotécnica homeopática tem algo de distintivo, sendo mais do que um veículo inerte. Isso foi apontado em

---

425 Dos 10 trabalhos classificados como "pesquisa historiográfica", 5 foram publicados no IJHDR (que concentra 100 dos 278 artigos analisados, cerca de 36% desse total, como vemos na Tabela 2.2.

entrevista com um membro da comissão editorial do IJHDR, após reconhecer que nenhum dos experimentos físico-químicos até então realizados nessa área de pesquisa teria ainda elucidado o mecanismo de ação da homeopatia.

O entrevistado reconhece haver problemas na teoria da memória d'água, proposta pelo imunologista francês Jacques Benveniste (1935-2004) em artigo publicado na *Nature*, com o objetivo de explicar como o organismo humano seria capaz de reagir à substância originalmente usada na preparação homeopática, quando não havia mais traço dela nesse preparado. Em resumo, a teoria propõe que a estrutura de uma das substâncias usadas na diluição dos preparados homeopáticos, a água, de alguma forma replica propriedades específicas das substâncias que, em algum momento, entraram em contato com ela. Pode-se apontar vários problemas nessa teoria; para nós, é suficiente apontar que o estudo de Benveniste foi mais tarde desbancado por uma investigação conduzida pela revista. O membro da comissão editorial do IJHDR entrevistado reconhece que havia "indício de que o Benveniste cometeu erros", e deixa claro que, na sua opinião, a teoria da memória d'água não consegue explicar de maneira satisfatória o (suposto) mecanismo de ação da homeopatia. Nas palavras dele, nem mesmo os homeopatas teriam encontrado a derradeira "explicação do fenômeno homeopático", ou seja, do mecanismo de ação da homeopatia:

> Não havia base científica naquela época [nos anos 1990]; hoje também ainda não tem. Se você falar "a explicação é essa", eu acho um monte de falha [...]. Não sabemos ainda. Por outro lado, aí você fala: houve algum avanço? Muitos. Muitos avanços no sentido de metodologia [...].
>
> Eu acho que esse foi o grande avanço dos últimos anos. Mas muito lá atrás – quando eu comecei há vinte, trinta anos –, tudo era explicável, de maneiras absurdas. E aí a crítica era muito forte, e com razão. Nos anos mais recentes, a explicação acabou não sendo o objetivo de um artigo, mas sim: existe um fenômeno, aqui está, eu fiz assim, assim e assim; faça, [...] reproduza, e veja se você obtém a mesma coisa. E depois vamos discutir a explicação. Então, esta foi uma grande evolução na comunidade, que eu acho que é o caminho para os próximos anos: tentar caracterizar o fenômeno e, depois, talvez tentar explicar [...].
>
> A explicação já estou deixando para frente, como eu digo, para outra encarnação (eu fui espírita, posso falar isso). Então, não é a minha preocupação agora. Minha preocupação agora é caracterizar o fenômeno. Olha, ele é assim, ele está

evidente; eu não sei explicar [...]. Então eu acho que a linha semiótica é uma linha promissora, e eu acho que vai ser explorada nos próximos anos ainda.

O trecho da entrevista captura um movimento importante da tradição cientificista: embora ideias como a da memória d'água ainda sejam evocadas por homeopatas para explicar o mecanismo de ação da homeopatia – a revista *Homeopathy* chegou, inclusive, a publicar uma edição especial sobre o tema, em 2007, em que vários homeopatas discordaram do que afirmou nosso entrevistado –, muitos trabalhos mais recentes simplesmente abdicam de propor explicações. É o caso de vários artigos publicados no IJHDR. O mecanismo de ação de um experimento ou não é mencionado ou é enquadrado como um mistério, como algo *ainda* desconhecido, um enigma que a ciência do futuro, talvez, elucidará.

A promessa vaga da ciência do futuro abre espaço para o gesto de solidariedade entre as duas correntes, gesto que se, de um lado, não satisfaz o homeopata que descarta de antemão a via cientificista (para quem, a própria ideia de uma divisão entre a "arte" e a "ciência" homeopáticas seria um engano), de outro basta para atrair ao menos alguns homeopatas próximos da linha culturalista. Se lembrarmos que também os culturalistas, apesar de suas reservas ao programa cientificista, acenam às vezes para a superação de suas diferenças, podemos então acomodar o trabalho dos poucos homeopatas que buscam "unir os dois mundos", esforçando-se para explorar em um só fôlego esses dois horizontes conceituais que poderiam, quem sabe, salvar a doutrina.

Esse é o objetivo comum que une homeopatas de diferentes inflexões doutrinárias. Com isso em vista, reexaminemos a ideia central de que o conflito interno nos círculos de homeopatas não é só um obstáculo à difusão da doutrina, mas está relacionado à sua conservação.

O que vimos até aqui é que ao menos algumas das dissidências verificadas no interior dos círculos de homeopatas estão atreladas a mudanças incrementais sobre a doutrina, variações controladas, que de um lado conferem a ela certa maleabilidade e facilitam sua aclimatação ao contexto atual, e de outro conservam, cada qual, pelo menos um elemento central à doutrina.

Com isso, a ortodoxia – rejeitada igualmente por culturalistas e cientificistas – retorna para assombrar os homeopatas contemporâneos. Retorna não mais para definir a prática do homeopata, mas sim como o parâmetro sem o qual as modificações introduzidas por um homeopata acabariam por fazer a doutrina perder sua identidade. No caso da corrente culturalista, a crítica à ortodoxia esbarrava, sistematicamente, no mesmo obstáculo: todas as mudanças que se introduziam na doutrina mediante o contato com os referenciais teóricos das humanidades se restringiam a algum elemento periférico do roteiro de diagnóstico e prescrição peculiar à homeopatia. Tratava-se sempre de explorar a margem de arbitrariedade desse roteiro, sem, em nenhum momento, tocar a raiz do problema – isto é, a dependência acrítica em relação ao conteúdo da *materia medica* homeopática. Simplesmente não se questiona que o cânone homeopático possa estar errado ao presumir que a beladona, por exemplo, produz "extravagância" em indivíduos saudáveis, ou que induz "visões de gigantes". Assume-se como verdadeira a afirmação de Hahnemann de que o "segredo" da cura da maior parte das doenças estaria na lei dos semelhantes. Portanto, usar ideias da semiótica para tentar superar o logocentrismo do roteiro de diagnóstico homeopático, ou então propor tratar patologias sociais com homeopatia são desvios do cânone que falham em questionar o que ele há de mais frágil nele. São, nesse sentido, variações controladas, ornamentais das ideias de Hahnemann, que preservaram os elementos distintivos de sua doutrina, no que diz especificamente respeito à sua aplicação clínica.

Na corrente cientificista, o que observamos é algo parecido, com a diferença de que o que se busca salvar aí é o outro elemento distintivo da doutrina, sua farmacotécnica. Os vários experimentos publicados nas revistas de homeopatia, por diferentes que sejam, permanecem presos à suposição de que se uma substância qualquer for diluída em uma certa proporção e, depois, agitada determinado número de vezes, algo especial, absolutamente alheio a tudo o que sabemos hoje nos âmbitos da física e da química, acontecerá – algo cuja aplicação terapêutica corresponde à liberação do "poder medicinal" dessa substância. Essa é outra das ideias centrais de Hahnemann que não temos nenhum bom motivo para considerar verdadeira.

O que temos aqui é a *especialização* de diferentes círculos de homeopatas na legitimação dos dois principais componentes doutrinários que a distinguem: seu roteiro de diagnóstico, que gira em torno da lei dos semelhantes e depende do texto fixado na *materia medica* homeopática; e sua farmacotécnica. Os atritos que emergem entre homeopatas, e que eles mesmos enxergam como obstáculos à promoção da doutrina, podem, com isso, ser postos sob uma nova perspectiva: são um subproduto dessa especialização, que otimiza os esforços dos vários indivíduos implicados na reprodução da doutrina na medida em que permite prospectar o maior número possível de linguagens conceituais com a qual se espera legitimá-la publicamente, ou seja, salvá-la,[426] e com isso forjar alianças em diferentes círculos sociais. Essas são alianças formadas, de um lado, com filósofos, historiadores, cientistas sociais, pesquisadores no âmbito da saúde pública e mesmo gestores públicos, e, de outro, com médicos, farmacêuticos, veterinários, engenheiros agrônomos, físicos e químicos que valorizam a experimentação e que cobram dos homeopatas "provas científicas" do valor terapêutico dos produtos que oferecem.

A mesma lógica pode ser generalizada para outros casos. Na homeopatia espírita, trata-se de uma aliança com o kardecismo, ao passo que, no caso do positivismo, de um aceno à elite médica da época, que tinha um apelo especial para médicos do setor militar, que, por sua vez, como vimos, acolheram a homeopatia desde o século XIX. Não é preciso que se trate de uma aliança completa. Os homeopatas não precisam ser reconhecidos por todos os kardecistas e positivistas, por todos os sociólogos e em todos os departamentos de veterinária; nem mesmo por seus representantes oficiais ou mais notórios, ainda que isso tenha ocorrido em alguns casos.[427] Basta que encontrem um nicho em cada uma dessas áreas, que sejam acolhidos por uma parcela desses círculos mais amplos, que convençam alguns dos coronéis e dos tabeliães deste mundo. Isso é algo que, até agora, os homeopatas foram bem-sucedidos em fazer.

Os experimentos relatados em revistas como o IJHDR são conduzidos em programas de pós-graduação em áreas como farmacologia e veterinária, em universidades públicas e privadas. Nas humanidades, a homeopatia também é bastante popular e, com efeito, são raros os trabalhos sobre o tema que trazem uma perspectiva crítica sobre a doutrina. As histórias fantásticas contadas por homeopatas de diferentes inclinações doutrinária – às vezes comunicada no invólucro mais palatável e colorido da medicina do sujeito, às vezes revestida na linguagem mais fria e hermética, mas por isso mesmo

---

426 No caso, a linguagem das ciências sociais, de um lado, e a da experimentação científica, de outro.
427 Notadamente, no caso do kardecismo, ao menos até meados do século XX.

mais grave e digna de ser levada a sério do texto científico – convenceram muita gente.

Com isso, a diversidade da cultura homeopática adquire um caráter irremediavelmente ornamental – e ornamental aqui, para retomar a analogia com a teoria da evolução, em sentido similar ao utilizado por Darwin, ao discutir a seleção sexual. Vejamos o que ele diz ao tratar das estratégias de reprodução comuns a várias espécies distintas de pássaro:[428]

> Muitos pássaros tentam atrair as fêmeas por meio de danças de acasalamento ou estripulias, realizadas em terra firme ou no ar, e, em alguns casos, em locais feitos para isso. Mas os meios mais comuns, de longe, são os ornamentos de toda sorte, as cores, cristas e papadas mais brilhantes, as plumas vistosas, as penas compridas, os topetes, e assim por diante [...]. Os ornamentos dos machos têm de ser mesmo muito importantes para eles, pois, em não poucos casos, foram obtidos a custo de maior exposição a predadores, ou mesmo, às vezes, de desfavorecê-los na luta com seus concorrentes.[429]

O ponto para o qual Darwin chama a atenção é que a ornamentação exuberante de diversos animais – no caso, de várias espécies de pássaro – tanto representa um risco à própria sobrevivência quanto se revela um recurso valioso, por agradar membros do sexo oposto e, dessa forma, aumentar as chances de reprodução do indivíduo ornamentado na competição com outros da mesma espécie.

As diversas mudanças superficiais que, como vimos, os diferentes círculos de homeopatas introduzem na doutrina, com frequência, são promovidas a grande custo pessoal para os próprios homeopatas, fazendo que eles constantemente se voltem uns contra os outros, como acontece ao longo de toda a história da homeopatia, desde sua criação até os dias atuais. Tais controvérsias não são sinal da ruína da doutrina, mas sim resultados inevitáveis da tendência sistêmica de diversificação semântica que viabiliza sua sobrevivência no contexto moderno – feito extraordinário, considerando que

---

428 As questões discutidas não se limitam às aves. A passagem foi tirada de *The Descent of Man*, em que Darwin discute o papel da ornamentação, que ele busca explicar por meio do mecanismo da seleção sexual, em um grande número de espécies, capítulo após capítulo, sendo as aves apenas um caso especial.

429 Darwin, 1871, p.233.

outros recursos terapêuticos que perderam legitimidade científica também perderam, com ela, a legitimidade pública, ao menos a longo prazo, sendo o caso mais notável o das sangrias.

Mas essas mudanças serem ornamentais não significa que elas sejam pouco importantes para a reprodução da doutrina, o que pudemos compreender ao analisá-las levando em conta o apelo que têm *para além* dos círculos de homeopatas. É, afinal, em resposta às expectativas originadas fora dali – ora em centros espíritas, ora em escolas militares; aqui vindas de médicos e pacientes insatisfeitos com o caráter demasiado impessoal do atendimento em saúde, como os mobilizados em torno do ideal da contracultura, e ali, dos que cobram a comprovação da eficácia dos recursos terapêuticos disponíveis para a população – que ornamentos como os que vimos aqui são elaborados. O resultado é ora uma homeopatia espírita, ora uma positivista; aqui o culturalismo, e ali, o cientificismo. Esse mecanismo de "seleção social" que, afinal, orienta a diversificação da cultura homeopática é um dos fatores que, até o momento, mais contribuíram para a conservação da surpreendente vitalidade dessas ideias concebidas há mais de dois séculos.

3
Epílogo – Hahnemann ascende ao Olimpo

Poucas imagens retratam de maneira tão expressiva e teatral o apelo exercido pelas ideias de Hahnemann do que o quadro de um pintor russo pouco conhecido entre nós, Alexander Beideman (1826-1869). Vi esse quadro pela primeira vez durante o 70º Congresso da Liga Medicorum Homoeopathica Internationalis (LMHI), em 2015, que contou com participação de homeopatas do mundo inteiro. Na cerimônia de abertura, a delegação russa ofereceu aos organizadores uma cópia autorizada do quadro de Beideman, conhecido como *Homeopatia observando, horrorizada, a alopatia*.

Trata-se de uma pintura alegórica, encomendada em 1857 por um homeopata de uma família abastada de São Petersburgo. Nela, Hahnemann, ao lado de várias divindades mitológicas, todos situados à direita do quadro (da perspectiva do espectador), veem, de cima das nuvens, a cena tétrica da parte esquerda do quadro, retratando os horrores da medicina da época, ou da "alopatia", como se referem os homeopatas. À direita, a deusa da Justiça não está vendada; de olhos bem abertos, com expressão irada, ela ergue com a mão direita uma espada flamejante, símbolo da punição divina. Esculápio, a divindade associada à medicina, coberto em um manto vermelho e acompanhado da serpente que o caracteriza, está horrorizado; inclina o dorso levemente para trás e joga a mão esquerda para o alto, como quem quer distância do que vê. Tanto Hahnemann como Atena, a deusa da sabedoria, encaram de frente, com postura serena, a cena de sofrimento retratada no outro plano do quadro; eles reprovam o que veem, mas seu olhar transmite acima de tudo compaixão. Completam o plano "iluminado" do quadro: um vulto que remete a Zeus, que, de braços abertos, lança luz sobre as demais figuras divinas abaixo dele; uma figura feminina (não conseguimos identificar quem

representa) que cobre o rosto, sem conseguir encarar a cena horripilante; e um tipo angelical, postado aos pés de Hahnemann e que, em vez de reagir à cena que transcorre do outro lado da pintura, encara o espectador, exibindo um objeto bem pequeno – o medicamento homeopático –, que segura acima da cabeça apenas com o polegar e o indicador da mão direita.

    A figura central da cena a que se voltam esses personagens, retratada em tons mais escuros no plano esquerdo do quadro, é o paciente da chamada "alopatia". Terrivelmente pálido, ele grita e retorce de dor uma das mãos, enquanto sua perna esquerda é amputada na altura da canela por um cirurgião e dois assistentes. Seu braço direito está repleto de sanguessugas, aplicadas diligentemente por um enfermeiro sentado no chão, à beira da cama. Um médico, apoiado na cabeceira, aplica algo em suas narinas. Para agravar ainda mais sua situação, um boticário entorna o conteúdo de um frasco enorme em uma colher igualmente tão grande que precisa ser amparada por um segundo boticário, enquanto um terceiro chega com uma injeção, também gigante – símbolos dos excessos da ortodoxia médica, em claro contraste com o objeto minúsculo que o tipo angelical exibe para o espectador, do outro lado do quadro. Ainda no plano mundano, vários doutores debatem entre si, encarnando, ao que parece, as controvérsias internas da ortodoxia médica da época de Hahnemann. Por fim, completando a figura, vemos a esposa do paciente e os dois filhos do casal: a mulher está sentada atrás da cabeceira da cama, com o rosto afundado em um lenço, enquanto as crianças, ajoelhadas no chão, agarram-se à sua saia, comovidas. Nenhum deles vê o vulto da morte se aproximar, vindo da mesma câmara de onde também sai o boticário com a injeção gigante.

A cena à esquerda é uma caricatura exagerada da medicina da época. No entanto, por mais que a medicina atual seja completamente diferente da retratada na pintura, o sentimento que busca evocar no espectador não é estranho ao paciente do século XXI: o medo do risco iatrogênico. É verdade que as sanguessugas não fazem mais parte do arsenal médico convencional, tendo sido relegadas a uma prática alternativa das mais marginais; que as cirurgias atuais são feitas com anestesia geral e em boas condições sanitárias; e que o arsenal farmacológico à nossa disposição é muito mais seguro do que o da época de Hahnemann. Mas passar por uma cirurgia ainda é uma experiência assustadora; todo remédio convencional pode causar efeitos colaterais, alguns realmente debilitantes; e não faltam doenças para as quais ainda não há cura. Esse é especialmente o caso de muitas doenças crônicas, cujas crises até podem ser controladas e mitigadas com remédios convencionais, mas que retornam constantemente. Os pais de uma criança que sofre de asma, por exemplo, sabem que o broncodilatador prescrito pelo médico pode salvar a vida da criança durante as crises, e mesmo diminuir a frequência dessas ocorrências. Mas não são a cura da asma. Toda a vez que a crise retorna, retorna também o desejo de encontrar um remédio que a cure em definitivo, e, de preferência, que não provoque outros sintomas a longo prazo, como de fato pode provocar um broncodilatador comum.

O comprimido que o tipo angelical, no plano iluminado da pintura, exibe gloriosamente para o espectador promete uma cura simples, duradoura e suave. Uma promessa que desperta a esperança de cura, mas sem evocar o medo do risco iatrogênico. Sedutora, mas, como é comum acontecer nesses casos, boa demais para ser verdade.

Outro elemento da pintura que ressoa com os afetos da clientela da homeopatia está na reação das figuras retratadas diante do sofrimento do paciente. Médicos, boticários, enfermeiros, cirurgiões – nenhum dos "especialistas" que povoam o plano mundano da pintura parece se importar com o sofrimento do paciente. Cada um olha para uma parte dele: o cirurgião e os seus assistentes, para a perna que estão serrando; o enfermeiro que aplica as sanguessugas, para o braço; os boticários sequer olham para o paciente, pois estão ocupados em equilibrar seus elixires e injeções gigantes; e mesmo o médico à cabeceira está tão concentrado em aplicar o remédio nas narinas do paciente que prefere erguer os óculos para focar sua atenção única e exclusivamente nessa parte dele. Também não podemos esquecer dos doutores que debatem entre si, enquanto o paciente se debate de dor. Em franco contraste, Hahnemann vê o paciente "como um todo", e olha com compaixão para ele, assim como o faz Atena, disposta estrategicamente ao lado de Hahnemann, para assim sinalizar ao espectador que ele é um sábio, assim como ela. É isso que deve fazer um médico tão sábio quanto Atena: olhar para o paciente "como um todo" e com compaixão.

Essa idealização é outro ingrediente importante do apelo das ideais de Hahnemann. Atualmente, muitos tomam como dado que a homeopatia é sinônimo de uma medicina atenta ao sofrimento do paciente, e que trata o "todo", e não as "partes", o doente, e não a doença. Se por um lado não há como negar que muitos homeopatas dão atenção especial a seus pacientes, demonstram uma compaixão genuína com seu sofrimento; por outro, tampouco se pode negar que há uma boa dose de idealização nisso. Já em 1831, Hufeland notou que, na prática, Hahnemann criara um "sistema unilateral", a qual se deveria obedecer cegamente, ou seja, de maneira dogmática.[1] Para o criador da homeopatia, na prática, a doutrina, o dogma, o sistema que inventou tinha prioridade até mesmo sobre o alívio do sofrimento do doente. Ao seguir fielmente as instruções originais e prescrever ao paciente glóbulos de açúcar de leite, o homeopata contemporâneo repete o erro do mestre – dá prioridade, acima inclusive do bem-estar do paciente, às ideias de Hahnemann, seu sistema, seu dogma. Afinal, por um lado, encerrada a consulta, a prescrição que o paciente recebe do homeopata não será a causa do alívio de seu sofrimento; e, por outro lado, mesmo que muitos homeopatas escutem o paciente com mais atenção do que muitos médicos convencionais, é importante não esquecer que essa escuta é, do começo ao

---

1 Cf. a citação ligada à nota 77 da seção 1.2.2, "A solução homeopática...".

fim, orientada pelo objetivo de colher uma seleção de sintomas que correspondam ao texto da *materia medica* homeopática. Tudo que não pode ser facilmente traduzido no texto da *materia medica* homeopática é ignorado. No fim das contas, o paciente "como um todo" é fracionado e analisado segundo as regras criadas por Hahnemann, até ser reduzido a um dos itens do arsenal homeopático.

É inegável que o homeopata em geral tem uma disposição para ouvir as queixas de seus pacientes que muitos médicos convencionais não têm. A duração da consulta homeopática está ligada à capacidade de os homeopatas, desde Hahnemann, converter as limitações de sua doutrina em vantagens competitivas, na disputa pela clientela composta por pessoas insatisfeitas com o atendimento médico convencional. Em muitos casos, tal insatisfação é genuína e justificada: erros médicos acontecem; há médicos que realmente destratam e maltratam seus pacientes; que não olham o paciente nos olhos e fazem pouco caso das queixas trazidas pelos pacientes; que empurram medicamentos por pressão de representantes farmacêuticos; e que esquecem que uma parte de seu trabalho é lidar com pessoas que estão, muitas vezes, em condições vulneráveis, que têm medo da morte e do sofrimento que acompanha a doença – seja a sua, seja a de seus entes mais queridos. Um paciente que procura um homeopata depois de sair frustrado com o atendimento de cinco minutos de um médico de seu plano de saúde sente-se acolhido no consultório homeopático. Esse é o fundo de verdade, a experiência viva que Beideman, apesar do caráter fortemente apologético e caricatural de sua pintura, conseguiu transmitir ao retratar o olhar de Hahnemann.

Mesmo assim, seria enganoso concluir que tudo o que os homeopatas fazem é acolher pacientes insatisfeitos com o atendimento médico convencional. Na prática, muitas vezes ele vão além, contribuindo para *inflacionar artificialmente* a insatisfação com a medicina convencional.

Muitos homeopatas alimentam o medo do risco iatrogênico, pintando esse risco, assim como fizera Beideman, de forma desproporcional e exagerada. Os proponentes da terapia Cease, por exemplo, promovem abertamente a ideia de que as vacinas causam autismo – contribuindo para alimentar o medo de uma ameaça que não existe. Mesmo o homeopata que apenas recomenda homeopatia para evitar os supostos efeitos colaterais das vacinas joga com esse medo. Em vez de esclarecer que não há risco na vacina, em vez de fazer que o paciente reflita criticamente e se questione se o medo é proporcional à ameaça, promete a cura para uma fantasmagoria. A relação entre a homeopatia e o movimento antivacinação é apenas um exemplo de como a doutrina não só capitaliza com a insatisfação justificada em relação à medicina convencional, como também contribui para inflacioná-la.

Isso não era necessário no tempo de Hahnemann. Já no começo do século XIX, a adesão cada vez mais radical ao vitalismo, por mais que não resolvesse os problemas teóricos colocados para a medicina da época, motivou sua rejeição de recursos terapêuticos aceitos pelas mais influentes autoridades médicas de então, mas que de fato faziam mais mal do que bem aos pacientes – uma coleção de más ideias médicas, como as capturadas, ainda que com uma boa dose de exagero, pelo pincel de Beideman. Foi essa circunstância, somada ao carisma do criador da homeopatia, o que lhe permitiu criar e manter uma rede de seguidores e propagadores da doutrina – o suporte social necessário à comunicação e reprodução de suas ideias.

Dessa forma, a homeopatia obteve o impulso inicial de que precisava para não ser relegada de imediato aos livros de história da medicina, como o foram tantos outros sistemas médicos "revolucionários" propostos naquela época, muitos dos quais sequer encontraram um primeiro público. Uns poucos alcançaram o mesmo impulso inicial, como se deu com o brownismo e o mesmerismo, mas nenhum teve o alcance e o fôlego bicentenário da doutrina criada por Hahnemann. A homeopatia conseguiu se aclimatar a diversos contextos para além de seu contexto de origem; investigamos só um neste trabalho, o brasileiro, mas que é o suficiente para termos uma ideia básica da teia de fatores que contribuiu para a sobrevivência da doutrina.

Convém recapitular alguns dos fatores mais importantes:
- Como a homeopatia assume uma forma similar à do remédio, ela ao mesmo tempo promove a sensação subjetiva de controle sobre a própria saúde – reconfortante mesmo nos casos em que não implica aumento real de controle – e catalisa, agora em virtude de seu caráter inócuo, a vontade do paciente em evitar o risco iatrogênico, associado ao arsenal médico convencional.
- A atenção especial concedida ao paciente, que decorre de uma exigência técnica da doutrina e se desdobra no cultivo das competências comunicativas do homeopata, atende a uma demanda efetiva dos pacientes.

- O enraizamento bem-sucedido das ideias de Hahnemann em camadas diferentes da sociedade, possibilitado pela diversificação da doutrina, que, para conservar o que tem de essencial, adaptou seus atributos secundários para se aclimatar às diversas tradições de pensamento no seu entorno.

Em todos esses casos, emerge um padrão comum: as deficiências da doutrina são, de uma forma ou de outra, compensadas por algo-além-da-homeopatia. Com isso, o desconhecimento de Hahnemann é comunicado, a ponto de, mesmo em um contexto no qual estamos em ótimas condições de saber que os glóbulos de açúcar são placebos, muita gente ainda ignora esse fato, neles apostando sua saúde e sua vida. Trata-se de um mecanismo muito diferente do que o que vemos em situações de produção deliberada de ignorância; o desconhecimento é, nesse caso, comunicado de forma sistêmica por toda a sociedade.

O desconhecimento reproduzido assume várias formas, que variam de acordo com as diferentes posições dos diferentes agentes que participam desse sistema. Para o paciente, manifesta-se algumas vezes como incerteza ou mesmo dúvida sobre a eficácia das preparações homeopáticas; às vezes como crença, mais ou menos vaga, de que elas são um remédio como outro qualquer, só que "mais natural", ou cujo mecanismo de ação seria desconhecido; e outras como crença positiva de que os glóbulos não são como um remédio qualquer, mas sim um remédio que atua por meios "espirituais". Qualquer que seja a forma que o desconhecimento assume na imaginação do paciente, seu custo é o mesmo: ao se consultar com o homeopata, ele aposta a sua saúde e investe seu dinheiro no poder de cura que esses glóbulos não têm. Em troca, recebe um placebo, mas também a atenção de um médico ou terapeuta holístico, ao menos nos casos em que o homeopata desempenha bem suas competências comunicativas.

Por sua vez, os profissionais que trabalham com homeopatia dispõem de um vasto repertório de recursos intelectuais por meio dos quais racionalizam as limitações da doutrina, sempre que surgem questionamentos a seu respeito. Aprendem a interpretar toda melhora do quadro de seus pacientes como sinais de que a intervenção homeopática teria sido um sucesso, e comunicam entre si muitas histórias de cura, muitas vezes fantásticas e comoventes. Dispõem de uma rede de especialistas que publicam – ainda que, via de regra, só em periódicos homeopáticos ou de medicina complementar e alternativa – "provas científicas" do valor terapêutico da doutrina. E, por fim, encontram, no texto de autores canônicos das ciências humanas, ideias que ajudam a evitar encarar as falhas da doutrina.

Em todos esses cenários, o que verificamos é um esforço para validar socialmente a doutrina. A validação intersubjetiva da crença na eficácia terapêutica da homeopatia serve de esteio para manter a doutrina viva.

A lógica não é, no fundo, essencialmente alheia ao que se passa na medicina convencional, pois esta também depende da validação social. Há, porém, uma diferença decisiva de conteúdo. Nos casos em que um recurso terapêutico ou profilático é de fato eficaz – como a vacina de Jenner, para ficar com os exemplos do tempo de Hahnemann –, o que se busca validar socialmente também pode, a princípio, encontrar fundamento objetivo. No entanto, quando se procura pelo fundamento de algo que não tem fundamento, a busca está fadada a nos fazer patinar nos únicos substratos que, de fato, podemos encontrar: o psicológico e o social.

No plano psicológico, temos, no caso da homeopatia, o apego às ideias reunidas no texto de Hahnemann, que se tornam, para os mais engajados na cultura homeopática, algo mais do que uma técnica, do que um meio para restabelecer a saúde dos pacientes. Para os profissionais cuja atividade é orientada por essas ideias, essa técnica aparece, mais do que como um mero ganha-pão, como um diferencial em relação ao que é oferecido por outros profissionais da área, em um ambiente de disputa por clientela. E já vimos que o domínio dessa técnica exige muito investimento de tempo e de energia.

Já no plano social, temos a comunicação dessas ideias, sua transmissão de uma pessoa a outra, facilitada pelas diversas modificações cosméticas por meio das quais as deficiências da doutrina se tornam mais palatáveis para variados públicos. Nesse sentido, o conhecimento embutido nas prescrições homeopáticas – o que distingue o homeopata não só do médico convencional, mas de curandeiros e outros tipos de especialista que reivindicam a função de tratar a saúde de outras pessoas, ou ao menos aliviar o sofrimento dos doentes – é, enfim, como antes também o fora o conhecimento embutido nas sangrias, uma construção puramente social,[2] uma crença sem base na

---

2 Para jogar um pouco com essa expressão – "construção social" –, posta em circulação na década de 1960 pelos sociólogos Berger e Luckmann, e que virou um chavão nas ciências

realidade, que persiste apenas graças à confusão entre a validade interna ou objetiva de uma ideia e sua validação social.

Em muitas ocasiões, essa confusão é, sem dúvida, valiosa. Não dispomos de todo o tempo do mundo para averiguar todas as questões que temos de averiguar para tomar decisões, por isso faz sentido apostar em outras pessoas – as que se debruçaram profissionalmente sobre essas questões – para nos auxiliar. No mais das vezes, confiamos no médico que prescreve um medicamento para nós – da mesma forma como o paciente confia no seu homeopata. Sem essa confusão, amiúde propícia, a vida social seria algo muito diferente do que é. Mas o mesmo artifício que, muitas vezes, é capaz de remediar nossa ignorância, de debelar seus efeitos mais nocivos, pode também contribuir para propagá-la; assim como o mesmo remédio que auxilia a recuperação da saúde pode contribuir para prejudicá-la, dependendo das condições em que é utilizado. É, no fundo, porque o paciente confia no homeopata, que, por sua vez, confia em Hahnemann, que afinal persiste a ignorância a respeito de que a cura dos nossos males não está no ouro, no sal de cozinha ou na beladona diluídos em álcool e água, agitados um bom número de vezes e, por fim, impregnados em glóbulos de açúcar de leite.

Há, por fim, muitas coisas valiosas que os homeopatas fazem para aliviar o sofrimento dos doentes, como é o caso da escuta atenta ao que o paciente diz. Quanto às outras ideias de Hahnemann, já passou o tempo de reconhecer que não são boas, e que estariam melhor onde já estão tantas outras más ideias imaginadas e postas em prática para aliviar o sofrimento dos vivos: nas páginas dos livros de história da medicina ou nos mundos da ficção e das alegorias. Ali, Hahnemann pode enfim se reunir com Atena, Zeus, Esculápio e outras figuras divinas para inspirar, como já faz na pintura de Beideman, as futuras gerações de médicos a tratar os pacientes com mais compaixão e como verdadeiros sujeitos – e quem prestar atenção à pintura verá que isso, mesmo ali, não está simbolizado no objeto exibido em triunfo pelo anjo, no remédio homeopático. Pois é algo que não depende dessa falsa promessa de cura, e sim do olhar atento, prudente e cheio de compaixão do médico

---

sociais, sendo inclusive usada para defender a homeopatia (cf. seção "Excurso sobre a homeopatia positiva"). Para duas críticas diferentes dessa ideia, cf. Bárbara (2018, p.86-99); e Hacking (1999).

que reconhece não só as más ideias de seus concorrentes e predecessores, mas também as que ele mesmo em algum momento já nutriu e cultivou, do médico que, ciente das limitações de seu conhecimento, da própria ignorância, coloca a saúde do paciente acima de qualquer sistema.

Apêndice
Quão diluídas são as preparações homeopáticas?

Como vimos ao discutir as ideias de Hahnemann, um dos traços distintivos da doutrina homeopática é sua farmacotécnica, que consiste na diluição e na agitação em série das substâncias do arsenal homeopático. A maior parte dos preparados homeopáticos são diluídos tantas vezes que a análise química do produto final que chega ao paciente não revela o menor sinal da substância original, como aliás o próprio Hahnemann admitia, ainda no começo do século XIX. Neste apêndice, apresentaremos dois exemplos que ilustram quão diluídas são as preparações homeopáticas, por ser esse um ingrediente importante da implausibilidade da doutrina criada por Hahnemann.

Para isso, tomamos como exemplo uma substância da *materia medica* usada pelos homeopatas desde Hahnemann e que continua sendo prescrita a pacientes, o *Arsenicum album*.

Ele é um dos compostos do arsênio, o trióxido de arsênio (As_2O_3), que possui o aspecto de um sal branco, não tem gosto, nem odor. Isso, aliado à grande toxicidade do arsênio, tornou esse composto um dos venenos mais populares da história. Para muitas pessoas, a dose de 200 mg de arsênio ingeridos de uma só vez já é fatal.[1] Em virtude da toxicidade e de seus compostos, a Organização Mundial de Saúde estipula que a concentração de arsênio não deve ultrapassar 10 µg por litro de água, para que esta possa ser considerada boa para consumo regular.[2] Tal parâmetro fornece um primeiro marco para

---

1 Cf. Caravati, 2004, p.1393.
2 Cf. WHO, 2011, p.317. Convém lembrar que 1 g = 1.000 mg = 10^6 µg. O fato de que mesmo pequenas quantidades de arsênio podem ser fatais torna essa substância um exemplo ideal; outras substâncias do arsenal homeopático precisariam ser consumidas em maior quantidade

dar uma ideia mais concreta do grau de diluição a que são submetidas as substâncias preparadas segundo as orientações de Hahnemann. A seguinte questão servirá também de guia: quantas vezes é preciso diluir o *Arsenicum album* para atingir a concentração segura para consumo?

Para a confecção das soluções homeopáticas na escala centesimal hahnemanniana (indicada pela sigla CH), o trióxido de arsênio deve ser misturado ao solvente na proporção de 1 para 100, a cada passo da diluição. Em um frasco identificado como *"Arsenicum album* 30 CH", conclui-se que foram feitas trinta diluições nessa proporção.

Na prática, os três primeiros passos dessa diluição são feitos pelo método da trituração, como foi relatado em entrevista com um membro da diretoria da Associação Brasileira de Farmacêuticos Homeopatas (ABFH). Esse passo não faz muita diferença para a conta que vamos fazer a seguir, porque o resultado é basicamente o mesmo – já que, apesar da diferença do solvente, a proporção de 1 para 100 se mantém. Mesmo assim cabe mencioná-lo, para termos um retrato mais fiel do que é feito nas farmácias homeopáticas.

O método da trituração foi criado para o preparo de substâncias inicialmente insolúveis em água, como o *Aurum metallicum* (ouro), sendo usualmente empregado nas três primeiras diluições de várias substâncias sólidas do arsenal homeopático, como é o caso do *Arsenicum album*. Para começar o processo de diluição dessas substâncias, elas são misturadas a um punhado de lactose, mantendo a proporção de 1:100, para a escala centesimal. Em vez de agitar a mistura, ela é triturada de maneira vigorosa por alguns minutos com morteiro e pistão (por exatamente seis minutos, de acordo com o que me relatado em entrevista). A trituração exerce o mesmo papel da agitação, em caso de solvente líquido. Depois de terminada a trituração, parte dessa mistura é separada e misturada a outras 99 partes iguais de lactose pura, sendo aí novamente triturada. Após passar três vezes pelo mesmo processo de trituração, a mistura contém, para cada uma parte de arsênio, "999.999 partes de açúcar", reproduzindo aqui as palavras do membro da diretoria da ABFH com quem conversei (e vale a pena lembrar que a lactose é um açúcar). Para obter a "potência" seguinte, parte dessa mistura três vezes triturada (portanto, na "potência" 3 CH), que já é quase pura lactose, é então

---

para produzir efeitos tão notáveis no organismo. Esse é o caso do *Natrum muriaticum*, vulgo sal de cozinha (ou cloreto de sódio).

dissolvida em 99 partes de solução líquida – e partir daí todo o processo é feito com solvente líquido.

Para facilitar as contas, imaginemos que o solvente é desde o início líquido, como é o caso das substâncias do arsenal homeopático que estão em forma líquida, em particular os extratos e tinturas vegetais. Digamos que o ponto de partida são 100 mg de trióxido de arsênio puro; para respeitar a escala centesimal, essa quantidade do composto deve ser adicionada a um frasquinho com 10 ml do solvente.[3] A *Farmacopeia homeopática brasileira* – obra de referência para a confecção dos preparados homeopáticos no Brasil – estipula que deve ser utilizado como solvente "água purificada ou solução hidroalcóolica que o solubilize".[4] Para simplificar as contas, vamos imaginar que foi utilizada, do começo ao fim, somente água.

Assim, o frasco contendo a mistura de 0,1 g de trióxido de arsênio com 10 ml de água é então "agitado vigorosamente" cem vezes, obtendo o que os homeopatas chamam de *Arsenicum album* 1 CH, que contém trióxido de arsênio em uma concentração de 10 gramas por litro de água, ou 10^7 μg/l, muito acima do limite estipulado pela OMS. Para obter *Arsenicum album* 2 CH, uma parte de aproximadamente 0,1 ml da diluição 1 CH, ou seja, que contém cerca de 1% do conteúdo do primeiro frasco, é passada para um segundo frasco, contendo mais 10 ml de água pura. A quantidade de trióxido de arsênio que chega ao segundo frasco é, portanto, da ordem de 0,001 g ou 1 mg, o que corresponde a uma concentração de 0,1 g/l ou 10^5 μg/l, cem vezes menor do que a anterior. A solução é então agitada mais uma vez e todo o procedimento é repetido, e em 3 CH teríamos cerca de 0,01 mg de trióxido de arsênio em 10 ml de água, chegando a 10^3 μg/l. Agora, basta repetir mais

---

3 Como, por definição, 1 ml de água pesa 1 g, no nosso exemplo podemos falar que é mantida uma proporção de massa entre o soluto e o solvente. No entanto, a linguagem que os homeopatas desde Hahnemann utilizam é vaga nesse ponto: eles falam em misturar "uma parte" da substância original em "99 partes" do solvente (cf. Anvisa, 2011, p.63). Na entrevista mencionada neste apêndice, o farmacêutico informou que, na prática, normalmente não se observa tal proporção de massa. Antes, o que se faz, no caso do arsênio, é: após as três primeiras triturações (em que o trióxido de arsênio é misturado à lactose), dilui-se cada grão desse composto (que já é quase lactose pura) ao volume em água correspondente a 100 vezes o peso do grão (como, por convenção, um grão tem aproximadamente 0,06 g, cada grão é dissolvido em 6 ml de água), sem respeitar a proporção de massa (trata-se, antes, de uma proporção peso/volume). Feita essa ressalva, para facilitar as contas, vamos trabalhar como se se tratasse de uma proporção de massa.

4 Anvisa, 2011, p.63.

uma vez o processo para chegar à concentração de 10 μg/l, que equivale a 1 g de trióxido de arsênio para cada 10^8 g ou 100 toneladas de água. Nessa concentração, poderíamos, em tese, beber o preparado homeopático como se fosse água sem maiores preocupações de contaminação crônica por arsênio.[5]

Tal raciocínio se aplica, com modificações, a outras substâncias do arsenal homeopático, mas com a diferença de que substâncias distintas interagem de maneira diferente com o organismo, de modo que o nível seguro varia conforme a substância utilizada.[6]

No capítulo sobre a história da homeopatia, vimos que muitas preparações homeopáticas são tão diluídas que não é de se esperar que haja nem sequer uma molécula da substância original no produto final. Esse não é o caso do *Arsenicum album* 4 CH, o que enseja a pergunta: quantas vezes essa substância precisa ser diluída, para que seja razoável dizer que não resta o menor traço dela no preparado homeopático que chega ao paciente? A resposta a isso fornece um segundo marco para intuirmos quão diluídas são tais preparações.

A ideia de que, a partir de certo número de diluições em série, não devem restar moléculas da substância original deriva do pressuposto de que, para uma quantidade finita de trióxido de arsênio (como 0,1 g), há uma quantidade igualmente finita de moléculas dessa substância. No começo do século XIX – o período que nos interessa –, vários químicos influentes, como John Dalton (1766-1844) e Amadeo Avogadro (1776-1856), aceitavam tal pressuposto, embora estivesse fora do alcance deles conferir dimensões precisas à finitude da matéria. Só muito depois, no começo do século XX, foi possível dar esse passo, graças, entre outras coisas, à determinação de uma constante que relaciona o peso de quantidades macroscópicas de uma substância com sua massa atômica, a constante de Avogadro.[7] Essa

---

5 É claro, não se costuma consumir as preparações homeopáticas dessa forma. A solução líquida assim preparada ainda é impregnada em um veículo sólido antes de chegar ao paciente.
6 Além disso, a escala centesimal hahnemanniana não é a única utilizada, embora seja a mais comum. Na escala decimal (D), por exemplo, o procedimento é idêntico, mas cada diluição é feita na proporção de 1 para 10.
7 Ainda que uma determinação precisa dessa constante tenha ocorrido apenas nos primeiros anos do século XX, graças aos trabalhos do físico francês Jean Baptiste Perrin (1870-1942), avanços consideráveis foram feitos já no século XIX. O primeiro passo nesse sentido foi o cálculo de um número relacionado a essa constante, obtido em 1865 por Johann Joseph Loschmidt (1821-1895).

constante, determinada por meio de uma série de experimentos independentes, permite estimar o número de moléculas presentes em quantidades macroscópicas de dada substância, como o trióxido de arsênio.[8] Tudo que precisamos saber para chegar a isso é o valor dessa constante – cerca de $6,022 \times 10^{23}$ mol^{-1} –, o peso da substância cujo número de moléculas desejamos estimar e sua massa molar.

Antes de avançar, é preciso repassar rapidamente alguns dos conceitos aqui mencionados, em particular os de *mol, massa molar, massa molecular* e *massa atômica* – conceitos diferentes entre si, mas que se relacionam de perto. O que é um *mol* de moléculas de água? Simplificando, um mol de uma substância qualquer corresponde ao número aproximado de moléculas presentes em um punhado dessa substância, cujo peso em gramas corresponde à sua massa molecular.

Por definição, esse número, dado pela constante de Avogadro, é o mesmo independentemente da substância em questão. Essa constante fornece, portanto, uma escala que relaciona o peso de quantidades macroscópicas de determinada substância com sua massa atômica. Quando falamos na *massa molar* de uma substância estamos, portanto, falando na massa de um mol de moléculas dessa substância, que equivale a cerca de $6,022 \times 10^{23}$ moléculas. A massa molar de uma substância qualquer pode ser obtida só com base na *massa atômica* de seus constituintes, disponível em qualquer tabela periódica. No caso do H_2O, sua *massa molecular* é de cerca de 18 u (unidades atômicas), que equivale à soma da massa de dois átomos de hidrogênio ($\approx$ 1 u cada) com a do oxigênio ($\approx$ 16 u). Essa é a massa de uma molécula de água, em unidades atômicas. A massa molar, por sua vez, corresponde à massa de um mol de moléculas d'água; para obtê-la, basta converter a massa molecular para a escala gramas por mol, na proporção de um para um. Com isso, temos que a massa molar da água é de 18 gramas por mol. Como em um mol de moléculas de qualquer substância temos $6,022 \times 10^{23}$ moléculas, quando dizemos que a massa molar da água é de 18 g/mol, estamos dizendo que 18 g é o peso de $6,022 \times 10^{23}$ moléculas de água. No caso do trióxido de arsênio, cuja fórmula é As_2O_3, $6,022 \times 10^{23}$ moléculas dessa substância pesam cerca

---

8 Não só de moléculas, mas também de átomos e partículas atômicas, que, contudo, não interessam neste estudo.

de onze vezes mais do que o mesmo número de moléculas de água, em torno de 198 g, sendo que a massa atômica do arsênio é de ≈ 75 u.

Digamos agora que, em vez de começar com 0,1 g de trióxido de arsênio, começamos com 0,198 g, o que exige um frasco maior do que o anterior, com quase 20 ml de água,[9] para respeitar a proporção de massa de 1:100. Essa quantidade foi escolhida apenas para facilitar as contas, já que a massa molar do trióxido de arsênio é cerca de 198 g/mol. Assim, se $6{,}022 \times 10^{23}$ moléculas de trióxido de arsênio pesam 198 g, em 0,198 g dessa substância temos $6{,}022 \times 10^{20}$ moléculas do composto.

A esta altura, não precisamos nos preocupar tanto em identificar passo a passo a concentração do trióxido de arsênio. Basta lembrar que a cada nova diluição na escala centesimal a quantidade do composto diluído diminui cerca de cem vezes. Assim, se no *Arsenicum album* 1 CH há $6{,}022 \times 10^{20}$ moléculas dessa substância diluídas na água, em 2 CH há $6{,}022 \times 10^{18}$ moléculas; em 3 CH, $6{,}022 \times 10^{16}$; em 4 CH, $6{,}022 \times 10^{14}$; e assim por diante, até que, em 11CH, há cerca de seis moléculas de trióxido de arsênio. Na 12ª diluição, a quantidade de moléculas é menor do que um (0,06) e, como não faz sentido falar em frações de molécula dessa forma, podemos, em vez disso, imaginar que há uma chance da ordem de 6% de haver uma molécula da substância original no *Arsenicum album* 12 CH. Essa probabilidade diminui drasticamente a cada diluição, de modo que, após a 12ª, a chance de restar uma só molécula de As_2O_3 já pode ser considerada desprezível.

Com alguns ajustes, é possível aplicar esse raciocínio a qualquer substância usada em homeopatia, ainda que a conta seja mais complicada no caso de extratos vegetais, de estrutura molecular complexa (uma das razões pela qual optamos por tomar o arsênio como exemplo). Dentre os ajustes a serem considerados, estão a quantidade inicial da substância e sua massa molar. Mas tais variações são muito pequenas para fazer diferença, de modo que

---

9 A quantidade de solvente varia bastante, mas é limitada por questões práticas, pois o frasco precisa ser pequeno o bastante para ser facilmente bem agitado com alguma facilidade. Em Mallick et al. (2003), são utilizados 100 ml de solvente. Escolhemos começar por 198 mg, pois isso exige um frasco em que caibam 20 ml de água, o que é próximo do que costuma ser usado nas farmácias homeopáticas brasileiras, como foi relatado na entrevista mencionada anteriormente. Para ser mais exato, para trabalhar com 20 ml de solvente, é comum utilizar frascos com capacidade de 30 ml, pois os homeopatas entendem que a agitação, ou sucussão, funciona melhor caso o frasco não esteja cheio.

se mantém a conclusão geral de que, após a 12ª diluição, a chance de haver o menor traço da substância original no preparado homeopático dispensado aos pacientes tende a zero. E, vale lembrar, uma das mais diluições mais comuns ainda hoje usadas na homeopatia é a de 30 CH.

Esse é, por sinal, um marco que os próprios homeopatas com frequência reconhecem,[10] e que se apresenta como um problema teórico que eles tentam resolver construindo as teorias-satélite da homeopatia – das quais a mais famosa é a da memória d'água –, que tampouco encontram acolhida na comunidade científica.

---

10 Para um exemplo contemporâneo, cf. Teixeira (2011a, p.51).

REFERÊNCIAS BIBLIOGRÁFICAS

Nesta seção, optamos por listar todas as referências juntas, inclusive as fontes primárias de pesquisa. Para indicá-las, foram usadas duas marcações: os textos para reconstruir a história da homeopatia (tanto a época de origem quanto a adaptação no Brasil) são identificados por [FHis]; já os textos incluídos no levantamento documental sistemático realizado junto das revistas de homeopatia, estão identificados por [LRev].

A HOMŒOPATHIA. *Revista Médica Fluminense*, n.5, p.33-36, ago. 1835. [FHis]

ACHAN, Jane et al. Quinine, an Old Anti-Malarial Drug in a Modern World: Role in the Treatment of Malaria. *Malaria Journal*, [S.l.], v.10, n.144, 2011.

ALECU, Adrian et al. Efeito do medicamento homeopático *Arnica montana* 7 CH no traumatismo mecânico em camundongos. *Cultura Homeopática*, São Paulo, v.6, n.20, p.16-18, 2007. [LRev]

ASSOCIAÇÃO MÉDICA HOMEOPÁTICA BRASILEIRA (AMHB). Nota original da AMHB: prescrição homeopática por terapeutas não médicos. *SGH*, São Paulo, 5 jul. 2019. Disponível em: https://homeopatia-rs.com.br/nota-oficial-da-amhb-prescricao-homeopatica-por-terapeutas-nao-medicos/. Acesso em: 29 jun. 2024.

AUSTRALIAN GOVERNMENT. *NHMRC Information Paper* – Evidence on the Effectiveness of Homeopathy for Treating Health Conditions. Canberra: National Health and Medical Research Council, 2015. Disponível em: https://www.nhmrc.gov.au/file/14826/download?token=CwhjCeTl. Acesso em: 18 jun. 2024.

BAHIA, Ligia. Planos privados de saúde: luzes e sombras no debate setorial dos anos 90. *Ciência & Saúde Coletiva*, Manguinhos, v.6, n.2, p.329-339, 2001.

BALDWIN, Peter. *Contagion and the State in Europe*: 1830-1930. Cambridge: Cambridge University Press, 2004.

BÁRBARA, Lenin. *Investigações sobre a ignorância humana*: uma introdução aos estudos da ignorância, acompanhada de um exame sociológico sobre a persistência da homeopatia e a consolidação do masculinismo ontem e hoje. São Paulo, 2018. Tese (Doutorado em Sociologia) – Faculdade de Filosofia, Letras e Ciências Humanas, Universidade de São Paulo.

BAROLLO, Célia et al. Efeito da homeopatia no tratamento de crianças e adolescentes em situação de violência. *Cultura Homeopática*, São Paulo, v.21, n.4, p.5-10, 2007. [LRev]

BARTHEL, Peter. O legado de Hahnemann. *Cultura Homeopática*, São Paulo, v.8, n.3, p.6-12, 2004. [LRev]

BENEDETTI, Fabrizio. *Placebo Effects*: Understanding the Mechanisms in Health and Disease. 2.ed. Oxford: Oxford University Press, 2014.

BERGER, Peter; LUCKMANN, Thomas. *The Social Construction of Reality*: a Treatise in the Sociology of Knowledge. London: Penguin Books, 1966.

BESSA, Marco. *Filosofia da homeopatia*. Curitiba: Aude Sapere, 2008.

BISCHOFF, Ignaz. *Ansichten über das bisherige Heilverfahren und über die ersten Grundsätze der homöopathischen Krankheitslehre*. Praga: I. G. Calve, 1819. [FHis]

BOIRON. *Reference document 2016*. Messimy: Boiron, 2016. Disponível em: https://www.boironfinance.fr/sites/boiron_finances/files/2021-06/BOIRON_DDR%20 2016_GB.pdf. Acesso em: 30 jun. 2024.

BRIERLEY-JONES, Lyn. Boundaries or Bridges: What Should Homeopathy's Relationship Be with Mainstream Medicine?". *International Journal of High Dilution Research*, [S.l.], v.9, n.32, p.115-124, 2010. [LRev]

BRASIL. Agência Nacional de Vigilância Sanitária (Anvisa). *Farmacopeia homeopática brasileira*. 3.ed. Brasília, DF: Anvisa, 2011.

_____. Conselho Federal de Farmácia (CFF). Resolução n.635, de 25 de novembro de 2016. Dispõe sobre as atribuições do farmacêutico no âmbito da homeopatia e dá outras providências. *Diário Oficial da União*, Brasília, seç.1, p.139, 19 dez. 2016.

_____. Instituto Brasileiro de Geografia e Estatística (IBGE). *Censo 2010*. Brasília: IBGE, 2010.

_____. Ministério da Saúde. *Política Nacional de Práticas Integrativas e Complementares*. 2.ed. Brasília: Ministério da Saúde, 2015.

BROMAN, Thomas. *The Transformation of German Academic Medicine, 1750-1820*. Cambridge: Cambridge University Press, 1996.

CARAVATI, Edwin. Arsenic and Arsine Gas. In: DART, Richard C. (ed.). *Medical Toxicology*. Philadelphia: Lippincott Williams & Wilkins, 2004. p.1393-1401.

CARDOSO, Licinio. *Dyniotherapia autonosica ou tratamento das doenças pelos agentes e productos dellas, dynamisados*. Rio de Janeiro: Typographia Leuzinger, 1923. [FHis]

CARNEIRO, Solange et al. Pathogenetic Trial of Boric Acid in Bean and Tomato Plants. *International Journal of High Dilution Research*, [S.l.], v.10, n.34, p.37-45, 2011. [LRev]

COELHO, Cideli et al. Pilot Study: Evaluation of Homeopathic Treatment of *Escherichia coli* Infected Swine with Identification of Virulence Factors Involved. *International Journal of High Dilution Research*, [S.l.], v.13, n.49, p.197-206, 2014. [LRev]

CONTRADOSSIÊ das evidências sobre a homeopatia. São Paulo: Instituto Questão de Ciência, 2020. Disponível em: https://homeopatia.bvs.br/wp-content/uploads/2020/12/IQC-Contradossie_das_Evidencias_Sobre_a_Homeopatia-1-compactado-1.pdf. Acesso em: 2 jul. 2024.

CURSO DE CIÊNCIA DA HOMEOPATIA. Corpo docente. Disponível em: https://homeopatias.com/corpo-docente/. Acesso em: 29 jun. 2024.

DAMAZIO, Sylvia. *Da elite ao povo*: advento expansão do espiritismo no Rio de Janeiro. Rio de Janeiro: Bertrand do Brasil, 1994.

DARWIN, Charles. On the Origin of Species by Means of Natural Selection, or the Preservation of Favoured Races in the Struggle for Life. In: _____. *On the Origin of Species*: A Facsimile of the First Edition. Cambridge: Harvard University Press, 1964.

_____. *The Descent of Man, and Selection in Relation to Sex*. London: John Murray, 1871. v.2.

DEAN, Michael. Selective Suppression by the Medical Establishment of Unwelcome Research Findings: The Cholera Treatment Evaluation by the General Board of Health, London 1854. *Journal of the Royal Society of Medicine*, [S.l.], v.109, n.5, p.200-205, 2016.

DEBUS, Allen. *Chemistry and Medical Debate*: Van Helmont to Boerhaave. Canton: Science History Publications, 2001.

DIAS PAULO, Ana; AMORIM, Valéria. Auto-isoterápico de sangue: preparação e uso clínico. *Revista de Homeopatia*, São Paulo, v.74, n.3, p.3, 2011. [LRev]

DINGES, Martin. Introduction. In: _____ (ed.). *Patients in the History of Homoeopathy*. Sheffield: European Association for the History of Medicine and Health Publications, 2002a. p.1-32.

_____. Men's Bodies "Explained" on a Daily Basis in Letters from Patients to Samuel Hahnemann (1830-35). In: _____ (ed.). *Patients in the History of Homoeopathy*. Sheffield: European Association for the History of Medicine and Health Publications, 2002b. p.85-118.

DOUTRINA HOMŒOPHATICA. *Revista Médica Fluminense*, Rio de Janeiro, n.1, p.71-78, 112-120, 149-151, abr. 1936. [FHis]

DURKHEIM, Émile. *As formas elementares da vida religiosa*: o sistema totêmico na Austrália. São Paulo: Martins Fontes, 2000.

EDLER, Flavio. *Ensino e profissão médica na corte de Pedro II*. Santo André: Editora UFABC, 2014.

EIZAYAGA, Juan; EIZAYAGA, José. Úlcera varicosa de miembro inferior: relato de un caso clínico tratado con homeopatía. *Revista de Homeopatia*, São Paulo, v.76, n.3-4, p.1-6, 2013. [LRev]

ERHARD, Carl. Ueber die Medicin. Arkesilas an Ekdemus. *Der Neue Teutsche Merkur*, [S.l.], v.2, p.337-378, 1795. [FHis]

ERNST, Edzard. *Homeopathy*: The Undiluted Facts. Including a Comprehensive A-Z Lexicon. New York: Springer, 2016.

ESTRÊLA, Walcymar. Reflexões a respeito da trajetória político-institucional do atendimento médico homeopático no Brasil. *Cultura Homeopática*, São Paulo, v.15, n.2, p.15-20, 2006. [LRev]

_____. Relatório sobre a formação de médicos homeopatas para o SUS. *Revista de Homeopatia*, São Paulo, v.73, n.3-4, p.46-50, 2010. [LRev]

EVIDÊNCIAS científicas em homeopatia. *Revista de Homeopatia*, São Paulo, v.80, n.1-2, dossiê especial, p.1-122, 2017. Disponível em: http://www.bvshomeopatia.org.br/revista/RevistaHomeopatiaAPHano2017VOL80Supl1-2.pdf. Acesso em: 2 jul. 2024.

FARIA, Fernando. *Os vícios da re(s)pública*: negócios e poder na passagem para o século XX. Rio de Janeiro: Notrya, 1993.

FEDERAÇÃO ESPÍRITA BRASILEIRA. Relatorio apresentado á Assembléa Geral de 24 de Fevereiro de 1906. *Reformador*, ano 24, n.5, p.83-96, 1906. [FHis]

FERREIRA, Maria; PINTO, Luiz. Homeopathic Treatment of Vaginal Leiomyoma in a Dog: Case Report. *International Journal of High Dilution Research*, [S.l.], v.7, n.24, p.152-158, 2008. [LRev]

FERREIRA, Miriam; CHAGAS, Eliane; VANNUCCHI, Maria. Perfil dos pacientes pediátricos atendidos no Instituto de Cultura Homeopática. *Cultura Homeopática*, São Paulo, v.6, n.18, p.7-9, 2007. [LRev]

FERREIRA, Regina; FARIAS, Luciana. Homeopatia no tratamento de pneumonia com derrame pleural na UTI pediátrica: relato de caso. *Revista de Homeopatia*, São Paulo, v.73, n.3-4, p.40-45, 2010. [LRev]

FESTINGER, Leon; RIECKEN, Henry W.; SCHACHTER, Stanley. *When Prophecy Fails*: A Social and Psychological Study of a Modern Group that Predicted the Destruction of the World. Minneapolis: University of Minnesota Press, 1956.

FIORE, Juliano de. *A guerra dos mundos ou as relações institucionais entre a homeopatia e a medicina científica*. São Paulo, 2015. Tese (Doutorado em Sociologia) – Faculdade de Filosofia, Letras e Ciências Humanas, Universidade de São Paulo.

FONTES, Olney. Janelas para o conhecimento homeopático. *Cultura Homeopática*, São Paulo, v.6, n.19, p.7-8, 2007. [LRev]

FRENCH, Roger. *Medicine Before Science*: The Business of Medicine from the Middle Ages to the Enlightenment. Cambridge: Cambridge University Press, 2003.

FURUTA, Sérgio; WECKX, Luc; FIGUEIREDO, Cláudia. Tratamento homeopático da amigdalite recorrente em crianças: um estudo randomizado controlado. *Revista de Homeopatia*, São Paulo, v.70, n.1-4, p.21-26. [LRev]

GALHARDO, José. História da homœopathia no Brasil. Congresso Brasileiro de Homœopathia, 1, 1928, Rio de Janeiro. *Anais...* Rio de Janeiro: Instituto Hahnemanniano do Brasil, 1928. [FHis]

GAZIM, Zilda et al. Efficiency of Tick Biotherapic on the Control of Infestation by Rhipicephalus (Boophilus) Microplus in Dutch Dairy Cows. *International Journal of High Dilution Research*, [S.l.], v.9, n.33, p.156-164, 2010. [LRev]

GEEST, Sjaak; WHYTE, Susan. The Charm of Medicines: Metaphors and Metonyms. *Medical Anthropology Quarterly*, [S.l.], v.3, n.4, p.345-367, 1989.

GIREL, Mathias. *Science et territoires de l'ignorance*. Versailles: Éditions Quæ, 2017.

GIUMBELLI, Emerson. *O cuidado dos mortos*: uma história da condenação e legitimação do espiritismo. Rio de Janeiro: Arquivo Nacional, 1997.

GOLDACRE, Ben. *Bad Science*. London: Harper Perennial, 1999.

HACKING, Ian *The Social Construction of What?*. Cambridge: Harvard University Press, 1999.

HAEHL, Richard. *Samuel Hahnemann*: His Life and Work. London: Homoeopathic Publishing Company, 1922. v.1.

_____. As dezoito teses de Wolf para amigos e inimigos da homeopatia. *Revista Brasileira de Homeopatia*, [S.l.], v.1, n.1, p.42-44, 1991.

_____. *Samuel Hahnemann*: Sein Leben und Schaffen. Hamburg: Severus Verlag, 2014.

HAHNEMANN, Samuel. Ueber die Kraft kleiner Gaber der Arnzeien überhaupt und der Belladonna insbesondre. *Journal der practischen Arnzeykunde und Wundarnzeykunft*, [S.l.], v.13, n.2, p.152-159, 1801. [FHis]

HAHNEMANN, Samuel. *Organon der rationellen Heilkunde*. Dresden: Arnold, 1810. [FHis]

_____. *Reine Arzneimittellehre* (Vierter Theil, zweite, vermehrte Auflage). Dresden: Arnoldischen Buchhandlung, 1825. [FHis]

_____. *Die chronischen Krankheiten*: ihre eigenthümliche Natur und homöopathische Heilung. Dresden: Arnoldischen Buchhandlung, 1828. [FHis]

_____. *Organon der Heilkunst*. Dresden: Arnoldischen Buchhandlung, 1833. [FHis]

_____. *Organon of Medicine*. Traduzido por R. E. Dudgeon. London: W. Headland, 1849. [FHis]

_____. *The Lesser Writings of Samuel Hahnemann*. New York: Radde, 1852 [1821]. [FHis]

_____. *Organon of the Rational Art of Healing*. Trad. C. E. Wheeler. London/New York: J. M. Dent/E. P. Dutton, 1913. [FHis]

HECKER, August. S. Hahnemanns neues Organon der rationellen Heilkunde. *Annalen der gesammten Medicin als Wissenschaft und als Kunst, zur Beurteilung ihrer neuesten Erfindungen, Theorien, Systeme und Heilmethoden*, Leipizig, v.2, jul.-dez., p.31-75, 193-256, 1810. [FHis]

HEINROTH, Johann. *Anti-Organon* – oder das Irrige der Hahnemannischen Lehre im Organon der Heilkunst. Leipzig: Hartmann, 1825. [FHis]

HOLANDINO, Carla; KOKORNACZYK, Maria. Homeopathy in the Treatment of COVID-19. *International Journal of High Dilution Research*, [S.l.], v.20, n.1, p.1, 2021.

HOLMES, Oliver. *Homœopathy and its Kindred Delusions*. Boston: William D. Ticknor, 1842. [FHis]

HOMEOPATHY. *NHS*, 30 abr. 2024. Disponível em: https://www.nhs.uk/conditions/homeopathy/. Acesso em: 26 jun. 2024.

HUFELAND, Christoph. Ein Wort über den Angriff der razionellen Medicin. *Der Neue Teutsche Merkur*, [S.l.], v.3, p.138-155, 1795a. [FHis]

_____. Plan des Journals. *Journal der practischen Arnzeykunde und Wundarnzeykunst*, v.1, [S.l.], p.III-XXII, 1795b. [FHis]

_____. *Ideen über Pathogenie und Einfluss der Lebenskraft auf Entstehung und Form der Krankheiten*. Jena: Akademische Buchhandlung, 1795c. [FHis]

_____. *Die Kunst das menschiliche Leben zu verlängern*. Jena: Akademische Buchhandlung, 1797. [FHis]

_____. *Die Homöopathie*. Berlin: Reimer, 1831. [FHis]

_____. Worüber streitet man. Was heist Ansteckung. Was heist Contagionist u. Nichtcontagionist bei der Cholera. *Journal der practischen Arnzeykunde und Wundarnzeykunft*, [S.l.], v.74, p.109-116, 1832. [FHis]

_____. *Hufeland's Art of Prolonging Life*. Ed. Erasmus Wilson. Boston: Ticknor, Reed and Fields, 1854. [FHis]

IKEGAMI, Andréa. Abordagem temática de caso clínico. *Cultura Homeopática*, São Paulo, v.4, n..11, p.13-15, 2005. [LRev]

JÜTTE, Robert. *Samuel Hahnemann: Begründer der Homöopathie*. München: Deutscher Taschenbuch Verlag, 2005.

JÜTTE, Robert. Hahnemann and Placebo. *Homeopathy*, [S.l.], v.103, n.3, p.208-212, 2014.

_____; EKLÖF, Motzi; NELSON, Marie (ed.). *Historical Aspects of Unconventional Medicine*: Approaches, Concepts, Case Studies. Oslo: European Association for the History of Medicine and Health Publications, 2001.

KAHNEMAN, Daniel; SLOVIC, Paul; TVERSKY, Amos (ed.). *Judgment Under Uncertainty*: Heuristics and Biases. Cambridge: Cambridge University Press, 1982.

KAPTCHUK, Ted. Intentional Ignorance: A History of Blind Assessment and Placebo Controls in Medicine. *Bulletin of the History of Medicine*, Baltimore, v.72, n.3, p.389-433, 1998.

KARDEC, Allan. *L'Evangile selon le spiritisme*. Paris: La Librairie Spirite, 1876. [FHis]

KENT, James. *Lectures on Homœopathic Philosophy*: Memorial Edition. Chicago: Ehrhart & Karl, 1919. [FHis]

KING, Lester. *The Medical World of the 18th Century*. Chicago: The University of Chicago Press, 1958.

_____. Stahl and Hoffmann: A Study in Eighteenth Century Animism. *Journal of the History of Medicine and Allied Sciences*, Oxford, v.19, n.2, p.118-130, 1964.

_____. *Medical Thinking*: A Historical Preface. Princeton: Princeton University Press, 1982.

KOSSAK-ROMANACH, Anna. *Homeopatia em 1.000 conceitos*. São Paulo: Elcid, 2003.

LAUDAN, Larry. A Confutation of Convergent Realism. *Philosophy of Science*, Cambridge, v.48, n.1, p.19-49, 1981.

_____. *O progresso e seus problemas*: rumo a uma teoria do crescimento científico. São Paulo: Editora Unesp, 2011.

LEMOS, Môsar et al. In vitro Behavior of *Mycoplasmagallisepticum* live-type nosode. *International Journal of High Dilution Research*, [S.l.], v.10, n.37, p.362-368, 2011. [LRev]

LENZ, Max. *Geschichte der königlichen Friedrich-Wilhelms-Universität zu Berlin*. Halle: Buchhandlung des Waisenhauses, 1910. [FHis]

LOUIS, Pierre. *Researches on the Effects of Bloodletting in Some Inflamatory Diseases and on the Influence of Tartanized Antinomy and Vesication in Pneumonits*. Boston: Hilliard, Gray & Company, 1836. [FHis]

LUZ, Madel. *Natural racional social*: razão médica e racionalidade científica moderna. Rio de Janeiro: Campus, 1988.

_____. *A arte de curar versus a ciência das doenças*: história social da homeopatia no Brasil. São Paulo: Dynamis Editorial, 1996.

_____. Entrevista: dra. Madel Luz, uma visão sociológica da saúde. *Cultura Homeopática*, São Paulo, v.4, n.2, p.6-7, 2003. [LRev]

MACHADO, Maria Helena. *Os médicos no Brasil*: um retrato da realidade. Rio de Janeiro: Fiocruz, 1997.

MACHADO DE ASSIS, Joaquim. *Obra completa em quatro volumes*. Rio de Janeiro: Nova Aguilar, 1992. v.1.

_____. *Obra completa em quatro volumes*: volume 3. Rio de Janeiro: Nova Aguilar, 2008a. v.2.

_____. *Obra completa em quatro volumes*: volume 4. Rio de Janeiro: Nova Aguilar, 2008b. v.4.

MALARCZYK, Elzbieta. Kinetic Changes in the Activity of HR-Peroxidase Induced by Very Low Doses of Phenol. *International Journal of High Dilution Research*, [S.l.], v.7, n.23, p.48-55, 2008. [LRev]

MALLICK, Palash et al. Ameliorating Effect of Microdoses of a Potentized Homeopathic Drug, *Arsenicum album*, on Arsenic-Induced Toxicity in Mice. *BMC Complementary and Alternative Medicine*, [S.l.], v.3, n.7, 2003.

MANSOUR, Miriam. *Berberis vulgaris*: remédio pequeno ou pouco compreendido?. *Revista de Homeopatia*, v.72, n.1-2, p.30-35, 2009. [LRev]

MARIM, Matheus (org.). *Brosimum gaudichaudii*: experimentação pura. São Paulo: Organon, 1998.

MARINO, Renan. Homeopathy and Collective Health: The Case of Dengue Epidemics. *International Journal of High Dilution Research*, [S.l.], v.7, n.25, p.179-185, 2008. [LRev]

_____. A proposal for efficient rapid control of the Ebola hemorrhagic fever". *International Journal of High Dilution Research*, [S.l.], v.13, n.48, p.182-186, 2014. [LRev]

MARTINS, Cláudia et al. Tratamento de mastite subclínica por meio de suplementação mineral homeopática da dieta de vacas leiteiras em lactação – estudo de caso. *Cultura Homeopática*, São Paulo, v.6, n.19, p.16-19, 2007. [LRev]

MATHIE, Robert et al. Randomised Placebo-Controlled Trials of Individualised Homeopathic Treatment: Systematic Review and Meta-Analysis. *Systematic Reviews*, v.3, n.142, 2014.

_____; CLAUSEN, Jürgen. Veterinary Homeopathy: Meta-Analysis of Randomised Placebo-Controlled Trials. *Homeopathy*, [S.l.], v.104, n.1, p.3-8, 2015.

MESHNICK, Steven; DOBSON, Mary. The History of Antimalarial Drugs. In: ROSENTHAL, P. J. (ed.), *Antimalarial Chemotherapy*: Mechanisms of Action, Resistance, and New Directions. Totowa: Humana Press, 2001. p.15-25.

MONTEIRO, Dalva; IRIART, Jorge. Homeopatia no Sistema Único de Saúde: representações dos usuários sobre o tratamento homeopático. *Cadernos de Saúde Pública*, Rio de Janeiro, v.23, n.8, p.1903-1912, 2007.

MORABIA, Alfredo. P. C. A. Louis and the Birth of Clinical Epidemiology. *Journal of Clinical Epidemiology*, [S.l.], v.49, n.12, p.1327-1333, 1996.

MORAES, Adélia. A clínica da palavra. *Cultura Homeopática*, São Paulo, v.4, n.11, p.6-9, 2005. [LRev]

MOREIRA NETO, Gil. Homeopatia em unidade básica de saúde (UBS): um espaço possível. São Paulo, 1999. Dissertação (Mestrado em Serviços de Saúde Pública) – Faculdade de Saúde Pública, Universidade de São Paulo.

NOVAES, Ricardo Lafetá. *O tempo e a ordem*: sobre a homeopatia. São Paulo: Cortez, 1989.

OLIVEIRA, Clarice. *A presença da homeopatia nas faculdades de medicina veterinária do Brasil*. São Paulo, 2016. Dissertação (Mestrado em Epidemiologia Experimental Aplicada às Zoonoses) – Faculdade de Medicina Veterinária e Zootecnia, Universidade de São Paulo.

PARKER, Linette. A Brief History of Materia Medica (Continued). *The American Journal of Nursing*, [S.l.], v.15, n.9, p. 729-734, 1915.

PIMENTA, Tânia. Doses infinitesimais contra a epidemia de cólera de 1855. In: NASCIMENTO, Dilene R.; CARVALHO Diana M. *Uma história brasileira das doenças*. Brasília: Paralelo 15, 2004. p.31-51.

PORTER, Roy. *Cambridge*: história da medicina. Rio de Janeiro: Revinter, 2008.

PORTO, Ângela. A assistência médica aos escravos no Rio de Janeiro: o tratamento homeopático. *Revista de Homeopatia*, São Paulo, v.54, n.3, p.88-97, 1989.

PRIVEN, Silvia. Hahnemann plagiou Tomás de Aquino?. *Cultura Homeopática*, São Paulo, v.3, n.9, p.17-27, 2004. [LRev]

_____. *Hahnemann*: um médico de seu tempo – articulação da doutrina homeopática como possibilidade da medicina do século XVIII. São Paulo: Educ/Fapesp, 2005.

PRIVEN, Silvia. History of Homeopathy and Social History of Medicine: The Story of a Successful Marriage?. *International Journal of High Dilution Research*, [S.l.], v.8, n.28, p.128-142, 2009. [LRev]

_____; JURJ, Gheorghe. Signos visuais em homeopatia: semiótica e cognição. *Revista de Homeopatia*, São Paulo, v.72, n.3-4 p.9-14, 2009. [LRev]

PROCTOR, Robert; SCHIEBINGER, Londa (org.). *Agnotology*: The Making and Unmaking of Ignorance. Redwood City: Standford University Press, 2008.

REBOLLO, Regina Andrés. *Ciência e metafísica na homeopatia de Samuel Hahnemann*. São Paulo: Associação Filosófica Scientia Studia, 2008.

REIL, Johann. Zuschrift & Von der Lebenskraft. *Archiv für die Physiologie*, [S.l.], v.1, p.3-162, 1796. [FHis]

_____. Ideen über Pathogenie und Einfluss der Lebenskraft auf Entstehung und Form der Krakheiten, als Einleitung zu pathologischen Vorlesungen, von D. Chriftian Wilh. Hufeland. *Archiv für die Physiologie*, [S.l.], v.2, p.149-152, 1797. [FHis]

REZENDE, Antonio Carlos; RIBEIRO FILHO, Ariovaldo; PUSTIGLIONE, Marcelo. *Provas de título de especialista da AMHB*: 1990, 1991, 1992. São Paulo: Organon, 1999.

RIBEIRO FILHO, Ariovaldo. *Repertório de homeopatia*. São Paulo: Organon, 2010.

RICHARDS, Robert. *The Romantic Conception of Life*: Science and Philosophy in the Age of Goethe. Chicago: The University of Chicago Press, 2002.

RITZMANN, Iris. Children as Patients in Early Homoeopathy. In: DINGES, Martin (ed.). *Patients in the History of Homoeopathy*. Sheffield: European Association for the History of Medicine and Health Publications, 2002. p.119-140.

ROE, Shirley. The Life Sciences. In: PORTER, Roy (ed.). *The Cambridge History of Science* – Volume 4: Eighteenth-Century Science. Cambridge: Cambridge University Press, 2008. p.397-416.

ROSENBAUM, Paulo. Apresentando a cultura homeopática. *Cultura Homeopática*, São Paulo, v.1, n.1, p. 5, 2002. [LRev]

_____. Ainda a homeopatia ou o que será do fim? (a respeito do editorial do *The Lancet*). *Cultura Homeopática*, São Paulo, v.12, n.3, p.4-5, 2005a. [LRev]

_____. *Homeopatia sob medida*. São Paulo: Publifolha, 2005b.

_____ et al. Experimentação de pirita dourada. *Cultura Homeopática*, São Paulo, v.2, n.5, p.81-109, 2003. [LRev]

_____; PRIVEN, Silvia. Qualidade de vida em saúde em campo homeopático: questionário NEMS-07. *Cultura Homeopática*, São Paulo, v.4, n.13, p.19-23, 2005. [LRev]

_____; PRIVEN, Silvia. Contribuições à promoção do cuidado. *Cultura Homeopática*, São Paulo, v.5, n;15, p.6-10, 2006. [LRev]

ROSS, Richard. *Contagion in Prussia, 1831* – The Cholera Epidemic and the Threat of the Polish Uprising. Jefferson, North Carolina: McFarland & Company, 2015.

ROSSI, Fabrício et al. Aplicação do Medicamento Homeopático *Carbo vegetabilis* e desenvolvimento das mudas de alface. *Cultura Homeopática*, São Paulo, v.5, n.17, p.14-17, 2006. [LRev]

ROTHSTEIN, Willian. *American Physicians in the Nineteenth Century*: From Sects to Science. Baltimore: The John Hopkins University Press, 1985.

RUIZ, Renan. *Da alquimia à homeopatia*. Sao Paulo/Bauru: Editora Unesp/ Edusc, 2002.

RUMFORD, Benjamin. An Inquiry Concerning the Source of the Heat Which is Excited by Friction. *Philosophical Transactions of the Royal Society*, [S.l.], v.88, p.80-102, 1798. [FHis]

SALLES, Sandra. *Perfil do médico homeopata*. São Paulo, 2001. Dissertação (Mestrado em Saúde Pública) – Faculdade de Saúde Pública, Universidade de São Paulo, 2001.

_____. A presença da homeopatia nas faculdades de medicina brasileiras: resultados de uma investigação exploratória. *Revista Brasileira de Educação Médica*, Brasília, v.32, n.3, p.283-290, 2008b.

_____. *Homeopatia, universidades e SUS*: resistências e aproximações. São Paulo: Hucitec, 2008a.

SANTOS FILHO, Lycurgo. *História geral da medicina brasileira*. São Paulo: Hucitec/ Edusp, 1991. v.2.

SCHEFFER, Mário et al. *Demografia médica no Brasil 2015*. São Paulo: Departamento de Medicina Preventiva/FMUSP/Cremesp/CFM, 2015.

_____. *Demografia médica no Brasil 2018*. São Paulo: FMUSP/Cremesp/CFM, 2018.

_____. *Demografia médica no Brasil 2020*. São Paulo: FMUSP/CFM, 2020.

SCHMIDT, Josef. History and Relevance of the 6th Edition of the Organon of Medicine (1842). *British Homoeopathic Journal*, [S.l.], v.83, n.1, p.42-48, 1994.

SHANG, Aijing et al. Are the Clinical Effects of Homoeopathy Placebo Effects? Comparative Study of Placebo-Controlled Trials of Homoeopathy and Allopathy. *The Lancet*, [S.l.], v.366, n.9.487, p.726-32, 27 ago. 2005.

SIGOLO, Renata Palangri. *Nilo Cairo e o debate homeopático no início do século XX*. Curitiba: Editora UFPR, 2012.

SIMMEL, Georg. *Soziologie*: Untersuchungen über die Formen der Vergesellschaftung. Frankfurt: Suhrkamp, 1992. (Georg Simmel Gesamtausgabe, v.11.)

SIQUEIRA, Deis; LIMA, Ricardo. *Sociologia das adesões*: novas religiosidades e a busca místico-esotérica na capital do Brasil. Rio de Janeiro: Garamond/Vieira, 2003.

SOLON, Luiz. Contradições sociais da homeopatia: desafios para os homeopatas enquanto sujeitos históricos. *Revista de Homeopatia*, São Paulo, v.67, n.1-4, p.47-54, 2002. [LRev]

_____. Saúde e sofrimento (pesquisa qualitativa sobre as implicações do tratamento homeopático na saúde de uma criança com retardo mental). *Revista de Homeopatia*, São Paulo, v.69, n.1-4, p.11-20, 2004. [LRev]

SOMMER, Miriam. Possibilidades paliativas da terapêutica homeopática nas fases terminais da vida. *Revista de Homeopatia*, São Paulo, v.71, n.1-4, p.34-69, 2008. [LRev]

STIEFELMANN, Henrique. Arte homeopática. *Revista de Homeopatia*, São Paulo, v.74, n.4, p.31-48, 2011. [LRev]

STOLBERG, Michael. The Experience of Illness and the Doctor-Patient Relationship in Samuel Hahnemann's Patient Correspondence. In: DINGES, Martin (ed.). *Patients in the History of Homoeopathy*. Sheffield: European Association for the History of Medicine and Health Publications, 2002. p.65-84.

STOLBERG, Michael. Inventing the Randomized Double-Blind Trial: The Nuremberg Salt Test of 1835. *Journal of the Royal Society of Medicine*, [S.l.], v.99, n.12, p.642-643, 2006.

TARCITANO FILHO, Conrado. Doenças crônicas e homeopatia: evolução de um caso clínico. *Revista de Homeopatia*, São Paulo, v.73, n.3-4, p.23-28, 2010. [LRev]

TATSUMI, Norifumi et al. Molecular Developmental Mechanism in Polypterid Fish Provides Insight into the Origin of Vertebrate Lungs. *Scientific Report*, London, 28 jul. 2016, v.6, art.30580, 2016.

TEIXEIRA, Marcus. Avaliação miasmática na pesquisa clínica homeopática: emprego de questionário de qualidade de vida. *Revista de Homeopatia*, São Paulo, v.67, n.1-4, p.5-16, 2002. [LRev]

_____. Homeopathy: A Preventive Approach to Medicine?. *International Journal of High Dilution Research*, [S.l.], v.8, n.29, p.155-172, 2009. [LRev]

_____. Evidências científicas da episteme homeopática. *Revista de Homeopatia*, São Paulo, v.74, n.1-2, p.33-56, 2011a. [LRev]

_____. Scientific evidence of the homeopathic epistemological model. *International Journal of High Dillution Research*, [S.l.], v.10, n.34, p. 46-64, 2011b. [LRev]

_____. Homeopathic Use of Modern Drugs: Therapeutic Application of the Organism Paradoxical Reaction or Rebound Effect. *International Journal of High Dilution Research*, [S.l.], v.10, n.37, p.338-352, 2011c.

THOMAS, William. *Homeopathy: Historical Origins and the End*. Pierpont: Nemsi Books, 2006.

TRIANA, Amarilys. Semiótica biomédica e seus limites: criando atalhos entre o sutil e o evidente. *Cultura Homeopática*, São Paulo, v.9, n.3, p.28-38, 2004. [LRev]

WAISSE, Silvia. Pesquisa clínica em homeopatia: revisões sistemáticas e ensaios clínicos randomizados controlados. *Revista de Homeopatia*, São Paulo, v.80, supl.1/2, p.133-147, 2017.

WEBER, Beatriz. Vínculos entre homeopatia e espiritismo no Rio Grande do Sul na passagem para o século XX. *História, Ciências, Saúde*, Manguinhos, v.26, n.4, p.1299-1315, 2019.

WEBER, Max. *Wirtschaft und Gesellschaft. Grundriß der verstehenden Soziologie*. 5.ed, rev. Tübingen: Mohr Siebeck, 1980.

WEBSTER, Kimberly; CELLA, David; YOST, Kathleen. The Functional Assessment of Chronic Illness Therapy (FACIT) Measurement System: Properties, Applications, and Interpretation. *Health and Quality of Life Outcomes*, [S.l.], v.79, n.1, p.1-7, 2003.

WOLFF, Paul. Eighteen Theses Illustrating the Principles of Homœopathy, According to Their True Sense and Scientific Acceptation, Addressed to the Friends and Opponents of that Method of Cure. *Homœopathic Examiner*, New York, v.1, n.3, p.105-121, 1840. [FHis]

WORLD HEALTH ORGANIZATION (WHO). *Guidelines for drinking-water quality*, 4.ed. Genebra: WHO Press, 2011.

YOSHIHASSU, Leni et al. Um caso de disidrose de 20 anos de evolução. *Cultura Homeopática*, São Paulo, v.3, n.9, p.87-89, 2004. [LRev]

ZACHARIAS, Carlos. Cultura em transição. *Cultura Homeopática*, São Paulo, v.6, n.20, p.4-5. 2007. [LRev]

SOBRE O LIVRO

Formato: 16 x 23 cm
Mancha: 27,5 x 49 paicas
Tipologia: Horley Old Style 11/15
Papel: Off-set 75 g/m² (miolo)
Cartão Triplex 250 g/m² (capa)

1ª edição Editora Unesp: 2024

EQUIPE DE REALIZAÇÃO

Capa
Negrito Editorial

Edição de texto
Maísa Kawata (Copidesque)
Jennifer Rangel de França (Revisão)

Editoração eletrônica
Sergio Gzeschnik

Assistente de produção
Erick Abreu

Assistência editorial
Alberto Bononi
Gabriel Joppert

Rua Xavier Curado, 388 • Ipiranga - SP • 04210 100
Tel.: (11) 2063 7000
rettec@rettec.com.br • www.rettec.com.br